信息技术人才培养系列规划教材

JSP程序设计（慕课版 第2版）

李丕贤 郝庆华 吕云山 ◎ 主编　单柏 周智 王艳 ◎ 副主编

明日科技 ◎ 策划

人民邮电出版社

北京

图书在版编目（CIP）数据

JSP程序设计 : 慕课版 / 李丕贤，郝庆华，吕云山主编. -- 2版. -- 北京 : 人民邮电出版社，2022.9（2024.2重印）
信息技术人才培养系列规划教材
ISBN 978-7-115-59077-0

Ⅰ. ①J… Ⅱ. ①李… ②郝… ③吕… Ⅲ. ①JAVA语言－网页制作工具－高等学校－教材 Ⅳ. ①TP312.8 ②TP393.092.2

中国版本图书馆CIP数据核字(2022)第053422号

内容提要

本书系统地介绍了 JSP 开发所涉及的各类知识。全书共 13 章，内容包括 JSP 概述、JSP 开发基础、JSP 语法、JSP 内置对象、JavaBean 技术、Servlet 技术、JSP 实用组件、JSP 数据库应用开发、JSP 与 AJAX 及 JSP 高级技术，并通过 JSP 综合案例——清爽夏日九宫格日记网，介绍了 JSP 应用的开发流程和相关技术的综合应用。本书最后提供了两个课程设计，即在线投票系统和无刷新的聊天室，供学生综合实践使用。

本书为慕课版教材（读者）可登录人邮学院学习配套慕课；同时各章主要内容配备了以二维码为载体的微课。此外，本书还提供了课程资源包，资源包中有本书所有实例、上机指导、综合案例和课程设计的源代码，以及制作精良的电子课件 PPT、自测试卷等。其中，源代码全部经过精心测试，能够在 Windows 7、Windows 8、Windows 10 操作系统下编译和运行。

本书既可作为高等院校计算机相关专业的教材，也可供 JSP 学习者参考使用。

◆ 主　　编　李丕贤　郝庆华　吕云山
副 主 编　单　柏　周　智　王　艳
责任编辑　王　宣
责任印制　王　郁　陈　犇

◆ 人民邮电出版社出版发行　　北京市丰台区成寿寺路 11 号
邮编　100164　　电子邮件　315@ptpress.com.cn
网址　https://www.ptpress.com.cn
大厂回族自治县聚鑫印刷有限责任公司印刷

◆ 开本：787×1092　1/16
印张：21　　2022 年 9 月第 2 版
字数：628 千字　　2024 年 2 月河北第 5 次印刷

定价：79.80 元

读者服务热线：(010)81055256　印装质量热线：(010)81055316
反盗版热线：(010)81055315
广告经营许可证：京东市监广登字 20170147 号

前言
Preface

党的二十大报告中提到："科技是第一生产力、人才是第一资源、创新是第一动力。"

人才是第一资源

为了培养 JSP（Java Server Pages，Java 服务器页面）开发技术人才，人民邮电出版社充分发挥在线教育方面的技术优势、内容优势、人才优势，潜心研究，为读者提供了一种"纸质图书 + 在线课程"，使读者全方位学习 JSP 开发的解决方案。读者可根据个人需求，利用纸质图书和人邮学院平台上的在线课程进行系统化、移动化的学习，以便快速全面地掌握 JSP 开发技术。

一、慕课版课程的学习

本课程依托于人民邮电出版社自主开发的在线教育慕课平台——人邮学院（www.rymooc.com）。该平台为读者提供优质的课程，课程结构严谨，读者可以根据自身情况，自主安排学习进度。该平台具有完备的在线"学习、笔记、讨论、测验"功能，可为读者提供完善的一站式学习服务。

指导视频

为使读者更好地完成慕课版课程的学习，人民邮电出版社录制了"人邮学院网站功能介绍（指导视频）"，内含"登录人邮学院观看慕课的具体操作步骤"，读者可以扫码观看。

关于使用人邮学院平台的任何疑问，读者可登录人邮学院咨询在线客服，或致电：010-81055236。

二、本书特点

JSP 是由 Sun 公司倡导建立的一种动态网页制作技术标准，它是 Java 开发阵营中最具代表性的解决方案之一。JSP 不仅拥有与 Java 一样的面向对象、便利、跨平台等优点和特性，还拥有 Servlet 的稳定性，并且可以使用 Servlet 提供的 API（Application Programming Interface，应用程序编程接口）、JavaBean 及 Web 框架开发技术，使页面代码与后台处理代码分离，从而提高工作效率。在目前流行的 Web 程序开发技术中，JSP 是比较热门的一种，它依靠 Java 语言的稳定、安全、可移植性好等优点，成为开发大、中型网站的首选技术。

本书通过通俗易懂的语言和实用生动的例子，系统地介绍了 JSP 的基本常识、开发环境与开发工具、Java 和 JavaScript 语言基础、JSP 基本语法、内置对象、JavaBean 技术、Servlet 技术、实用组件、数据库应用开发和高级程序设计等内容，并且在主要章节的后面提供了习题及上机指导，方便读者及时检验自己的学习效果。最后，通过一个综合案例及两个课程设计来使读者快速掌握 JSP 程序的开发方法。

本书作为教材使用时，建议课堂教学 44 学时，实验教学 20 学时。各章主要内容和学时建议分配如下，老师可以根据实际教学情况进行调整。

学 时 建 议

章	主 要 内 容	课堂学时	实验学时
第 1 章	JSP 技术概述、JSP 技术特征、JSP 的处理过程、JSP 与其他服务器端技术的比较、JSP 开发环境搭建、JSP 开发工具和 JSP 程序开发模式等	2	1
第 2 章	Java 语言基础和 JavaScript 脚本语言等	6	4
第 3 章	了解 JSP 的基本构成、JSP 的指令标识、JSP 的脚本标识、JSP 的注释和动作标识等	3	3
第 4 章	JSP 内置对象概述、request 对象、response 对象、session 对象、application 对象、out 对象和其他内置对象	4	2
第 5 章	JavaBean 概述、JavaBean 中的属性、JavaBean 的应用方法和 JavaBean 的应用实例等	4	2
第 6 章	Servlet 基础、Servlet API 编程的常用接口和类、Servlet 开发、Server 过滤器、Servlet 监听器、Servlet 的应用实例等	4	2
第 7 章	JSP 文件操作、发送 E-mail、JSP 动态图表和 JSP 报表等	3	2
第 8 章	数据库管理系统、JDBC 概述、JDBC 中的常用接口、JDBC 访问数据库的过程、典型 JSP 数据库的连接、数据库操作技术和连接池技术等	4	2
第 9 章	了解 AJAX、使用 XMLHttpRequest 对象、传统 AJAX 的工作流程、应用 jQuery 实现 AJAX、AJAX 开发需要注意的几个问题等	2	0
第 10 章	EL 表达式、JSTL 标准标签库、自定义标签库的开发和 JSP 框架技术等	4	0
第 11 章	JSP 综合案例——清爽夏日九宫格日记网	4	2
第 12 章	课程设计一——在线投票系统	2	可选
第 13 章	课程设计二——无刷新的聊天室	2	可选

党的二十大报告中提到："坚持以人民为中心发展教育，加快建设高质量教育体系，发展素质教育，促进教育公平。"为了立体化服务院校教学，编者为本书精心打造了 PPT、源代码、自测试卷、综合案例和课程设计等教辅资源。院校教师可通过人邮教育社区（www.ryjiaoyu.com）进行下载。

本书由李丕贤、郝庆华、吕云山任主编，单柏、周智、王艳任副主编。由于编者水平有限，书中难免存在不足之处，敬请广大读者批评指正。

编 者

2023 年 7 月

目录
Contents

CHAPTER 01

第1章 JSP概述

本章要点

- JSP 的概念
- JSP 的特点
- JSP 的处理过程
- JSP 开发环境的搭建
- JSP 开发工具

■ 本章介绍 JSP 技术的相关概念以及如何开发 JSP 程序，主要内容包括 JSP 技术的概述、JSP 技术特征、JSP 的处理过程、JSP 开发环境的搭建、JSP 开发工具介绍、JSP 程序开发模式等。通过学习本章，读者应了解 JSP 的概念、JSP 技术的特征和处理过程，并掌握 JDK（Java Development kit，Java 开发开具包）和 Tomcat 的安装与配置方法、Eclispe 开发工具的使用方法等。尤其要深刻理解在 JSP 程序开发模式中，“JSP+Servlet+JavaBean”开发模式的设计及模式中各技术所扮演的角色。

1.1 JSP 技术概述

在了解 JSP 技术之前，先向读者介绍与 JSP 技术相关的一些知识，这样有助于读者学习后面的内容。

JSP 技术
概述

1. Java 语言

Java 语言是由 Sun 公司于 1995 年推出的编程语言，一经推出，就获得了业界的一致好评，并受到了广泛关注。Java 语言适用于 Internet 环境，目前已成为开发 Internet 应用的主要语言之一。它具有简单、面向对象、可移植、可分布、解释器通用、多线程、安全和高性能等优点。其中最重要的就是实现了跨平台运行，这使得应用 Java 开发的程序可以方便地移植到不同的操作系统中运行。

Java 语言是完全面向对象的编程语言，它的语法规则和 C++ 类似，但 Java 语言对 C++ 进行了简化和提高。例如，C++ 中的指针和多重继承通常会使程序变得复杂，而 Java 语言通过接口取代了多重继承，并取消了指针、内存的申请和释放等影响系统安全的部分。

在 Java 语言中，最小的单位是类，不允许在类外面定义变量和方法，所以就不存在所谓的“全局变量”这一概念。在 Java 类中定义的变量和方法分别称为成员变量和成员方法，其中成员变量也叫类的属性。在定义这些类的成员时，需要通过权限修饰符来声明它们的使用范围。

Java 语言编写的程序应被保存为扩展名为 .java 的文件，然后编译成扩展名为 .class 的字节码文件，最终通过执行该字节码文件执行 Java 程序。

2. Servlet 技术

Servlet 是在 JSP 出现之前就存在的运行在服务器端的一种 Java 技术，它是用 Java 语言编写的服务器端程序，Java 语言能够实现的功能，Servlet 基本上都可以实现（除图形界面外）。Servlet 主要用于处理 HTTP（HyperText Transfer Protocol，超文本传输协议）请求，并将处理的结果传递给浏览器生成动态 Web 页面。Servlet 具有可移植（可在多种系统平台和服务器平台下运行）、功能强大、安全、可扩展和灵活等优点。

在 JSP 中用到的 Servlet 通常都继承自 javax.servlet.http.HttpServlet 类，在该类中实现了用来处理 HTTP 请求的大部分功能。

JSP 是在 Servlet 的基础上开发的一种新的技术，所以 JSP 与 Servlet 有着密不可分的关系。JSP 在执行过程中会被转换为 Servlet，然后由服务器执行该 Servlet。

关于 Servlet 技术的相关介绍请参见本书第 6 章。

3. JavaBean 技术

JavaBean 是根据特殊规范编写的普通的 Java 类，可称它们为“独立的组件”。每一个 JavaBean 可以实现一个特定的功能，通过合理地组织具有不同功能的 JavaBean，可以快速地生成一个全新的应用程序。如果将这个应用程序比作一辆汽车，那么程序中的 JavaBean 就好比组成这辆汽车的不同零件。对于程序开发人员来说，JavaBean 的最大优点就是充分提高了代码的可重用性，并且对程序的后期维护和扩展起到了积极的作用。

JavaBean 可按功能划分为可视化 JavaBean 和不可视化 JavaBean 两种。可视化 JavaBean 主要应用在图形界面编程的领域中，在 JSP 中通常应用的是不可视化 JavaBean。不可视化 JavaBean 可用来封装各种业务逻辑，例如连接数据库、获取当前时间等。这样，当在开发程序的过程中需要连接数据库或实现其他功能时，可直接在 JSP 或 Servlet 中调用具有该功能的 JavaBean。

通过应用 JavaBean，可以很好地将业务逻辑和前台显示代码分离，这大大提高了代码的可读性和易维护性。

关于 JavaBean 技术的相关介绍请参见本书第 5 章。

4. JSP 技术

JSP 是由 Sun 公司倡导，与多个公司共同建立的一种动态网页制作技术标准，它建立在 Servlet 之上。应用 JSP，程序员或非程序员可以高效率地创建 Web 应用程序，并使得开发的 Web 应用程序具有安全性高、跨平台等优点。

JSP 技术是运行在服务器端的脚本语言之一，与其他服务器端的脚本语言一样，它是用来开发动态网页的一种技术。

JSP 由传统的 HTML（HyperText Markup Language，超文本标记语言）代码和嵌入其中的 Java 代码组成。当用户请求一个 JSP 时，服务器会执行这些 Java 代码，然后将结果与页面中的静态部分相结合返回给客户端浏览器。JSP 中还包含各种特殊的 JSP 元素，通过这些元素可以访问其他的动态内容并将它们嵌入页面，例如访问 JavaBean 组件的 <jsp:useBean> 动作标识。程序员还可以通过编写自己的元素来实现特定的功能，开发出功能更为强大的 Web 应用程序。

JSP 是在 Servlet 的基础上开发的技术，它继承了 Servlet 的各项优秀功能。而 Servlet 作为 Java 的一种解决方案，在制作网页的过程中，它继承了 Java 的所有特性。因此 JSP 同样继承了 Java 的简单、便利、面向对象、跨平台和安全可靠等优点。比起其他服务器脚本语言，JSP 更加简单、迅速和便利。在 JSP 中利用 JavaBean 和 JSP 元素，可以有效地将静态的 HTML 代码和动态数据区分开来，给程序的修改和扩展带来了很大方便。

5. JSP 在 Web 应用程序开发领域中的地位

Web 应用程序大体上可以分为两种，即静态网站和动态网站。早期的 Web 应用程序主要实现静态页面的浏览，即静态网站。这些网站使用 HTML 来编写，放在 Web 服务器上，用户使用浏览器通过 HTTP 请求服务器上的 Web 页面，服务器上的 Web 服务器将接收到的用户请求处理后，再发送给客户端浏览器，显示给用户。

在开发 Web 应用程序时，通常需要应用客户端和服务器端两方面的技术。其中，客户端应用的技术主要用于展现信息内容，而服务器端应用的技术，则主要用于进行业务逻辑的处理和数据库的交互。想要开发动态网站，就需要用到服务器端应用的技术。而 JSP 技术就是服务器端应用的技术，JSP 中的 HTML 代码用来显示静态内容部分，嵌入页面中的 Java 代码与 JSP 标记用来生成动态内容部分。JSP 允许程序员编写自己的标签库来满足应用程序的特定要求。JSP 可以被预编译，提高程序的运行速度。另外，JSP 开发的应用程序经过一次编译后，便可以随时随地运行。所以在绝大部分系统平台中，代码无须修改便可支持 JSP 在任何服务器中运行。

1.2 JSP 技术特征

本节将介绍用 JSP 在开发 Web 应用程序时的一些特点，如跨平台、分离静态内容和动态内容、可重复使用的组件、沿用了 Servlet 的所有功能以及预编译等。

JSP 技术特征

1. 跨平台

JSP 是以 Java 为基础开发的，所以它不仅可以沿用 Java 强大的 API 功能，而且不管在何种平台下，只要服务器支持 JSP，就可以运行使用 JSP 开发的 Web 应用程序，这体现了它的跨平台、跨服务器特点。例如在 Windows NT 下的 IIS（Internet Information Services，互联网信息服务）通过 JRun 或 ServletExec 插件就能支持 JSP。如今最流行的 Web 服务器 Apache 同样能够支持 JSP，而且 Apache 支持多种平台，这使得 JSP 可以在多种平台上运行。

在数据库操作中，因为 JDBC（Java DataBase Connectivity，Java 数据库互联）同样是独立于平台的，所以在 JSP 中使用 Java API 提供的 JDBC 来连接数据库时，就不用担心平台变更时的代码移植问题。正是因为 JSP 的这种特征，使得应用 JSP 开发的 Web 应用程序能够很简单地运用到不同的平台上。

2．分离静态内容和动态内容

前面提到的 Servlet，对于开发 Web 应用程序而言是一种很好的技术。但同时面临着一个问题：所有的内容必须在 Java 代码中来生成，包括 HTML 代码同样要在嵌入程序代码中来生成静态的内容。即使因 HTML 代码出现的小问题，也需要熟悉 Servlet 的程序员来解决。

JSP 弥补了 Servlet 在工作中的不足。使用 JSP，程序员可以使用 HTML 或 XML（EXtensible Markup Language，可扩展标记语言）标记来设计和格式化静态内容部分，使用 JSP 标记及 JavaBean 组件或者小脚本程序来制作动态内容部分。服务器将执行 JSP 标记和小脚本程序，并将结果与页面中的静态内容部分结合后以 HTML 页面的形式发送给客户端浏览器。程序员可以将一些业务逻辑封装到 JavaBean 组件中，Web 页面的设计人员可以利用程序员开发的 JavaBean 组件和 JSP 标记来制作出动态页面，而且不会影响到内容的生成。

静态内容与动态内容的明确分离，是将用 Servlet 开发 Web 应用发展为用 JSP 开发 Web 应用的重要因素之一。

3．可重复使用的组件

JavaBean 组件是 JSP 中不可缺少的重要组成部分之一，程序通过 JavaBean 组件来执行所要求的更为复杂的运算。JavaBean 组件不仅可以应用于 JSP 中，同样适用于其他的 Java 应用程序。这种特性使得开发人员之间可以共享 JavaBean 组件，加快应用程序的总体开发进程。

JSP 的标准标签和自定义标签，与 JavaBean 组件一样，可以一次生成重复使用。这些标签都是通过编写的程序代码来实现特定功能的，它们的用法与通常在页面中用到的 HTML 标记的用法相同。这样可以将一个复杂而且需要出现多次的操作简单化，大大提高了工作效率。

4．沿用了 Servlet 的所有功能

相对于 Servlet 来说，使用从 Servlet 发展而来的 JSP 技术开发 Web 应用程序更加简单易学，并且 JSP 同样提供了 Servlet 所有的功能。实际上服务器在执行 JSP 文件时先将其转化为 Servlet 代码，然后对其进行编译。可以说 JSP 就是 Servlet，创建一个 JSP 文件其实就是创建一个 Servlet 文件的简化操作。因此，Servlet 中的所有功能在 JSP 中同样可以使用。

5．预编译

预编译是 JSP 的另一个重要特性。JSP 在被服务器执行前，都是已经被编译好的，并且通常只进行一次编译，即在 JSP 被第一次请求时进行编译。在后续的请求中，如果 JSP 没有被修改过，服务器只需要直接调用这些已经被编译好的代码，这大大提高了访问速度。

1.3 JSP 的处理过程

当客户端浏览器向服务器发出请求要访问一个 JSP 时，服务器根据该请求加载相应的 JSP，并对该页面进行编译，然后执行。JSP 的处理过程如图 1-1 所示，其中虚线箭头表示 Web 服务器的操作。

JSP 的处理过程

第 1 步：客户端通过浏览器向服务器发出请求，该请求中包含请求资源的路径，这样当服务器接收到该请求后就可以知道被请求的资源。

第 2 步：服务器根据接收到的客户端请求来加载被请求的 JSP 文件。

第 3 步：Web 服务器中的 JSP 引擎会将被加载的 JSP 文件转化为 Servlet 代码。

第 4 步：JSP 引擎将生成的 Servlet 代码编译成 Class 文件。

第 5 步：服务器执行这个 Class 文件。

第 6 步：最后服务器将执行结果发送给浏览器进行显示。

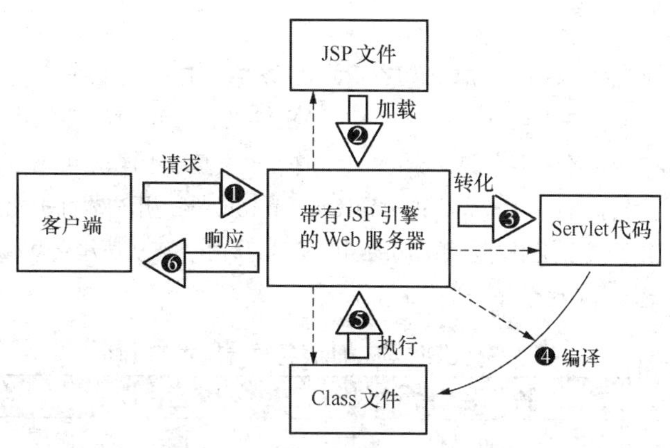

图 1-1　JSP 的处理过程

从上面的介绍中可以看到，JSP 文件被 JSP 引擎转化为 Servlet 代码后，Servlet 代码又被编译成了 Class 文件，最终由服务器通过执行这个 Class 文件来对客户端的请求进行响应。其中第 3 步与第 4 步构成了 JSP 处理过程中的翻译阶段，而第 5 步为请求处理阶段。

但并不是每次请求都需要重复进行这样的处理。当服务器第一次接收到对某个页面的请求时，JSP 引擎就开始进行上述的处理过程，将被请求的 JSP 文件转化为 Servlet 代码后再将其编译成 Class 文件。在后续对该页面再次进行请求时，若页面没有进行任何改动，服务器只需直接调用 Class 文件执行即可。所以当某个 JSP 第一次被请求时，会有一些延迟，而再次请求时会感觉快了很多。如果被请求的页面经过修改，服务器将会重新转化这个文件，然后编译并执行。

1.4　JSP 与其他服务器端技术的比较

目前，比较常用的服务器端技术主要有 CGI、ASP、PHP、ASP.NET 和 JSP。下面进行详细介绍。

JSP 与其他服务器端技术的比较

1. CGI

CGI（Common Gateway Interface，通用网关接口）是最早用来创建动态网页的一种技术，它可以使浏览器与服务器之间产生互动关系。它允许使用不同的语言来编写合适的 CGI 程序，该程序被放在 Web 服务器上运行。当客户端发出请求给服务器时，服务器会根据请求建立一个新的进程来执行指定的 CGI 程序，并将执行结果以网页的类型传输到客户端的浏览器上进行显示。

2. ASP

ASP（Active Server Pages，活动服务器页面）是一种使用很广泛的开发动态网站的技术。它通过在页面代码中嵌入 VBScript 或 JavaScript 代码来生成动态的内容，但必须在服务器端安装了适当的解释器后，才可以通过调用此解释器来执行脚本程序，然后将执行结果与静态内容部分结合并传送到客户端浏览器上。对于一些复杂的操作，ASP 可以调用存在于后台的 COM 组件来完成，所以说 COM 组件无限地扩充了 ASP 的能力。正因依赖本地的 COM 组件，使得 ASP 主要用于 Windows 平台中。

3. PHP

PHP（Page Hypertext Preprocessor，页面超文本预处理器）是一种开发动态网页的技术。PHP 语法类似于 C，并且混合了 Perl、C++ 和 Java 的一些特性。它是一种开源的 Web 服务器脚本语言，与 ASP 和 JSP 一样可以在页面中加入脚本代码来生成动态内容。一些复杂的操作可以被封装到函数或类中。PHP 提供了许多已经定义好的函数，例如提供的标准数据库接口使得数据库连接方便，扩展性强。

4. ASP.NET

ASP.NET 也是一种建立动态 Web 应用程序的技术，它是 .NET 框架的一部分。可以使用任何与 .NET 兼容的语言，如 Visual Basic.NET、C#、J# 等来编写 ASP.NET 应用程序。ASP.NET 页面（Web Forms）编译后可以提供比脚本语言更出色的性能。Web Forms 允许在网页基础上建立功能强大的窗体。当建立页面时，可以使用 ASP.NET 服务器端控件来建立常用的 UI（User Interface，用户界面）元素，并编程控制它们完成一般的任务。这些控件允许开发者使用内建可重用的组件和自定义组件来快速建立 Web Forms，使代码简单化。

JSP 与其他服务器端技术的比较如表 1-1 所示。

表 1-1　JSP 与其他服务器端技术的比较

名　称	跨 平 台	安 全 性	易 学 性
JSP	可以	高	相对简单
CGI	可以	低	相对复杂
ASP	不可以	低	相对简单
PHP	可以	高	相对简单
ASP.NET	可以	高	相对简单

1.5　JSP 开发环境搭建

JSP 的运行环境

1.5.1　JSP 的运行环境

使用 JSP 进行开发，需要具备相应的运行环境：Web 浏览器、Web 服务器、JDK 以及数据库。下面分别介绍这些环境。

1. Web 浏览器

Web 浏览器（简称浏览器）是主要用于客户端用户访问 Web 应用的工具，与开发 JSP 应用关系不大。所以开发 JSP 对浏览器的要求并不是很高，任何支持 HTML 的浏览器都可以。

2. Web 服务器

Web 服务器是运行及发布 Web 应用的大容器，只有将开发的 Web 项目放置到该容器中，才能使网络中的所有用户通过浏览器进行访问。开发 JSP 应用所采用的服务器主要是 Servlet 兼容的 Web 服务器，比较常用的有 BEA WebLogic、IBM WebSphere 和 Apache Tomcat 等。

WebLogic 是 Oracle 公司的产品（WebLogic 最早由 WebLogic 公司开发，之后 WebLogic Inc. 并入了 BEA 公司，最后 BEA 公司又并入了 Oracle 公司）。它又分为 WebLogic Server、WebLogic Enterprise 和 WebLogic Portal 系列，其中 WebLogic Server 的功能特别强大，它支持企业级的、多层次的和完全分布式的 Web 应用，并且服务器的配置简单，界面友好。对于那些正在寻求能够提供 Java 平台所拥有的一切应用服务器的用户来说，WebLogic 是一个十分理想的选择对象，在后面的章节中将对该服务器的安装与配置进行讲解。

Tomcat 服务器非常流行，它是 Apache-Jarkarta 开源项目中的一个子项目，是一个小型的、轻量级的、支持 JSP 和 Servlet 技术的 Web 服务器，已经成为学习开发 JSP 应用的首选服务器。本书中的所有例子都使用 Tomcat 作为 Web 服务器，所以对该服务器的安装与配置在后面的章节中也会进行讲解。截至本书编写时，Tomcat 的最新版本为 apache-tomcat-9.0.41。

3. JDK

JDK 包括运行 Java 程序所必需的 JRE（Java Runtime Environment，Java 运行环境）及开发过程中常用的库文件。在使用 JSP 开发网站之前，首先必须安装 JDK。截至本书编写时，JDK 的最新版本为 JDK 15.0.2。

4. 数据库

任何项目的开发几乎都需要使用数据库，数据库用来存储项目中需要的信息。应根据项目的规模采用合适的数据库。如大型项目可采用 Oracle 数据库，中型项目可采用 Microsoft SQL（Structured Query Language，结构化查询语言）Server 或 MySQL 数据库，小型项目可采用 Microsoft Access 数据库。Microsoft Access 数据库的功能远比不上 Microsoft SQL Server 和 MySQL，但它具有方便、灵活的特点，对于一些小型项目来说是比较理想的选择。

1.5.2 JDK 的安装与配置

JDK 的安装与配置

JDK 由 Sun 公司提供，其中包括运行 Java 程序所必需的 JRE 及开发过程中常用的库文件。在使用 JSP 开发网站之前，必须安装 JDK 组件。

1. JDK 的安装

由于推出 JDK 的 Sun 公司已经被 Oracle 公司收购了，所以可以到 Oracle 官方网站中下载 JDK。截至本书编写时，最新的版本是 JDK 15.0.2。如果是 64 位的 Windows 操作系统，下载后得到的安装文件是 jdk-15.0.2_windows-x64_bin.exe。具体安装步骤如下。

① 双击 jdk-15.0.2_windows-x64_bin.exe 文件，在弹出的安装程序对话框中，单击“下一步”按钮，如图 1-2 所示。

② 在自定义安装对话框中选择 JDK 的安装路径。单击“更改”按钮，在弹出的对话框中更改安装路径，其他保留默认选项，如图 1-3 ~ 图 1-5 所示。

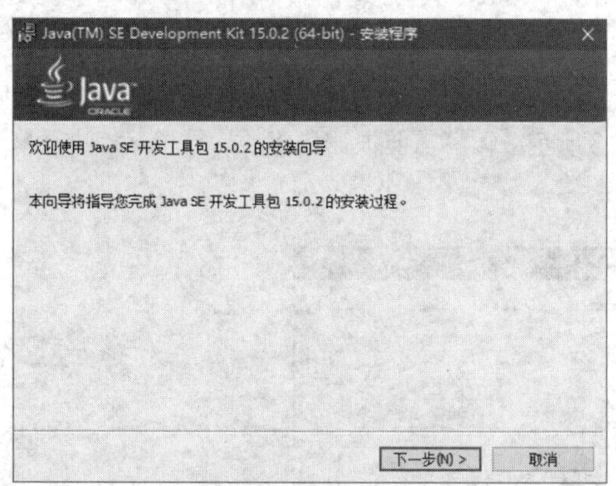

图 1-2 安装程序对话框

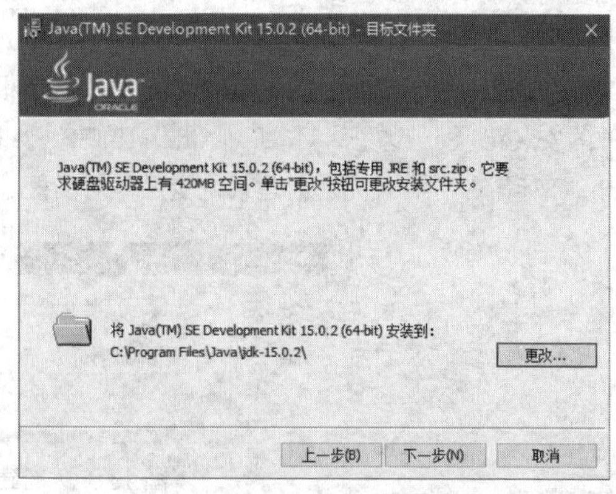

图 1-3 更改安装路径

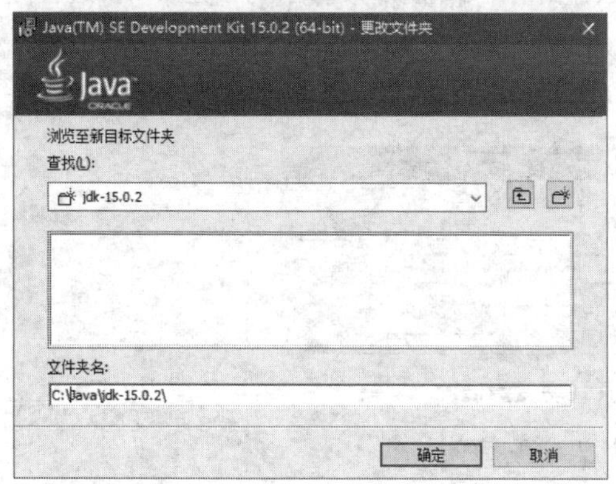

图 1-4 选择安装路径

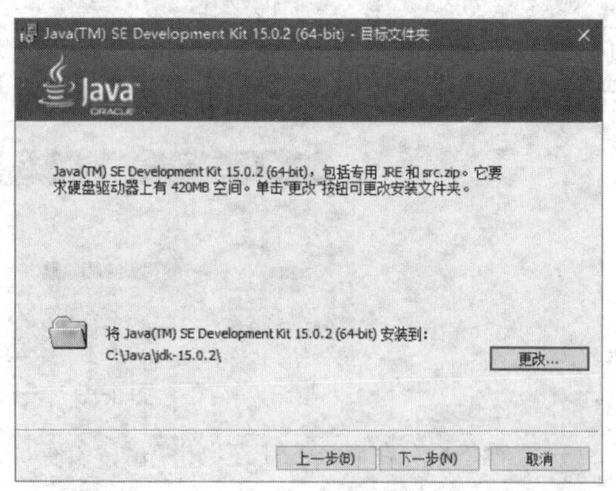

图 1-5 确定安装路径

③ 单击图 1-5 中的“下一步”按钮，开始安装，如图 1-6 所示。

④ 在 JDK 安装完毕后，单击“关闭”按钮，完成安装，如图 1-7 所示。

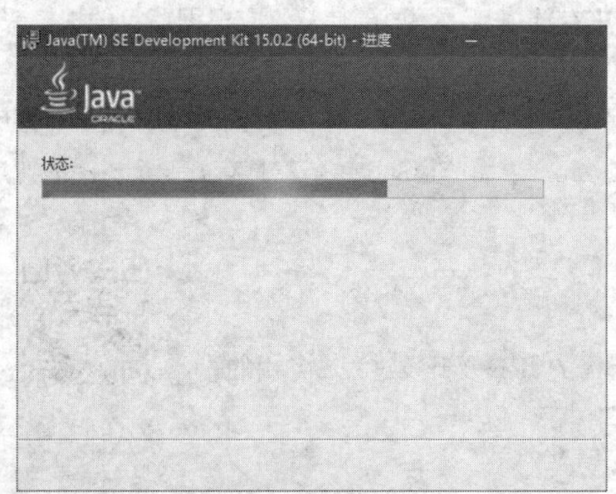

图 1-6 开始安装

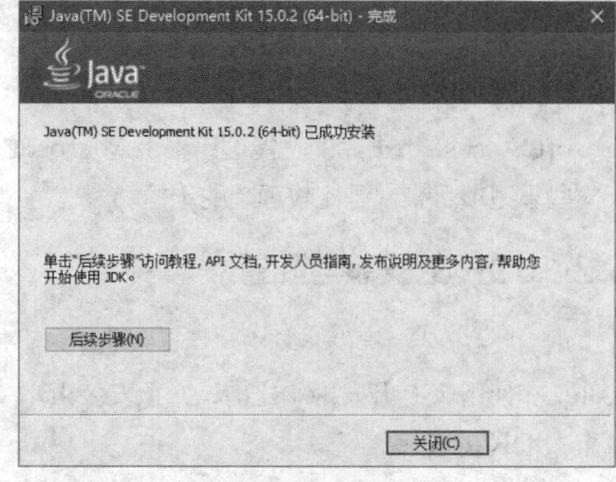

图 1-7 完成安装

2. JDK 的配置与测试

JDK 安装完成后，还需要在系统的环境变量中进行配置和测试。下面将以在 Windows 10 操作系统中配置环境变量为例来进行介绍，具体步骤如下。

① 在“此电脑”图标上单击鼠标右键，在弹出的快捷菜单中选择“属性”命令，在弹出的“属性”对话框左侧单击“高级系统设置”超链接，将出现“系统属性”对话框。

② 在“系统属性”对话框中，单击“环境变量”按钮，将弹出“环境变量”对话框，单击“系统变量”栏中的“新建”按钮，创建新的系统变量。

③ 在弹出的“新建系统变量”对话框的文本框中，分别输入变量名“JAVA_HOME”和变量值（即 JDK 的安装路径），这里为 C:\Java\jdk-15.0.2，如图 1-8 所示，读者需要根据自己的计算机环境进行修改。单击“确定”按钮，关闭“新建系统变量”对话框。

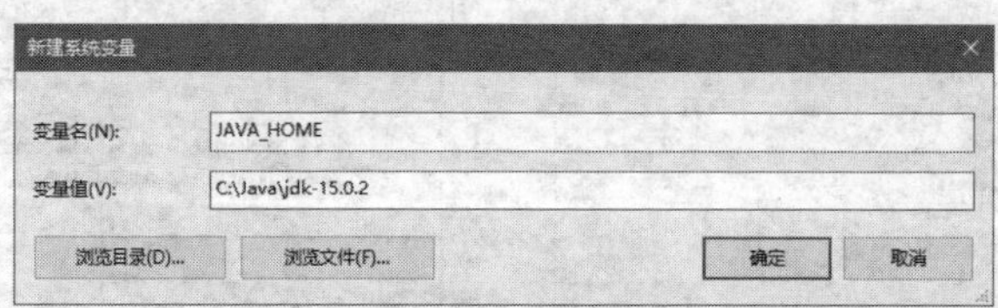

图 1-8 “新建系统变量”对话框

④ 在“环境变量”对话框中双击“Path”变量，在弹出的“编辑系统变量”对话框中对其进行修改，在原变量值最前端添加“.;%JAVA_HOME%\bin;”变量值（注意：最后的“;”不要丢掉，它用于分隔不同的变量值），如图 1-9 所示。单击“确定”按钮完成 Path 变量的设置。

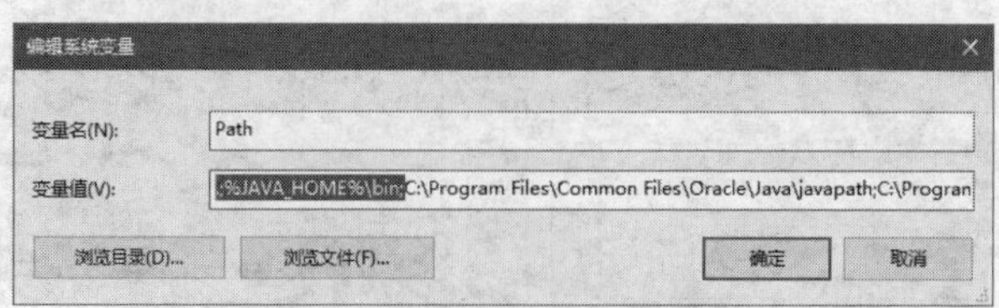

图 1-9 设置 Path 环境变量值

⑤ 查看是否存在 CLASSPATH 变量，若存在，则加入如下字符：

```
.;%JAVA_HOME%\lib\dt.jar;%JAVA_HOME%\lib\tools.jar
```

若不存在，则创建该变量，并设置上面的变量值。

⑥ JDK 安装成功之后必须确认环境配置是否正确。在 Windows 操作系统中测试 JDK 环境需要在开始菜单右侧的“在这里输入你要搜索的内容”文本框中输入 cmd 命令，按〈Enter〉键，启动命令提示符窗口；然后在当前命令提示符后面输入 javac 命令，按〈Enter〉键，将输出图 1-10 所示的 JDK 的编译器信息，其中包括修改命令的语法和参数选项等信息。这说明 JDK 环境搭建成功了。

```
命令提示符
C:\Users\Administrator>javac
用法: javac <options> <source files>
其中, 可能的选项包括:
  @<filename>                  从文件读取选项和文件名
  -Akey[=value]                传递给注释处理程序的选项
  --add-modules <模块>(,<模块>)*
        除了初始模块之外要解析的根模块; 如果 <module>
                为 ALL-MODULE-PATH, 则为模块路径中的所有模块。
  --boot-class-path <path>, -bootclasspath <path>
        覆盖引导类文件的位置
  --class-path <path>, -classpath <path>, -cp <path>
        指定查找用户类文件和注释处理程序的位置
  -d <directory>               指定放置生成的类文件的位置
  -deprecation                 输出使用已过时的 API 的源位置
  --enable-preview             启用预览语言功能。要与 -source 或 --release 一起
使用。
  -encoding <encoding>         指定源文件使用的字符编码
  -endorseddirs <dirs>         覆盖签名的标准路径的位置
  -extdirs <dirs>              覆盖所安装扩展的位置
  -g                           生成所有调试信息
```

图 1-10　输出 javac 命令的使用帮助

1.5.3　Tomcat 的安装与启动

Tomcat 的安装与启动

Tomcat 服务器是由 JavaSoft 和 Apache 开发团队共同提出并合作开发的产品。它能够支持 Servlet 3.0 和 JSP 2.2，并且具有免费、跨平台等诸多特点。Tomcat 服务器已经成为学习开发 JSP 应用的首选，本书中的所有例子都使用 Tomcat 作为 Web 服务器。

1. 安装 Tomcat

本书中采用的是 Tomcat 9.0，读者可到 Tomcat 官方网站进行下载。进入 Tomcat 官方网站后，单击网站左侧 Download 区域中的“Tomcat 9.0”超链接，进入 Tomcat 9.0 下载页面。在该页面中单击“32-bit/64-bit Windows Service Installer (pgp，sha512)”超链接，下载 Tomcat，如图 1-11 所示。

下载后的文件名为 apache-tomcat-9.0.41.exe，双击该文件即可安装 Tomcat，具体安装步骤如下。

① 双击 apache-tomcat-9.0.41.exe 文件，弹出安装向导对话框，单击“Next”按钮，如图 1-12 所示。将弹出“License Agreement”界面，单击“I Agree”按钮，接受许可协议，如图 1-13 所示。

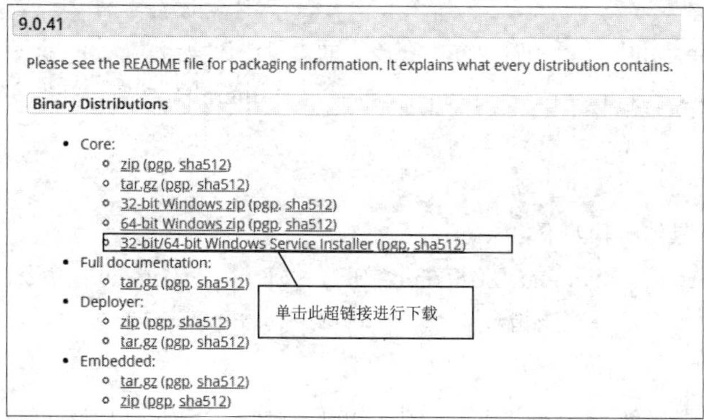

图 1-11　下载 Tomcat

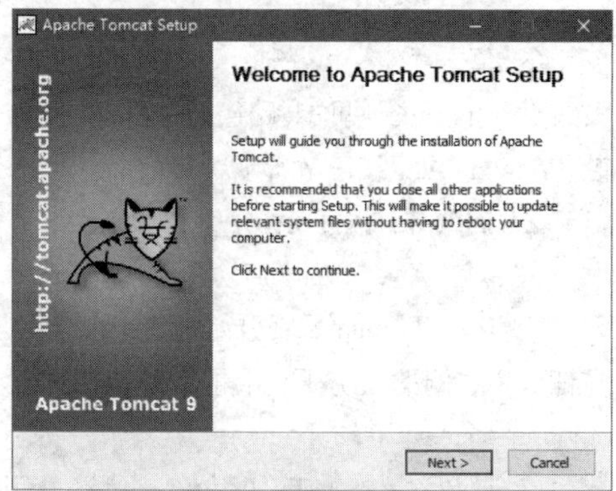

图 1-12　安装 Tomcat

② 弹出“Choose Components”界面后，在该界面中选择需要安装的组件，通常保留其默认选项，然后单击“Next”按钮，如图 1-14 所示。

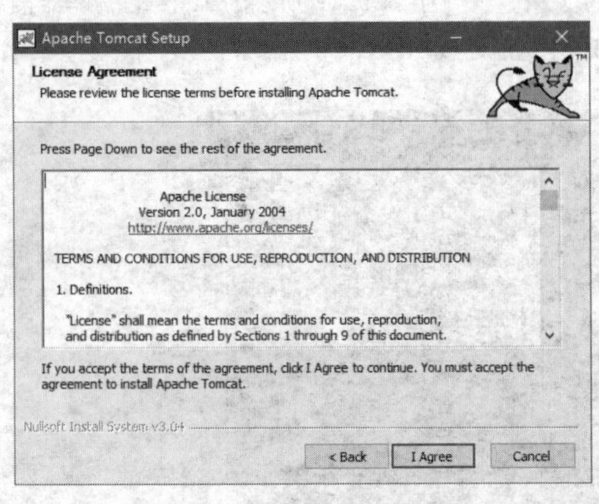

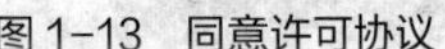
图 1-13　同意许可协议

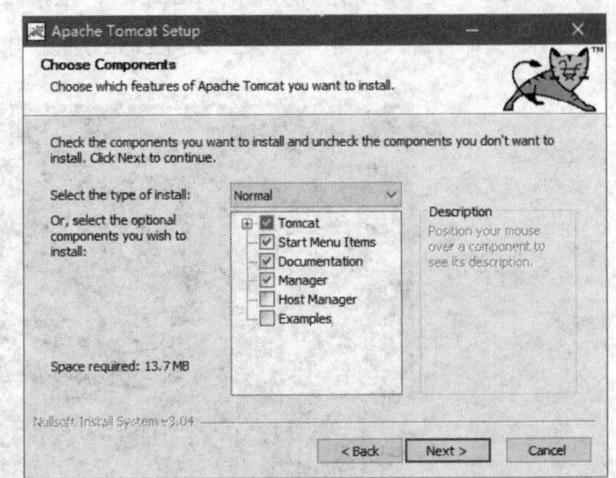

图 1-14　选择要安装的 Tomcat 组件

③ 在弹出的界面中设置访问 Tomcat 服务器的端口及用户名和密码，通常保留默认配置，即端口为“8080”、用户名为“admin”、密码为空，然后单击“Next”按钮，如图 1-15 所示。

④ 在打开的“Java Virtual Machine”界面中选择 JVM（Java Virtual Machine，Java 虚拟机）路径，这里选择 JDK 的安装路径 C:\Java\jdk-15.0.2，如图 1-16 所示。

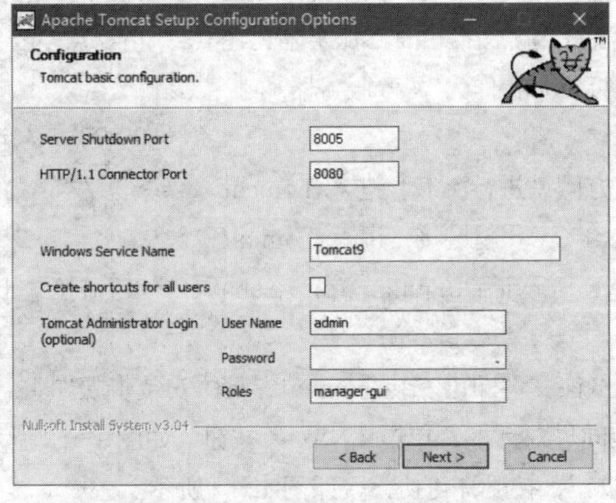

图 1-15　设置端口、用户名和密码

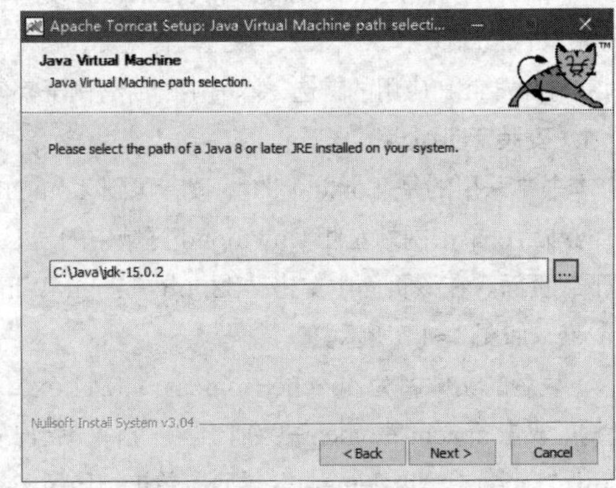

图 1-16　选择 JVM 路径

⑤ 单击“Next”按钮，将打开“Choose Install Location”界面。在该界面中可通过单击“Browse…”按钮更改 Tomcat 的安装路径，这里将其更改到 C:\Tomcat 9.0 目录下，最后单击“Install”按钮，开始安装 Tomcat，如图 1-17 所示。

2. 启动并访问 Tomcat

安装完成后，下面来启动并访问 Tomcat，具体步骤如下。

① 启动 Tomcat。在开始菜单中，选择“Apache Tomcat 9.0 Tomcat9”/“Monitor Tomcat”命令，在任务栏右侧的系统托盘中将出现图标。在该图标上单击鼠标右键，在打开的快捷菜单中选择“Start service”命令，启动 Tomcat。

② 打开浏览器（如 Chrome 浏览器），在地址栏中输入地址 http://localhost:8080，按〈Enter〉键访问 Tomcat 服务器。若出现图 1-18 所示的页面，则表示 Tomcat 安装成功。

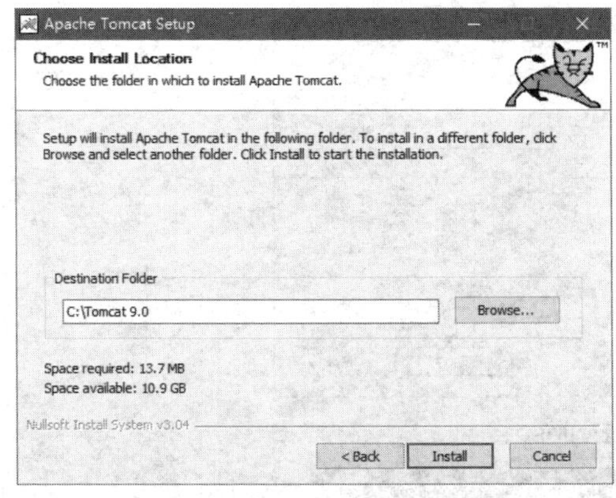

图 1-17　更改 Tomcat 安装路径

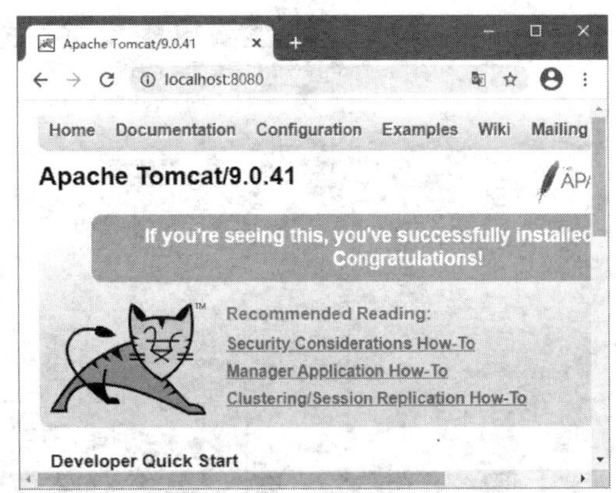

图 1-18　Tomcat 启动页面

1.6　JSP 开发工具

Eclipse 是一个基于 Java 的、开放源代码的、可扩展的应用开发平台，为编程人员提供了较好的 Java IDE（Integrated Development Environment，集成开发环境）。它是一个可以用于构建集成 Web 和应用程序开发工具的平台，其本身并不会提供大量的功能，而是通过插件来实现程序的快速开发功能。

Eclipse 也是一个成熟的、可扩展的体系结构，它的价值体现在为创建可扩展的开发环境提供了一个开放源代码的平台。这个平台允许任何人构建与环境或其他工具无缝集成的工具，而工具与 Eclipse 无缝集成的关键是插件。Eclipse 还包括 PDE（Plug-in Development Environment，插件开发环境），PDE 主要是针对那些希望扩展 Eclipse 的编程人员而设定的。这也正是 Eclipse 最具魅力的地方。通过不断地集成各种插件，Eclipse 的功能也在不断地扩展，以便支持各种不同的应用。

Eclipse 的官方网站提供了一个 Java EE 版的 Eclipse IDE。使用 Eclipse IDE for Java EE，可以在不需要安装其他插件的情况下创建动态 Web 项目。

1.6.1　Eclipse 的安装与启动

Eclipse 的安装与启动

读者可到 Eclipse 的官方网站下载 Eclipse IDE 2020-12R，下载后的文件名为 eclipse-jee-2020-12-R-win32-x86_64.zip。若有最新版本，读者也可进行下载。

① 将 eclipse-jee-2020-12-R-win32-x86_64.zip 文件解压后，双击 eclipse.exe 文件就可启动 Eclipse。

② 启动的 Eclipse 是英文版的，可通过安装 Eclipse 的多国语言包，实现 Eclipse 的本地化。读者可以到 Eclipse 官方网站免费下载 Eclipse 的多国语言包。本书中使用的 Eclipse 版本为 2020-12R，在下载多国语言包时，单击对应的 2020-12 超链接，然后下载 BabelLanguagePack-eclipse-zh_4.18.0.v20201226020001.zip (83.92%) 文件即可。

成功下载语言包后，可将其解压缩，然后使用得到的 features 和 plugins 两个文件夹覆盖所解压文件夹中同名的这两个文件夹即可。

此时启动 Eclipse，可看到本地的 Eclipse 启动界面，如图 1-19 所示。

③ 每次启动 Eclipse 时，都需要设置工作空间，工作空间用来存放创建的项目。可通过单击“浏览”按钮来选择一个存在的目录。可通过勾选“将此值用作默认值并且不再询问”复选框屏蔽该对话框。

④ 最后单击“确定”按钮。若是初次进入在第③步中选择的工作空间，则会出现 Eclipse 的欢迎界面，如图 1-20 所示。

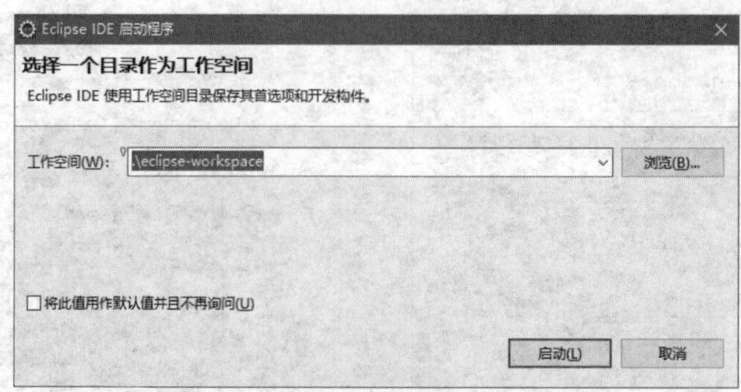

图 1-19　启动 Eclipse

图 1-20　Eclipse 的欢迎界面

1.6.2　Eclipse 的使用

Eclipse 的使用

1. Eclipse 2020-12R 的快捷键

Eclipse 2020-12R 开发工具的常用快捷键如表 1-2 所示。

表 1-2　Eclipse 2020-12R 开发工具的常用快捷键

名　称	功　能
F3	跳转到类或变量的声明
Alt+/	代码提示
Alt + 上下方向键	将选中的一行或多行向上或向下移动
Alt + 左右方向键	跳到前一次或后一次的编辑位置，在代码跟踪时用得比较多
Ctrl + /	注释或取消注释
Ctrl + D	删除光标所在行的代码
Ctrl + K	将光标停留在变量上，按〈Ctrl+K〉键可查找下一个同样的变量
Ctrl + O	打开视图的小窗口
Ctrl + W	关闭单个窗口
Ctrl + 鼠标单击	可以跟踪方法和类的源代码
Ctrl + 鼠标停留	可以显示方法和类的源代码

续表

名　称	功　能
Ctrl + M	将当前视图最大化
Ctrl + 1	将光标停留在某变量上，按〈Ctrl+1〉键，可提供快速实现的重构方法。选中若干行，按〈Ctrl+1〉键可将此段代码放入 for、while、if、do 或 try 等代码块中
Ctrl + Q	回到最后编辑的位置
Ctrl + F6	切换窗口
Ctrl + Shift + K	和〈Ctrl+K〉键查找的方向相反
Ctrl + Shift + F	代码格式化。如果将代码进行部分选择，仅对所选代码进行格式化
Ctrl + Shift + O	快速地导入类的路径
Ctrl + Shift + X	将所选字符转换为大写
Ctrl + Shift + Y	将所选字符转换为小写
Ctrl + Shift + /	注释代码块
Ctrl + Shift + \	取消注释代码块
Ctrl + Shift + M	导入未引用的包
Ctrl + Shift + D	在 debug 模式里显示变量值
Ctrl + Shift + T	查找工程中的类
Ctrl + Alt + Down	复制光标所在行至其下一行
双击左括号（圆括号、方括号、花括号）	将选择括号内的所有内容

2. 应用 Eclipse 开发简单的 JSP 程序

下面应用 Eclipse 创建一个 firstProject 项目，步骤如下。

① 启动 Eclipse，弹出图 1-19 所示的对话框，通过该对话框选择一个工作空间，然后单击“确定”按钮进入 Eclipse 开发界面，如图 1-21 所示。

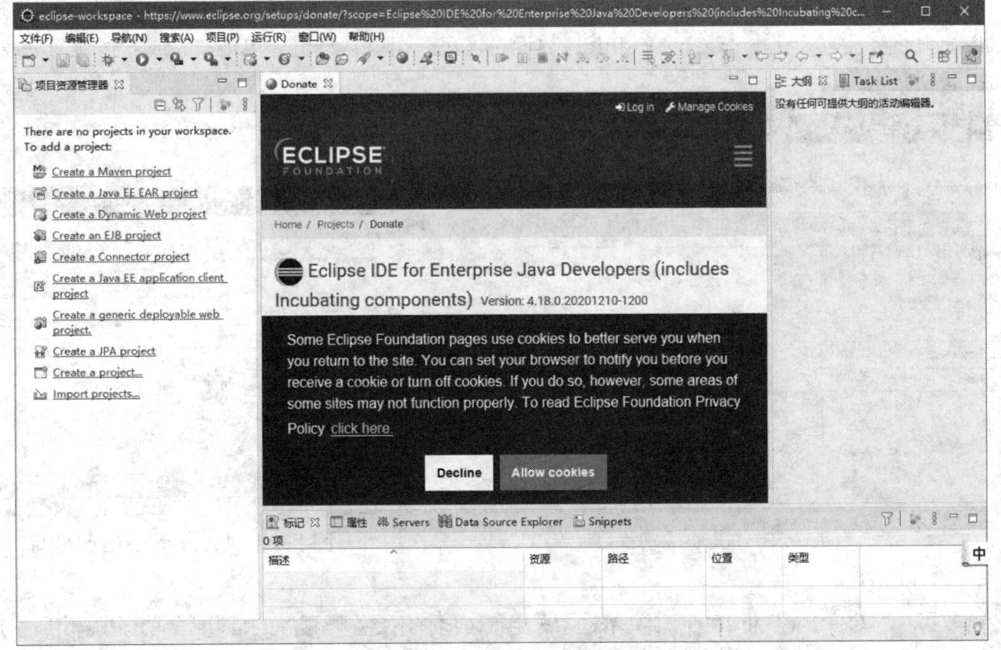

图 1-21　Eclipse 开发界面

② 依次单击菜单栏中的“文件”/“新建”/“Dynamic Web Project”，打开“New Dynamic Web Project”对话框；在该对话框的“Project name”文本框中输入项目名称，这里为 firstProject；在“Dynamic web module version”下拉列表框中选择“3.0”，其他采用默认设置，如图 1-22 所示。

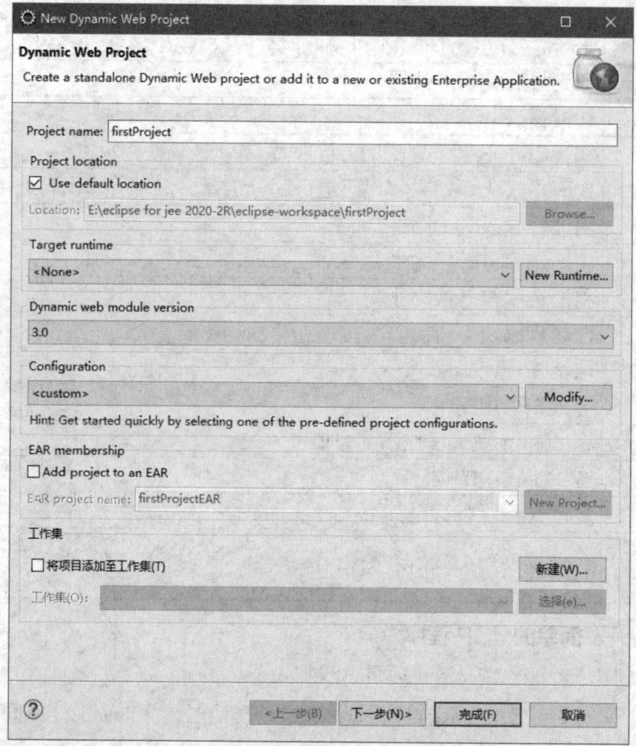

图 1-22 “New Dynamic Web Project”对话框

③ 单击“下一步”按钮，将打开图 1-23 所示的“Java”界面，这里采用默认设置，单击“下一步”按钮。

④ 打开图 1-24 所示的“Web Module”界面，这里采用默认设置，单击“完成”按钮，完成项目 firstProject 的创建。

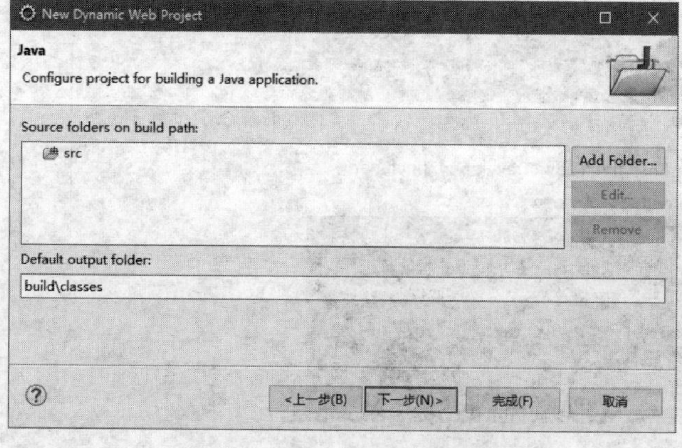

图 1-23 “Java”界面

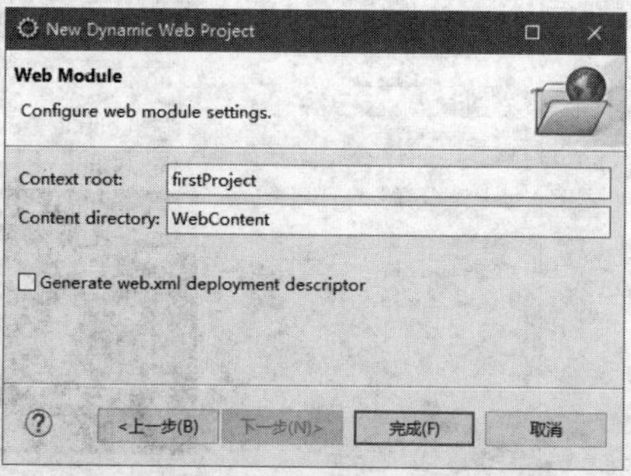

图 1-24 “Web Module”界面

说明：实际上，“Content directory”文本框中采用什么值并不会影响程序的运行，读者也可以自行设定，例如可以将其设置为 WebRoot。

⑤ 关闭默认打开的“Donate”选项卡。此时在Eclipse平台左侧的项目资源管理器中，将显示项目firstProject，依次展开各节点，可显示出图1-25所示的目录结构。

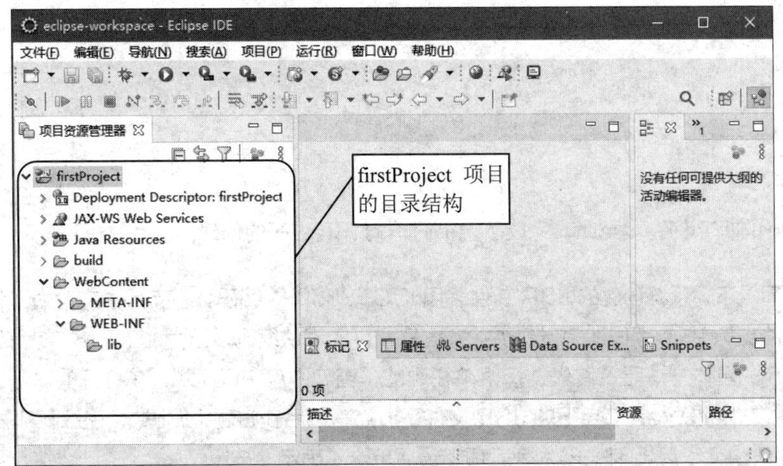

图1-25 项目firstProject的目录结构

项目创建完成后，就可以根据实际需要创建类文件、JSP文件或其他文件了。下面将创建一个名称为index.jsp的JSP文件。

① 在Eclipse的项目资源管理器中，选中“firstProject”节点下的“WebContent”节点，并单击鼠标右键；在打开的快捷菜单中，选择“新建”/“JSP File”，打开“New JSP File”对话框；在该对话框的“文件名”文本框中输入文件名index.jsp，其他采用默认设置，单击“下一步”按钮，如图1-26所示。

② 打开“Select JSP Template”界面，这里采用默认设置即可，单击“完成”按钮，完成JSP文件的创建，如图1-27所示。

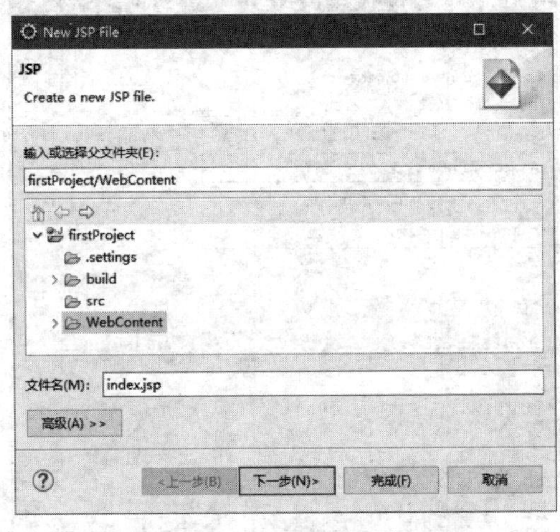

图1-26 “New JSP File”对话框

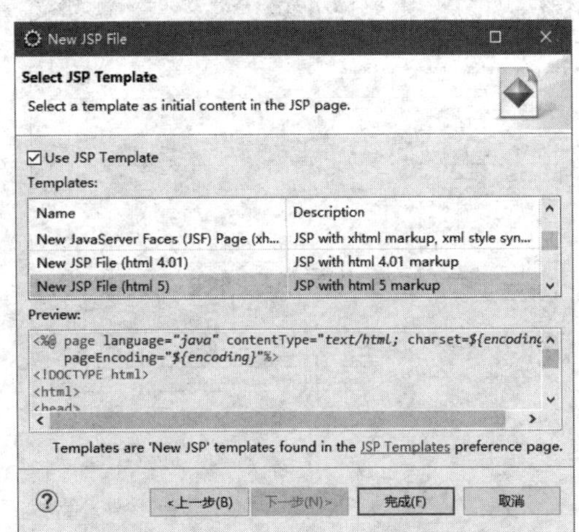

图1-27 “Select JSP Template”界面

③ 此时，在项目资源管理器的WebContent节点下，将自动添加一个名称为index.jsp的节点，同时，Eclipse会自动以默认用与JSP文件关联的编辑器将文件在右侧的编辑窗口中打开。

④ 将index.jsp文件中的默认代码修改为以下代码：

```
<%@ page language="java" contentType="text/html; charset=UTF-8"
    pageEncoding="UTF-8"%>
<!DOCTYPE HTML>
```

```
<html>
<head>
<meta charset="utf-8">
<title> 使用 Eclipse 开发一个 JSP 网站 </title>
</head>
<body>
保护环境，从自我做起……
</body>
</html>
```

⑤ 将编辑好的 JSP 保存。至此，完成了一个简单的 JSP 程序的创建。

在默认情况下，系统创建的 JSP 文件采用 ISO-8859-1 编码，不支持中文。为了让 Eclipse 创建的文件支持中文，可以在首选项中将 JSP 文件的默认编码设置为 UTF-8 或者 GBK。设置为 UTF-8 的具体方法是：首先选择菜单栏中的“窗口”/“首选项”，在打开的“首选项”对话框中，选中左侧的 Web 节点下的 JSP 文件子节点，然后在右侧“编码”下拉列表框中选择“ISO 10646 、Unicode(UTF-8)”列表项，最后单击“确定”按钮。

在发布和运行项目前，需要先配置 Web 服务器。如果已经配置好 Web 服务器，就不需要再重新配置了。也就是说，下面的内容不是每个项目开发时所必须经过的步骤。配置 Web 服务器的具体步骤如下。

① 在 Eclipse 工作台的其他视图中，选中 Servers 视图，在该视图的空白区域单击鼠标右键，在弹出的快捷菜单中选择“New”/“Server”，将打开“New Server”对话框。在该对话框中，展开 Apache 节点，选中该节点下的“Tomcat v9.0 Server”子节点，其他采用默认设置，单击“下一步”按钮，如图 1-28 所示。

② 将打开指定 Tomcat 服务器安装路径的界面，单击“Browse…”按钮，选择 Tomcat 的安装路径，这里为 C:\Tomcat 9.0，其他采用默认设置，单击“完成”按钮，完成 Tomcat 服务器的配置，如图 1-29 所示。

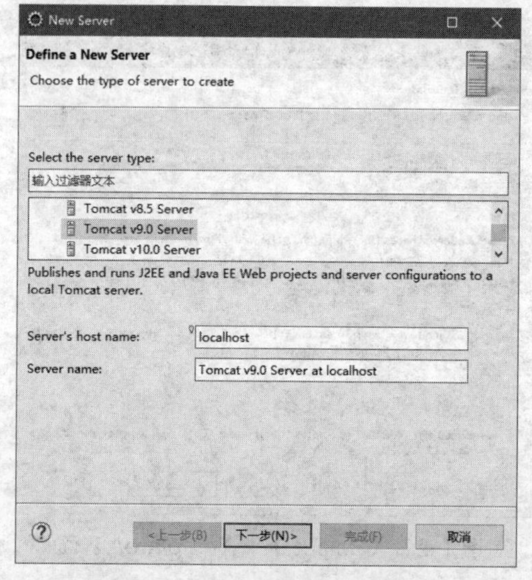

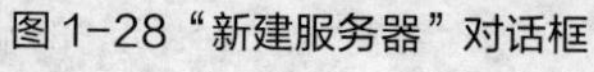
图 1-28 “新建服务器”对话框

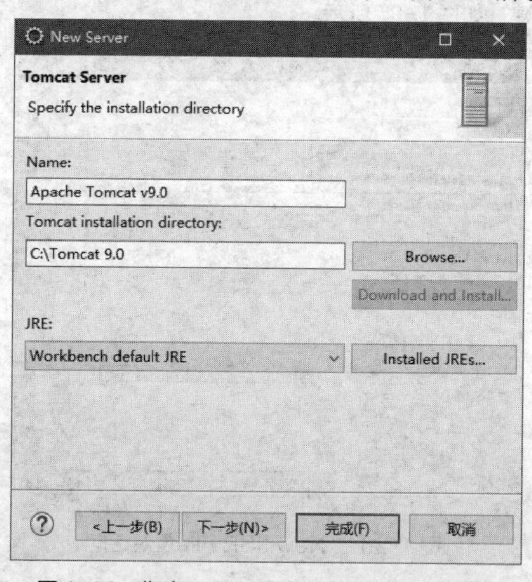

图 1-29 指定 Tomcat 服务器安装路径的界面

③ 这时在 Servers 视图中，将显示一个“Tomcat v9.0 Server at localhost [Stopped Republish]”节点，表示 Tomcat 服务器没有启动。

在 Servers 视图中，选中服务器节点，单击“▶”按钮，可以启动服务器。服务器启动后，还可以单击“■”按钮，停止服务器。

动态 Web 项目创建完成后，就可以将项目发布到 Tomcat 并运行了。下面将介绍具体的方法。

在项目资源管理器中选择项目名称节点，在工具栏上单击“”按钮中的黑三角，在弹出的快捷菜单中选择“运行方式”/“Run On Server”，将打开“Run On Server”对话框。在该对话框中，选中 Always use this server when running this project，其他采用默认设置，单击“完成”按钮，即可通过 Tomcat 运行该项目，如图 1-30 所示。

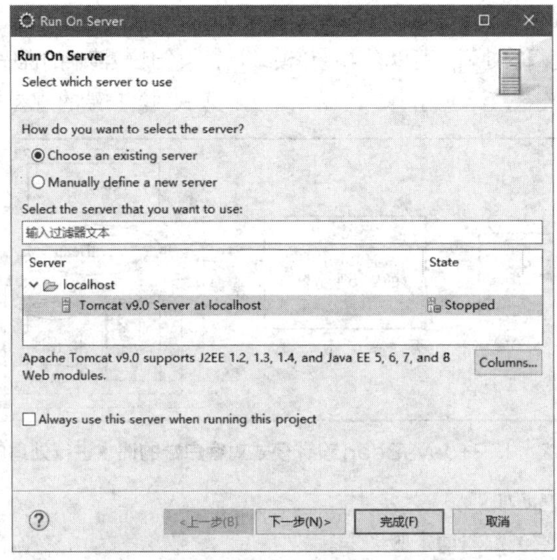

图 1-30 “Run On Server”对话框

项目运行后的效果如图 1-31 所示。

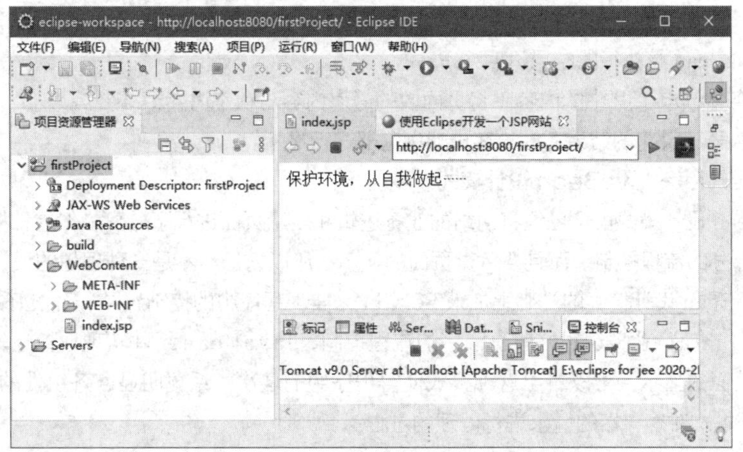

图 1-31 项目运行后的效果

1.7 JSP 程序开发模式

1. 单纯的 JSP 编程

JSP 程序
开发模式

在该模式下，通过应用 JSP 的脚本标志，可直接在 JSP 中实现各种功能。虽然这种模式很容易实现，但是其缺点也非常明显。因为将大部分的 Java 代码与 HTML 代码混淆在一起，会给程序的维护和调试带来很多的困难，而且这对整个程序结构清晰性的帮助更是无从谈起。这就好比规划管理一个大企业，如果将负责不同任务的所有员工都安排在一起工作，势必会造成秩序混乱、不易管理等隐患。所以说，单纯的 JSP 编程模式是无法应用到大型、中型甚至小型 JSP Web 应用程序开发中的。

2. JSP+JavaBean 设计模式

JSP+JavaBean 设计模式是 JSP 程序开发的经典设计模式之一，适合小型或中型程序的开发。利用 JavaBean 技术，可以很容易地完成一些业务逻辑上的操作，例如数据库的连接、用户登录与注销等。JavaBean 是一个遵守了一定规则的 Java 类。在程序的开发中，通常将要进行的业务逻辑封装到这个类中，在 JSP 中通过动作标签来调用这个类，从而执行业务逻辑。此时的 JSP 除了负责部分流程的控制外，大部分用来实现页面的显示，而 JavaBean 负责业务逻辑的处理。可以看出，该模式具有一个比较清晰的程序结构，在 JSP 技术的起步阶段，JSP+JavaBean 设计模式曾被广泛应用。图 1-32 所示为该模式对客户端的请求进行处理的过程。

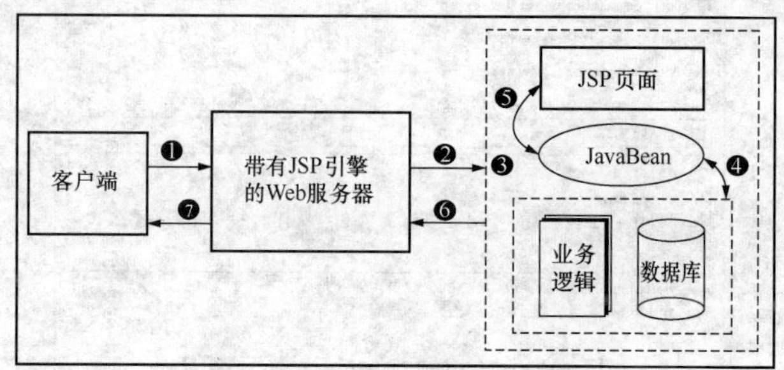

图 1-32　JSP+JavaBean 设计模式对客户端的请求进行处理的过程

图 1-32 所示各步骤的说明如下。

第 1 步：用户通过客户端浏览器请求服务器。

第 2 步：服务器接收用户请求后调用 JSP。

第 3 步：在 JSP 中调用 JavaBean。

第 4 步：在 JavaBean 中连接及操作数据库，或实现其他业务逻辑。

第 5 步：JavaBean 将执行的结果返回 JSP。

第 6 步：服务器读取 JSP 中的内容（将页面中的静态内容与动态内容相结合）。

第 7 步：服务器将最终的结果返回给客户端浏览器进行显示。

3. JSP+Servlet+JavaBean 设计模式

JSP+JavaBean 设计模式虽然已经将网站的业务逻辑和显示页面进行了分离，但这种模式下的 JSP 不但要进行程序中大部分的流程控制，而且要负责页面的显示，所以它仍然不是一种理想的设计模式。

在 JSP+JavaBean 设计模式的基础上加入 Servlet 来实现程序中的控制层是一个很好的选择。在这种模式中，由 Servlet 来执行业务逻辑并负责程序的流程控制，JavaBean 组件实现业务逻辑，充当着模型的角色，JSP 用于页面的显示。可以看出这种模式使得程序中的层次关系更明显，各组件的分工也非常明确。图 1-33 所示为该模式对客户端的请求进行处理的过程。

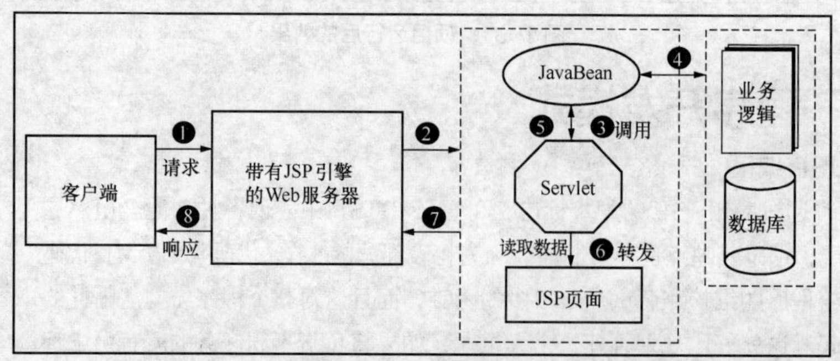

图 1-33　JSP+Servlet+JavaBean 设计模式对客户端的请求进行处理的过程

图 1-33 所示各步骤的说明如下。

第 1 步：用户通过客户端浏览器请求服务器。

第 2 步：服务器接收用户请求后调用 Servlet 等。

第 3 步：Servlet 根据用户请求调用 JavaBean 处理业务。

第 4 步：在 JavaBean 中连接及操作数据库，或实现其他业务逻辑。

第 5 步：JavaBean 将结果返回 Servlet，在 Servlet 中将结果保存到请求对象中。

第 6 步：由 Servlet 转发请求到 JSP。

第 7 步：服务器读取 JSP 中的内容（将页面中的静态内容与动态内容相结合）。

第 8 步：服务器将最终的结果返回给客户端浏览器进行显示。

但 JSP+Servlet+JavaBean 模式同样也存在缺点。该模式遵循了 MVC（Model-View-Controller，模型 - 视图 - 控制器）设计模式。MVC 只是一个抽象的设计概念，它将待开发的应用程序分解为 3 个独立的部分：模型（Model）、视图（View）和控制器（Controller）。虽然用来实现 MVC 设计模式的技术可能都是相同的，但各公司都有自己的 MVC 架构。也就是说，这些公司用来实现自己的 MVC 架构所应用的技术可能都是 JSP、Servlet 与 JavaBean，但他们的流程及设计是不同的，所以工程师需要花更多的时间去了解。从项目的开发观点上来说，因为需要设计 MVC 各对象之间的数据交换格式与方法，所以会在系统的设计上花费更多的时间。

使用 JSP+Servlet+JavaBean 模式进行项目开发时，可以选择一个实现了 MVC 模式的现成框架，在此基础上进行开发，能大大节省开发时间，取得事半功倍的效果。目前已有很多可以使用的现成 MVC 框架，例如 Struts 框架。

JSP+JavaBean 与 JSP+Servlet+JavaBean 是 JSP 开发中的两种经典设计模式。

4. MVC 模式

MVC 是一种程序设计概念，它同时适用于开发简单的和复杂的程序。使用该模式可将待开发的应用程序分解为 3 个独立的部分：模型、视图和控制器。提出这种设计模式主要是因为应用程序中用来完成任务的代码——模型（也称为“业务逻辑”），通常是程序中相对稳定的部分，并且会被重复使用；而程序与用户进行交互的页面——视图，却是经常改变的。如果因需要更新页面而不得不对业务逻辑代码进行改动，或者要在不同的模块中应用到相同的功能而重复地编写业务逻辑代码，不仅会降低整体程序开发的进程，而且会使程序变得难以维护。因此，将业务逻辑代码与外观呈现分离，可更容易根据需求的改变来改进程序。

MVC 模式中的模型指的是业务逻辑的代码，是应用程序中真正用来完成任务的部分。

视图实际上就是程序与用户进行交互的界面，用户可以看到它的存在。视图可以具备一定的功能并应遵守对其的约束，在视图中不应包含对数据处理的代码，即业务逻辑代码。

控制器主要用于控制用户请求并进行响应。它根据用户的请求选择模型或修改模型，并决定返回怎样的视图。

1.8 第一个 JSP 应用

第一个 JSP
应用

本节通过一个简单的例子，使读者对 JSP 技术的实现和语法有一个初步的认识。刚刚接触 JSP 的读者可能会很难理解本节中的例子，需要继续学习本书后面的章节，再重新理解。

图 1-34 所示为实例运行结果，本实例只包含一个 index.jsp 页面。在该页面中，首先获取当前用户的访问时间，然后对获取的时间进行分析，最后根据分析结果向页面输出指定的信息。

这是一个动态的 Web 应用，因为程序会根据当前用户的访问时间来显示对应的消息，但这仍然是事先人为地编写出各种情况，然后由计算机来根据条件进行判断选择。该应用的开发步骤如下所示。

① 根据 1.6.2 “Eclipse 的使用” 一节中的介绍，先来创建一个名为 FirstJsp 的 Web 项目。

② 项目创建完毕后，在 WebContent 目录下新建一个 index.jsp 页面文件，并对该文件进行如下编码：

```
<%@ page contentType="text/html;charset=UTF-8"%>
<%@ page import="java.util.Date,java.text.*"%>
<!-- 导入用到的类包文件 -->
<%
Date nowday = new Date();                    //获取当前日期
int hour = nowday.getHours();                //获取日期中的小时
SimpleDateFormat format = new SimpleDateFormat("yyyy-MM-dd HH:mm:ss"); //定义日期格式化对象
String time = format.format(nowday); //将指定日期格式化为“yyyy-MM-dd HH:mm:ss”形式
%>
<html>
<head>
<title>第一个 JSP 应用</title>
</head>
<body style="text-align:center">
        <ul style="list-style-type: none;">
            <li style="font-size: 30; margin: 30 0 10 0">温馨提示：</li>
            <li style="font-size: 20; margin: 20">现在时间为 <%=time%></li>
            <li style="font-size: 25; margin: 30">
            <!-- 以下为嵌入 HTML 中的 Java 代码，用来生成动态的内容 --> <%
             if (hour >= 24 && hour < 5)
               out.print("现在是凌晨！时间还很早，再睡会吧？");
             else if (hour >= 5 && hour < 10)
               out.print("早上好！新的一天即将开始，您准备好了吗？");
             else if (hour >= 10 && hour < 13)
               out.print("午休时间！正午好时光！");
             else if (hour >= 13 && hour < 18)
               out.print("下午继续努力工作吧！");
             else if (hour >= 18 && hour < 21)
               out.print("晚上好！自由时间！");
             else if (hour >= 21 && hour < 24)
               out.print("已经是深夜，注意休息！");
             %>
             </li>
        </ul>
</body>
</html>
```

从上述代码中可以很直观地看出，JSP 是由 HTML 代码、JSP 元素和嵌入 HTML 代码中的 Java 代码构成的。当用户请求该页面时，服务器就加载该页面，并且会执行页面中的 JSP 元素和 Java 代码。最后将执行的结果与 HTML 代码一起返回给客户端，由客户端浏览器进行显示。

③ 将应用发布到 Tomcat 中，然后通过 Eclipse 启动 Tomcat 服务器。

④ 打开 IE，在地址栏中输入 “http://localhost:8080/FirstJsp”，最终将出现图 1-34 所示的运行结果。

温馨提示：
现在时间为：2021-01-22 09:59:42
早上好!新的一天即将开始,您准备好了吗?

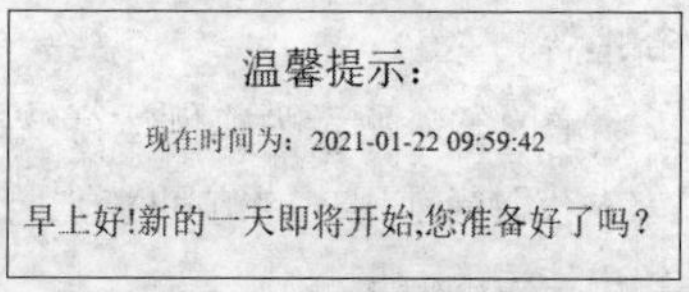

图 1-34　实例运行结果

1.9 本章小结

本章主要介绍了学习 JSP 需要掌握和了解的一些技术与概念。例如，读者需要了解 JSP 技术的梗概、技术特征和处理过程；而在 JSP 开发环境的搭建中，读者需要掌握 JDK 及 Tomcat 的安装与配置方法，掌握安装 Eclispe 开发工具的方法，并且能够应用它们开发一个简单的 JSP 程序；另外，在开发 JSP 程序的两种经典设计模式中，读者需要了解 JSP+JavaBean 和 JSP+Servlet+ JavaBean 模式对客户端的请求进行处理的过程。

习 题

1-1 JSP 的全称是什么，有什么优点，它与 ASP、PHP 的相同点是什么?

1-2 JSP 中可重复使用的组件有哪些?

1-3 什么是 JSP 的预编译特征?

1-4 开发 JSP 程序需要具备哪些开发环境?

1-5 在成功安装 JDK 后，需要配置哪些环境变量?

1-6 Tomcat 的默认端口、用户名和密码分别是什么?

1-7 本章介绍的用来开发 JSP 程序的开发工具是什么?

1-8 开发 JSP 程序可采用哪几种开发模式? 分别介绍它们的优缺点。

1-9 以下哪个选项不是 JSP 所具有的特征?

（1）跨平台。 （2）快速建立 Web Form。

（3）分离静态内容与动态内容。 （4）可重复使用的组件。

（5）沿用 Servlet 的所有功能。 （6）预编译。

1-10 请说明在 Eclipse 开发工具中以下快捷键的功能。

（1）Alt + 上下方向键。 （2）Ctrl + / 。

（3）Ctrl + D。 （4）Ctrl + W。

（5）Ctrl + F6。 （6）Ctrl + Shift + O。

（7）Ctrl + Shift + X。 （8）Ctrl + Shift + Y。

上机指导

1-1 安装与配置 JDK，并测试 JDK 的安装是否成功。

1-2 安装与启动 Tomcat，并通过浏览器访问 Tomcat 的主页面。

1-3 安装 Eclipse 开发工具，并进行本地化。

1-4 在 Eclipse 中配置 Web 服务器，要求使用外置的 Tomcat 服务器。

1-5 根据 1.6.2 小节的讲解，开发并运行 JSP 程序。

CHAPTER 02

第2章 JSP开发基础

本章要点

- Java 语言的基础知识
- JavaScript 语言的基础知识

■ JSP 是基于 Java 语言的，是 Java 语言的网络应用，因此，在学习 JSP 时，需要熟悉 Java 语言。JavaScript 是一种比较流行的制作网页特效的脚本语言，它由客户端浏览器解释执行。在 JSP 程序中适当地使用 JavaScript，不仅能提高程序的开发速度，而且能减轻服务器的负荷。

通过学习本章，读者应熟练掌握面向对象程序设计中介绍的类、对象和包的使用方法；了解 Java 的数据类型及数据类型间的转换；掌握 Java 运算符、流程控制语句的使用方法；了解字符串处理、数组的创建与应用；了解 Java 中集合类的应用；掌握 Java 的异常处理方法；掌握 JavaScript 基本语法及常用对象的使用方法。

2.1 Java 语言基础

Java 语言是由 Sun 公司于 1995 年推出的新一代编程语言。Java 语言一经推出，便受到了业界的广泛关注，现已成为一种在 Internet 应用中被广泛使用的网络编程语言。它具有简单、面向对象、可移植、可分布、解释器通用、稳健、多线程、安全及高性能等特点。另外，Java 语言提供了丰富的类库，方便用户进行自定义操作。

2.1.1 基本数据类型及基本数据类型间的转换

1. 基本数据类型

基本数据类型及基本数据类型间的转换

Java 基本数据类型主要包括整数类型、浮点类型、字符类型和布尔类型。其中整数类型又分为字节型（byte）、短整型（short）、整型（int）和长整型（long），它们都用来定义一个整数，唯一的区别就是它们所定义的整数所占用内存的空间大小不同，因此整数的取值范围也不同。Java 中的浮点类型又包括单精度型（float）和双精度型（double），在程序中可使用这两种类型来存储小数。

Java 中各种基本数据类型的取值范围、占用的内存大小和默认值如表 2-1 所示。

表 2-1 Java 中各种基本数据类型的取值范围、占用的内存大小和默认值

数据类型		关键字	占用内存	取值范围	默认值
整数类型	字节型	byte	8bit	-128 ~ 127	0
	短整型	short	16bit	-32768 ~ 32767	0
	整型	int	32bit	-2147483648 ~ 2147483647	0
	长整型	long	64bit	-9223372036854775808 ~ 9223372036854775807	0
浮点类型	单精度型	float	32bit	1.4E-45 ~ 3.4028235E38	0.0f
	双精度型	double	64bit	4.9E-324 ~ 1.7976931348623157E308	0.0d
字符类型	字符型	char	16bit	16bit 的 Unicode 字符，可容纳各国的字符集；若以 Unicode 来看，就是 '\u0000' ~ '\uffff'；若以整数来看，范围在 0 ~ 65535，例如 65 代表 'A'	'\u0000'
布尔类型	布尔型	boolean	8bit	true 和 false	false

2. 基本数据类型间的转换

在 Java 语言中，当多个不同基本数据类型的数据进行混合运算时，如整数类型、浮点类型和字符类型进行混合运算，需要先将它们转换为统一的类型，然后进行计算。在 Java 中，基本数据类型之间的转换可分为自动类型转换和强制类型转换两种，下面分别进行介绍。

（1）自动类型转换

从低级类型向高级类型的转换为自动类型转换。这种转换将由系统按照各数据类型的级别从低到高自动完成，Java 编程人员无须进行任何操作。在 Java 中各基本数据类型的优先级如图 2-1 所示。

（2）强制类型转换

如果把高级类型数据赋值给低级类型数据，就必须进行强制类型转换，否则编译会出错。强制类型转换格式如下：

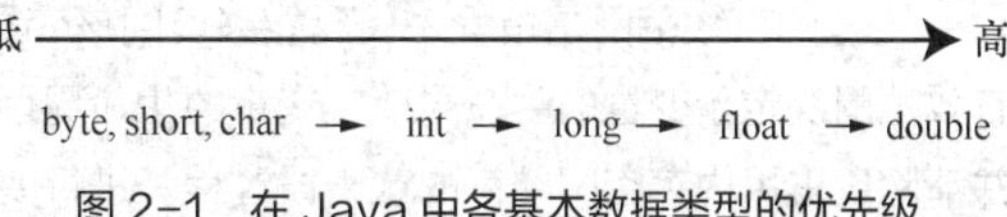

图 2-1 在 Java 中各基本数据类型的优先级

```
(要转换的数据类型)值
```

其中“值”可为字面常数或者变量，如下：

```
byte      b=3;
int       i1=261,      i2;
long      L1=102,      L2;
float     f1=1.234f,   f2;
double    d1=5.678;
short     s1=65,       s2;
char      c1='a',      c2;
s2=(short)c1;                  //将 char 型强制转换为 short 型，s2 值为 97
c2=(char)s1;                   //将 short 型强制转换为 char 型，c2 值为 A
b=(byte)i1;                    //将 int 型强制转换为 byte 型，b 值为 5
i2=(int)L1;                    //将 long 型强制转换为 int 型，i2 值为 102
L2=(long)f1;                   //将 float 型强制转换为 long 型，L2 值为 1
f2=(float)d1;                  //将 double 型强制转换为 float 型，f2 值为 5.678
byte bb=(byte)774;             //强制转换 int 型字面常数 774 为 byte 型，bb 值为 6
int ii=(int)9.0123;            //强制转换 double 型字面常数 9.0123 为 int 型，ii 值为 9
```

2.1.2 变量与常量

变量与常量

在明确了各种基本数据类型及它们可存储的值的范围后，接下来必须知道如何利用这些类型来定义变量以及应用变量和常量。

1. 变量

变量是 Java 程序中的基本存储单元，它包括变量名、变量类型和变量的有效范围几个部分。

（1）变量名

变量名是一个合法的标识符，它是由字母、数字、下画线或美元符号“$”组成的序列。Java 对变量名区分大小写，变量名不能以数字开头，而且不能为关键字。合法的变量名有 pwd、value_1、money$ 等，非法的变量名有 3Three、house#、final（含关键字）等。

变量名应具有一定的含义，以增加程序的可读性。

（2）变量类型

变量类型用于指定变量的数据类型，可以通过 int、float、double 和 char 等关键字来指定。例如下面的代码：

```
int number;                    //定义整型变量
long numberL;                  //定义长整型变量
short numberS;                 //定义短整型变量
float numberF;                 //定义单精度变量
double numberD;                //定义双精度变量
char strC;                     //定义字符变量
```

（3）变量的有效范围

变量的有效范围是指程序代码能够访问该变量的区域，若超出该区域访问变量，则编译时会出现错误。有效范围决定了变量的生命周期。变量的生命周期是指从声明一个变量并分配内存空间开始，到释放该变量并清除所占用内存空间结束的这一段过程。进行变量声明的位置决定了变量的有效范围。根据有效范围的不同，可将变量分为以下两种。

① 成员变量：在类中声明的变量，在整个类中有效。

② 局部变量：在方法内或方法内的某代码块（方法内部“{”与“}”之间的代码）中声明的变量。在代码块中声明的变量，只在当前代码块中有效；在代码块外、方法内声明的变量，在整个方法内都有效。

通过以下代码可以了解成员变量和局部变量的声明及使用范围：

```
public class Game {
    private int medal_All=800;          // 成员变量
    public void China(){
        int medal_CN=100;               // 方法的局部变量
        if(true){                       // 代码块
            int gold=50;                // 代码块的局部变量
            medal_CN+=50;               // 允许访问
            medal_All-=150;             // 允许访问
        }
        gold=100;                       // 编译出错
        medal_CN+=100;                  // 允许访问
        medal_All-=200;                 // 允许访问
    }
    public void Other(){
        medal_All=800;                  // 允许访问
        medal_CN=100;                   // 编译出错，不能访问其他方法中的局部变量
        gold=10;                        // 编译出错
    }
}
```

2. 常量

在 Java 中写下一个数值，这个数称为字面常数。它会存储于内存中的某个位置，用户无法改变它的值。Java 中的常量值是用字符串表示的，它可区分为不同的类型，如整型常量 321、实型常量 3.21、字符常量 a、布尔常量 true 和 false 及字符串常量 "One World One Dream"。

在 Java 中，也可以用 final 关键字来定义常量。通常情况下，在通过 final 关键字定义常量时，常量名全部为大写字母。需要说明的是，由于常量在程序执行过程中保持不变，所以在常量定义后，如果再次对该常量进行赋值，程序将会出错。

2.1.3 运算符的应用

在 Java 语言中表达各种运算的符号叫运算符。Java 运算符主要可分为算术运算符、赋值运算符、关系运算符、逻辑运算符、位运算符、条件运算符及自动递增与递减运算符，下面将分别进行介绍。

算术运算符

1. 算术运算符

Java 中的算术运算符包括 +（加号）、（-）减号、*（乘号）、/（除号）和 %（求余）。算术运算符支持整数类型和浮点类型数据的运算，当整数类型与浮点类型数据进行算术运算时，会进行自动类型转换，结果为浮点类型数据。

Java 中的算术运算符如表 2-2 所示。

表 2-2　Java 中的算术运算符

运　算　符	说　　明	举　　例	结果及类型
+	加法	1.23f+10	结果：11.23。类型：float
-	减法	4.56-0.5f	结果：4.06。类型：double
*	乘法	3*9L	结果：27。类型：long
/	除法	9/4	结果：2。类型：int
%	求余数	10%3	结果：1。类型：int

2．赋值运算符

Java 中的赋值运算可以分为简单赋值运算和复合赋值运算。简单赋值运算是指将赋值运算符（=）右边表达式的值保存到赋值运算符左边的变量中，复合赋值运算混合了其他操作（算术运算操作、位操作等）和赋值操作，如下所示：

赋值运算符

```
sum+=i;          // 等同于 sum=sum+i;
```

Java 中的赋值运算符如表 2-3 所示。

表 2-3　Java 中的赋值运算符

运算符	说　　明	运　算　符	说　　明
=	简单赋值	&=	进行与运算后赋值
+=	相加后赋值	|=	进行或运算后赋值
-=	相减后赋值	^=	进行异或运算后赋值
*=	相乘后赋值	<<=	左移之后赋值
/=	相除后赋值	>>=	带符号右移后赋值
%=	求余后赋值	>>>=	填充零右移后赋值

3．关系运算符

通过关系运算符计算的结果是一个布尔类型值。对于使用关系运算符的表达式，计算机将判断运算对象之间通过关系运算符指定的关系是否成立，若成立则表达式的返回值为 true，否则为 false。

关系运算符

关系运算符包括 >（大于）、<（小于）、>=（大于或等于）、<=（小于或等于）、==（等于）和 !=（不等于）。其中等于和不等于运算符适用于引用类型和所有的基本数据类型，而其他的关系运算符只适用于除布尔类型外的所有基本数据类型。

Java 中的关系运算符如表 2-4 所示。

表 2-4　Java 中的关系运算符

运算符	说　明	举　例	结　果	运算符	说　明	举　例	结　果
>	大于	'a'>'b'	false	<=	小于或等于	1.67f<=1.67f	true
<	小于	200>100	true	==	等于	1.0==1	true
>=	大于或等于	11.11>=10	true	!=	不等于	'天'!='天'	false

4．逻辑运算符

逻辑运算符经常用来连接关系表达式，对关系表达式的值进行逻辑运算，因此逻辑运算符的运算对象必须是逻辑型数据，其逻辑表达式的运行结果也是逻辑型数据。Java 中的逻辑运算符如表 2-5 所示。

逻辑运算符

表 2-5　Java 中的逻辑运算符

<table>
<tr><th>运 算 符</th><th>意　义</th><th>运 算 结 果</th></tr>
<tr><td>&</td><td>逻辑与</td><td>true&true：true。false&false：false。true&false：false</td></tr>
<tr><td>|</td><td>逻辑或</td><td>true!true：true。false!false：false。true!false：true</td></tr>
<tr><td>^</td><td>异或</td><td>true&true：false。false&false：false。true&false：true</td></tr>
<tr><td>||</td><td>短路或</td><td>true&true：true。false&false：false。true&false：true</td></tr>
<tr><td>&&</td><td>短路与</td><td>true&true：true。false&false：false。true&false：false</td></tr>
<tr><td>!</td><td>逻辑反</td><td>!true：false。!false：true</td></tr>
<tr><td>==</td><td>相等</td><td>true==true：true。false==false：true。true==false：false</td></tr>
<tr><td>!=</td><td>不相等</td><td>true!=true：false。false!=false：false。true!=false：true</td></tr>
</table>

5. 位运算符

位运算符用于对数值的位进行操作，参与运算的操作数只能是 int 类型或 long 类型的。在不产生溢出的情况下，左移一位相当于乘 2，用左移实现乘法运算的速度比通常的乘法运算速度快。Java 中的位运算符如表 2-6 所示。

位运算符

表 2-6　Java 中的位运算符

<table>
<tr><th>运 算 符</th><th>说　明</th><th>实　例</th></tr>
<tr><td>&</td><td>转换为二进制数据进行与运算</td><td>1&1=1，1&0=0，0&1=0，0&0=0</td></tr>
<tr><td>|</td><td>转换为二进制数据进行或运算</td><td>1|1=1，1|0=1，0|1=1，0|0=0</td></tr>
<tr><td>^</td><td>转换为二进制数据进行异或运算</td><td>1^1=0，1^0=1，0^1=1，0^0=0</td></tr>
<tr><td>~</td><td>进行数值的相反数减 1 运算</td><td>~50= -50-1= -51</td></tr>
<tr><td>>></td><td>带符号向右移位</td><td>15 >> 1 = 7</td></tr>
<tr><td><<</td><td>向左移位</td><td>15 << 1 = 30</td></tr>
<tr><td>>>></td><td>无符号向右移位</td><td>15 >>> 1 = 7</td></tr>
<tr><td><<=</td><td>左移赋值运算符</td><td>n << =3 等价于 n = n << 3</td></tr>
<tr><td>>>=</td><td>右移赋值运算符</td><td>n >> =3 等价于 n = n >> 3</td></tr>
<tr><td>>>>=</td><td>无符号右移赋值运算符</td><td>n >>> =3 等价于 n = n >>> 3</td></tr>
</table>

6. 条件运算符

条件运算符是三元运算符，其语法格式如下：

```
<表达式>?a : b
```

其中，表达式值的类型为逻辑型。若表达式的值为 true，则返回 a 的值；若表达式的值为 false，则返回 b 的值。

【例 2-1】应用条件运算符输出库存信息。

```
<% int store=10;
out.println(store<=2?" 库存不足！ ":" 库存量："+store);
store=1;
out.println(store<=2?"<br> 库存不足！ ":" 库存量："+store);
%>
```

条件运算符

运行结果如图 2-2 所示。

图 2-2　例 2-1 运行结果

7．自动递增与递减运算符

自动递增与递减运算符

与 C、C++ 相同，Java 语言也提供了自动递增与递减运算符，其作用是自动将变量值加 1 或减 1。它们既可以放在操作元的前面，也可以放在操作元的后面。根据运算符位置的不同，最终得到的结果也是不同的：放在操作元前面的自动递增运算符，会先将变量的值加 1，然后使该变量参与表达式的运算；放在操作元后面的递增运算符，会先使变量参与表达式的运算，然后将该变量加 1。例如以下代码：

```
int n1=3;
int n2=3;
int a=2+(++n1);                //先将变量 n1 加 1，然后执行"2+4"
int b=2+(n2++);                //先执行"2+3"，然后将变量 n2 加 1
System.out.println(a);         //输出结果为 6
System.out.println(b);         //输出结果为 5
System.out.println(n1);        //输出结果为 4
System.out.println(n2);        //输出结果为 4
```

自动递增与递减运算符的操作元只能为变量，不能为字面常数和表达式，且该变量类型必须为整数类型、浮点类型或 Java 包装类型。例如，++1、(n+2)++ 都是不合法的。

2.1.4　流程控制语句

Java 语言中，流程控制语句主要有分支语句、循环语句和跳转语句 3 种。下面进行详细介绍。

分支语句

1．分支语句

所谓分支语句，就是指对语句中不同条件的值进行判断，进而根据不同的条件执行不同的语句。在分支语句中主要有两种语句：if 语句和 switch 语句。下面对这两种语句进行详细介绍。

（1）if 语句

if 语句是条件语句最常用的一种形式，它可针对某种条件有选择地做出处理，通常表现为"如果满足某种条件，就进行某种处理，否则就进行另一种处理"。其语法格式如下：

```
if(条件表达式){
    语句序列 1
}else{
    语句序列 2
}
```

代码说明如下。

条件表达式：必要参数。其值可以由多个表达式组成，但是其最后结果一定是布尔类型的，也就是说其结果只能是 true 或 false。

语句序列 1：可选参数。为一条或多条语句，当表达式的值为 true 时执行这些语句。

语句序列 2：可选参数。为一条或多条语句，当表达式的值为 false 时执行这些语句。

if 条件语句的执行流程图如图 2-3 所示。

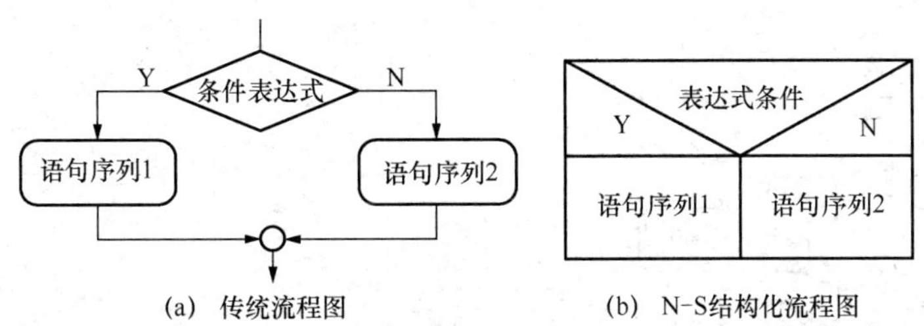

(a) 传统流程图　　(b) N-S结构化流程图

图 2-3 if 条件语句的执行流程图

【例 2-2】if 语句示例。

判断 strName 字符串是否为空，如果为空输出“请输入姓名”，否则输出该字符串，代码如下：

```
<% String strName=null;
if(strName==null){
    out.println(" 请输入姓名！ ");
}else{
    out.println(" 姓名为 "+strName);
} %>
```

运行结果如下：

```
请输入姓名!
```

（2）switch 语句

switch 语句是多分支选择语句，常用来根据表达式的值选择要执行的语句。switch 语句的基本语法格式如下：

```
switch( 表达式 ){
    case 常量表达式 1: 语句序列 1
        [break;]
    case 常量表达式 2: 语句序列 2
        [break;]
    ……
    case 常量表达式 n: 语句序列 n
        [break;]
    default: 语句序列 n+1
        [break;]
}
```

代码说明如下。

表达式：必要参数。可以是整数类型、枚举类型或者字符串类型的变量。

常量表达式 1：如果有 case 出现，则为必要参数。该常量表达式的值必须是一个与表达式数据类型兼容的值。

语句序列 1：可选参数。为一条或多条语句，但不需要花括号。当表达式的值与常量表达式 1 的值匹配时执行；如果不匹配则继续判断其他值，直到执行常量表达式 n。

常量表达式 n ：如果有 case 出现，则为必要参数。该常量表达式的值必须是一个与表达式数据类型兼容的值。

语句序列 n ：可选参数。为一条或多条语句，但不需要花括号。当表达式的值与常量表达式 n 的值匹配时执行。

break ：可选参数。用于跳出 switch 语句。

default ：可选参数。如果没有该参数，则当所有匹配不成功时，不会执行任何操作。

语句序列 n+1：可选参数。如果没有与表达式的值相匹配的 case 常量时，将执行语句序列 n+1。

switch 语句的执行流程图如图 2-4 所示。

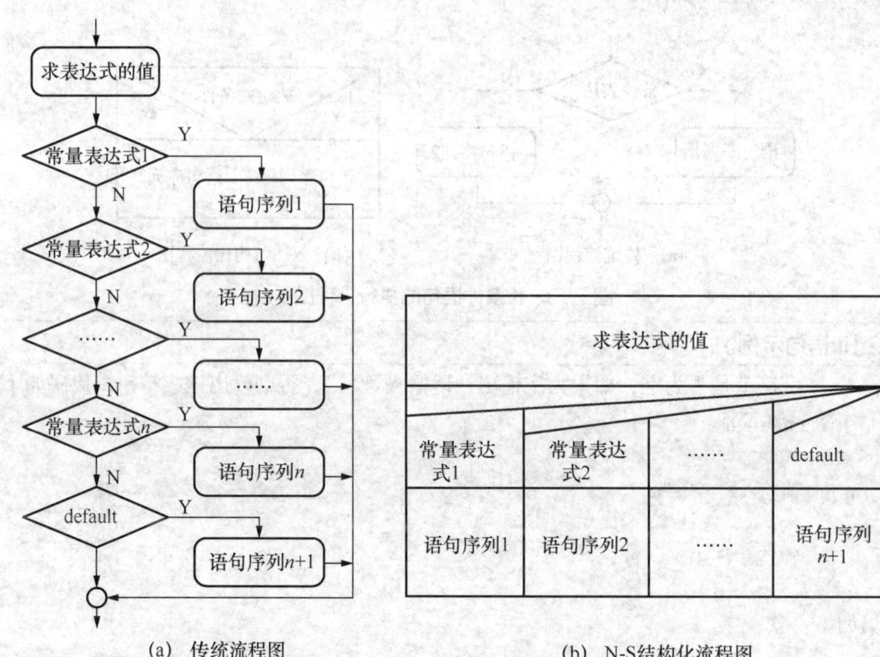

(a) 传统流程图　　(b) N-S结构化流程图

图 2-4　switch 语句的执行流程图

【例 2-3】switch 语句示例。

应用 switch 语句，根据输入的星期数输出相应的提示信息，代码如下：

```
<%
int inWeek=1;
switch(inWeek){
    case 1:out.println("新的一周开始了，努力学习吧！");
        break;
    case 2:out.println("继续努力学习吧！");
        break;
    case 3:out.println("继续努力学习！");
        break;
    case 4:out.println("继续努力学习！");
        break;
    case 5:out.println("继续努力学习！");
        break;
    default:out.println("休息了！");
}
%>
```

运行结果如下：

```
新的一周开始了，努力学习吧！
```

在程序开发的过程中，应该根据实际的情况确定如何使用 if 语句和 switch 语句，尽量做到物尽其用。一般情况下，对于判断条件较少的情况可以使用 if 语句，但是在实现一些多条件的判断中，就应该使用 switch 语句。

2. 循环语句

所谓循环语句，主要就是在满足条件的情况下反复执行某一个操作的语句。Java 提供了 3 种常用的循环语句，分别是 for 循环语句、while 循环语句和 do…while 循环语句。下面分别对这 3 种循环语句进行介绍。

（1）for 循环语句

for 循环语句也称为计次循环语句，一般用于循环次数已知的情况。for 循环语句的基本语法格式如下：

```
for( 初始化语句 ; 循环条件 ; 迭代语句 ){
    语句序列
}
```

代码说明如下。

初始化语句：为循环变量赋初始值的语句，该语句在整个循环语句中只执行一次。

循环条件：决定是否进行循环的表达式，其结果为布尔类型，也就是说其结果只能是 true 或 false。

迭代语句：用于改变循环变量的值的语句。

语句序列：也就是循环体，在循环条件的结果为 true 时，重复执行。

for 循环语句执行的过程是：先执行为循环变量赋初始值的语句；然后判断循环条件，如果循环条件的结果为 true，则执行一次循环体，否则直接退出循环；最后执行迭代语句，改变循环变量的值，至此完成一次循环；接下来进行下一次循环，直到循环条件的结果为 false，结束循环。for 循环语句的执行流程图如图 2-5 所示。

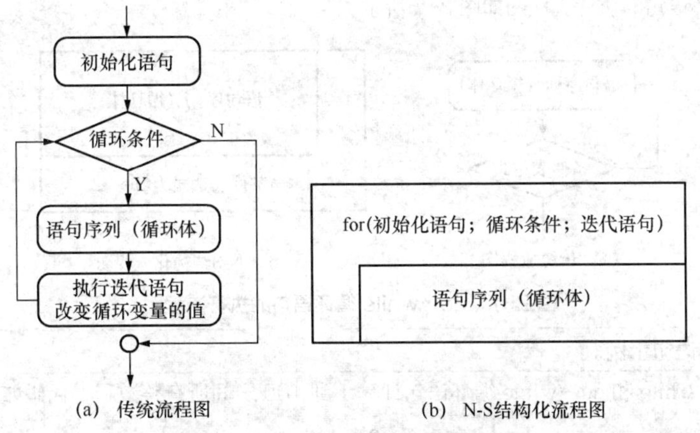

图 2-5 for 循环语句的执行流程图

（2）while 循环语句

while 循环语句也称为前测试循环语句，它的循环重复执行方式是利用一个条件来控制是否要继续重复执行这个语句。while 循环语句与 for 循环语句相比，无论是语法还是执行的流程，都较为简明易懂。while 循环语句的基本语法格式如下：

```
while( 条件表达式 ){
    语句序列
}
```

代码说明如下。

条件表达式：决定是否进行循环的表达式，其结果为布尔类型，也就是说其结果只能是 true 或 false。

语句序列：也就是循环体，在条件表达式的结果为 true 时，重复执行。

while 循环语句执行的过程是：先判断条件表达式，如果条件表达式的值为 true，则执行循环体，并且在循环体执行完毕后进入下一次循环，否则退出循环。while 循环语句的执行流程图如图 2-6 所示。

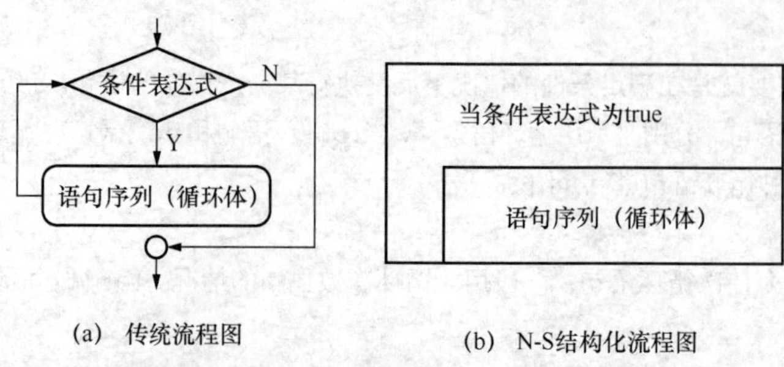

图 2-6 while 循环语句的执行流程图

（3）do…while 循环语句

do…while 循环语句也称为后测试循环语句，它的循环重复执行方式也是利用一个条件来控制是否要继续重复执行这个语句。与 while 循环语句所不同的是，它先执行一次循环语句，然后去判断是否继续执行。do…while 循环语句的基本语法格式如下：

```
do{
    语句序列
} while(条件表达式);    //注意！语句结尾处的分号“;”一定不能少
```

代码说明如下。

语句序列：也就是循环体，循环开始时首先被执行一次，然后在条件表达式的结果为 true 时重复执行。

条件表达式：决定是否进行循环的表达式，其结果为布尔类型，也就是说其结果只能是 true 或 false。

do…while 循环语句的执行流程图如图 2-7 所示。

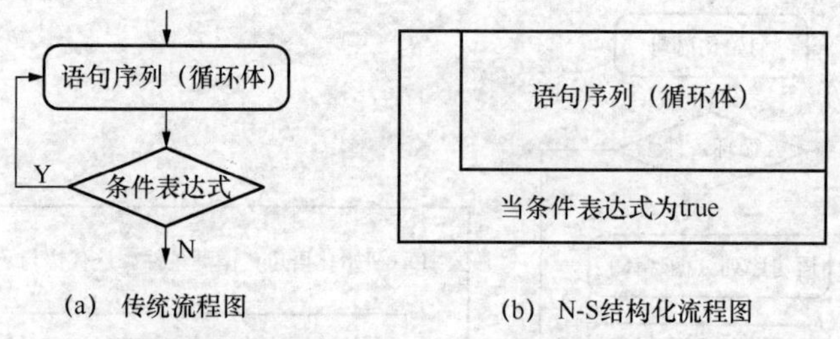

图 2-7 do…while 循环语句的执行流程图

【例 2-4】循环语句示例。

分别利用 for、while 和 do…while 循环语句计算 1 到 100 之间所有整数和，代码如下：

```
int sum=0;
for(int
i=1;i<=100;i++){
    sum+=i;
}
System.out.println("1 到 100
之间所有整数的和是："+sum);
```

```
int sum=0;
int i=1;
while (i<=100){
    sum+=i;
    i++;
}
System.out.println("1 到 100
之间所有整数的和是："+sum);
```

```
int sum=0;
int i=1;
do{
    sum+=i;
    i++;
} while (i<=100);
out.println("1 到 100 之间所
有整数的和是："+sum);
```

3. 跳转语句

Java 语言中提供了 3 种跳转语句，分别是 break 语句、continue 语句和 return 语句。下面将对这 3 种跳转语句进行详细介绍。

跳转语句

（1）break 跳转语句

break 跳转语句可以应用在 for 循环语句、while 循环语句和 do…while 循环语句中，用于强行退出循环，也就是忽略循环体中任何其他语句和循环条件的限制。

（2）continue 跳转语句

continue 跳转语句能应用在 for 循环语句、while 循环语句和 do…while 循环语句中，用于让程序直接跳过其后面的语句，进行下一次循环。

（3）return 跳转语句

return 跳转语句可以从一个方法返回，并把控制权交给调用它的语句。它的语法格式如下：

```
return [ 表达式 ];
```

代码说明如下。

表达式：可选参数，表示要返回的值。它的数据类型必须同方法声明中的返回值类型一致，这可以通过强制类型转换实现。

return 语句通常被放在被调用方法的最后，用于退出当前方法并返回一个值。当把单独的 return 语句放在一个方法的中间时，会产生“Unreachable code”的编译错误。但是可以通过把 return 语句用 if 语句括起来的方法，将 return 语句放在一个方法中间，用来实现在程序未执行完方法中的全部语句时退出。

2.1.5 字符串处理

字符串由一连串字符组成，它可以包含字母、数字、特殊符号、空格或中文字符，只要是键盘能输入的文字都可以。它的表示方法是在文字两边加双引号，例如，" 简单 " 或 "world" 等都是合法字符串。Java 以类型的方法来处理字符串。所有以双引号包围的字符串常数，Java 的编译器都会将它编译为 String 对象。

字符串的声明

1. 字符串的声明

在 Java 中，对于字符串的处理均由 Java.lang 包中的 String 类完成。下面是声明字符串变量的语法。

① 初始化一个新创建的 String 对象，它表示一个空字符序列。声明代码如下：

```
String()
```

② 导入参数。声明代码如下：

```
String(String name)
```

该方法用于创建带有内容的字符串，使用双引号标识。利用 new 关键字，调用 Strng 类产生一个字符串对象，并设置字符串的值。例如下面的代码：

```
String name = new String(" 简单 ");
```

name 是 String 对象，" 简单 " 指的是字符串内容。例如，要在网页中输出文字“平平淡淡才是真！快快乐乐才是福！”，可以写成以下代码：

```
<%
String str;                    // 定义字符串
str = new String(" 平平淡淡才是真！ ");
String str1 = new String(" 快快乐乐才是福！ ");
out.println(str);
out.println(str1);
%>
```

③ 导入一个 char[ ] 数组。声明代码如下：

```
String(char[ ] value);
```

使用该方法产生的 String 对象，内含的是 value 参数（char[] 类型）所代表的字符串内容。字符串是常量，它们的值在创建之后不能改变。字符串缓冲区支持可变的字符串。因为 String 对象是不可变的，所以可以共享它们。例如下面的代码：

```
String str = "abc";
```

等效于如下代码：

```
char data[] = {'a', 'b', 'c'};
String str = new String(data);
```

④ 导入一个 char[] 数组并决定元素值范围。声明代码如下：

```
String(char[] value,int offset,int count)
```

该方法产生的 String 对象内含的字符串内容由 value 字符数组中取出的字符所组成。在该字符串中，第一个字符的索引位置为 0。例如下面的代码：

```
char[] myL = {' 简 ',' 单 ',' 快 ',' 乐 '};
String str3 = new String(myL,1,2);
System.out.println("Str3 = " + Str3);
```

输出结果如下：

```
Str3 = 单快
```

⑤ 导入一个 byte[] 数组。声明代码如下：

```
String(byte[] bytes)
```

该方法产生的 String 对象，其内含的是 bytes 参数（byte[] 类型）代表的字符串内容，一个英文字母以一个 byte 表示，一个中文字符则以两个 byte 表示。

⑥ 导入一个 byte[] 数组并决定元素值范围。声明代码如下：

```
String (byte[] bytes,int offset,int length)
```

使用该方法产生的 String 对象，其包含的字符串内容由 bytes 数组元素取出的一个 byte 类型的值所转化而成。由 offset 参数指定要从哪个默认值开始，由 length 参数决定要取多少个元素。

⑦ 导入一个 StringBuffer 对象。声明代码如下：

```
String(StringBuffer buffer)
```

使用该方法产生的 String 对象，其内含的字符串等同于 buffer 参数（StringBuffer 对象）所存放的字符串内容。

字符串类的常用方法

2. 字符串类的常用方法

字符串类的常用方法及含义如表 2-7 所示。

表 2-7 字符串类的常用方法及含义

方法名称	方法含义
boolean endsWith(String suffix)	测试此字符串是否以指定的后缀结束
boolean equals(Object anObject)	比较此字符串与指定的对象
boolean equalsIgnoreCase(Stringanother String)	将此 String 对象与另一个 String 对象进行比较，不考虑大小写
int indexOf()	返回指定字符串在另一个字符串中的索引位置
int lastIndexOf()	返回最后一次出现的指定字符在另一个字符串中的索引位置
int length()	返回此字符串的长度
String replace(char oldChar, char newChar)	返回一个新的字符串，它是通过用 newChar 替换此字符串中出现的所有 oldChar 而生成的
boolean startsWith(String prefix)	测试指定字符串是否以指定的前缀开始
String substring()	返回一个字符串的子串
char[] toCharArray()	将指定字符串转换为一个新的字符数组
String toLowerCase()	将指定字符串中的所有字符都转换为小写

续表

方 法 名 称	方 法 含 义
String toUpperCase()	将指定字符串中的所有字符都转换为大写
String trim()	返回字符串的副本，忽略前导空白和尾部空白
static String valueOf(boolean b)	返回指定参数的字符串表示形式

【例 2-5】字符串应用实例。

首先声明两个 String 对象的实例，分别通过 == 运算符和 equals() 方法判断这两个实例是否相等，然后判断其是否以指定字符串开头或结尾，再输出第一个实例的长度，最后输出第 2 个实例中从第 4 个位置到第 9 个位置的字符串（注：字符串首个字符的索引位置为 0）。代码如下：

```
<%
    String str1=new String(" 有一条路走过了总会想起 ");
    String str2=" 有一条路走过了总会想起 ";
    out.println("str1 : "+str1+"<br>str2 : "+str2);
    if(str1==str2)                                  // 通过 == 判断 str1 与 str2 是否相等
        out.println("<br> 判断 1 : str1 与 str2 相等 ");
    if(!str1.equals(str2))                          // 通过 equals() 方法判断 str1 与 str2 是否相等
        out.println("<br> 判断 2 : str1 与 str2 不相等 ");
    if(str1.startsWith(" 有 "))                     // 通过 startsWith() 判断是否以指定字符串开头
        out.println("<br> 判断 3 : str1 是以 ' 有 ' 开头 ");
    if(str2.endsWith(" 起 "))                       // 通过 endsWith() 判断是否以指定字符串结尾
        out.println("<br> 判断 4 : str2 是以 ' 起 ' 结尾 ");
    out.println("<br>str1 的长度为 "+str1.length());   // 输入 str1 的长度
    // 输出 str1 中从第 4 个位置到第 9 个位置的字符串
    out.println("<br>str1 中从第 4 个位置到第 9 个位置的字符串为 "+str1.substring(4,9));
%>
```

运行结果如图 2-8 所示。

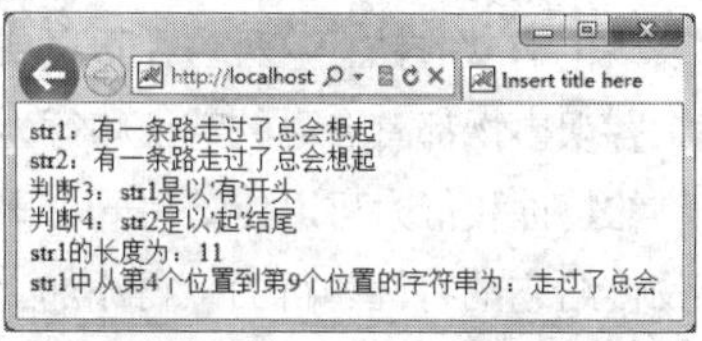

图 2-8　例 2-5 运行结果

2.1.6　数组的创建与应用

数组的创建与应用

数组是由多个元素组成的，每个单独的数组元素就相当于一个变量，可用来保存数据，因此可以将数组视为一连串变量的组合。根据数组存放元素的复杂程度，可将数组分为一维数组、二维数组等。

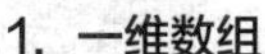

1. 一维数组

Java 中的数组必须先声明，然后才能使用。声明一维数组有以下两种格式：

```
数据类型  数组名 [] = new 数据类型 [ 个数 ];
数据类型 []  数组名 = new 数据类型 [ 个数 ];
```

当按照上述格式声明数组后，系统会分配一块连续的内存空间供该数组使用。例如，下面的两条语句都是正确的：

```
String any[] = new String[10];
String[] any = new String[10];
```

这两条语句实现的功能都是创建一个新的字符串数组，它有 10 个元素可以用来容纳 String 对象。当用关键字 new 来创建一个数组对象时，必须指定这个数组能容纳多少个元素。

对于一维数组的赋值，语法格式如下：

```
数据类型 数组名 [] = { 数值 1, 数值 2,…, 数值 n};
数据类型 [] 数组名 = { 数值 1, 数值 2,…, 数值 n};
```

括号内的数值将依次赋值给数组中的第 1 到 *n* 个元素。另外，在赋值声明时，不需要给出数组的长度，编译器会按所给的数值个数来决定数组的长度，例如下面的代码：

```
String type[] = {" 乒乓球 "," 篮球 "," 羽毛球 "," 排球 "," 网球 "};
```

在上面的语句中，声明了一个数组 type。虽然没有特别指明 type 的长度，但由于括号里的数值有 5 个，编译器会分别依次为各元素指定存放位置，例如，type[0] =" 乒乓球 "，type[1] =" 篮球 "。

2. 二维数组

在 Java 语言中，实际上并不存在称为二维数组的明确结构。二维数组实际上是指数组元素为一维数组的一维数组。声明二维数组的语法格式如下：

```
数据类型  数组名 [][] = new 数据类型 [ 个数 ] [ 个数 ];
```

例如下面的代码：

```
int arry[][] = new int [5][6];
```

上述语句声明了一个二维数组，其中 [5] 表示该数组有 5（0 ~ 4）行，每行有 6（0 ~ 5）个元素，因此该数组有 30 个元素。

对于二维数组元素的赋值，同样可以在声明时进行，例如如下代码：

```
int number[][] = {{20,25,26,22},{22,23,25,28}};
```

在上面的语句中，声明了一个整型的 2 行 4 列的数组，同时进行赋值，结果如下：

```
number[0][0] = 20; number[0][1] = 25; number[0][2] = 26; number[0][3] = 22;
number[1][0] = 22; number[1][1] = 23; number[1][2] = 25; number[1][3] = 28;
```

2.1.7 面向对象程序设计

面向对象程序设计是软件设计和实现的有效方法，这种方法可以实现软件的可扩充性和可重用性。客观世界中的一个事物就是一个对象，每个客观事物都有自己的特征和行为。从程序设计的角度来看，事物的特性就是数据，行为就是方法。一个事物的特性和行为可以传给另一个事物，这样就可以重复使用已有的特性或行为。当某一个事物得到了其他事物传给它的特性和行为，再添加上自己的特性和行为，就可以对已有的功能进行扩充。面向对象的程序设计方法就是利用客观事物的这种特点，将客观事物抽象成“类”，并通过类的“继承”实现软件的可扩充性和可重用性。

类的基本概念

1. 类的基本概念

Java 语言与其他面向对象语言一样，引入了类和对象的概念。类是用来创建对象的模板，它包含被创建对象的状态描述和方法的定义。因此，要学习 Java 编程就必须学会怎样去编写类，即怎样用 Java 的语法去描述一类事物共有的属性和行为。属性通过变量来刻画，行为通过方法来体现，即方法操作属性形成一定的算法，来实现一个具体的功能。类把数据和对数据的操作封装成一个整体。

定义类

2. 定义类

在 Java 中定义的类主要分为两部分：类声明和类体，下面分别进行介绍。

（1）类声明

在类声明中，需要定义类的名称、对该类的访问权限和该类与其他类的关系等。类声明的格式如下：

```
[修饰符] class <类名> [extends 父类名] [implements 接口列表]{
}
```

代码说明如下。

修饰符：可选参数，用于指定类的访问权限，可选值为 public、abstract 和 final。

类名：必选参数，用于指定类的名称，类名必须是合法的 Java 标识符。一般情况下，要求首字母大写。

extends 父类名：可选参数，用于指定要定义的类继承于哪个父类。当使用 extends 关键字时，父类名为必选参数。

implements 接口列表：可选参数，用于指定该类实现的是哪些接口。当使用 implements 关键字时，接口列表为必选参数。

（2）类体

在类声明部分，花括号中的内容为类体。类体主要由两部分构成，一部分是成员变量的定义，另一部分是成员方法的定义。类体的定义格式如下：

```
[修饰符] class <类名> [extends 父类名] [implements 接口列表]{
    定义成员变量
    定义成员方法
}
```

3. 定义成员方法

Java 中类的行为由类的成员方法来实现。类的成员方法由方法的声明和方法体两部分组成，其一般格式如下：

定义成员方法

```
[修饰符] <方法返回值的类型> <方法名>([参数列表]) {
    [方法体]
}
```

代码说明如下。

修饰符：可选参数，用于指定方法的被访问权限，可选值为 public、protected 和 private。

方法返回值的类型：必选参数，用于指定方法的返回值类型。如果该方法没有返回值，可以使用关键字 void 进行标识。方法返回值的类型可以是任何 Java 数据类型。

方法名：必选参数，用于指定成员方法的名称，方法名必须是合法的 Java 标识符。

参数列表：可选参数，用于指定方法中所需的参数。当存在多个参数时，各参数之间应使用逗号分隔。方法的参数可以是任何 Java 数据类型。

方法体：可选参数。方法体是方法的实现部分，在方法体中可以定义局部变量。需要注意的是，当方法体省略时，其外面的花括号一定不能省略。

【例 2-6】在 Fruit 类中声明 grow( ) 和 harvest( ) 两个成员方法。

```
public class Fruit {
//  定义一个无返回值的成员方法
    public void grow(){
        System.out.println("果树正在生长……");
        // ……
    }
// 定义一个返回值为字符串类型的成员方法
    public String harvest(){
        String rtn="水果已经收获……";    // 定义一个局部变量
        return rtn;
    }
}
```

在上面的代码中，return 关键字用于将变量 rtn 的值返回给调用该方法的语句。

成员变量与局部变量

4．成员变量与局部变量

在类体中，变量定义部分所声明的变量为类的成员变量；而在方法体中声明的变量和方法的参数称为局部变量。成员变量和局部变量的区别在于其有效范围不同。成员变量在整个类内都有效，而局部变量只在定义它的成员方法内才有效。

（1）声明成员变量

Java 用成员变量来表示类的状态和属性，声明成员变量的基本语法格式如下：

```
[ 修饰符 ] [static] [final] [transient] [ volatile] < 变量类型 > < 变量名 >;
```

代码说明如下。

修饰符：可选参数，用于指定变量的被访问权限，可选值为 public、protected 和 private。

static ：可选参数，用于指定该成员变量为静态变量，可以直接通过类名访问。如果省略该关键字，则表示该成员变量为实例变量。

（2）声明局部变量

声明局部变量的基本语法格式同声明成员变量类似，所不同的是不能使用 public、protected、private 和 static 关键字对局部变量进行修饰，但可以使用 final 关键字。语法格式如下：

```
[final] < 变量类型 > < 变量名 >;
```

代码说明如下。

final ：可选参数，用于指定该局部变量为常量。

变量类型：必选参数，用于指定变量的数据类型，其值为 Java 中的任何一种数据类型。

变量名：必选参数，用于指定局部变量的名称，变量名必须是合法的 Java 标识符。

【例 2-7】成员变量和局部变量示例。

在 Fruit 类中声明 3 个成员变量，并且在其成员方法 grow( ) 中声明两个局部变量，代码如下：

```
public class Fruit {
    public String color;                    // 声明公共变量 color
    public static String flavor;            // 声明静态变量 flavor
    public final boolean STATE=true;        // 声明常量 STATE 并赋值
    public void grow(){
        final boolean STATE;                // 声明常量 STATE
        int age;                            // 声明局部变量 age
    }
}
```

构造方法的概念及用途

5．构造方法的概念及用途

构造方法是一种特殊的方法，它的名字必须与它所在类的名字完全相同，并且没有返回值，也不需要使用关键字 void 进行标识。构造方法用于对对象中的所有成员变量进行初始化，在创建对象时立即被调用。需要注意的是，如果用户没有定义构造方法，Java 会自动提供一个默认的构造方法，用来实现成员变量的初始化。

创建 Java 类对象

6．创建 Java 类对象

在 Java 中，创建对象包括声明对象和为对象分配内存两部分，下面分别进行介绍。

（1）声明对象

对象是类的实例，属于某个已经声明的类。因此，在对对象进行声明之前，一定要先定义该对象的类。声明对象的一般语法格式如下：

```
类名 对象名 ;
```

代码说明如下。

类名：必选参数，用于指定一个已经定义的类。

对象名：必选参数，用于指定对象名称，对象名必须是合法的 Java 标识符。

例如，声明 Fruit 类的一个对象 fruit 的代码如下：

```
Fruit fruit;
```

在声明对象时，只是在内存中为其建立一个引用，并设置初值为 null，表示不指向任何内存空间，因此，还需要为对象分配内存。

（2）为对象分配内存

为对象分配内存也称为实例化对象。在 Java 中使用关键字 new 来实例化对象，具体语法格式如下：

```
对象名 =new 构造方法名 ([ 参数列表 ]);
```

代码说明如下。

对象名：必选参数，用于指定已经声明的对象名。

构造方法名：必选参数，用于指定构造方法名，即类名，因为构造方法与类名相同。

参数列表：可选参数，用于指定构造方法的入口参数。如果构造方法无参数，则可以省略。

例如，在声明 Fruit 类的一个对象 fruit 后，可以通过以下代码为对象 fruit 分配内存：

```
fruit=new Fruit();
```

在上面的代码中，由于 Fruit 类的构造方法无入口参数，所以省略了参数列表。

在声明对象时，也可直接为其分配内存。例如，上面的声明对象和为对象分配内存也可以通过以下代码实现：

```
Fruit fruit=new Fruit();
```

对象的使用

7. 对象的使用

创建对象后就可以通过对象来引用其成员变量，并改变成员变量的值，而且可以通过对象来调用其成员方法。可通过使用运算符“.”实现对成员变量的访问和成员方法的调用。

【例 2-8】对象的使用方法。

```
public class Rectangle {
    public float x = 20.0f;
    public float y =0.0f;
    // 定义计算矩形面积的方法
    public float getArea() {
        float area = x*y;                    // 计算矩形面积并赋值给变量 area
        return area;                         // 返回计算后的矩形面积
    }
    // 定义计算矩形周长的方法
    public float getCircumference(float x, float y) {
        float circumference = 2 * (x+y); // 计算矩形周长并赋值给变量 circumference
        return circumference;                // 返回计算后的矩形周长
    }
    // 定义主方法测试程序
    public static void main(String[] args) {
        Rectangle rect = new Rectangle();
        rect.y = 10;                         // 改变成员变量的值
        float y = 20;
        float area = rect.getArea();         // 调用成员方法
        System.out.println(" 矩形的面积的数值为 " + area);
        float circumference = rect.getCircumference(rect.x, y); // 调用带参数的成员方法
        System.out.println(" 矩形的周长的数值为 " + circumference);
    }
}
```

运行结果如图 2-9 所示。

8．对象的销毁

对象的销毁

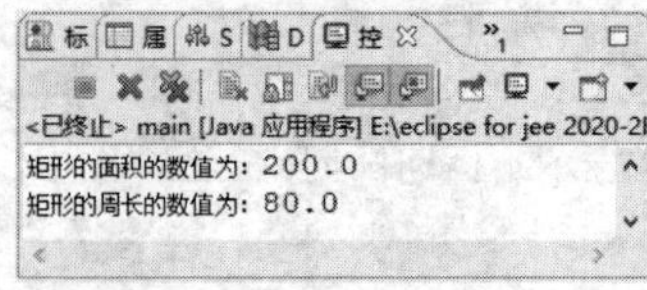
图 2-9　例 2-8 运行结果

在许多程序设计语言中，需要手动释放对象所占用的内存，但是，在 Java 中则不需要手动完成这项工作。Java 提供的垃圾回收机制可以自动判断对象是否还在使用，并能够自动销毁不再使用的对象，收回对象所占用的资源。

Java 提供了一个名为 finalize( ) 的析构方法，用于在对象被垃圾回收机制销毁之前，由垃圾回收系统调用。但是垃圾回收系统的运行是不可预测的。因此，在 Java 程序中，也可以使用析构方法 finalize( ) 来随时销毁一个对象。析构方法 finalize( ) 没有任何参数和返回值，每个类有且只有一个析构方法。

9．包的使用

包的使用

包（package）是 Java 提供的一种区别类的名字空间的机制，是类的组织方式，也是一组相关类和接口的集合，它提供了访问权限和命名的管理机制。Java 中提供的包主要有以下 3 种用途。

① 将功能相近的类放在同一个包中，可以方便查找与使用。

② 由于在不同包中可以存在同名类，所以使用包在一定程度上可以避免命名冲突。

③ 在 Java 中，某些访问权限是以包为单位的。

（1）创建包

创建包可以通过在类或接口的源文件中使用 package 语句实现，package 语句的语法格式如下：

```
package 包名；
```

代码说明如下。

包名：必选参数，用于指定包的名称，包的名称为合法的 Java 标识符。当包中还有包时，可以使用“包 1. 包 2.…. 包 n”进行指定，其中，包 1 为最外层的包，而包 n 为最内层的包。

package 语句通常位于类或接口源文件的第一行。例如，定义一个类 SimpleH，将其放入 com.wgh 包中的代码如下：

```
package com.wgh;
public class SimpleH{
    ……  //此处省略了类体的代码
}
```

（2）使用包中的类

类可以访问其所在包中的所有类，还可以使用其他包中的所有 public 类。访问其他包中的 public 类有以下两种方法。

① 使用长名引用包中的类。使用长名引用包中的类比较简单，只需要在每个类名前面简单地加上完整的包名即可。例如，创建 Circ 类（保存在 com.wgh 包中）的对象并实例化该对象的代码如下：

```
com.wgh.Circ circ=new com.wgh.Circ();
```

② 使用 import 语句引入包中的类。由于采用使用长名引用包中的类的方法比较烦琐，所以 Java 提供了 import 语句来引入包中的类。import 语句的基本语法格式如下：

```
import 包名 1[. 包名 2.…]. 类名 |*;
```

代码说明如下。

*：表示包中所有的类。

当存在多个包名时，各个包名之间使用“.”分隔，同时包名与类名之间也使用“.”分隔。

例如，引入 com.wgh 包中的 Circ 类的代码如下：

```
import com.wgh.Circ;
```

如果 com.wgh 包中包含多个类，也可以使用以下语句引入该包下的全部类：

```
import com.wgh.*;
```

2.1.8 集合类的应用

集合类的应用

集合类的作用和数组类似，也可以保存一系列数据，但是集合类的优点是可以方便地对集合内的数据进行查询、增加、删除和修改等操作。本节将介绍 List 集合类。

List 集合类为列表类型，列表的主要特征是存放在其中的对象以线性方式存储。List 集合类包括 List 接口以及 List 接口的所有实现类。List 接口的常用实现类有 ArrayList、Vector 和 LinkedList，这 3 个类拥有以下两个特征。

① 允许内容中有重复的元素存在。

② 内部元素有特定的顺序。

在使用 List 集合类时，通常情况下声明为 List 类型，实例化时根据实际情况的需要，实例化为 ArrayList 或 LinkedList，如下所示：

```
List<String> l = new ArrayList<String>();        // 利用 ArrayList 类实例化 List 集合
List<String> l2 = new LinkedList<String>();      // 利用 LinkedList 类实例化 List 集合
```

1. ArrayList 类

ArrayList 类实现了 List 接口，由 ArrayList 类实现的 List 集合采用数组结构保存对象。数组结构的优点是便于对集合进行快速的随机访问。如果经常需要根据索引位置访问集合中的对象，使用由 ArrayList 类实现的 List 集合类的效率较高。下面介绍 ArrayList 类的常用方法。

add(int index, Object obj)：用来向集合的指定位置添加元素，其他元素的索引位置相对后移一位。索引位置从 0 开始。

addAll(int, Collection coll)：用来向集合的指定索引位置添加指定集合中的所有对象。

remove(int index)：用来清除集合中指定索引位置的对象。

set(int index, Object obj)：用来将集合中指定索引位置的对象修改为指定的对象。

get(int index)：用来获得指定索引位置的对象。

indexOf(Object obj)：用来获得指定对象的索引位置。当存在多个对象时，返回第一个对象的索引位置；当不存在时，返回 -1。

lastIndexOf(Object obj)：用来获得指定对象的索引位置。当存在多个对象时，返回最后一个对象的索引位置；当不存在时，返回 -1。

listIterator()：用来获得一个包含所有对象的 ListIterator 实例。

listIterator(int index)：用来获得一个包含从指定索引位置到最后的 ListIterator 实例。

【例 2-9】ArrayList 类示例。

实现创建空的 Vector 对象，并向其添加元素，然后输出所有元素，代码如下：

```
<%@ page import="java.util.*"%>
<%
    List<String> list = new ArrayList<String>();
    for(int i=0;i<3;i++){
        list.add(new String(" 福娃 "+i));
    }
    list.add(1," 后添加的福娃 ");
```

```
        // 输出全部元素
        Iterator<String> it = list.iterator( );
        while (it.hasNext( )) {
            out.println(it.next( )+", ");
        }
%>
```

运行结果如下：

```
福娃 0，后添加的福娃，福娃 1，福娃 2
```

2. Vector 类

Vector 类是一元集合，可以加入重复数据。它的作用和数组类似，可以保存一系列数据，优点是可以很方便地对集合内的数据进行查找、增加、修改和删除等操作。下面介绍 Vector 类的常用方法。

add(int index,Object element)：在指定的位置添加元素。

addElementAt(Object obj,int index)：在 Vector 类的结尾添加元素。

size( )：返回 Verctor 类的元素总数。

elementAt(int index)：取得特定位置的元素，返回值为整型数据。

setElementAt(object obj,int index)：重新设定指定位置的元素。

removeElementAt(int index)：删除指定位置的元素。

【例 2-10】Vector 类示例。

实现创建空的 Vector 对象，并向其添加元素，然后输出所有元素，代码如下：

```
<%@ page import="java.util.*"%>
<%
Vector v=new Vector( );    // 创建空的 Vector 对象
 for(int i=0;i<3;i++){
     v.add(new String(" 福娃 "+i));
 }
 v.remove(1);                // 移除索引位置为 1 的元素
 // 显示全部元素
  for(int i=0;i<v.size( );i++){
     out.println(" 元素 "+v.indexOf(v.elementAt(i))+" ："+v.elementAt(i)+" |");
 }
%>
```

运行结果如下：

```
元素 0：福娃 0 | 元素 1：福娃 2|
```

Vector 类经常用于购物车或聊天室中，例如通过 Vector 类保存购物车的商品信息或聊天室的用户信息等。

2.1.9 异常处理语句

在 Java 语言中，处理异常的语句有 4 种：try…catch 语句、finally 语句、throw 语句及 throws 语句。

异常处理语句

1. try…catch 语句

在 Java 语言中，用 try…catch 语句来捕获异常，代码格式如下：

```
try{
    /* 可能出现异常状况的代码 */
```

```
}catch (IOException e){
    /* 处理输出 / 输入出现的异常 */
}catch(SQLException e){
    /* 处理操作数据库出现的异常 */
}
```

在上述代码中，try 代码块用来监视这段代码在运行过程中是否发生异常，若发生则产生异常对象并抛出；catch 代码块用于捕获异常并处理它。

2. finally 语句

由于异常将程序中断执行，会使得某些不管在任何情况下都必须执行的步骤被忽略，从而影响程序的健壮性。finally 语句的作用就是不管捕获的异常是否出现，都会执行 finally 代码块。

3. throw 语句

当程序发生错误而无法处理时，会抛出对应的异常对象。除此之外，在某些代码中可能需要自行抛出异常。例如，在捕捉异常并处理结束后将异常抛出，让下一层异常处理区块来抛出；另一种情况是重新包装异常，将捕捉到的异常以自己定义的异常对象加以包装抛出。如果要自行抛出异常，可以使用 throw 关键字，并生成指定的异常对象。例如下面的代码：

```
throw new ArithmeticException();
```

4. throws 语句

如果一个方法可能会出现异常，但是没有能力处理这种异常，可以在方法声明处用 throws 语句来声明抛出异常。throws 语句的语法格式如下：

```
返回类型 方法名（参数表）throws 异常类型表 {
方法体
}
```

一个方法可能会出现多种异常，throws 语句允许声明抛出多个异常，例如下面的代码：

```
public void methodServlet(int number) throws NumberFormatException,IOException{
......
}
```

异常声明是接口（这里的接口是指概念上的程序接口）的一部分。根据异常声明，方法调用者了解到被调用方法可能抛出的异常，从而采取相应的措施，捕获异常并处理异常或者声明继续抛出异常。

如果不确认这个方法会抛出哪种异常，那么可以直接抛出“Exception”异常，例如下面的代码：

```
public void methodServlet(int number) throws Exception{
......
}
```

throw 和 throws 关键字尽管只有一个字母之差，却有着不同的用途，注意不要将两者混淆。

2.2 JavaScript 脚本语言

JavaScript 是一种比较流行的制作网页特效的脚本语言，它由客户端浏览器解释执行，可以应用在由 JSP、ASP 和 PHP 等制作的网站中。同时，随着 Web 2.0 和 AJAX 技术进入 Web 开发的主流市场，JavaScript 已经被推到了舞台的中心。因此，熟练掌握并应用 JavaScript 对于网站开发人员非常重要。本节将详细介绍 JavaScript 的基本语法及常用对象。

2.2.1 JavaScript 脚本语言概述

JavaScript
脚本语言概述

JavaScript 是一种基于对象和事件驱动并具有安全性能的解释型脚本语言，在 Web 应用中得到了非常广泛的应用。它不但可以用于编写客户端的脚本程序，由 Web 浏览器解释执行；而且可以编写在服务器端执行的脚本程序，在服务器端处理用户提交的信息并动态地向浏览器返回处理结果。通常在 JSP 中使用 JavaScript 编写客户端脚本程序。

2.2.2 在 JSP 中引入 JavaScript

在 JSP 中引入
JavaScript

通常情况下，在 JSP 中引入 JavaScript 有以下两种方法：一种是在 JSP 中直接嵌入 JavaScript，另一种是链接外部 JavaScript。下面分别进行介绍。

1. 在页面中直接嵌入 JavaScript

在 Web 页面中，可以使用 <script>…</script> 标记对应的封装脚本代码。当浏览器读取到 <script> 标记时，将解释执行其中的脚本代码。

在使用 <script> 标记时，还需要通过其 language 属性指定使用的脚本语言。例如，在 <script> 中指定使用 JavaScript 的代码如下：

```
<script language="javascript">…</script>
```

2. 链接外部 JavaScript

在 JSP 中引入 JavaScript 的另一种方法是链接外部 JavaScript。如果脚本代码比较复杂或同一段代码可以被多个页面所使用，则可以将这些脚本代码放置在一个单独的文件中，该文件的扩展名为 .js，然后在需要使用该代码的 Web 页面中链接该 JavaScript 文件即可。

在 Web 页面中链接外部 JavaScript 的语法格式如下：

```
<script language="javascript" src="javascript.js"></script>
```

在外部 JS 文件中，不需要将脚本代码用 <script> 和 </script> 标记括起来。

2.2.3 JavaScript 的数据类型与运算符

JavaScript 的
数据类型与运算符

1. 数据类型

JavaScript 有 6 种数据类型，如表 2-8 所示。

表 2-8 JavaScript 的数据类型

类　型	含　义		说　明	示　例
int	数值型	整数类型	整数，可以为正数、负数或 0	17，-80，0
float		浮点类型	浮点数，可以使用实数的普通形式或科学记数法表示	3.14159.27，6.16e4
string	字符串类型		字符串，是用单引号或双引号括起来的一个或多个字符	'wgh'，"平平淡淡才是真"
boolean	布尔类型		只有 true 或 false 两个值	true，false
object	对象类型		创建对象	object()
null	空类型		将变量值设为零	null
undefined	未定义类型		指变量被创建，但未对变量赋值	undefined

2. 变量

变量是指程序中一个已经命名的存储单元，它的主要作用就是为数据操作提供存放信息的容器。在 JavaScript 中，可以使用命令 var 声明变量，语法格式如下：

```
var variable;
```

在声明变量的同时也可以对变量进行赋值：

```
var variable=11;
```

由于 JavaScript 采用弱类型的形式，所以在声明变量时，不需要指定变量的类型，而变量的类型将根据其变量赋值来确定。如下所示：

```
var varible=17;                    // 数值
var str=" 爱护地球 ";              // 字符串
```

但是变量命名必须遵循以下规则。

① 必须以字母或下画线开头，中间可以是数字、字母或下画线，但是不能有空格或加号、减号等符号。注意：字母的大小写表示不同的变量，如 y 和 Y 为两个变量。

虽然 JavaScript 的变量可以任意命名，但是在实际编程时，最好使用便于记忆且有意义的变量名称，以增加程序的可读性。

② 不能使用 JavaScript 中的关键字命名。JavaScript 的关键字如表 2-9 所示。

表 2-9　JavaScript 的关键字

abstract	continue	finally	instanceof	private	this
boolean	default	float	int	public	throw
break	do	for	interface	return	typeof
byte	double	function	long	short	true
case	else	goto	native	static	var
catch	extends	implements	new	super	void
char	false	import	null	switch	while
class	final	in	package	synchronized	with

关键字同样不可用作函数名、对象名及自定义的方法名等。

3. 运算符

在 JavaScript 中提供了算术运算符、关系运算符、逻辑运算符、字符串运算符、赋值运算符、位运算符和条件运算符等 7 种运算符。下面进行详细介绍。

（1）算术运算符

算术运算等同于数学运算，即在程序中进行加、减、乘、除等运算。在 JavaScript 中常用的算术运算符如表 2-10 所示。

表 2-10　在 JavaScript 中常用的算术运算符

运算符	描　述	示　例
+	加运算符	1+6　// 返回值为 7
-	减运算符	5-2　// 返回值为 3
*	乘运算符	7*3　// 返回值为 21
/	除运算符	9/3　// 返回值为 3

续表

运算符	描　述	示　例
%	求模运算符	6%4 //返回值为 2

++	自增运算符。该运算符有两种情况：i++（在使用 i 之后，使 i 的值加 1）；++i（在使用 i 之前，先使 i 的值加 1）	i=1; j=i++ //j 的值为 1，i 的值为 2
		i=1; j=++i //j 的值为 2，i 的值为 2

--	自减运算符。该运算符有两种情况：i--（在使用 i 之后，使 i 的值减 1）；--i（在使用 i 之前，先使 i 的值减 1）	i=6; j=i-- //j 的值为 6，i 的值为 5
		i=6; j=--i //j 的值为 5，i 的值为 5

（2）关系运算符

关系运算的基本操作过程是：首先对操作数进行比较，这个操作数可以是数字也可以是字符串，然后返回一个布尔值 true 或 false。JavaScript 支持的常用关系运算符与 Java 中的常用关系运算符相同，请参见表 2-4。

（3）逻辑运算符

逻辑运算返回一个布尔值。逻辑运算符通常和比较运算符一起使用，用来表示复杂的比较运算，常用于 if 循环语句、while 循环语句和 for 循环语句中。JavaScript 中常用的逻辑运算符如表 2-11 所示。

表 2-11　JavaScript 中常用的逻辑运算符

运 算 符	描　述	运 算 符	描　述	运 算 符	描　述
!	逻辑非	&&	逻辑与	||	逻辑或

（4）字符串运算符

字符串运算符是用于两个字符型数据之间的运算符，除了可以是比较运算符外，还可以是 + 和 += 运算符。其中，+ 运算符用于连接两个字符串（例如，"World"+"Dream"），而 += 运算符用于连接两个字符串，并将结果赋给第一个字符串（例如，var a="One";a+="Dream";）。

（5）赋值运算符

最基本的赋值运算符是等于号“=”，用于对变量进行赋值，而其他运算符可以和赋值运算符“=”联合使用，构成组合赋值运算符。JavaScript 支持的常用赋值运算符与 Java 中的常用赋值运算符相同，请参见表 2-2。

（6）位运算符

位运算符用于对数值的位进行操作，如向左或向右移位等。JavaScript 中常用的位运算符如表 2-12 所示。

表 2-12　JavaScript 中常用的位运算符

运 算 符	描　述	运 算 符	描　述	运 算 符	描　述
&	与运算符	|	或运算符	^	异或运算符
<<	左移	>>	带符号右移	>>>	填 0 右移

（7）条件运算符

条件运算符是 JavaScript 支持的一种特殊的三目运算符，同 Java 中的三目运算符类似，其语法格式如下：

```
操作数 ? 结果 1: 结果 2
```

如果“操作数”的值为 true，则整个表达式的结果为“结果 1”，否则为“结果 2”。

2.2.4　JavaScript 的流程控制语句

1. if 条件判断语句

对变量或表达式进行判定并根据判定结果进行相应的处理，可以使用 if 条件判断语句（简称 if 语句）。if 语句的语法格式如下：

if 条件判断语句

```
if(条件表达式){
    语句序列 1  //条件满足时执行
}else{
```

```
    语句序列 2  // 条件不满足时执行
}
```

执行上述 if 语句时，首先计算“条件表达式（任意的逻辑表达式）”的值，如果其值为 true，就执行“语句序列 1”，执行完毕后结束该 if 语句；否则执行“语句序列 2”，执行后同样结束该 if 语句。

上述 if 语句是典型的二路分支结构语句。其中 else 部分可以省略，而且“语句序列”为单一语句时，其两边的花括号可以省略。

2. while 循环语句

while 循环语句是另一种基本的循环语句，其结构和 for 循环语句有些类似，但是 while 循环语句不包含循环变量的初始化及循环变量的步幅。其语法格式如下：

while 循环语句

```
while (条件表达式){
    循环体
}
```

使用 while 循环语句时，必须先声明循环变量并且在循环体中指定循环变量的步幅，否则 while 循环语句将成为一个死循环。

【例 2-11】利用 while 循环语句将数字 7 格式化为 00007，并输出到页面上。

```
var str="7";
for(i=0;i<4;i++){
    str="0"+str;
}
document.write(str);
```

3. do…while 循环语句

do…while 循环语句和 while 循环语句非常相似，所不同的是其在循环底部检测循环表达式，而不是像 while 循环语句那样在循环顶部进行检测。这就保证了循环体至少被执行一次。do…while 循环语句的语法格式如下：

do…while 循环语句

```
do{
    循环体
} while (条件表达式);
```

【例 2-12】利用 do…while 循环语句将数字 7 格式化为 00007，并输出到页面上。

```
var i=0;
var str="7";
while(i<4){
    str="0"+str;
    i++;
}
document.write(str);
```

4. for 循环语句

for 循环语句是 JavaScript 语言中应用得比较广泛的循环语句。通常 for 循环语句使用一个变量作为计数器来执行循环的次数，这个变量就称为循环变量。for 循环语句的语法格式如下：

for 循环语句

```
for(循环变量赋初值；循环条件；循环变量增值){
    循环体
}
```

代码说明如下。

循环变量赋初值：一条初始化语句，用来对循环变量进行初始化赋值。

循环条件：一个包含比较运算符的表达式，用来限定循环变量的边限。如果循环变量超过了该边限，则停止该循环语句的执行。

循环变量增值：用来指定循环变量的步幅。

for 循环语句可以使用 break 语句来中止循环语句的执行，break 语句在默认情况下用于终止当前的循环语句。

【例 2-13】利用 for 循环语句将数字 7 格式化为 00007，并输出到页面上。

```
var i=0;
var str="7";
do{
    str="0"+str;
    i++;
} while(i<4);
document.write(str);
```

5. switch 语句

switch 语句

switch 语句是典型的多路分支语句，其作用与嵌套使用 if 语句基本相同，但 switch 语句比 if 语句更具有可读性，而且 switch 语句允许在找不到一个匹配条件的情况下执行默认的一组语句。switch 语句的语法格式如下：

```
switch (expression){
  case judgement1:
        statement1;
        break;
  case judgement2:
        statement2;
        break;
  …
  default:
        defaultstatement;
        break;
}
```

代码说明如下。

expression：任意的表达式或变量。

judgement：任意的常数表达式。当 expression 的值与某个 judgement 的值相等时，就执行此 case 后的 statement 语句；如果 expression 的值与所有的 judgement 的值都不相等，则执行 default 后面的 defaultstatement 语句。

break：用于结束 switch 语句，从而使 JavaScript 只执行匹配的分支语句。如果没有 break 语句，则该 switch 语句的所有分支语句都将被执行，switch 语句也就失去了使用的意义。

2.2.5 函数的定义和调用

在 JavaScript 中，函数可以被定义和调用。下面分别进行介绍。

1. 函数的定义

函数的定义和调用

在 JavaScript 中，定义函数最常用的方法是通过 function 语句实现，其语法格式如下：

```
function functionName([parameter1, parameter2,…]){
    statements
    [return expression]
}
```

代码说明如下。

functionName：必选参数，用于指定函数名。在同一个页面中，函数名必须是唯一的，并且区分大小写。

parameter1，parameter2，…：可选参数，用于指定参数列表。当使用多个参数时，参数间使用逗号进行分隔。一个函数最多可以有 255 个参数。

statements：必选参数，是函数体，用于实现函数功能。

return expression：可选参数，用于返回函数值。expression 可为任意的表达式、变量或常量。

2. 函数的调用

函数的调用比较简单，如果要调用不带参数的函数，则使用函数名加上括号即可；如果要调用的函数带参数，则需要在括号中加上需要传递的参数。如果包含多个参数，各参数间用逗号分隔。

如果函数有返回值，那么可以使用赋值语句将函数值赋给一个变量。

在 JavaScript 中，由于函数名区分大小写，所以在调用函数时，也需要注意函数名的大小写。

2.2.6 事件

1. 事件概述

JavaScript 与 Web 页面之间的交互是通过用户操作浏览器页面时触发相关事件来实现的。例如，在页面载入完毕时，将触发 load（载入）事件；当用户单击按钮时，将触发按钮的 click 事件等。

事件

用于响应某个事件而执行的处理程序称为事件处理程序。例如，当用户单击按钮时，将触发按钮的事件处理程序 onClick。事件处理程序有以下两种分配方式。

（1）在 JavaScript 中分配事件处理程序

在 JavaScript 中分配事件处理程序，首先需要获得要处理对象的引用，然后将要执行的处理函数赋值给对应的事件处理程序，如下所示：

```
<img src="images/download.GIF" id="img_download">
<script language="javascript">
var img=document.getElementById("img_download");
img.onclick=function(){
    alert(" 单击了图片 ");
}
</script>
```

在页面中加入上面的代码并运行，当单击图片 img_download 时，会弹出“单击了图片”对话框。

在 JavaScript 中分配事件处理程序时，事件处理程序名称必须小写，这样才能正确响应事件。

（2）在 HTML 中分配事件处理程序

在 HTML 中分配事件处理程序，只需要在 HTML 标记中添加相应事件处理程序的属性，并在其中指定作为属性值的代码或函数名称即可，如下所示：

```
<img src="images/download.GIF" onClick="alert(' 您单击了图片 ');">
```

在页面中加入上面的代码并运行，当单击图片 img_download 时，会弹出“您单击了图片”对话框。

2. 事件类型

多数浏览器内部对象都拥有很多事件，常用事件如表 2-13 所示。

表 2-13 常用事件

事 件	事件处理程序	何 时 触 发
blur	onblur	元素或窗口本身失去焦点时触发
change	onchange	选中 <select> 标记中的选项或其他表单元素失去焦点时，并且在其获取焦点后内容发生过改变时触发
click	onclick	单击鼠标左键时触发
focus	onfocus	任何元素或窗口本身获得焦点时触发
keydown	onkeydown	键盘上的按键被按下时触发，如果一直按着某键，则会不断触发。当返回 false 时，取消默认动作
load	onload	页面完全载入后，在 window 对象上触发；所有框架都载入后，在框架集上触发；<img> 标记指定的图像完全载入后，在其上触发；或 <object> 标记指定的对象完全载入后，在其上触发
select	onselect	选中文本时触发
submit	onsubmit	单击提交按钮时，在 <form> 标记上触发
unload	onunload	页面完全卸载后，在 window 对象上触发；或者所有框架都卸载后，在框架集上触发

2.2.7 JavaScript 常用对象的应用

JavaScript
常用对象的应用

JavaScript 提供了一些内部对象，下面将介绍常用的 String 对象、Date 对象和 window 对象。

1. String 对象

String 对象是动态对象，需要创建对象实例后才能引用它的属性和方法。在创建 String 对象变量时，可以使用 new 运算符，也可以直接将字符串赋给变量。例如 strValue="hello" 与 strVal=new String("hello") 是等价的。String 对象的常用属性和方法如表 2-14 所示。

由于在 JavaScript 中可以将用单引号或双引号括起来的一个字符串当作一个字符串对象的实例，所以可以直接在某个字符串后面加上点“.”去调用 String 对象的属性和方法。

表 2-14 String 对象的常用属性和方法

属性 / 方法	说 明
length	用于返回 String 对象的长度
split(separator,limit)	用 separator 分隔符将字符串划分成子串并将其存储到数组中，如果指定了 limit，则数组限定为 limit 给定的数，separator 分隔符可以是多个字符或一个正则表达式，它不作为任何数组元素的一部分返回
substr(start,length)	返回字符串中从 startIndex 开始的 length 个字符的子字符串
substring(from,to)	返回以 from 开始、以 to 结束的子字符串
replace(searchValue,replaceValue)	将 searchValue 换成 replaceValue 并返回结果
charAt(index)	返回字符串对象中的指定索引号的字符组成的字符串，位置的有效值为 0 到字符串长度减 1 的数值。一个字符串的第一个字符的索引位置为 0，第二个字符位于索引位置 1，依次类推。当指定的索引位置超出有效范围时，使用 charAt 方法可返回一个空字符串
toLowerCase()	返回一个字符串，该字符串中的所有字母都被转换为小写字母
toUpperCase()	返回一个字符串，该字符串中的所有字母都被转换为大写字母

2. Date 对象

Date 对象是一个有关日期和时间的对象。它具有动态性，即必须使用 new 运算符创建一个实例。例如下面的代码：

```
mydate = new Date();
```

Date 对象没有提供直接访问的属性，只具有获取和设置日期与时间的方法。Date 对象的方法如表 2-15 所示。

表 2-15 Date 对象的方法

获取日期和时间的方法	说 明	设置日期和时间的方法	说 明
getFullYear()	返回用 4 位数表示的年份	setFullYear()	设置年份，用 4 位数表示
getMonth()	返回月份（0 ~ 11）	setMonth()	设置月份（0 ~ 11）
getDate()	返回日数（1 ~ 31）	setDate()	设置日数（1 ~ 31）
getDay()	返回星期（0 ~ 6）	setDay()	设置星期（0 ~ 6）
getHours()	返回小时数（0 ~ 23）	setHours()	设置小时数（0 ~ 23）
getMinutes()	返回分钟数（0 ~ 59）	setMinutes()	设置分钟数（0 ~ 59）
getSeconds()	返回秒数（0 ~ 59）	setSeconds()	设置秒数（0 ~ 59）
getTime()	返回 Date 对象的内部毫秒表示	setTime()	使用毫秒形式设置 Date 对象

3. window 对象

window 对象是浏览器（网页）的文档对象模型结构中最高级的对象，它处于对象层次的顶端，提供了用于控制浏览器窗口的属性和方法。因为 window 对象使用得十分频繁，又是其他对象的父对象，所以在使用 window 对象的属性和方法时，JavaScript 允许省略 window 对象的名称。

window 对象的常用属性如表 2-16 所示。

表 2-16 window 对象的常用属性

属 性	描 述
frames	表示当前窗口中所有 frame 对象的集合
location	用于代表窗口或框架的 Location 对象。如果将一个 URL（Universal Resource Locator，统一资源定位符）赋予该属性，则浏览器将加载并显示该 URL 指定的文档
length	窗口或框架包含的框架个数
history	对窗口或框架的 History 对象的只读引用
name	用于存放窗口的名字
status	一个可读 / 写的字符，用于指定状态栏中的当前信息
parent	表示包含当前窗口的父窗口
opener	表示打开当前窗口的父窗口
closed	一个只读的布尔值，表示当前窗口是否关闭。当浏览器窗口关闭时，表示该窗口的 window 对象并不会消失，不过它的 closed 属性被设置为 true

window 对象的常用方法如表 2-17 所示。

表 2-17 window 对象的常用方法

方 法	描 述
alert()	弹出一个警告对话框
confirm()	弹出一个确认对话框，单击“确认”按钮时返回 true，否则返回 false
prompt()	弹出一个提示对话框，并要求输入一个简单的字符串

续表

方　法	描　述
close( )	关闭窗口
focus( )	把键盘的焦点赋给顶层浏览器窗口，在多数平台上，这将使窗口移到最前边
open( )	打开一个新窗口
setTimeout(timer)	在经过指定的时间后执行代码
clearTimeout( )	取消对指定代码的延迟执行
resizeBy(offsetx,offsety)	按照指定的位移量设置窗口的大小
print( )	作用相当于浏览器工具栏中的“打印”按钮
setInterval( )	周期性地执行指定的代码
clearInterval( )	停止周期性地执行代码

【例 2-14】window 对象示例。

通过按钮打开一个新窗口，并在新窗口的状态栏中显示当前年份，步骤如下。

① 在主窗口中用以下代码添加一个用于打开一个新窗口的按钮：

```
<input name="button" value=" 打开新窗口 " type="button"
onclick="window.open('newWindow.jsp','','width=400,height=200,status=yes')">
```

② 创建一个新的 JSP 文件，名称为 newWindow.jsp，在该文件中添加以下代码，用于在状态栏显示当前年份：

```
<script language="javascript">
var mydate=new Date( );
window.status=" 现在是 : "+mydate.getFullYear( )+" 年 !";
</script>
```

运行结果如图 2-10 所示。

图 2-10　运行结果

2.3　本章小结

本章主要介绍了学习 JSP 前必须掌握的 Java 语言及客户端脚本语言 JavaScript。其中，Java 语言是学习 JSP 的基础语言，尤其是面向对象程序设计部分，在今后的学习及应用中，经常会涉及这部分内容，读者需要认真学习，并结合本章的例题做到融会贯通。JavaScript 是一种比较流行的制作网页特效的脚本语言，在 JSP 程序中适当地使用 JavaScript，不仅能提高程序的开发速度，而且能减轻服务器负荷。在实际网站开发过程中，经常会使用 JavaScript 实现一些交互或动态特效，所以读者应该好好掌握它，并应该做到举一反三，使 JavaScript 真正地为网站开发服务。

习 题

2-1 什么是类？如何定义类？类的成员一般由哪两部分组成？这两部分的区别是什么？

2-2 什么是成员变量和局部变量，它们的区别是什么？

2-3 如何创建、使用并销毁对象？

2-4 构造方法的概念及用途是什么？

2-5 下面语句的输出结果是什么？

（1）语句序列 1：

```
<%
int i=1;
do{
    System.out.println(i);
} while(i<=100);
%>
```

（2）语句序列 2：

```
<%
    String strA=new String("让我们的明天会更好！");
    String strB="平平淡淡才是真！";
    out.println(strA.substring(4,6));
    out.println(strB.substring(4,strB.length()));
%>
```

2-6 在 Java 语言中，处理异常的语句有哪 4 种？

2-7 在 JSP 中引入 JavaScript 的方法有哪些？

2-8 在 JavaScript 中，下面的哪些变量名是正确的？

（1）abc。（2）7Name。（3）user_name。（4）case。
（5）_17。（6）news。（7）pwd_1。（8）i。

2-9 在 JavaScript 中如何定义并调用函数？

2-10 如何用 JavaScript 打开一个新的窗口？

上机指导

2-1 编写一个 Java 类，并将其保存到指定包中，该类用于实现计算圆的面积和周长。

2-2 编写一个 JSP，输出《九九乘法表》。

2-3 编写一个 JavaScript 程序，弹出一个询问生日的对话框，计算出用户的星座并将结果显示在浏览器的状态栏上。

2-4 编写一个 JavaScript 程序，在 JSP 上输出当前日期。

CHAPTER 03

第3章 JSP语法

本章要点

- JSP 的基本构成元素
- JSP的page、include和taglib 指令标识
- JSP 的脚本标识
- JSP 文件中可以应用的注释
- JSP 的动作标识

■ 本章介绍 JSP 的基本语法，主要包括 JSP 的指令标识、脚本标识、JSP 注释和动作标识。通过学习本章，读者应该了解 JSP 的构成，并掌握 JSP 中指令标识、脚本标识、动作标识和 JSP 注释的使用方法，尤其要深刻理解 include 动作与 include 指令在包含文件时的区别，以及 JSP 脚本标识的使用方法。

3.1 了解 JSP 的基本构成

了解 JSP 的基本构成

在学习 JSP 语法之前，先初步了解一下 JSP 的基本结构。请看下面的代码：

```
<!-- JSP 的指令标识 -->
<%@ page language="java" contentType="text/html; charset=gb/t 2312-1980" %>
<%@ page import="java.util.Date" %>
<!-- HTML 标记 -->
<html>
  <head><title>JSP 的基本构成 </title></head>
  <body>
   <center>
<!-- 嵌入的 Java 代码 -->
     <% String today=new Date().toLocaleString(); %>
<!-- JSP 表达式 -->
     今天是：<%=today%>
<!-- HTML 标记 -->
   </center>
  </body>
</html>
```

上面的代码并没有包括 JSP 中的所有元素，但它仍然构成了一个动态的 JSP。访问包含了该代码的 JSP，将显示用户访问该页面的当前时间。暂且不对其功能实现进行讲解，先来介绍该页面的组成元素。

1. JSP 的指令标识

利用 JSP 指令可以使服务器按照指令的设置来执行动作和设置在整个 JSP 范围内有效的属性。例如，上述代码中的第一个 page 指令指定了在该页面中编写 JSP 脚本使用的语言为 Java，并且指定了页面响应的 MIME（Multrpurpose Internet Mail Extensions，多用途互联网邮件扩展）类型和 JSP 字符的编码；第二个 page 指令所实现的功能类似于 Java 中的 import 语句，用来向当前的 JSP 文件中导入需要用到的包文件。

2. HTML 标记

HTML 标记在 JSP 中用作静态的内容，浏览器会识别这些 HTML 标记并执行。在 JSP 程序开发中，这些 HTML 标记主要负责页面的布局、设计和美观，可以说它是网页的框架。

3. 嵌入的 Java 代码

嵌入 JSP 的 Java 代码在客户端浏览器中是不可见的。它们需要被服务器执行，然后由服务器将执行结果与 HTML 标记一同发送给客户端进行显示。通过向 JSP 嵌入 Java 代码，可以使该页面生成动态的内容。

4. JSP 表达式

JSP 表达式主要用于数据的输出。它可以向页面输出内容以显示给用户，还可以用来动态地指定 HTML 标记中属性的值。

以上介绍的元素只是 JSP 的一部分，动作标识和 JSP 注释等其他元素也是构成 JSP 的重要元素。下面将向读者介绍 JSP 中的各个元素和它们的语法规则。

3.2 JSP 的指令标识

指令标识在客户端是不可见的，它是被服务器解释并被执行的。通过指令标识可以使服务器按照指令的设置来执行动作和设置在整个 JSP 范围内有效的属性。在一个指令中可以设置多个属性，这些属性可以影响整个页面。

JSP 主要包含 3 种指令，分别是 page 指令（页面指令）、include 指令和 taglib 指令。

指令通常以“<%@”标记开始，以“%>”标记结束，以上 3 种指令的通用格式如下：

```
<%@ 指令名称 属性 1=" 属性值 " 属性 2=" 属性值 " …%>
```

下面将分别介绍 JSP 的 3 种指令。

3.2.1 使用 page 指令

page 指令即页面指令，可以定义在整个 JSP 范围内有效的属性，其使用格式如下：

```
<%@ page attribute1="value1" attribute2="value2" …%>
```

使用 page 指令

page 指令可以放在 JSP 中的任意行，但为了利于程序代码的阅读，习惯上放在开始部分。page 指令具有多种属性，通过设置这些属性可以影响当前的 JSP。

例如，在页面中正确设置当前页面响应的 MIME 类型为 text/html，如果 MIME 类型设置得不正确，则当服务器将数据传输给客户端进行显示时，客户端将无法识别传输来的数据，从而不能正确地显示内容。

page 指令中除 import 属性外，其他属性只能在指令中出现一次。page 指令具有的属性如下：

```
<%@ page
        [ language="java" ]
        [ contentType="mimeType;charset=CHARSET" ]
        [ import="{package.class|pageage.*},…" ]
        [ extends="package.class" ]
        [ session="true|false" ]
        [ buffer="none|8kb|size kb ]
        [ autoFlush="true|false" ]
        [ isThreadSafe="true|false" ]
        [ info="text" ]
        [ errorPage="relativeURL" ]
        [ isErrorPage="true|false" ]
        [ isELIgnored="true|false" ]
        [ pageEncoding="CHARSET" ]
%>
```

面对 page 指令所具有的如此多的属性，在实际编程时，程序员并不需要一一列出。其中很多属性可以忽略，此时 page 指令将使用这些属性的默认值来设置 JSP。

下面向读者讲解 page 指令中各属性所具有的功能。

（1）language 属性

language 属性用于设置当前页面中编写 JSP 脚本使用的语言，默认值为 java，如下所示：

```
<%@ page language="java" %>
```

上述代码设置了当前页面中使用 Java 语言来编写 JSP 脚本，目前只能设置为 Java。

（2）contentType 属性

contentType 属性用于设置页面响应的 MIME 类型，通常被设置为 text/html，如下所示：

```
<%@ page contentType="text/html" %>
```

如果该属性设置得不正确，如设置为 text/css，那么客户端浏览器在显示 HTML 样式时，不能对 HTML 标记进行解释，而直接显示 HTML 代码。

在该属性中还可以设置 JSP 字符的编码，如下所示：

```
<%@ page contentType="text/html;charset=gb/t 2312-1980" %>
```

默认的编码为 ISO-8859-1。

（3）import 属性

import 属性的作用类似于 Java 中的 import 语句，用来向 JSP 文件导入需要用到的包。在 page 指令中可多次使用该属性来导入多个包，如下所示：

```
<%@ page import="java.util.*" %>
<%@ page import="java.text.*" %>
```

或者通过逗号间隔来导入多个包：

```
<%@ page import="java.util.*, java.text.*" %>
```

JSP 已经默认导入了以下包：

```
java.lang.*
javax.servlet.*
javax.servlet.jsp.*
javax.servlet.http.*
```

所以，即使没有通过 import 属性进行导入，在 JSP 也可以调用上述包中的类。

若要在页面中使用编写的 JavaBean，也可以通过 import 属性来导入，还可以通过 <jsp:useBean> 动作标识来创建一个 JavaBean 实例进行调用。

（4）extends 属性

extends 属性用于指定将一个 JSP 转换为 Servlet 后继承的类。在 JSP 中通常不会设置该属性，JSP 容器会提供继承的父类。并且如果设置了该属性，一些改动会影响 JSP 的编译能力。

（5）session 属性

session 属性的默认值为 true，表示当前页面支持 session，设置为 false 表示不支持 session。

（6）buffer 属性

buffer 属性用来设置 out 对象（JspWriter 类对象）使用的缓冲区的大小。若设置为 none，表示不使用缓存，而直接通过 PrintWriter 对象进行输出；如果将该属性指定为数值，则输出缓冲区的大小不应小于该值，默认值为 8KB（因服务器的不同而不同，但大多数情况下都为 8KB）。

（7）autoFlush 属性

autoFlush 属性的默认值为 true，表示当缓冲区已满时，自动将其中的内容输出到客户端。如果设置为 false，则当缓冲区中的内存超出其设置的大小时，会产生“JSP Buffer overflow”溢出异常。

注意

若 buffer 属性设置为 none，则 autoFlush 属性不能设为 false。

（8）isThreadSafe 属性

isThreadSafe 属性的默认值为 true，表示当前 JSP 被转换为 Servlet 后，会以多线程的方式处理来自多个用户的请求；如果设置为 false，则转换后的 Servlet 会实现 SigleThreadModel 接口，该 Servlet 将以单线程的方式来处理用户请求，即其他请求必须等待直到前一个请求处理结束。

（9）info 属性

info 属性可设置为任意字符串，如当前页面的作者或其他有关的页面信息。可通过 Servlet.getServletInfo() 方法来获取设置的字符串，如下所示：

```
<%@ page info="This is index.jsp!" %>
<%=this.getServletInfo()%>
```

访问页面后，将显示以下结果：

```
This is index.jsp!
```

（10）errorPage 属性

errorPage 属性用来指定一个当前页面出现异常时所要调用的页面。如果属性值是以“/”开头的路径，则将在当前应用程序的根目录下查找文件；否则，将在当前页面的目录下查找文件。

（11）isErrorPage 属性

将 isErrorPage 的属性值设为 true，此时在当前页面中可以使用 exception 异常对象。若在其他页面中通过

errorPage 属性指定了该页面，则当页面出现异常时，会跳转到该页面，并可在该页面中通过 exception 对象输出错误信息。相反，如果将该属性设置为 false，则在当前页面中不能使用 exception 对象。该属性默认值为 false。

【例 3-1】errorPage 属性及 isErrorPage 属性的应用。

例如，若当前应用包含 index.jsp 和 error.jsp 页面的相关文件，在 index.jsp 页面中进行数据类型的转换操作，其代码如下：

```
<%@ page contentType="text/html;charset=gb/t 2312-1980" errorPage="error.jsp"%>
<%
   String name="YXQ";
   Integer.parseInt(name);      // 将字符串转化为 int 型数据
%>
```

上述代码将一个非数字格式的字符串转化为 int 型数据，因此将产生异常，最终进入 errorPage 属性指定的 error.jsp 页面显示错误信息。

在 error.jsp 页面中需要将 isErrorPage 属性设为 true，然后才能调用 exception 对象输出错误信息。error.jsp 页面的代码如下：

```
<%@ page contentType="text/html;charset=gb/t 2312-1980" isErrorPage="true" %>
出现错误！错误如下：<br>
<%=exception.getMessage()%>
```

访问 index.jsp 页面后，将显示如图 3-1 所示的提示页面。

使用 IE 运行例 3-1 时，需要在 IE 的 Internet 选项的“高级”选项卡中，取消选择“显示友好 http 错误信息”复选框，然后单击“应用”按钮。

（12）isELIgnored 属性

通过设置 isELIgnored 属性，可以使 JSP 容器忽略表达式语言“${}”。其值只能为 true 或 false。设置为 true，则忽略表达式语言。

（13）pageEncoding 属性

pageEncoding 属性用来设置 JSP 字符的编码，默认值为 ISO-8859-1。

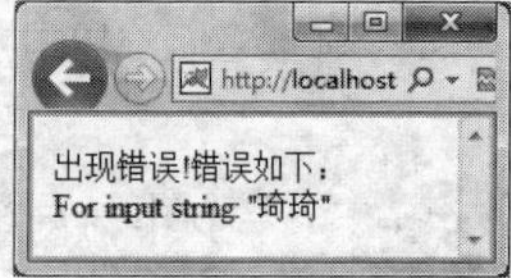

图 3-1　错误提示页面

3.2.2　使用 include 指令

该指令用于当前的 JSP。在当前使用该指令的位置嵌入其他的文件，如果被包含的文件中有可执行的代码，则显示代码执行后的结果。

使用 include 指令

该指令的使用格式如下：

```
<%@ include file=" 文件的绝对路径或相对路径 " %>
```

代码中的 file 属性用于指定被包含的文件。该属性不支持任何表达式，也不允许通过如下的方式来传递参数：

```
<%@ include file="welcome.jsp?name=yxq" %>
```

如果该属性的值以“/”开头，那么指定的是一个绝对路径，将在当前应用的根目录下查找文件；如果以文件名称或文件夹名开头，那么指定的是一个相对路径，将在当前页面的目录下查找文件。

使用 include 指令引用外部文件，可以减少代码的冗余。例如，有两个 JSP 都需要使用如图 3-2 所示的网页模板结构进行布局。

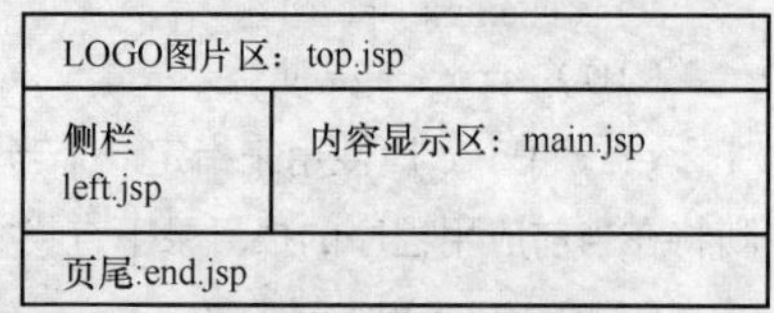

图 3-2　网页模板结构

其中，这两个页面中的 LOGO 图片区、侧栏和页尾的内容都不会发生变化。如果通过基本 JSP 语句来编写这两个页面，会导致编写的 JSP 文件出现大量的冗余代码，不仅会降低开发进程，而且会给程序的维护带来很大的困难。

为了减少代码的冗余，可以将这个复杂的页面分成若干个独立的部分，将相同的部分在单独的 JSP 文件中进行编写。这样在多个页面中应用上述的页面模板时，就可通过 include 指令在相应的位置上引入这些文件，从而只需对内容显示区进行编码即可。类似的页面代码如下：

```
<%@ page contentType="text/html;charset=gb/t 2312-1980" %>
<table>
    <tr><td colspan="2"> <%@ include file="top.jsp"%> </td></tr>
    <tr>
        <td><%@ include file="side.jsp"%></td>
        <td> 在这里对内容显示区进行编码 </td>
    </tr>
    <tr><td colspan="2"><%@ include file="end.jsp"%></td></tr>
</table>
```

3.2.3 使用 taglib 指令

在 JSP 中，可以直接使用 JSP 提供的一些标签来完成特定功能。通过使用 taglib 指令，开发者就可以在页面中使用这些基本标签或自定义的标签来完成特殊的功能。

使用 taglib 指令

taglib 指令的使用格式如下：

```
<%@ taglib uri="tagURI" prefix="tagPrefix" %>
```

代码说明如下。

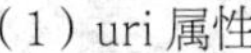

（1）uri 属性

uri 属性用于指定标签描述符，该描述符是一个对标签描述文件（*.tld）的映射。标签描述文件中定义了标签库中的各个标签名称，并为每个标签指定了一个标签处理类。

（2）prefix 属性

prefix 属性用于指定一个在页面中使用由 uri 属性指定的标签库的前缀。前缀不能命名为 jsp、jspx、java、javax、sun、servlet 和 sunw。

开发者可通过前缀来引用标签库中的标签。以下为一个简单的使用 JSTL（JSP Standard Tag Library，JSP 标准标签库）的代码：

```
<%@ taglib uri="http://java.sun.com/jsp/jstl/core" prefix="c" %>
<c:set var="name" value="hello"/>
```

上述代码通过 <c:set> 标签将 hello 值赋给了变量 name。

3.3 JSP 的脚本标识

在 JSP 中，脚本标识使用得最为频繁。因为它们能够很方便、灵活地生成页面中的动态内容，特别是 Scriptlet 脚本程序。JSP 的脚本标识包括 3 种元素：JSP 表达式（Expression）、声明标识（Declaration）和脚本程序（Scriptlet）。通过这些元素，就可以在 JSP 中像编写 Java 程序一样来声明变量、定义函数或进行各种表达式的运算。在 JSP 中需要通过特殊的约定来表示这些元素，并且对于客户端来说这些元素是不可见的，它们由服务器执行。

3.3.1 JSP 表达式

JSP 表达式

表达式用于向页面中输出信息，其使用格式如下：

```
<%= 变量或可以返回值的方法或 Java 表达式 %>
```

特别要注意，“<%”与“=”之间不要有空格。

JSP 表达式在页面被转换为 Servlet 后，转换为 out.print( ) 方法。所以 JSP 表达式与 JSP 中嵌入小脚本程序中的 out.print( ) 方法实现的功能相同。如果通过 JSP 表达式输出一个对象，则该对象的 toString( ) 方法会被自动调用，表达式将输出 toString( ) 方法返回的内容。

JSP 表达式可以应用到以下几种情况。

① 向页面输出内容，例如下面的代码：

```
<% String name="www.xxx.com"; %>
用户名 : <%=name%>
```

上述代码将生成如下运行结果：

```
用户名 : www.xxx.com
```

② 生成动态的链接地址，例如下面的代码：

```
<% String path="welcome.jsp"; %>
<a href="<%=path%>"> 链接到 welcom.jsp</a>
```

上述代码将生成如下的 HTML 代码：

```
<a href="welcome.jsp"> 链接到 welcome.jsp</a>
```

③ 动态指定 Form 表单处理页面，例如下面的代码：

```
<% String name="logon.jsp"; %>
<form action="<%=name%>"></form>
```

上述代码将生成如下 HTML 代码：

```
<form action="logon.jsp"></form>
```

④ 为通过循环语句生成的元素命名，例如下面的代码：

```
<% for(int i=1;i<3;i++){ %>
    file<%=i%> : <input type="text" name="<%="file"+i%>"><br>
<% } %>
```

上述代码将生成如下 HTML 代码：

```
file1 : <input type="text" name="file1"><br>
file2 : <input type="text" name="file2"><br>
```

表达式中不能有分号。

3.3.2 声明标识

声明标识

JSP 可以声明变量或方法，声明格式如下：

```
<%! 声明变量或方法的代码 %>
```

特别要注意，“<%”与“!”之间不要有空格。声明的语法格式与在 Java 语言中声明变量和方法时是一样的。

在页面中通过声明标识声明的变量和方法，在整个页面内都有效，它们将成为 JSP 被转换为 Java 类后类中的属性和方法，并且它们会被多个线程即多个用户共享。也就是说，其中的任何一个线程对声明的变量或方法的修改都会改变它们原来的状态。它们的生命周期从创建开始到服务器关闭结束。

众所周知，只有把理论知识同具体实际相结合，才能正确回答实践提出的问题，扎实提升读者的理论水平与实战能力。下面将通过一个具体实例来介绍声明标识的应用。

【例 3-2】一个简单的网站计数器。

本实例主要介绍通过声明的变量和方法实现一个简单的网站计数器，具体步骤如下。

① 创建 index.jsp 页面，在该页面中编写代码来实现网站计数器。当用户访问该页面后，实现计数的 add( ) 方法被调用，将访问次数累加，然后向用户显示当前的访问量。具体代码如下：

```
<%@ page contentType="text/html;charset=utf-8" %>
<%!
```

```
    int num=0;                              // 声明一个计数变量
    synchronized void add(){                // 该方法用于实现访问次数的累加操作
        num++;
    }
%>
<% add(); %>                                // 该脚本程序调用实现访问次数累加的方法 %>
<html>
    <body><center> 您是第 <%=num%> 位访问该页的游客！ </center></body>
</html>
```

② 运行实例，结果如图 3-3 所示。

实例声明了一个 num 变量和 add( ) 方法。add( ) 方法用于对 num 变量进行累加操作，synchronized 修饰符可以使多个同时访问 add( ) 方法的线程排队进行调用，<% add( ); %> 是在后面要讲到的小脚本程序。

图 3-3 实例运行结果

当第一个用户访问该页面后，变量 num 被初始化，服务器执行 <% add(); %> 小脚本程序，从而 add( ) 方法被调用，num 变为 1。当第二个用户访问时，变量 num 不再被重新初始化，而使用前一个用户访问 num 变量的值，之后调用 add() 方法，将 num 变量的值变为 2。

3.3.3 脚本程序

脚本程序

脚本程序是在 JSP 中使用“<%”与“%>”标记形成的一段 Java 代码。在脚本程序中可以定义变量、调用方法和进行各种表达式运算，且每条语句后面要加入分号。在脚本程序中定义的变量在当前的整个页面内都有效，但不会被其他的线程共享，当前用户对该变量的操作不会影响到其他的用户。当变量所在的页面关闭后，被定义的变量就会被销毁。

脚本程序使用格式如下：

```
<% Java 程序片段 %>
```

脚本程序的使用比较灵活，它所实现的功能是 JSP 表达式无法实现的，请看下面的实例。

【例 3-3】脚本程序的应用。

本实例主要介绍在 JSP 中实现选择输出脚本程序的应用，具体步骤如下。

① 创建 index.jsp 页面，在该页面通过在脚本程序中判断变量 able 的值，来选择内容并将其输出到页面中，具体代码如下：

```
<%@ page contentType="text/html;charset=gb/t 2312-1980"%>
<% int able=1; %>
<html>
    <body>
        <table>
        <% if(able==1){%>
            <tr><td> 欢迎登录！您的身份为 " 普通管理员 "。</td></tr>
        <% }
            else if(able==2){
        %>
            <tr><td> 欢迎登录！您的身份为 " 系统管理员 "。</td></tr>
        <% } %>
        </table>
    </body>
</html>
```

② 访问 index.jsp 页面，将生成以下运行结果：

```
欢迎登录！您的身份为“普通管理员”。
```

3.4 JSP 的注释

JSP 可以应用多种注释，如 HTML 中的注释、脚本程序（Scriptlet）中的注释和从严格意义上说属于 JSP 自己的注释，即带有 JSP 表达式（和隐藏）的注释。在 JSP 规范中，它们都属于 JSP 中的注释，并且它们的语法规则和运行的效果有所不同。本节将向读者介绍 JSP 中的各种注释。

HTML 中的注释

3.4.1 HTML 中的注释

JSP 文件是由 HTML 标记和嵌入的 Java 程序片段组成的，所以在 HTML 中的注释同样可以在 JSP 文件中使用。注释格式如下：

```
<!-- 注释内容 -->
```

【例 3-4】HTML 注释的应用。

例如，在 JSP 文件中包含以下代码：

```
<!-- 欢迎提示信息！-->
<table><tr><td> 欢迎访问！</td></tr></table>
```

该类注释的内容在客户端浏览器中是看不到的，但可以通过查看 HTML 源代码看到。

访问该页面后，将会在客户端浏览器中输出以下内容：

```
欢迎访问！
```

通过查看 HTML 源代码将会看到以下内容：

```
<!-- 欢迎提示信息！-->
<table><tr><td> 欢迎访问！ </td></tr></table>
```

3.4.2 带有 JSP 表达式的注释

带有 JSP 表达式的注释

在 HTML 注释中可以嵌入 JSP 表达式，注释格式如下：

```
<!-- comment<%=expression %>-->
```

包含该注释语句的 JSP 被请求后，服务器能够识别注释中的 JSP 表达式，进而执行该表达式，而对注释中的其他内容不进行任何操作。当服务器将执行结果返回给客户端后，客户端浏览器会识别该注释语句，所以被注释的内容不会显示在浏览器中。

【例 3-5】带有 JSP 表达式的注释的应用。

例如，在 JSP 文件中包含以下代码：

```
<% String name="YXQ";%>
<!-- 当前用户：<%=name%> -->
<table><tr><td> 欢迎登录：<%=name%></td></tr></table>
```

访问该页面后，将会在客户端浏览器中输出以下内容：

```
欢迎登录：YXQ
```

通过查看 HTML 源代码将会看到以下内容：

```
<!-- 当前用户：YXQ -->
<table><tr><td> 欢迎登录：YXQ</td></tr></table>
```

3.4.3 隐藏注释

隐藏注释

在前面的小节中已经介绍了如何应用 HTML 中的注释，这种注释虽然在客户端浏览页面时不会被看见，但它存在于源代码中，可通过在客户端查看源代码被看到。所以严格来说，这种注释并不安全。

本小节将介绍一种隐藏注释，注释格式如下：

```
<%-- 注释内容 --%>
```

该注释不仅在客户端浏览时看不到，而且即使是通过在客户端查看 HTML 源代码，也不会看到，所以安全性较高。

【例 3-6】隐藏注释的应用。

例如，在 JSP 文件中包含以下代码：

```
<%-- 获取当前时间 --%>
<table>
    <tr><td> 当前时间为 <%=(new java.util.Date( )).toLocaleString( )%></td></tr>
</table>
```

访问该页面后，将会在客户端浏览器中输出以下内容：

```
当前时间为 2020-10-15 13:37:30
```

通过查看 HTML 源代码将会看到以下内容：

```
<table>
    <tr><td> 当前时间为 2020-10-15 13:37:30</td></tr>
</table>
```

3.4.4 脚本程序（Scriptlet）中的注释

脚本程序（Scriptlet）中的注释

在脚本程序中所包含的是一段 Java 代码，所以在脚本程序中的注释和在 Java 中的注释是相同的。脚本程序中包括下面 3 种注释。

1. 单行注释

单行注释的格式如下：

```
// 注释内容
```

符号“//”后面的所有内容为注释的内容，服务器对该内容不进行任何操作。因为脚本程序在客户端通过查看源代码是不可见的，所以在脚本程序中单行注释的内容也是不可见的，并且在后面要提到的多行注释和提示文档注释的内容都是不可见的。

【例 3-7】单行注释的应用。

例如，在 JSP 文件中包含以下代码：

```
<% int count=1;            // 定义一个计数变量 %>
计数变量 count 的当前值为 <%=count%>
```

访问该页面后，将会在客户端浏览器中输出以下内容：

```
计数变量 count 的当前值为 1
```

通过查看 HTML 源代码将会看到以下内容：

```
计数变量 count 的当前值为 1
```

因为服务器不会对注释的内容进行处理，所以可以通过该注释来暂时地删除某一行代码，例如下面的代码：

```
<%
    String name="YXQ";
```

```
    //name="YXQ2008 ";
%>
用户名：<%=name%>
```

包含上述代码的 JSP 文件被执行后，将输出如下结果：

```
用户名：YXQ
```

2. 多行注释

多行注释通过"/*"与"*/"符号进行标记，它们必须成对出现，在它们之间输入的注释内容可以换行。注释格式如下：

```
/*
  注释内容 1
  注释内容 2
  ……
*/
```

为了程序界面的美观，开发人员习惯在每行的注释内容前面加入一个"*"号，构成如下的注释格式：

```
/*
 * 注释内容 1
 * 注释内容 2
 * ……
 */
```

同单行注释一样，在"/*"与"*/"之间的所有内容，即使是 JSP 表达式或其他的脚本程序，服务器都不会做任何处理，并且多行注释的开始标记和结束标记可以不在同一个脚本程序中同时出现。

【例 3-8】多行注释的应用。

例如，在 JSP 文件中包含以下代码：

```
<%
    String state="0";
 /* if(state.equals("0")){          //equals( ) 方法用来判断两个对象是否相等
       state=" 版主 ";
%>
      将变量 state 赋值为 " 版主 "。<br>
<%
    }
  */
%>
变量 state 的值为 <%=state%>
```

包含上述代码的 JSP 文件被执行后，将输出如下结果：

```
变量 state 的值为 0
```

若去掉代码中的"/*"与"*/"符号，则输出如下结果：

```
将变量 state 赋值为 " 版主 "。
变量 state 的值为版主。
```

3. 提示文档注释

提示文档注释会在被 Javadoc 文档工具生成文档时所读取，文档是对代码结构和功能的描述。注释格式如下：

```
/**
  提示信息 1
  提示信息 2
```

```
    ……
*/
```

该注释与上面介绍的多行注释很相似，但细心的读者会发现它是以“/**”符号作为注释的开始标记的，而不是“/*”。与多行注释一样，“/**”和“*/”符号之间的所有内容，服务器都不会做任何处理。

读者可在 Eclipse 开发工具中向创建的 JSP 文件输入下面的代码，然后将鼠标指针移动到指定的代码上，将会出现提示信息。

提示文档注释也可以应用到声明标识中。例如，在声明标识中添加提示文档注释，用于为 count( ) 方法添加提示文档。

```
<%!
int number=0;
/**
* function：计数器
* return: 访问次数
*/
int count(){
    number++;
    return number;
}
%>
<%=count() %>
```

在 Eclipse 中，将鼠标指针移动到 count() 方法上时，将显示图 3-4 所示的提示文档注释。

3.5 动作标识

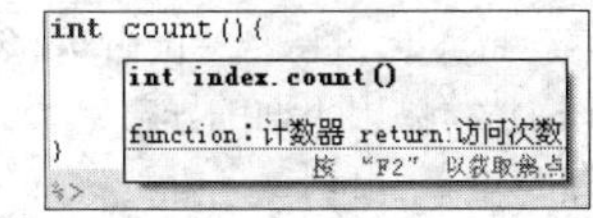

图 3-4 在 Eclipse 中生成的提示文档注释

JSP 提供了一系列使用 XML 语法写成的动作标识，这些标识可用来实现特殊的功能，例如请求的转发、在当前页中包含其他文件、在页面中创建一个 JavaBean 实例等。

动作标识是在请求处理阶段按照在页面中出现的顺序被执行的，只有它们被执行的时候才会去实现自己所具有的功能。这与指令标识是不同的。指令标识在 JSP 被执行时首先进入翻译阶段，程序会先查找页面中的指令标识并将它们转换成 Servlet，所以这些指令标识会首先被执行，从而设置了整个的 JSP。

动作标识通用的使用格式如下：

```
< 动作标识名称 属性 1=" 值 1" 属性 2=" 值 2"…/>
```

或

```
< 动作标识名称 属性 1=" 值 1" 属性 2=" 值 2" …>
    < 子动作 属性 1=" 值 1" 属性 2=" 值 2" …/>
</ 动作标识名称 >
```

在 JSP 中提供的常用的标准动作标识如下：

<jsp:include>、<jsp:forward>、<jsp:useBean>、<jsp:setProperty>、<jsp:getProperty>、<jsp:fallback>、<jsp:param>。

下面介绍以上各动作标识。

3.5.1 <jsp:include>

<jsp:include>

<jsp:include> 动作标识用于对应当前页面中包含的其他文件，这个文件可以是动态文件也可以是静态文件。该标识的使用格式如下：

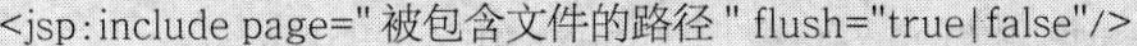

```
<jsp:include page=" 被包含文件的路径 " flush="true|false"/>
```

或者向被包含的动态页面中传递参数。

```
<jsp:include page=" 被包含文件的路径 " flush="true|false">
    <jsp:param name=" 参数名称 " value=" 参数值 "/>
</jsp:include>
```

代码说明如下。

page 属性：该属性用于指定被包含文件的路径，其值可以是一个代表相对路径的表达式。当路径以 “/” 开头时，则按照当前应用的路径查找这个文件；如果路径以文件名或目录名称开头，那么将按照当前的路径来查找被包含的文件。

flush 属性：用于指定当输出缓冲区满时，是否清空缓冲区。该属性值为布尔值，默认值为 false，通常情况下设为 true。

<jsp:param> 子标识可以向被包含的动态页面中传递参数。

<jsp:include> 动作标识对包含的动态文件和静态文件的处理方式是不同的。如果被包含的是静态文件，则页面执行后，在使用了该标识的位置处将会输出这个文件的内容；如果被包含的是动态文件，那么 JSP 编译器将编译并执行这个文件；不能通过文件的名称来判断该文件是静态的还是动态的，<jsp:include> 动作标识会识别出文件的类型。

<jsp:include> 动作标识与 include 指令都可用来包含文件，下面来介绍它们之间存在的差异。

1. 属性

include 指令通过 file 属性来指定被包含的页面，它将 file 属性值看作一个实际存在的文件的路径，所以该属性不支持任何表达式。若在 file 属性值中使用 JSP 表达式，则会抛出异常，如下面的代码：

```
<% String path="logon.jsp"; %>
<%@ include file="<%=path%>" %>
```

该用法将抛出下面的异常：

```
File "/<%=path%>" not found
```

<jsp:include> 动作标识通过 page 属性来指定被包含的页面，该属性支持 JSP 表达式。

2. 处理方式

使用 include 指令包含的文件，它的内容会原封不动地插入包含页中使用该指令的位置，然后 JSP 编译器对这个合成的文件进行翻译。所以在一个 JSP 中使用 include 指令来包含另外一个 JSP，最终编译后的文件只有一个。

使用 <jsp:include> 动作标识包含文件时，当该标识被执行时，程序会将请求转发到（注意是转发，而不是请求重定向）被包含的页面，并将执行结果输出到浏览器中，然后返回包含页继续执行后面的代码。因为服务器执行的是两个文件，所以 JSP 编译器会分别对这两个文件进行编译。

3. 包含方式

使用 include 指令包含文件，最终服务器执行的是将两个文件合成后由 JSP 编译器编译成的一个 Class 文件，所以被包含文件的内容应是固定不变的。若改变了被包含的文件，则主文件的代码就会发生改变，因此服务器会重新编译主文件。include 指令的这种包含过程称为静态包含。

<jsp:include> 动作标识通常用来包含那些经常需要改动的文件。此时服务器执行的是两个文件，被包含文件的改动不会影响到主文件，因此服务器不会对主文件进行重新编译，而只重新编译被包含的文件。而对被包含文件的编译是在执行时才进行的。也就是说，只有当 <jsp:include> 动作标识被执行时，使用该标识包含的目标文件才会被编译，否则被包含的文件不会被编译，所以这种包含过程称为动态包含。

4. 对被包含文件的约定

使用 include 指令包含文件时，对被包含文件有约定。

【例 3-9】通过 include 指令包含文件。

例如，在某 Web 应用的根目录下存在 index.jsp 和 top.jsp 文件，index.jsp 文件的代码如下：

```
<%@ page contentType="text/html;charset=gb/t 2312-1980" %>
<%@ include file="top.jsp" %>
<br> 这是 index.jsp 页面中的内容！
```

top.jsp 文件的代码如下：

```
<%@ page contentType="text/html;charset=gbk" %>
这是 top.jsp 页面中的内容！
```

访问 index.jsp 页面后将抛出下面的异常：

```
Page directive: illegal to have multiple occurrences of contentType with different values (old: text/html;charset=gb/t 2312-1980, new: text/html;charset=gbk)
```

它表示在 page 指令中发现了 contentTyep 属性的两个不同的值，因为这两个文件最终会被合为一个文件，所以会抛出上面的异常。

【例 3-10】通过 <jsp:include> 动作标识包含文件。

下面将 index.jsp 文件代码进行如下修改，再来查看一下运行结果：

```
<%@ page contentType="text/html;charset=gb/t 2312-1980" %>
<jsp:include page="top.jsp"/>
<br> 这是 index.jsp 页面中的内容！
```

访问 index.jsp 页面后的结果如下：

```
这是 top.jsp 页面中的内容！
这是 index.jsp 页面中的内容！
```

所以使用 <jsp:include> 动作标识时，就无须遵守这样的约定了。

如果要在 JSP 中显示大量的文字，可以将文字写入静态文件中（如记事本），然后通过 include 指令或动作标识将其包含进来。

3.5.2 <jsp:forward>

<jsp:forward>

<jsp:forward> 动作标识用来将请求转发到另外一个 JSP、HTML 或相关的资源文件中。当该动作标识被执行后，当前的页面将不再被执行，而是去执行该标识指定的目标页面。

该标识使用的格式如下：

```
<jsp:forward page=" 文件路径 | 表示路径的表达式 "/>
```

如果转发的目标是一个动态文件，还可以向该文件传递参数，使用格式如下：

```
<jsp:forward page=" 文件路径 | 表示路径的表达式 ">
  <jsp:param name=" 参数名 1" value=" 值 1"/>
  <jsp:param name=" 参数名 2" value=" 值 2"/>
  ……
</jsp:forward>
```

代码中的 page 属性用于指定目标文件的路径。如果该值以“/”开头，表示在当前应用的根目录下查找文件，否则就在当前路径下查找目标文件。请求被转向到的目标文件必须是内部的资源，即当前应用中的资源。

如果想通过 <jsp:forward> 动作标识转发到应用外部的文件中，可编写下面的代码。

若当前应用为 A，在根目录下的 index.jsp 页面中存在下面的代码用来将请求转发到应用 B 中的 logon.jsp 页面：

```
<jsp:forward page="http://localhost:8080/B/logon.jsp"/>
```

那么将出现下面的错误提示：

```
The requested resource (/http://localhost:8080/B/logon.jsp) is not available
```

仔细观察可以看到，错误提示中的路径前自动加入了一个“/”，这是因为 index.jsp 页面在应用 A 的根目录下。当 <jsp:forward> 动作标识被执行时，会在该目录下来查找 page 属性指定的目标文件，所以会提示资源不存在的信息。

<jsp:param> 子标识用来向动态的目标文件中传递参数。

这里重点提示一下，<jsp:forward> 动作标识实现的是请求的转发操作，而不是请求重定向。它们之间的一个区别就是：进行请求转发时，存储在 request 对象中的信息会被保留并被带到目标页面中；而请求重定向是重新生成一个 request 请求，然后将该请求重定向到指定的 URL，所以事先存储在 request 对象中的信息都不存在了。

3.5.3 <jsp:useBean>

<jsp:useBean>

通过应用 <jsp:useBean> 动作标识可以在 JSP 中创建一个 Bean 实例，并且通过设置属性可以将该实例存储到 JSP 中的指定范围内。如果在指定的范围内已经存在指定的 Bean 实例，那么将使用这个实例，而不会重新创建。通过 <jsp:useBean> 动作标识创建的 Bean 实例可以在 Scriptlet 中应用。

该标识的使用格式如下：

```
<jsp:useBean
    id=" 变量名 "
    scope="page|request|session|application"
    {
        class="package.className"|
        type=" 数据类型 "|
        class="package.className" type=" 数据类型 "|
        beanName="package.className" type=" 数据类型 "
    }
/>
<jsp:setProperty name=" 变量名 " property="*"/>
```

也可以在标识体内嵌入子标识或其他内容：

```
<jsp:useBean id=" 变量名 " scope="page|request|session|application" …>
   <jsp:setProperty name=" 变量名 " property="*"/>
</jsp:useBean>
```

下面通过表 3-1 对 <jsp:useBean> 动作标识中各属性的用法进行简要说明。

表 3-1　<jsp:useBean> 动作标识的属性

属　性	说　明
id	指定一个变量，程序将使用该变量对所创建的 Bean 实例进行引用
type	指定 id 属性所定义变量的类型
scope	定位 Bean 实例的范围，默认值为 page，其他可选值为 request、session 和 application
class	指定一个完整的类名，与 beanName 属性不能同时存在。若没有设置 type 属性，那么必须设置 class 属性
beanName	指定一个完整的类名，与 class 属性不能同时存在。设置该属性时必须设置 type 属性，其属性值可以是一个表示完整类名的表达式

下面对表中属性的用法进行详细介绍。

1. id 属性

id 属性用于指定一个变量，在所定义的范围内或 Scriptlet 中将使用该变量来对所创建的 Bean 实例进行引用。该变量必须符合 Java 中变量的命名规则。

2. type 属性

type 属性用于设置由 id 属性指定的变量的类型。type 属性可以指定要创建实例的类的本身、类的父类或者一个接口。

使用 type 属性来设置变量类型的格式如下：

```
<jsp:useBean id="us" type="com.Bean.UserInfo" scope="session"/>
```

如果在 session 范围内，已经存在名为“us”的实例，则将该实例转换为 type 属性指定的 UserInfo 类型（必须是合法的类型转换）并赋值给 id 属性指定的变量；若指定的实例不存在，将抛出“bean us not found within scope”异常。

3. scope 属性

scope 属性用于指定所创建 Bean 实例的存取范围，省略该属性时的值为 page。<jsp:useBean> 动作标识被执行时，首先会在 scope 属性指定的范围查找指定的 Bean 实例，如果该实例已经存在，则引用这个 Bean，否则重新创建，并将其存储在 scope 属性指定的范围内。scope 属性具有的可选值如下。

page：默认值，指定所创建的 Bean 实例只能在当前的 JSP 文件中使用。

request：指定所创建的 Bean 实例可以在请求范围内进行存取。在请求被转发的目标页面中可通过 request 对象的 getAttribute("id 属性值") 方法获取创建的 Bean 实例。一个请求的生命周期是从客户端向服务器发出一个请求开始到服务器响应这个请求给用户结束，所以请求结束后，存储在其中的 Bean 实例也就失效了。

session：指定所创建的 Bean 实例的有效范围为 session。session 是当用户访问 Web 应用时，服务器为用户创建的一个对象，服务器通过 session 的 id 属性值来区分其他的用户。针对某一个用户而言，在该范围中的对象可被多个页面共享。

可以使用 session 对象的 getAttribute("id 属性值") 方法获取存储在 session 中的 Bean 实例，也可以使用 session 对象的 getValue("id 属性值") 方法来获取，但不建议使用该方法。

application：指定所创建的 Bean 实例的有效范围从服务器启动开始到服务器关闭结束。application 对象是在服务器启动时创建的，它被多个用户共享。所以访问该 application 对象的所有用户共享存储于该对象中的 Bean 实例。

可以使用 application 对象的 getAttribute("id 属性值") 方法获取存在于 application 中的 Bean 实例。

4. class 属性

（1）class="package.className"

class 属性用于指定一个完整的类名，其中 package 表示类包的名字，className 表示类的 Class 文件名称。通过 class 属性指定的类不能是抽象的，它必须具有公共的、没有参数的构造方法。在没有设置 type 属性时，必须设置 class 属性。

使用 class 属性定位一个类的格式如下：

```
<jsp:useBean id="us" class="com.Bean.UserInfo" scope="session"/>
```

程序首先会在 session 范围中查找是否存在名为“us”的 UserInfo 类的实例。如果不存在，那么通过

new 操作符实例化 UserInfo 类来获取一个实例，并以“us”为实例名称存储到 session 范围内。

（2）class="package.className" type=" 数据类型 "

class 属性与 type 属性可以指定同一个类。在 <jsp:useBean> 动作标识中，class 属性与 type 属性一起使用时的格式如下：

```
<jsp:useBean id="us" class="com.Bean.UserInfo" type="com.Bean.UserBase" scope="session"/>
```

这里假设 UserBase 类为 UserInfo 类的父类。该标识被执行时，程序首先创建一个以 type 属性值为类型、以 id 属性值为名称的变量 us，并赋值为 null。然后在 session 范围内查找这个名为“us”的 Bean 实例，如果实例存在，则将其转换为 type 属性指定的 UserBase 类型（类型转换必须是合法的）并赋值给变量 us；如果实例不存在，那么将通过 new 操作符来实例化一个 UserInfo 类的实例并赋值给变量 us，最后将 us 变量存储在 session 范围内。

5. beanName 属性

beanName 属性与 type 属性可以指定同一个类。在 <jsp:useBean> 动作标识中，beanName 属性与 type 属性一起使用时的格式如下：

```
<jsp:useBean id="us" beanName="com.Bean.UserInfo" type="com.Bean.UserBase"scope="session"/>
```

这里假设 UserBase 类为 UserInfo 类的父类。该标识被执行时，程序首先创建一个以 type 属性值为类型、以 id 属性值为名称的变量 us，并赋值为 null。然后在 session 范围内来查找这个名为“us”的 Bean 实例，如果实例存在，则将其转换为 type 属性指定的 UserBase 类型（类型转换必须是合法的）并赋值给变量 us；如果实例不存在，那么将通过 instantiate( ) 方法从 UserInfo 类中实例化一个类并将其转换成 UserBase 类型后赋值给变量 us，最后将变量 us 存储在 session 范围内。

通常情况下应用 <jsp:useBean> 动作标识的格式如下：

```
<jsp:useBean id=" 变量名 " class="package.className"/>
```

如果想在多个页面中共享这个 Bean 实例，可将 scope 属性设置为 session。

在页面中使用 <jsp:useBean> 动作标识来实例化一个 Bean 实例后，可以通过 <jsp:setProperty> 属性来设置或修改该 Bean 实例中的属性，或者通过 <jsp:getProperty> 动作标识来读取该 Bean 实例中指定的属性。

<jsp:useBean> 动作标识的两种使用格式如下。

① 不存在 Body 的格式如下所示：

```
<jsp:useBean id=" 变量名 " scope="JSP 范围 " …/>     // 标识结束
<jsp:setProperty name=" 变量名 " property="*"/>
```

② 在 Body 内写入内容的格式如下所示：

```
<jsp:useBean id=" 变量名 " scope="JSP 范围 ">         // 标识开始
    <jsp:setProperty name=" 变量名 " property="*"/>
</jsp:useBean>                                       // 标识结束
```

这两种使用格式是有区别的。在页面中应用 <jsp:useBean> 动作标识创建一个 Bean 时，如果该 Bean 是第一次被实例化，那么对于 <jsp:useBean> 动作标识的第二种使用格式，标识体内的内容会被执行；若已经存在指定的 Bean 实例，则标识体内的内容就不再被执行了。而对于第一种使用格式，无论在指定的范围内是否已经存在一个指定的 Bean 实例，<jsp:useBean> 动作标识后面的内容都会被执行。

3.5.4 <jsp:setProperty>

<jsp:setProperty> 动作标识通常情况下与 <jsp:useBean> 动作标识一起使用，它将调用 Bean 中的 set×××( ) 方法将请求中的参数赋值给由 <jsp:useBean> 动作标识创建的 JavaBean 中对应的简单属性或索引属性。该标识的使用格式如下：

<jsp:setProperty>

```
<jsp:setProperty
    name="Bean 实例名 "
```

```
{
property="*" |
    property="propertyName" |
    property="propertyName" param="parameterName" |
    property="propertyName" value=" 值 "
}/>
```

下面通过表 3-2 对 <jsp:setProperty> 动作标识中的各属性作简要说明。

表 3-2 <jsp:setProperty> 动作标识的属性

属　性	说　明
name	该属性是必须存在的属性，用来指定一个 Bean 实例
property	该属性是必须存在的属性，可取值为“*”或指定 Bean 中的属性。当取值为“*”时，则 request 请求中所有参数的值将被一一赋给 Bean 实例中与参数具有相同名字的属性；若取值为 Bean 中的属性，则只会将 request 请求中与该属性同名的一个参数的值赋给这个 Bean 属性。若此时指定了 param 属性，那么请求中参数的名称与 Bean 属性名可以不同
param	该属性用于指定请求中的参数，通过该属性指定的参数，其值将被赋给由 property 属性指定的 Bean 属性
value	该属性用来指定一个值，它可以是表示具体值的表达式。value 属性通常与 property 属性一起使用，表示将指定的值赋给指定的 Bean 属性；不能与 param 属性一起使用

下面对表中属性的用法进行详细介绍。

1. name 属性

name 属性用来指定一个存在于 JSP 中某个范围中的 Bean 实例。<jsp:setProperty> 动作标识将会按照 page、request、session 和 application 的顺序来查找这个 Bean 实例，直到第一个实例被找到。若任何范围内都不存在这个 Bean 实例，则会抛出异常。

2. property 属性

（1）property="*"

property 属性取值为“*”时，则 request 请求中所有参数的值将被一一赋给 Bean 实例中与参数具有相同名字的属性。如果请求中存在值为空的参数，那么 Bean 实例中对应的属性将不会被赋值为 null；如果 Bean 中存在一个属性，但请求中没有与之对应的参数，那么该属性同样不会被赋值为 null。在这两种情况下，Bean 属性都会保留原来或默认的值。

该种使用方法要求请求中参数的名称和类型必须与 Bean 实例中属性的名称和类型一致。但由于通过表单传递的参数都是 String 类型的，所以 JSP 会自动将这些参数的类型转换为 Bean 实例中对应属性的类型。表 3-3 所示为 JSP 自动将 String 类型转换为其他类型时所调用的方法。

表 3-3 JSP 自动将 String 类型转换为其他类型时所调用的方法

其他类型	转换方法
boolean	java.lang.Boolean.valueOf(String).booleanValue()
Boolean	java.lang.Boolean.valueOf(String)
byte	java.lang.Byte.valueOf(String).byteValue()
Byte	java.lang.Byte.valueOf(String)
double	java.lang.Double.valueOf(String).doubleValue()
Double	java.lang.Double.valueOf(String)
int	java.lang.Integer.valueOf(String).intValue()
Integer	java.lang.Integer.valueOf(String)
float	java.lang.Float.valueOf(String).floatValue()

续表

其他类型	转换方法
Float	java.lang.Float.valueOf(String)
long	java.lang.Long.valueOf(String).longValue( )
Long	java.lang.Long.valueOf(String)

（2）property="propertyName"

property 属性取值为 Bean 实例中的属性（简称 Bean 属性）时，只会将 request 请求中与该 Bean 属性同名的一个参数的值赋给这个 Bean 属性。

更进一步地讲，如果 property 属性指定的 Bean 属性为 userName，那么指定的 Bean 实例中必须存在 setUserName( ) 方法，否则会抛出类似于下面的异常：

```
Cannot find any information on property 'userName' in a bean of type 'com.Bean.UserInfo'
```

在此基础上，如果请求中没有与 userName 同名的参数，则该 Bean 属性会保留为原来或默认的值，而不会被赋值为 null。

与将 property 属性赋值为“*”一样，当请求中参数的类型与 Bean 实例中的属性类型不一致时，JSP 会自动进行转换。

3．param 属性

在 property="propertyName" param="parameterName" 中，param 属性用于指定一个 request 请求中的参数，property 属性用于指定 Bean 实例中的某个属性。该种使用方法允许将请求中的参数赋值给 Bean 实例中与该参数不同名的属性。如果 param 属性指定参数的值为空，那么由 property 属性指定的 Bean 属性会保留原来或默认的值，而不会被赋值为 null。

4．value 属性

在 property="propertyName" value="值" 中，value 属性指定的值可以是一个字符串数值或表示一个具体值的 JSP 表达式或 EL 表达式。该值将被赋给 property 属性指定的 Bean 属性。

当 value 属性指定的是一个字符串时，如果指定的 Bean 属性与其类型不一致时，则会根据表 3-3 中的方法将其自动转换成对应的类型。

当 value 属性指定的是一个表达式时，那么该表达式所表示的值的类型必须与 property 属性指定的 Bean 属性的类型一致，否则会抛出“argument type mismatch”异常。

通常 <jsp:setProperty> 动作标识与 <jsp:useBean> 动作标识一起使用，但这并不是绝对的，应用如下的方法同样可以将请求中的参数值赋给 JavaBean 中的属性。

【例 3-11】<jsp:setProperty> 动作标识的使用。

存在一个 JavaBean，其关键代码如下：

```
package com.bean;
public class ShopCar{
    private String name;
    private String maker;
    public ShopCar(){
        name="noname";
        maker="noplace";
    }
    …// 省略了属性的 set×××( ) 与 get×××( ) 方法
}
```

上述代码表示创建一个 JSP，该页面中包含一个 Form 表单，并存在名为 name 和 maker 的两个文本框表单元素。

创建一个接收 Form 表单的 JSP，在该页面中将表单数据存储到类型为 ShopCar 的 JavaBean 中，其关键代码如下：

```
<%@ page import="com.bean.ShopCar"%>   <!-- 导入 ShopCar 类 -->
<%
    ShopCar car=new ShopCar();           // 创建一个实例
    session.setAttribute("car",car);     // 将创建的 JavaBean 实例存在 session 范围内
%>
<jsp:setProperty name="car" property="*"/>
```

使用该方法时必须将所创建的实例存储在 JSP 中的某个范围内，否则会抛出异常。上述代码实现的功能与下面使用 <jsp:useBean> 动作标识所实现的功能是相同的：

```
<jsp:useBean id="car" class="com.bean.ShopCar" scope="session"/>
<jsp:setProperty name="car" property="*"/>
```

再来看下面的用法，仍然应用上面的 ShopCar 类作为 JavaBean：

```
<jsp:useBean id="car" class="com.bean.ShopCar" scope="session"/>
<%@ page import="com.bean.ShopCar"%>
<%
    ShopCar r_car=new ShopCar();
    request.setAttribute("car",r_car);
%>
<jsp:setProperty name="car" property="*"/>
```

此时在 session 范围内和 request 范围内都存在名为 car 的 ShopCar 实例，而存储在 session 范围内的 ShopCar 实例是通过 <jsp:useBean> 动作标识创建的。那么代码中的 <jsp:setProperty> 动作标识会为哪个范围中的 ShopCar 实例赋值呢？可通过输入下面的代码并查看该页面的执行结果得知：

```
request 范围内：<br>
物品名称：<%=r_car.getName()%><br>
生产地址：<%=r_car.getMaker()%><br>
session 范围内：<br>
物品名称：<%=car.getName()%><br>
生产地址：<%=car.getMaker()%><br>
```

此时访问包含上述代码的 JSP，并且向请求传递 name=Panax&maker=JiLin 参数，执行结果如下：

```
request 范围内。
物品名称：Panax
生产地址：JiLin
session 范围内。
物品名称：noname
生产地址：noplace
```

所以，当程序执行 <jsp:setProperty> 动作标识时，会按照 page、request、session 和 application 的顺序来查找由 name 属性指定的 Bean 实例，并且返回第一个被找到的实例；若任何范围内都不存在这个 Bean 实例，就会抛出异常。

3.5.5 <jsp:getProperty>

<jsp:getProperty>

<jsp:getProperty> 动作标识用来从指定的 Bean 实例中读取指定的属性值，并输出到页面中。该 Bean 实例必须具有 get××× () 方法。

<jsp:getProperty> 动作标识的使用格式如下：

```
<jsp:getProperty name="Bean 实例名 " property="propertyName"/>
```

1. name 属性

name 属性用来指定一个存在于某 JSP 范围中的 Bean 实例。<jsp:getProperty> 动作标识将会按照 page、request、session 和 application 的顺序来查找这个 Bean 实例，直到第一个实例被找到。若任何范围内都不存在这个 Bean 实例，则会抛出“Attempted a bean operation on a null object”异常。

2. property 属性

property 属性用于指定要获取由 name 属性指定的 Bean 实例中的相应属性的值。若它指定的值为“userName”，那么 Bean 实例中必须存在 getUserName() 方法，否则会抛出下面的异常：

```
Cannot find any information on property 'userName' in a bean of type '此处为类名'
```

如果指定 Bean 实例中的属性是一个对象，那么该对象的 toString() 方法被调用，并输出执行结果。

【例 3-12】利用 <jsp:getProperty> 动作标识输出 JavaBean 中的属性。

首先创建一个名为 Book 的 JavaBean 对象，用于封装图书信息，其关键代码如下：

```
public class Book {
    private String bookName;                    //图书名称
    private String author;                      //作者
    private String category;                    //类别
    private double price;                       //价格
    public String getBookName() {
        return bookName;
    }
    public void setBookName(String bookName) {
        this.bookName = bookName;
    }
    //省略 set×××() 方法与 get×××() 方法
}
```

注意：要通过 <jsp:getProperty> 动作标识输出 JavaBean 中的属性值，要求在 JavaBean 中必须包含 get×××() 方法，<jsp:getProperty> 动作标识将通过此方法获取 JavaBean 的属性值。

创建图书对象 Book 后，通过 index.jsp 页面对此对象进行操作，其关键代码如下：

```
<body>
    <!-- 实例化 Book 对象 -->
    <jsp:useBean id="book" class="com.lyq.Book"></jsp:useBean>
    <!-- 对 Book 对象赋值 -->
    <jsp:setProperty name="book" property="bookName" value="《Java 程序设计标准教程》"/>
    <jsp:setProperty name="book" property="author" value="明日科技"/>
    <jsp:setProperty name="book" property="category" value="Java 图书"/>
    <jsp:setProperty name="book" property="price" value="59.00"/>
    <table align="center" border="1" cellpadding="1" width="350" height="100" bordercolor="green">
        <tr>
            <td align="right">图书名称：</td>
            <td><jsp:getProperty name="book" property="bookName"/> </td>
        </tr>
        <tr>
            <td align="right">作 者：</td>
            <td><jsp:getProperty name="book" property="author"/> </td>
```

```
            </tr>
            <tr>
                <td align="right"> 所属类别 : </td>
                <td><jsp:getProperty name="book" property="category"/> </td>
            </tr>
            <tr>
                <td align="right"> 价 格 : </td>
                <td><jsp:getProperty name="book" property="price"/> </td>
            </tr>
    </table>
</body>
```

在此页面中，首先通过 <jsp:useBean> 动作标识实例化 Book 对象，再使用 <jsp:setProperty> 动作标识为 Book 对象中的属性赋值，最后通过 <jsp:getProperty> 动作标识输出 Book 对象的属性值，运行结果如图 3-5 所示。

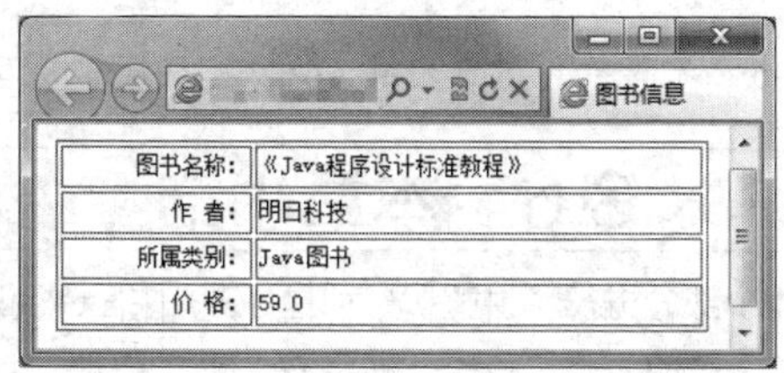

图 3-5 图书信息

3.5.6 <jsp:fallback>

<jsp:fallback> 是 <jsp:plugin> 的子标识，当使用 <jsp:plugin> 动作标识加载 Java 小应用程序或 JavaBean 失败时，可通过 <jsp:fallback> 动作标识向用户输出提示信息。该标识的使用格式如下：

<jsp:fallback>

```
<jsp:plugin type="applet" code="com.source.MyApplet.class" codebase=".">
    ...
    <jsp:fallback> 加载 Java Applet 小程序失败 !</jsp:fallback>
    ...
</jsp:plugin>
```

3.5.7 <jsp:param>

<jsp:param> 动作标识可用来传递参数，被传递的参数以“参数名 = 值”的形式加入请求中。该标识不能单独存在，通常情况下与 <jsp:include> 和 <jsp:forward> 等一起使用。

该标识的使用格式如下：

```
<jsp:param name=" 参数名 " value=" 值 "/>
```

参数说明如下。

<jsp:param>

1. name 属性

name 属性用于指定参数的名称，它不支持任何表达式，其值必须为字符串型。下面的用法是错误的：

```
<% String arg="username";%>
<jsp:forward page="/success.jsp">
    <jsp:param name="<%=arg%>" value="yxq"/>
</jsp:forward>
```

将会抛出下面的异常：

```
The name attribute of the jsp:param standard action does not accept any expressions
```

2. value 属性

value 属性用于指定参数的值，它可以是一个代表具体值的表达式。下面的用法是正确的：

```
<% String sex="MAN";%>
<jsp:forward page="/success.jsp">
   <jsp:param name="usersex" value="<%=sex%>"/>
</jsp:forward>
```

如果向目标页面中传递多个参数，可应用多个 <jsp:param> 动作标识来实现，如下面的用法：

```
<% String arg1="A"%>
<% String arg2="B"%>
<jsp:forward page="/result.jsp">
  <jsp:param name="select1" value="<%=arg1%>"/>
  <jsp:param name="select2" value="<%=arg2%>"/>
</jsp:forward>
```

在目标页面中可通过调用 request 对象的 getParameter() 方法获取传递的参数。

3.6 本章小结

本章将 JSP 语法划分为 4 个部分进行了讲解，分别是 JSP 的指令标识、JSP 的脚本标识、JSP 中的注释和 JSP 的动作标识。指令标识在编译阶段就被执行，通过指令标识可以向服务器发出指令，要求服务器根据指令进行一些操作，这些操作相当于数据的初始化；动作标识是在请求处理阶段被执行的，也就是说，在编译阶段不实现它的功能，只有真正执行时才实现。本章详细介绍了各部分的语法格式，并且对于重点的、常用的语法格式进行了举例，读者仔细阅读后就可以掌握它们的使用方法。

习 题

3-1 JSP 由哪些元素构成？

3-2 JSP 中主要包含哪几种指令标识？它们的作用及语法格式是什么？

3-3 JSP 的脚本标识包含哪些元素？它们的作用及语法格式是什么？

3-4 在 JSP 中可以使用哪些注释？它们的语法格式是什么？

3-5 JSP 中常用的动作标识有哪些？

3-6 page 指令中的哪个属性可多次出现？（　　）

A. contentType　　B. extends
C. import　　D. 不存在这样的属性

3-7 以下哪些属性是 include 指令所具有的？（　　）

A. page　　B. file
C. contentType　　D. prefix

3-8 下列选项哪些是正确的 JSP 表达式语法格式？（　　）

A. <%String name="YXQ"%>　　B. <%String name=" 您好 ";%>
C. <%=" 您好 ";%>　　D. <%="YXQ"%>

3-9 以下动作标识哪个是用来实现页面跳转的？（　　）

A. <jsp:include>　　B. <jsp:useBean>
C. <jsp:forward>　　D. <jsp:plugin>

上机指导

3-1　分别应用 include 指令和 <jsp:include> 动作标识在一个 JSP 中包含一个文件（如记事本）。

3-2　在 JSP 中通过 JSP 表达式输出“保护环境！爱护地球！”。

3-3　应用 Eclipse 新建一个 Web 项目，并在该项目的根目录下创建 index.jsp 和 welcome.jsp 文件，要求该项目实现以下功能：当访问 index.jsp 文件后，会自动转发到 welcome.jsp 页面。

3-4　应用 JSP 脚本标识实现一个简单的计数器。

CHAPTER 04

第4章 JSP内置对象

本章要点

- request 对象的基本应用方法
- response 对象的基本应用方法
- session 对象的基本应用方法
- application 对象的基本应用方法
- out 对象的基本应用方法

■ 在 JSP 中，因为对部分 Java 对象进行了声明，所以即使不重新声明，也可以调用这些对象，这些对象就是 JSP 提供的内置对象。它可起到简化页面的作用，不需要由 JSP 开发人员进行实例化，由容器实现和管理，在所有的 JSP 中都能使用内置对象。

通过学习本章，读者应该了解 JSP 内置对象的概况，重点掌握 request 对象、response 对象、session 对象、application 对象和 out 对象的基本应用方法。

JSP 内置对象概述

4.1 JSP 内置对象概述

为了 Web 应用程序开发方便，JSP 内置了一些默认的对象，这些对象不需要预先声明就可以在脚本代码和表达式中随意使用。JSP 提供的内置对象共有 9 个，如表 4-1 所示。所有的 JSP 代码都可以直接访问这 9 个内置对象。

表 4-1 JSP 的内置对象

内置对象名称	所属类型	有效范围	说明
application	javax.servlet.ServletContext	application	该对象代表应用程序上下文，它允许 JSP 与包括在同一应用程序中的任何 Web 组件共享信息
config	javax.servlet.ServletConfig	page	该对象允许将初始化数据传递给一个 JSP
exception	java.lang.Throwable	page	该对象含有只能由指定的“错误处理页面”访问的异常数据
out	javax.servlet.jsp.JspWriter	page	该对象可提供对输出流的访问
page	javax.servlet.jsp.HttpJspPage	page	该对象代表 JSP 对应的 Servlet 类实例
pageContext	javax.servlet.jsp.PageContext	page	该对象是 JSP 本身的上下文，它提供了唯一一组方法来管理具有不同作用域的属性，这些方法在实现 JSP 自定义标签处理程序时非常有用
request	javax.servlet.http.HttpServletRequest	request	该对象可提供对 HTTP 请求数据的访问，还可提供用于加入特定请求数据的上下文
response	javax.servlet.http.HttpServletResponse	page	该对象允许直接访问 HttpServletReponse 对象，可用来向客户端输入数据
session	javax.servlet.http.HttpSession	session	该对象可用来保存在服务器与一个客户端之间需要保存的数据。当客户端关闭网站的所有网页时，session 变量会自动消失

request、response 和 session 是 JSP 内置对象中重要的 3 个对象，这 3 个对象体现了服务器与客户端进行交互通信的控制，如图 4-1 所示。

当客户端打开浏览器，在地址栏中输入服务器 Web 页面的地址并按 <Enter> 键后，就会显示 Web 服务器上的网页。客户端的浏览器从 Web 服务器上获得网页，实际上是使用 HTTP 向服务器端发送一个请求，服务器在收到来自客户端浏览器发来的请求后要响应请求。JSP 通过 request 对象获取客户浏览器的请求，通过 response 对象对客户浏览器进行响应。session 对象则一直保存着会话期间所需要传递的数据信息。

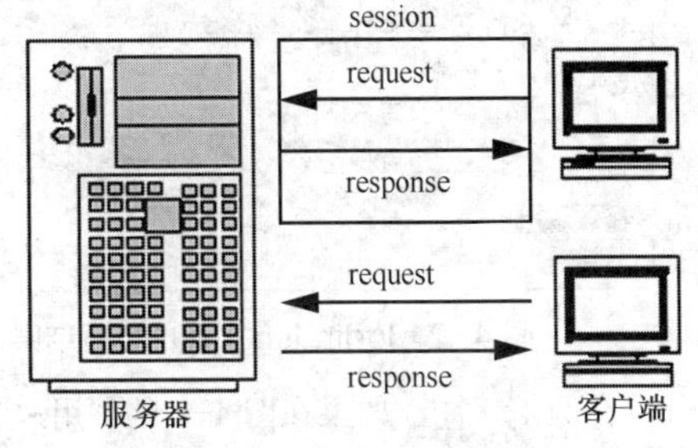

图 4-1 服务器与客户端进行交互通信

4.2 request 对象

request 对象从客户端向服务器发出请求，包括用户提交的信息以及客户端的一些信息。客户端可通过 HTML 表单或在网页地址后面以提供参数的方法提交数据，然后通过 request 对象的相关方法来获取这些数据。request 对象的各种方法主要用来处理客户端浏览器提交的请求中的各项参数和选项。

4.2.1 访问请求参数

在 Web 应用程序中，经常需要完成用户与网站的交互。例如，用户填写表单后，需要把数据提交给服务器，服务器获取到这些信息并进行处理。request 对象的 getParameter( ) 方法可以用来获取用户提交的数据。

访问请求参数

访问请求参数的方法如下：

```
String userName = request.getParameter("name");
```

参数 name 与 HTML 标记、name 属性对应。如果参数值不存在，则返回一个 null 值，该方法的返回值类型为 String 类型。

【例 4-1】访问请求参数示例。

在 login.jsp 页面中通过表单向 login_deal.jsp 页面提交数据，在 login_deal.jsp 页面获取提交数据并输出。

① 编写 login.jsp 页面，在该页面中添加相关的表单及表单元素，关键代码如下：

```
<form id="form1" name="form1" method="post" action="login_deal.jsp">
  用户名：
  <input name="username" type="text" id="username" />
  密    码：
  <input name="pwd" type="password" id="pwd" />
  <input type="submit" name="Submit" value=" 提交 " />
  <input type="reset" name="Submit2" value=" 重置 " />
</form>
```

② 编写 login_deal.jsp 页面，在该页面中获取提交的数据，关键代码如下：

```
<%@ page contentType="text/html; charset=gb/t 2312-1980" language="java" errorPage="" %>
<%
String username=request.getParameter("username");
String pwd=request.getParameter("pwd");
out.println(" 用户名为 "+username);
out.println(" 密码为 "+pwd);
%>
```

运行程序，login.jsp 页面的运行结果如图 4-2 所示，login_deal.jsp 页面的运行结果如图 4-3 所示。

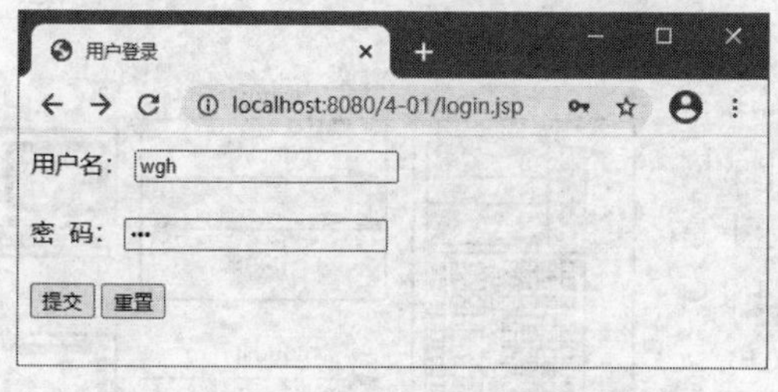

图 4-2 login.jsp 页面的运行结果

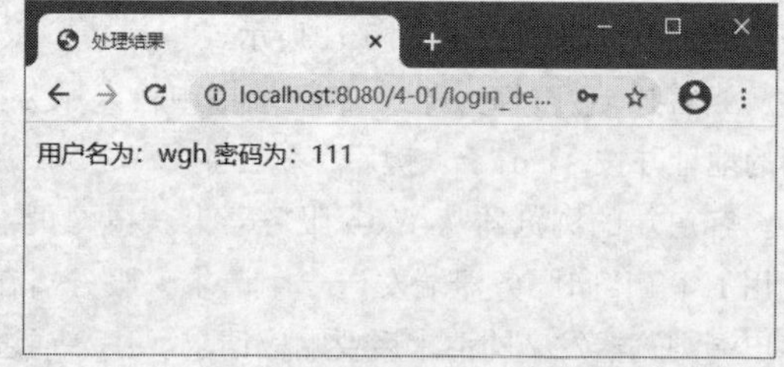

图 4-3 login_deal.jsp 页面的运行结果

在例 4-1 中，如果在图 4-2 的“用户名”文本框中输入“无语”，在“密码”文本框中输入“111”，单击“提交”按钮后，将显示“用户名为：???? 密码为：111”，即产生中文乱码。要解决该问题，可以在 page 指令下方通过“request.setCharacterEncoding("gb/t 2312-1980");”语句设置编码格式。

4.2.2 在作用域中管理属性

在作用域中
管理属性

有时，在进行请求转发时，需要把一些数据置于转发后的页面进行处理。这时，就可以使用 request 对象的 setAttribute( ) 方法设置数据在 request 范围内存取。

设置转发数据的方法如下：

```
request.setAttribute("key", object);
```

参数 key 是键，为字符串类型的值。在转发后的页面获取数据时，就通过这个键来获取。参数 object 是键值，为对象类型的值，它代表需要保存在 request 范围内的数据。

获取转发数据的方法如下：

```
request.getAttribute(String name);
```

其中参数 name 表示键名。

在页面使用 request 对象的 setAttribute("name",obj) 方法，可以把数据 obj 设定在 request 范围内。在请求转发后的页面使用“getAttribute("name");”就可以取得数据 obj。

【例 4-2】在作用域中管理属性示例。

使用 request 对象的 setAttribute( ) 方法设置数据，然后在请求转发后取得设置的数据。

① 编写 setAttribute.jsp 页面，在该页面中通过 request 对象的 getAttribute( ) 方法设置数据，关键代码如下：

```
<%request.setAttribute("error","很抱歉！您输入的用户名或密码不正确！");%>
<jsp:forward page="error.jsp" />
```

注意

在 setAttribute.jsp 页面中，必须使用 JSP 动作标识 <jsp:forward page=" getAttribute.jsp" /> 将请求转发到 getAttribute.jsp 页面。

② 编写 error.jsp，在该页面中通过 request 对象的 getAttribute( ) 方法获取数据，关键代码如下：

```
<%@ page contentType="text/html; charset=gb/t 2312-1980" language="java" errorPage="" %>
<%out.println(" 错误提示信息为 "+request.getAttribute("error"));%>
```

运行程序，将显示图 4-4 所示的运行结果。

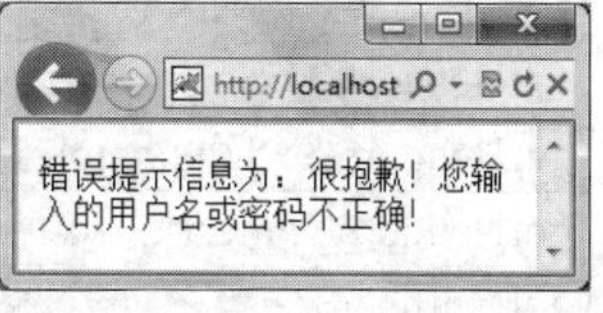

图 4-4 错误提示信息的运行结果

4.2.3 获取 Cookie

Cookie 为 Web 应用程序保存用户相关信息提供了一种有用的方法。Cookie 是一小段文本信息，伴随着用户请求和页面在 Web 服务器和浏览器之间传递。

用户每次访问站点时，Web 应用程序都可以读取 Cookie 包含的信息。例如，当用户访问站点时，可以利用 Cookie 保存用户首选项或其他信息，这样当用户下次再访问站点时，应用程序就可以检索以前保存的信息。

获取 Cookie

在 JSP 中，可以通过 request 对象中的 getCookies( ) 方法获取 Cookie。获取 Cookie 的方法如下：

```
Cookie[ ] cookies = request.getCookies( );
```

使用 request 对象的 getCookies( ) 方法，返回的是 Cookie[] 数组。

【例 4-3】获取 Cookie 示例。

使用 request 对象的 addCookie( ) 方法实现记录本次及上一次访问网页的时间，关键代码如下：

```
<%
Cookie[ ] cookies=request.getCookies( );// 从 request 中获得 cookies 集
// 初始化 Cookie 对象为空
```

```
Cookie cookie_response=null;
if(cookies!=null){
        cookie_response=cookies[1];
    }
//Tomcat 8.5 开始，Cookie 值中不能有空格
String atime = new java.util.Date( ).toLocaleString( ).replaceAll(" ", " 的 ");
out.println(" 本次访问时间 : "+atime+"<br>");
if(cookie_response!=null){
 // 输出上一次访问的时间，并设置 cookie_response 对象为最新时间
    out.println(" 上一次访问时间 : "+cookie_response.getValue());
    atime = new java.util.Date( ).toLocaleString().replaceAll(" ", " 的 ");
    cookie_response.setValue(atime);
 }
// 如果 cookies 集为空，创建 cookie，并将其加入 response 中
if(cookies==null){
    cookie_response=new Cookie("AccessTime","");
    atime = new java.util.Date( ).toLocaleString( ).replaceAll(" ", " 的 ");
    cookie_response.setValue(atime);
    response.addCookie(cookie_response);
 }
%>
```

运行结果如图 4-5 所示。

图 4-5 获取 Cookie 的运行结果

获取客户信息

4.2.4 获取客户信息

request 对象提供了一些用来获取客户信息的方法，如表 4-2 所示。

表 4-2 获取客户信息的方法

方 法	说 明
getHeader(String name)	获得 HTTP 定义的文件头信息
getHeaders(String name)	返回指定名字的 request Header 的所有值，其结果是一个枚举的实例
getHeadersNames( )	返回所有 request Header 的名字，其结果是一个枚举的实例
getMethod( )	获得客户端向服务器端传送数据的方法，如 GET、POST、HEADER、TRACE 等
getProtocol( )	获得客户端向服务器端传送数据所依据的协议名称
getRequestURI( )	获得发出请求字符串的客户端地址
getRealPath( )	返回当前请求文件的绝对路径
getRemoteAddr( )	获取客户端的 IP 地址
getRemoteHost( )	获取客户端的机器名称
getServerName( )	获取服务器的名字
getServerPath( )	获取客户端所请求的脚本文件的文件路径
getServerPort( )	获取服务器的端口号

【例 4-4】获取客户信息示例。

使用 request 对象的相关方法获取客户信息，关键代码如下：

```
客户提交信息的方式 : <%=request.getMethod( )%>
<br> 使用的协议 : <%=request.getProtocol( )%>
```

```
<br> 获取发出请求字符串的客户端地址 : <%=request.getRequestURI( )%>
<br> 获取提交数据的客户端 IP 地址 : <%=request.getRemoteAddr( )%>
<br> 获取服务器端口号 : <%=request.getServerPort( )%>
<br> 获取服务器的名称 : <%=request.getServerName( )%>
<br> 获取客户端的机器名称 : <%=request.getRemoteHost( )%>
<br> 获取客户端所请求的脚本文件的文件路径 :<%=request.getServletPath( )%>
<br> 获得 Http 定义的文件头信息 Host 的值 :<%=request.getHeader("host")%>
<br> 获得 Http 定义的文件头信息 User-Agent 的值 :<%=request.getHeader("user-agent")%>
```

运行结果如图 4-6 所示。

在连接 Access 数据库时，如果不想手动配置数据源，可以通过指定数据库文件的绝对路径实现。这时可以通过 request 对象的 getRealPath( ) 方法获取数据库文件所在的目录，再将该目录和数据库文件名连接起来获取数据库文件的绝对路径。

图 4-6 获取客户信息运行结果

4.2.5 访问安全信息

访问安全信息

request 对象提供了访问安全信息的方法，如表 4-3 所示。

表 4-3 访问安全信息的方法

方 法	说 明
isSecure( )	返回布尔类型的值，它用于确定这个请求是否使用了一个安全协议，例如 HTTP
isRequestedSessionIdFromCookie( )	返回布尔类型的值，表示会话是否使用了一个 Cookie 来管理会话 ID
isRequestedSessionIdFromURL( )	返回布尔类型的值，表示会话是否使用 URL 重写来管理会话 ID
isRequestedSessionIdFromValid( )	检查请求的会话 ID 是否合法

下面的代码使用 request 对象来确定当前请求是否使用了一个类似 HTTP 的安全协议：

```
用户安全信息 : <%=request.isSecure( )%>
```

4.2.6 访问国际化信息

访问国际化信息

浏览器可以通过 accept-language 的 HTTP 报头向 Web 服务器指明它所使用的本地语言。request 对象中的 getLocale( ) 和 getLocales( ) 方法允许 JSP 开发人员获取这一信息，获取的信息属于 java.util.Locale 类型。java.util.Locale 类型的对象封装了一个国家及其所使用的一种语言。使用这一信息，JSP 开发人员就可以使用语言所特有的信息做出响应。使用 HTTP 报头的代码如下：

```
<%
java.util.Locale locale=request.getLocale( );
if(locale.equals(java.util.Locale.US)){
out.print("Welcome to BeiJing");
}
if(locale.equals(java.util.Locale.CHINA)){
out.print(" 北京欢迎您 ");
}
%>
```

上面的代码表示如果所在区域为中国，将显示“北京欢迎您”；而所在区域为美国，则显示“Welcome to BeiJing”。

4.3 response 对象

response 对象和 request 对象相对应，用于响应客户请求，向客户端输出信息。response 对象是 javax.servlet.http.HttpServletResponse 接口类的对象，它封装了 JSP 产生的响应，并将其发送到客户端以响应客户端的请求。请求可以是各种类型的数据，甚至可以是文件。

4.3.1 重定向网页

重定向网页

在 JSP 中，可以使用 response 对象中的 sendRedirect( ) 方法将客户端请求重定向到一个不同的页面。例如，将客户端请求转发到 login_ok.jsp 页面的代码如下：

```
response.sendRedirect("login_ok.jsp");
```

在 JSP 中，还可以使用 response 对象中的 sendError( ) 方法指明一个错误状态。该方法接收一个错误以及一条可选的错误消息，该消息将在内容主体上返回给客户端。例如，代码“response.sendError(500," 请求页面存在错误 ")”将客户端请求重定向到一个在内容主体上包含了出错消息的出错页面。

上述两个方法都会中止当前的请求和响应。如果 HTTP 响应已经提交给客户端，则不会调用这些方法。response 对象中用于重定向网页的方法如表 4-4 所示。

表 4-4　response 对象中用于重定向网页的方法

方　法	说　明
sendError(int number)	使用指定的状态码向客户端发送错误响应
sendError(int number,String msg)	使用指定的状态码和描述性消息向客户端发送错误响应
sendRedirect(String location)	使用指定的重定向位置 URL 向客户端发送重定向响应，也可以使用相对 URL

【例 4-5】重定向网页示例。

使用 response 对象的相关方法重定向网页，步骤如下。

① 编写 login.jsp 页面，在该页面中添加相关的表单及表单元素，具体代码请参见例 4-1。

② 编写 login_deal.jsp，在该页面中获取提交的数据，并根据获取的结果是否为空决定是否重定向网页，关键代码如下：

```
<%
request.setCharacterEncoding("gb/t 2312-1980");
String username=request.getParameter("username");
String pwd=request.getParameter("pwd");
if(!username.equals("") && !pwd.equals("")){
```

```
        response.sendRedirect("login_ok.jsp");
    }else{
        response.sendError(500,"请输入登录验证信息");
    }
    %>
```

如果输入的用户名和密码均不为空，则将页面重定向到 login_ok.jsp，显示"登录成功"的提示信息，否则将显示图 4-7 所示的错误提示页面。

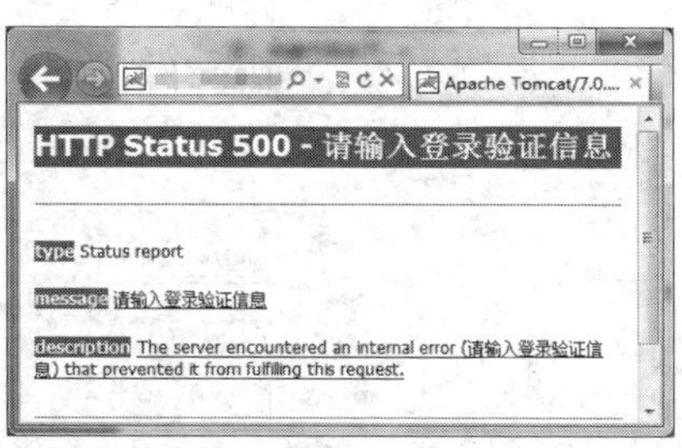

图 4-7　错误提示页面

设置 HTTP
响应报头

4.3.2　设置 HTTP 响应报头

response 对象提供了设置 HTTP 响应报头的方法，如表 4-5 所示。

表 4-5　response 对象提供的设置 HTTP 响应报头的方法

方　法	说　明
setDateHeader(String name,long date)	使用给定的名称和日期值设置一个响应报头。如果指定的名称已经设置，则新值会覆盖旧值
setHeader(String name,String value)	使用给定的名称和值设置一个响应报头。如果指定的名称已经设置，则新值会覆盖旧值
setHeader(String name,int value)	使用给定的名称和整数值设置一个响应报头。如果指定的名称已经设置，则新值会覆盖旧值
addHeader(String name,long date)	使用给定的名称和值设置一个响应报头
addDateHeader(String name,long date)	使用给定的名称和日期值设置一个响应报头
containHeader(String name)	返回一个布尔值，它表示是否设置了已命名的响应报头
addIntHeader(String name,int value)	使用给定的名称和整数值设置一个响应报头
setContentType(String type)	为响应设置内容类型，其参数值可以为 text/html、text/plain、application/x_msexcel 或 application/msword
setContentLength(int len)	为响应设置内容长度
setLocale(java.util.Locale loc)	为响应设置地区信息

通过设置 HTTP 响应报头可实现禁用缓存功能，具体代码如下：

```
<%response.setHeader("Cache-Control","no-store");
response.setDateHeader("Expires",0);%>
```

需要注意的是，上面的代码必须在没有任何输出发送到客户端之前使用。

【例 4-6】设置 HTTP 响应报头示例。

将 JSP 保存为 Word 文档，关键代码如下：

```
<%@ page contentType="text/html; charset=gb/t 2312-1980" language="java" errorPage="" %>
<%
```

```
if(request.getParameter("submit1")!=null){
    response.setContentType("application/msword;charset=gb/t 2312-1980");
}
%>
平平淡淡才是真!
快快乐乐才是福!
<form action="" method="post" name="form1">
<input name="submit1" type="submit" id="submit1" value=" 保存为 Word">
</form>
```

运行程序，将显示图 4-8 所示的运行结果。单击“保存为 Word”按钮后，将显示图 4-9 所示的运行结果。

图 4-8 页面运行结果（一）

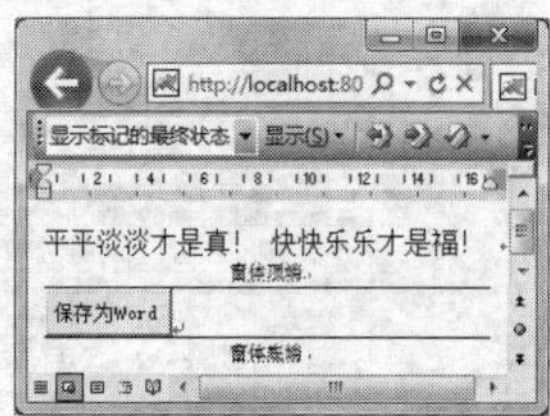

图 4-9 页面运行结果（二）

request 是在客户端用来发送请求的，response 是在服务器端用来做出响应的。

4.3.3 缓冲区配置

缓冲区配置

缓冲区可以更加有效地在服务器与客户端之间传输内容。HttpServletResponse 对象为支持 jspWriter 对象而启用了缓冲区配置。response 对象提供的配置缓冲区的方法，如表 4-6 所示。

表 4-6 response 对象提供的配置缓冲区的方法

方 法	说 明
flushBuffer()	强制把缓冲区中的内容发送给客户端
getBufferSize()	返回响应所使用的实际缓冲区大小。如果没使用缓冲区，则该方法返回 0
setBufferSize(int size)	为响应的主体设置首选的缓冲区大小
isCommitted()	返回一个布尔值，表示响应是否已经提交；提交的响应已经写入状态码和报头
reset()	清除缓冲区存在的任何数据，同时清除状态码和报头

【例 4-7】缓冲区配置示例。

输出缓冲区的大小并测试强制将缓冲区的内容发送给客户端，关键代码如下：

```
<%
out.print(" 缓冲区大小 : "+response.getBufferSize()+"<br><br>");
out.print(" 缓冲区内容强制提交前 <br>");
out.print(" 输出内容是否提交 : "+response.isCommitted()+"<br><br>");
response.flushBuffer();
out.print(" 缓冲区内容强制提交后 <br>");
out.print(" 输出内容是否提交 : "+response.isCommitted()+"<br><br>");
%>
```

运行结果如图 4-10 所示。

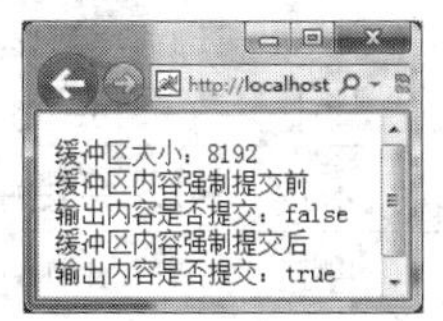

图 4-10　例 4-7 运行结果

4.4　session 对象

HTTP 是一种无状态协议。也就是说，当一个客户向服务器发出请求，服务器接收请求并返回响应后，该连接就被关闭了，此时服务器不保留连接的有关信息。因此当下一次连接时，服务器已没有了以前的连接信息，此时将不能判断这一次连接和以前的连接是否属于同一客户。为了弥补这一缺点，JSP 提供了一个 session 对象，这样服务器端和客户端之间的连接就会一直保持下去，但是在一定时间内（系统默认在 30min 内），如果客户端不向服务器端发出应答请求，session 对象就会自动消失。不过在编写程序时，可以修改这个时间限定值，使 session 对象在特定时间内保存信息。保存的信息可以是与客户端有关的，也可以是一般信息，还可以根据需要设定相应的内容。

session 对象

4.4.1　创建及获取客户的会话

JSP 可以将任何对象作为属性来保存。session 内置对象使用 setAttribute( ) 方法和 getAttribute( ) 方法创建及获取客户的会话。

setAttribute( ) 方法用于设置指定名称的属性值，并将其存储在 session 对象中，其语法格式如下：

```
session.setAttribute(String name,String value);
```

其中参数 name 为属性名称，value 为属性值。

getAttribute( ) 方法用于获取与指定名称 name 相联系的属性，其语法格式如下：

```
session.getAttribute(String name);
```

其中参数 name 为属性名称。

【例 4-8】创建及获取客户会话示例。

通过 setAttribute( ) 方法将数据保存在 session 对象中，并通过 getAttribute( ) 方法取得数据，步骤如下。

① 编写 index.jsp 页面。该页面通过 session 对象中的 setAttribute( ) 方法保存数据，关键代码如下：

```
<%@ page language="java" import="java.util.*" pageEncoding="gb/t 2312-1980"%>
<%
session.setAttribute("information"," 向 session 中保存数据 ");
response.sendRedirect("forward.jsp");
%>
```

② 编写 forward.jsp 页面。该页面通过 session 对象中的 getAttribute( ) 方法读取数据，关键代码如下：

```
<%@ page language="java" import="java.util.*" pageEncoding="gb/t 2312-1980"%>
<% out.print(session.getAttribute("information"));%>
```

运行结果如图 4-11 所示。

图 4-11　例 4-8 运行结果

4.4.2　从会话中移除指定的对象

JSP 可以将任何已经保存的对象进行移除。session 内置对象使用 removeAttribute( ) 方法将指定名称的对象移除，也就是从这个会话中移除与指定名称绑定的对象。removeAttribute( ) 方法的语法格式如下：

```
session.removeAttribute (String name);
```

其中参数 name 为 session 对象的属性名，代表要移除的对象名。

【例 4-9】从会话中移除指定对象示例。

通过 setAttribute( ) 方法将数据保存在 session 中，然后通过 removeAttribute( ) 方法移除指定对象，步骤如下。

① 编写 index.jsp 页面。该页面通过 session 对象中的 setAttribute( ) 方法保存数据，关键代码如下：

```
<%@ page language="java" import="java.util.*" pageEncoding="gb/t 2312-1980"%>
<%
session.setAttribute("information"," 向 session 中保存数据 ");
response.sendRedirect("forward.jsp");
%>
```

② 编写 forward.jsp 页面。该页面通过 session 对象中的 getAttribute( ) 方法读取数据，关键代码如下：

```
<%@ page language="java" import="java.util.*" pageEncoding="gb/t 2312-1980"%>
<%
    session.removeAttribute("information");
    if (session.getAttribute("information") == null) {
        out.print("session 对象 information 已经不存在了 ");
    }else{
        out.print(session.getAttribute("information"));
    }
```

运行结果如图 4-12 所示。

图 4-12　例 4-9 运行结果

4.4.3 销毁 session

JSP 可以将已经保存的所有对象全部删除。session 内置对象使用 invalidate( ) 方法将会话中的全部内容删除。invalidate( ) 方法的语法格式如下：

```
session.invalidate();
```

4.4.4 会话超时的管理

在一个 Servlet 程序或 JSP 文件中，确保客户会话终止的唯一方法是使用超时设置。这是因为 Web 客户在进入非活动状态时不以显示的方式通知服务器。为了清除存储在 session 对象中的客户申请资源，在 Servlet 程序容器设置一个超时窗口。当非活动时间超出窗口大小时，将使 session 对象无效并撤销所有属性的绑定，从而管理会话的生命周期。

session 对象用于管理会话生命周期的方法如表 4-7 所示。

表 4-7　session 对象用于管理会话生命周期的方法

方　法	说　明
getLastAccessedTime( )	返回客户端最后一次发送与这个会话相关联的请求时间
getMaxInactiveInterval( )	以秒为单位返回一个会话内两个请求的最大时间间隔，Servlet 容器在客户访问期间保持这个会话处于打开状态
setMaxInactiveInterval(int interval)	以秒为单位指定一个会话无效前，客户请求的最长间隔时间，即超时时间

4.5 application 对象

application 对象

application 对象用于保存所有应用程序中的公有数据。服务器启动并且自动创建 application 对象后，只要没有关闭服务器，application 对象将一直存在，所有用户都可以共享 application 对象。application 对象与 session 对象有所区别，session 对象和用户会话相关，不同用户的 session 对象是完全不同的；而用户的 application 对象都是相同的，即共享这个内置的 application 对象。

4.5.1 访问应用程序初始化参数

通过 application 对象调用的 ServletContext 对象提供了对应用程序环境属性的访问。对于将安装信息与给定的应用程序关联起来而言，这是非常有用的。例如，通过初始化信息为数据库提供一个主机名，每一个 Servlet 程序客户和 JSP 都可以使用它连接到该数据库并检索应用程序数据。为了实现这个目的，Tomcat 使用了 web.xml 文件，它位于应用程序环境目录下的 WEB-INF 子目录中。

application 对象访问应用程序初始化参数的方法如表 4-8 所示。

表 4-8　application 对象访问应用程序初始化参数的方法

方　法	说　明
getInitParameter(String name)	返回一个已命名的初始化参数的值
getInitParameterNames( )	返回所有已定义的应用程序初始化参数名称的枚举

【例 4-10】访问应用程序初始化参数示例。

通过 application 对象调用 web.xml 文件的初始化参数，步骤如下。

① 在 web.xml 配置文件中通过 <context-param> 元素初始化参数，关键代码如下：

```
<?xml version="1.0" encoding="UTF-8"?>
<web-app xmlns:xsi="http://www.w3.org/2001/XMLSchema-instance"
            xmlns="http://java.sun.com/xml/ns/javaee"
            xmlns:web="http://java.sun.com/xml/ns/javaee/web-app_2_5.xsd"
    xsi:schemaLocation="http://java.sun.com/xml/ns/javaee
    http://java.sun.com/xml/ns/javaee/web-app_3_0.xsd"
    id="WebApp_ID" version="3.0">
<context-param>          <!-- 设置 IP 信息 -->
  <param-name>database_host1</param-name>
  <param-value>192.168.1.17</param-value>
</context-param>
<context-param>
  <param-name>database_host2</param-name>
  <param-value>192.168.1.66</param-value>
</context-param>
</web-app>
```

② 编写 index.jsp 页面，在该页面中访问 web.xml 中的初始化参数，关键代码如下：

```
<%
java.util.Enumeration enema=application.getInitParameterNames();
while(enema.hasMoreElements()){
String name=(String)enema.nextElement();
String value=application.getInitParameter(name);
out.println(name+",");
```

```
out.println(value);
out.print("<br>");
}
%>
```

运行结果如图 4-13 所示。

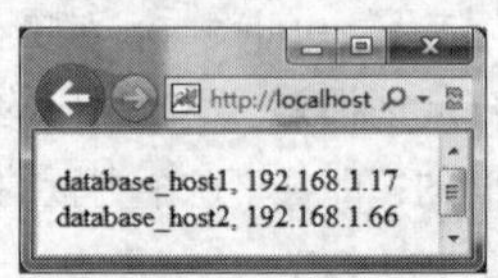

图 4-13 例 4-10 运行结果

4.5.2 管理应用程序环境属性

与 session 对象相同，也可以在 application 对象中设置属性。在 session 对象中设置的属性只在当前客户的会话范围内有效，客户超过保存时间不发送请求时，session 对象将被回收。而在 application 对象中设置的属性在整个应用程序范围内都是有效的，即使所有的用户都不发送请求，只要不关闭应用服务器，在其中设置的属性仍然是有效的。

application 对象管理应用程序环境属性的方法如表 4-9 所示。

表 4-9 application 对象管理应用程序环境属性的方法

方 法	说 明
removeAttribute(String name)	从 ServletContext 的对象中去掉指定名称的属性
setAttribute(String name,Object object)	使用指定名称和指定对象在 ServletContext 的对象中进行关联
getAttribute(String name)	从 ServletContext 的对象中获取一个指定对象
getAttributeNames()	返回存储在 ServletContext 对象中属性名称的枚举数据

【例 4-11】管理应用程序环境属性示例。

通过 application 对象中的 setAttribute() 方法和 getAttribute() 方法实现网页计数器，关键代码如下：

```
<%
int number=0;
if(application.getAttribute("number")==null){
    number=1;
}else{
    number=Integer.parseInt((String)application.getAttribute("number"));
    number=number+1;
}
out.print(" 您是第 "+number+" 位访问者！");
application.setAttribute("number",String.valueOf(number));
%>
```

运行结果如图 4-14 所示。

图 4-14 例 4-11 运行结果

4.6 out 对象

out 对象主要用来向客户端输出各种数据类型的内容，并且管理应用服务器上的输出缓冲区。缓冲区默认大小一般是 8KB，可以通过页面指令 page 来改变默认大小。在使用 out 对象输出数据时，可以对数据缓冲区进行操作，及时清除缓冲区中的残余数据，为其他的输出让出缓冲空间。待数据输出完毕后，要及时关闭输出流。out 对象被封装为 javax.servlet.jsp.JspWriter 类的对象，在实际应用时 out 对象会通过 JSP 容器变换为 java.io.PrintWriter 类的对象。

out 对象

4.6.1 管理响应缓冲

在 JSP 中，可以通过 out 对象调用 clear() 方法清除缓冲区的内容。这类似于重置响应流，以便重新开始操作。如果响应已经提交，则会产生“IOException”异常。另外，也可以使用 clearBuffer( ) 方法清除缓冲区的“当前”内容，而且即使内容已经提交给客户端，也能够访问该方法。out 对象用于管理响应缓冲区的方法如表 4-10 所示。

表 4-10　out 对象用于管理响应缓冲区的方法

方　法	说　明
clear( )	清除缓冲区
clearBuffer( )	清除缓冲区的“当前”内容
close( )	先刷新流，然后关闭流
flush( )	刷新流
getBufferSize( )	以字节为单位返回缓冲区的大小
getRemaining( )	返回缓冲区中没有使用的字符的数量
isAutoFlush( )	返回布尔值，自动刷新并在缓冲区溢出时抛出“IOException”异常

4.6.2　向客户端输出数据

out 对象另外一个很重要的功能就是向客户端输出内容。由于 JspWriter 由 java.io.Writer 派生而来，因此它的使用方法与 java.io.Writer 很相似。例如在 JSP 中输出一句话，关键代码如下：

```
<%=out.println(" 同一世界，同一梦想 ")%>
```

4.7　其他内置对象

其他内置对象

在 JSP 中，pageContext、config、page 及 exception 这些内置对象是不经常使用的，下面将对这些对象分别进行介绍。

4.7.1　获取会话范围的 pageContext 对象

pageContext 对象是一个比较特殊的对象。它相当于页面中所有其他对象功能的最大集成者，使用它可以访问到本页中所有其他对象。pageContext 对象被封装成 javax.servlet.jsp.pageContext 接口，主要用于管理对属于 JSP 中特殊可见部分已经命名对象的访问，它的创建和初始化都是由容器来完成的。JSP 可以直接使用 pageContext 对象的句柄，pageContext 对象的 get×××( )、set×××( ) 和 find×××( ) 方法可以根据对象范围的不同实现对对象的管理。

pageContext 对象的常用方法如表 4-11 所示。

表 4-11　pageContext 对象的常用方法

方　法	说　明
forward(java.lang.String relativeUtlpath)	把页面转发到另一个页面或者 Servlet 组件上
getAttribute(java.lang.String name[,int scope])	scope 参数是可选的。该方法用来检索一个特定的已经命名的对象的范围，并且可以通过调用 getAttributeNameInScope( ) 方法，检索某个特定范围内的每个属性字符串的名称
getException( )	返回当前的 exception 对象
getRequest( )	返回当前的 request 对象
getResponse( )	返回当前的 response 对象
getServletConfig( )	返回当前页面的 ServletConfig 对象

续表

方　法	说　明
invalidate( )	返回 ServletContext 对象，全部销毁
setAttribute( )	设置默认页面范围或特定对象范围之中的已命名对象
removeAttribute( )	删除默认页面范围或特定对象范围之中的已命名对象

pageContext 对象在实际 JSP 开发过程中很少使用，因为 request 和 response 等对象可以直接调用方法进行使用，而通过 pageContext 来调用其他对象有些麻烦。

4.7.2　读取 web.xml 配置信息的 config 对象

config 对象被封装成 javax.servlet.ServletConfig 接口，它表示 Servlet 的配置。当一个 Servlet 初始化时，容器把某些信息通过此对象传递给这个 Servlet。开发者可以在 web.xml 文件中为应用程序环境中的 Servlet 程序和 JSP 提供初始化参数。

config 对象的常用方法如表 4-12 所示。

表 4-12　config 对象的常用方法

方　法	说　明
getServletContext( )	返回执行者的 Servlet 上下文
getServletName( )	返回 Servlet 的名字
getInitParameter( )	返回名字为 name 的初始化参数的值
getInitParameterNames( )	返回这个 JSP 所有初始化参数的名字

4.7.3　应答或请求的 page 对象

page 对象是为了执行当前页面的应答请求而设置的 Servlet 类的实体，即指向当前的 JSP 自身，只有在 JSP 内才是合法的。page 对象本质上包含当前 Servlet 接口引用的变量，可以看作 this 变量的别名，因此该对象对开发 JSP 应用程序比较有用。

表 4-13 所示为 page 对象的常用方法。

表 4-13　page 对象的常用方法

方　法	说　明
getClass(Object)	返回当前 Object 的类
hashCode(Object)	返回此 Object 的哈希代码
toString(Object)	将此 Object 类转换成字符串
equals(Object o)	比较此对象和指定的对象是否相等
copy(Object o)	把此对象赋值到指定的对象当中去
clone( )	对此对象进行复制

4.7.4　获取异常信息的 exception 对象

exception 对象用来处理 JSP 文件执行时发生的所有错误和异常。exception 对象和 Java 的所有对象一样，都具有系统的继承结构。exception 对象几乎定义了所有异常情况，这样的 exception 对象和我们常见的错误有所不同。所谓错误，指的是可以预见的并且知道如何解决的情况，一般在编译时可以发现。

与错误不同，异常是指在程序执行过程中不可预料的情况，由潜在的错误概率导致。如果不对异常进行处理，程序会崩溃。在 Java 中，利用名为“try/catch”的关键字来处理异常情况。如果在 JSP 中出现没有捕捉到的异常，就会生成 exception 对象，并把这个 exception 对象传送到在 page 指令中设定的错误页面中，然后在错误页面中处理相应的 exception 对象。exception 对象只有在错误页面（在页面指令里有 isErrorPage=true 的页面）中才可以使用。

表 4-14 所示为 exception 对象的常用方法。

表 4-14　exception 对象的常用方法

方　法	说　明
getMessage()	返回异常消息字符串
getLocalizedMessage()	返回本地化语言的异常错误
printStackTrace()	显示异常的栈跟踪轨迹
toString()	返回关于异常错误的简单信息描述
fillInStackTrace()	重写异常错误的栈执行轨迹

4.8　本章小结

本章主要介绍了 JSP 的内置对象。JSP 的内置对象是学习 JSP 所必须掌握的内容，通过这些对象可以实现很多常用的页面处理功能。例如，使用 request 对象可以处理客户端浏览器提交的请求中的各项参数，常用的功能就是访问请求参数；使用 response 对象可以响应客户端请求，向客户端输出信息，常用的功能是重定向网页；使用 session 对象可以处理客户的会话，常用的功能就是保存客户信息或实现购物车；使用 application 对象可以保存所有应用程序中的公有数据，常用的功能是实现聊天室；out 对象用来向客户端输出各种数据类型的内容，常用的功能就是向页面中输出信息。通过对本章的学习，读者完全可以开发出简易留言簿、网站计数器以及购物车等程序。

习　题

4-1　JSP 提供的内置对象有哪些，作用分别是什么？

4-2　当表单提交信息中包括汉字时，在获取时应该做怎样的处理？

4-3　如何实现禁用缓存功能？

4-4　如何重定向网页？

4-5　如果用户长时间不操作 session 对象，用户的 session 对象会消失吗？

4-6　用户关闭浏览器后，用户的 session 对象会立即消失吗？

4-7　如何延长 session 对象的过期时间？

4-8　session 对象与 application 对象的区别有哪些？

上机指导

4-1　编写一个简单的留言簿，写入留言提交后显示留言内容。

4-2　编写一个实现页面计数的计数器，要求当刷新页面时，不增加计数。

4-3　编写一个简易购物车，实现向购物车内添加商品、移除指定商品及清空购物车等功能。

CHAPTER 05

第5章 JavaBean 技术

本章要点

- JavaBean 的种类
- JavaBean 的属性
- 创建和应用 JavaBean

■ 本章介绍 JSP 程序开发中的 JavaBean 技术，主要包括 JavaBean 的相关概念、JavaBean 中的属性、JavaBean 的创建以及 JavaBean 的应用。通过学习本章，读者应该了解什么是 JavaBean，掌握 JavaBean 中简单属性和索引属性的应用方法，掌握在 Eclipse 开发工具中创建 JavaBean、在 JSP 中应用 JavaBean 的方法，从而能够应用 JavaBean 开发程序。

5.1 JavaBean 概述

JSP 较其他同类语言强有力的方面就是能够使用 JavaBean 组件。JavaBean 组件是利用 Java 语言编写的组件，它好比一个封装好的容器，使用者并不知道其内部是如何构造的，但它具有满足用户要求的功能。每个 JavaBean 都可实现一个特定的功能，通过合理地组织不同功能的 JavaBean，可以快速生成一个全新的应用程序。如果将一个应用程序比作一间空房子，那么这些 JavaBean 就好比房子中的家具。

JavaBean 概述

5.1.1 JavaBean 技术介绍

使用 JavaBean 的最大优点就在于它可以提高代码的重用性。例如开发一个商品信息显示界面时，由于商品信息存放在数据库指定表中，此时需要执行连接数据库、查询数据库、显示数据等操作。如果将实现这些数据库操作的代码都放入 JSP 中，代码复杂度可以想象。经验不足的编程人员根本无法接受这样的代码，这将为开发带来极大的不便。

编写一个成功的 JavaBean 组件，宗旨是“一次性编写，任何地方执行，任何地方重用”。这正迎合了当今软件开发的潮流——“简单复杂化”，将复杂需求分解成简单的功能模块。这些模块是相对独立的，可以继承、重用，这为软件开发提供了一个简单、紧凑、优秀的解决方案。

1. 一次性编写

一个成功的 JavaBean 组件重用时不需要重新编写代码，开发者只需要根据需求修改和升级代码即可。

2. 任何地方执行

一个成功的 JavaBean 组件可以在任何平台上运行。由于 JavaBean 组件是基于 Java 语言编写的，所以它可以被轻易地移植到各种运行平台上。

3. 任何地方重用

一个成功的 JavaBean 组件能够被放在多种方案中使用，包括应用程序、其他组件、Web 应用等。

JavaBean 组件和企业级 JavaBean（EJB（Enterprise JavaBean，企业级 JavaBean））组件的概念是不同的。

5.1.2 JavaBean 的种类

最初，JavaBean 主要应用于可视化领域，现在则更多应用于非可视化领域，并且在服务器端表现出了卓越的性能。

JavaBean 按功能可分为可视化 JavaBean 和不可视 JavaBean 以下两类。

可视化 JavaBean 就是具有 GUI（Graphical User Interface，图形用户界面）的 JavaBean；不可视 JavaBean 就是没有 GUI 的 JavaBean，最终对用户是不可见的，它更多地被应用到 JSP 中。

不可视 JavaBean 又分为值 JavaBean 和工具 JavaBean。值 JavaBean 严格遵循 JavaBean 的命名规范，通常用来封装表单数据，作为信息的容器。例如，下面的 JavaBean 就为值 JavaBean。

【例 5-1】值 JavaBean 示例。

```
public class UserInfo{
    private String name;
```

```
    private String password;
    public String getName() {
        return name;
    }
    public void setName(String name) {
        this.name = name;
    }
    public String getPassword() {
        return password;
    }
    public void setPassword(String password) {
        this.password = password;
    }
}
```

该 JavaBean 被用来封装用户登录时表单中的用户名和密码。

工具 JavaBean 可以不遵循 JavaBean 规范，通常用于封装业务逻辑、数据操作等，例如连接数据库，对数据库进行增、删、改、查和解决中文乱码等操作。工具 JavaBean 可以实现业务逻辑与页面显示的分离，提高代码的可读性与易维护性。例如，下面的 JavaBean 就是一个工具 JavaBean，它用来转换字符串中的“<”与“>”符号。

【例 5-2】工具 JavaBean 示例。

```
public class MyTools{
    public String change(String source){
        source=source.replace("<","&lt;");
        source=source.replace(">","&gt;");
        return source;
    }
}
```

5.1.3 JavaBean 规范

通常一个标准的 JavaBean 需遵循以下规范。

① 实现 java.io.Serializable 接口。

② 是一个公共类。

③ 类中必须存在一个无参数的构造函数。

④ 提供对应的 set×××() 和 get×××() 方法来存取类中的属性，方法中的“×××”为属性名称，属性的第一个字母应大写。若属性类型为布尔类型，则可使用 is×××() 方法代替 get×××() 方法。

实现 java.io.Serializable 接口的类实例化的对象被 JVM 转化为一个字节序列，并且能够将这个字节序列完全恢复为原来的对象，序列化机制可以解决网络传输中不同操作系统的差异问题。例如，当一台计算机在 Windows 操作系统上创建了一个对象，要将这个对象序列化并且通过网络将它发送到一台操作系统为 Linux 的计算机上，这时不必担心因为操作系统不同，传输的对象会有所改变，因为这个对象会重新准确组装。

作为 JavaBean，对象的序列化也是必需的。使用一个 JavaBean 时，一般情况下使用者会在设计阶段对它的状态信息进行配置，并在程序启动后期恢复，这种具体工作是由序列化完成的。

如果在 JSP 中使用 JavaBean 组件，那么创建的 JavaBean 不必实现 java.io.Serializable 接口而仍然可以运行。

【例 5-3】JavaBean 规范示例。

```
public class SimpleJavaBean implements java.io.Serializable{    //继承 serializable 接口
    public SimpleJavaBean(){}                                   //创建无参构造函数
    private String name;                                        //定义 name 属性
    private String password;                                    //定义 password 属性
    public String getName() {                                   //name 属性的 get×××() 方法
        return name;
    }
    public void setName(String name) {                          //name 属性的 set×××() 方法
        this.name = name;
    }
    public String getPassword() {                               //password 属性的 get×××() 方法
        return password;
    }
    public void setPassword(String password) {                  //password 属性的 set×××() 方法
        this.password = password;
    }
}
```

上述这个 JavaBean 具备了 JavaBean 的所有特性，声明了 2 个 sting 类型的属性，分别为 name 和 password，并且分别为每个属性定义了两个方法：set×××() 方法与 get×××() 方法。

5.2 JavaBean 中的属性

JavaBean 中的属性

通常 JavaBean 中的属性分为简单属性（Simple）、索引属性（Indexed）、绑定属性（Bound）和约束属性（Constrained）4 种。其中绑定属性和约束属性通常在 JavaBean 的图形编程中使用，所以在这里不进行介绍。下面来介绍 JavaBean 中的简单属性和索引属性。

5.2.1 简单属性

简单属性（Simple）就是在 JavaBean 中对应简单的 set×××() 和 get×××() 方法的变量。在创建 JavaBean 时，简单属性最为常用。

在 JavaBean 中，简单属性的 get×××() 与 set×××() 方法如下：

```
public void set×××(type value);
public type get×××();
```

其中 type 表示属性的数据类型。若属性类型为布尔类型，则可使用 is×××() 方法代替 get×××() 方法。

【例 5-4】简单属性示例。

定义如下简单属性，并定义相应的 set×××() 与 get×××() 方法进行访问：

```
String name;                                //定义一个 string 型简单属性
boolean marrid=false;                       //定义一个 boolean 型简单属性
public void setName(String name){           //name 属性的 set×××() 方法
    this.name=name;
```

```
}
public String getName(){                    //name 属性的 get×××() 方法
    return this.name;
}
public void setMarrid(boolean marrid){      //marrid 属性的 set×××() 方法
    this.marrid=marrid;
}
public Boolean isMarrid(){                  //marrid 属性的 is×××() 方法
    return this.marrid;
}
```

5.2.2 索引属性

需要通过索引访问的属性通常称为索引属性。如存在一个大小为 3 的字符串数组，若要获取该字符串数组中指定位置的元素，需要得知该元素的索引，则该字符串数组被称为索引属性。

在 JavaBean 中，索引属性的 get×××() 与 set×××() 方法如下：

```
public void set×××(type[] value);
public type[] get×××();
public void set×××(int index,type value);
public type get×××(int index);
```

其中 type 表示属性类型，第一个 set×××() 方法为简单的 set×××() 方法，用来为类型为数组的属性赋值；第二个 set×××() 方法增加了一个表示索引的参数，用来将数组中索引为 index 的元素赋值为 value 指定的值；第一个 get×××() 方法为简单 get×××() 方法，用来返回一个数组；第二个 get×××() 方法增加了一个表示索引的参数，用来返回数组中索引为 index 的元素值。

【例 5-5】索引属性示例。

定义如下索引属性，并定义相应的 set×××() 方法与 get×××() 方法进行访问：

```
private String[] select={"A","B","C","D"};          // 定义一个类型为字符串数组的索引属性
public void setSelect(String[] mySelect){           // 为 select 数组赋值的 set×××() 方法
    this.select=mySelect;
}
public String[] getSelect(){                        // 获取 select 数组的 get×××() 方法
    return this.select;
}
public void setSelect(int index,String single){     // 为数组中索引为 index 的元素赋值的方法
    this.select[index]=single;
}
public String getSelect(int index){                 // 获取数组中索引为 index 的元素
    return this.select[index];
}
```

5.3 JavaBean 的应用方法

在前面两节中对 JavaBean 的相关概念进行了介绍，相信读者已经初步了解了什么是 JavaBean。那么 JavaBean 在 JSP 中有什么作用，又如何在 JSP 中来应用 JavaBean 呢？本节将向读者讲解 JavaBean 的应用。

5.3.1 创建 JavaBean

JavaBean 实质上就是一种遵守了特殊规范的 Java 类，所以创建一个 JavaBean，就是在遵守这些规范的基础上创建一个 Java 类。

创建 JavaBean

在前面几节中已经多次给出了 JavaBean 的代码，所以在这里不再给出代码进行讲解。读者可以新建一个记事本，然后向记事本中输入代码，最后保存为 *.java 文件即可完成一个 JavaBean 的创建。但通常都使用开发工具进行创建，如 Eclipse。使用 Eclipse 开发工具创建 JavaBean 时，可以使用工具提供的功能自动生成属性的 get×××( ) 方法与 set×××() 方法。下面介绍如何在 Eclipse 中创建 JavaBean。

【例 5-6】在 Eclipse 下创建 JavaBean。

在 Eclipse 下创建 JavaBean 的步骤如下。

① 新建一个名为 SimpleBean 的 Web 项目。

② 右击项目中的 src 目录，并在弹出的快捷菜单中依次选择"新建"/"包"，在弹出的"新建 Java 包"对话框的"名称"文本框中输入包名 com.wgh.bean，并单击"完成"按钮完成包的创建。

③ 右击创建的 com.wgh.bean 包，并在弹出的快捷菜单中依次选择"新建"/"类"，在弹出的"新建 Java 类"对话框中的"名称"文本框中输入要创建的 JavaBean 名，如 UserInfo，其他保持默认设置，如图 5-1 所示。

④ 最后单击"完成"按钮，完成 JavaBean 的初步创建。

⑤ Eclipse 会自动以默认的与 Java 文件关联的编辑器打开创建的 UserInfo.java 文件，如图 5-2 所示。

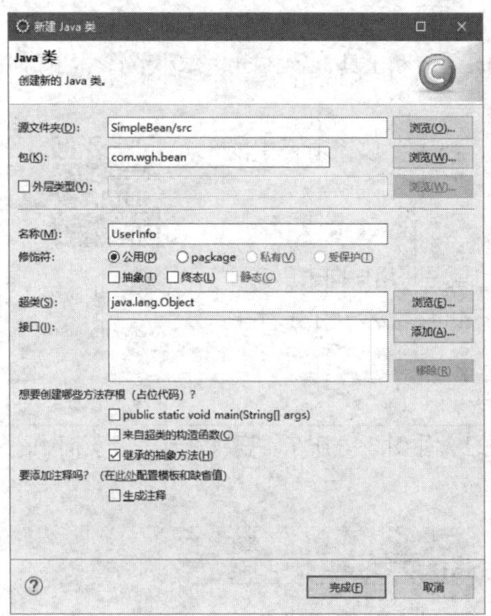

图 5-1 创建 JavaBean

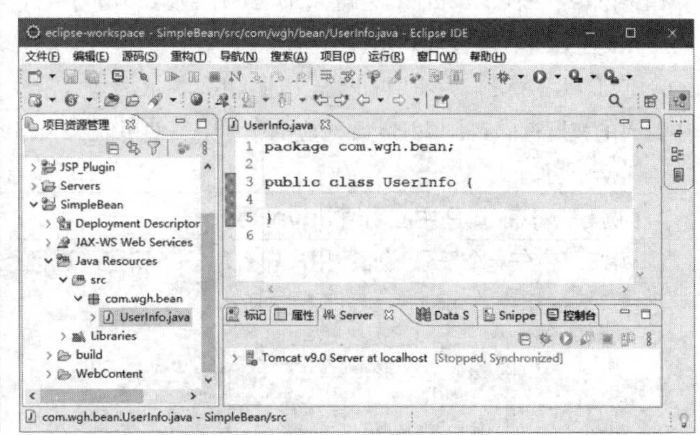

图 5-2 打开的 UserInfo.java 文件

⑥ 向 UserInfo.java 中添加 name、password 等属性，如图 5-3 所示。

⑦ 在图 5-3 所示的光标位置处单击鼠标右键，并依次选择弹出的快捷菜单中的"源代码"/"生成 Getter 和 Setter"。

⑧ 在弹出的"生成 Getter 和 Setter"对话框中，单击"全部选中"按钮，并保留其他选项的默认设置，如图 5-4 所示。

⑨ 最后单击图 5-4 中的"Generate"按钮，生成属性的 get×××( ) 方法与 set×××( ) 方法。UserInfo 类最终的代码如图 5-5 所示。

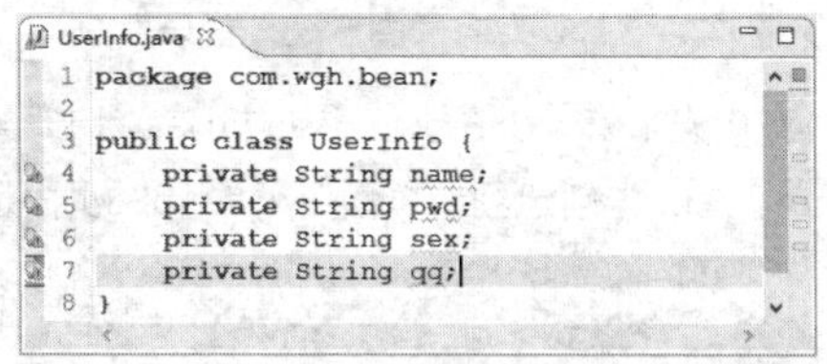

图 5-3 向 UserInfo.java 中添加属性

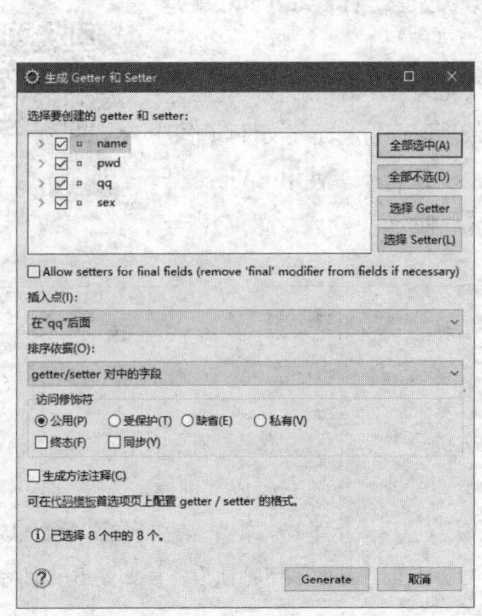

图 5-4　选中全部属性

```java
package com.wgh.bean;

public class UserInfo {
    private String name;
    private String pwd;
    private String sex;
    private String qq;
    public String getName() {
        return name;
    }
    public void setName(String name) {
        this.name = name;
    }
    public String getPwd() {
        return pwd;
    }
    public void setPwd(String pwd) {
        this.pwd = pwd;
    }
    public String getSex() {
        return sex;
    }
    public void setSex(String sex) {
        this.sex = sex;
    }
    public String getQq() {
        return qq;
    }
    public void setQq(String qq) {
        this.qq = qq;
    }
}
```

图 5-5　UserInfo 类最终的代码

5.3.2　在 JSP 中应用 JavaBean

在 JSP 中通常应用的是不可视 JavaBean，它又分为值 JavaBean 和工具 JavaBean。本小节将介绍如何在 JSP 中应用这两种 JavaBean。

无论哪一种 JavaBean，当它们被编译成 Class 文件后，都需要放在项目中的 WEB-INF\classes 目录下，才可以在 JSP 中被调用。

在 JSP 中应用值 JavaBean

1. 在 JSP 中应用值 JavaBean

值 JavaBean 作为信息的容器，通常用来封装表单数据，也就是将用户向表单字段中输入的数据存储到 JavaBean 对应的属性中。使用值 JavaBean 可以减少在 JSP 中嵌入的 Java 代码。

【例 5-7】在 JSP 中应用值 JavaBean。

例如，存在一个登录页面，用户输入用户名和密码进行登录，如图 5-6 所示。要求在另一个页面中输出用户输入的用户名和密码，如图 5-7 所示。

图 5-6　登录页面

图 5-7　获取登录信息

先来看一下在不使用 JavaBean 时，如何获取表学中的数据。

① 先创建登录页面 index.jsp，页面运行效果如图 5-6 所示。创建 index.jsp 页面的关键代码如下：

```
<form action="doLogon.jsp">
    <h2> 用户登录 </h2>
    用户名 : <input type="text" name="userName">
```

```
        <br>
        密    码 : <input type="password" name="userPass">
        <br>
        <input type="submit" value=" 登录 ">
        <input type="reset" value=" 重置 ">
</form>
```

页面中实现了一个 Form 表单，表单中的 userName 和 userPass 两个字段分别表示用户名和密码。该表单将被提交给 doLogon.jsp 页面进行处理。

② 创建表单处理页面 doLogon.jsp，在该页面中通过 request 对象来获取通过表单传递的参数。doLogon.jsp 页面的代码如下：

```
<%
    String name=request.getParameter("userName");          // 获取表单中的 userName 字段值
    if(name==null)name="";
    String password=request.getParameter("userPass");      // 获取表单中的 userPass 字段值
    if(password==null)password="";
%>
<center>
    <b> 用户名 : </b><%=name %>                             <!-- 输出用户名 -->
    <b> 密码 : </b><%=password %>                           <!-- 输出密码 -->
</center>
```

提交表单后，表单字段的值会被自动添加到请求中并以参数形式进行传递，所以可通过 request 对象的 getParameter( ) 方法来获取表单字段值。

③ 访问 index.jsp 页面，输入用户名“wgh”、密码“111”后，单击“登录”按钮，将出现图 5-7 所示的运行结果。

上面的方法是通过 request 对象获取表单中的数据，下面来介绍如何应用值 JavaBean 获取表单中的数据。

① 先创建登录页面 index.jsp，代码请参见上面创建的 index.jsp 页面代码。

② 创建名为 User 的值 JavaBean，该 Bean 中的属性要与 index.jsp 登录页面中表单的字段一一对应。User 类的代码如下：

```
package com.yxq.bean;

public class User {
    private String userName;                  // 对应表单中的 userName 字段
    private String userPass;                  // 对应表单中的 userPass 字段
    public String getUserName( ) {
        return userName;
    }
    public void setUserName(String userName) {
        this.userName = userName;
    }
    public String getUserPass( ) {
        return userPass;
    }
    public void setUserPass(String userPass) {
        this.userPass = userPass;
    }
}
```

③ 创建表单处理页面 doLogon.jsp，在该页面中通过调用值 JavaBean 来获取表单数据。创建 doLogon.jsp

页面的代码如下：

```
<%@ page contentType="text/html;charset=gb/t 2312-1980" %>
<jsp:useBean id="user" class="com.yxq.bean.User">
    <jsp:setProperty name="user" property="*"/>
</jsp:useBean>
<center>
    <b> 用户名 : </b><jsp:getProperty name="user" property="userName"/>
    <b> 密码 : </b><jsp:getProperty name="user" property="userPass"/>
</center>
```

④ 访问 index.jsp 页面，输入用户名“wgh”、密码“111”后，单击“登录”按钮，将出现图 5-7 所示的运行结果。

该方法在第③步中通过调用 JavaBean 来获取表单中的数据，在代码中读者可以看到应用到了 <jsp:useBean>、<jsp:setProperty> 和 <jsp:getProperty> 动作标识。

<jsp:useBean> 动作标识用来创建一个 Bean 实例，标识中的 id 属性用来指定一个变量，程序将使用该变量对所创建的 Bean 实例进行引用，class 属性指定了一个完整的类名。当该动作标识被执行时，程序首先会在指定范围内查找以 id 属性值为实例名称、以 class 属性值为类型的实例。如果不存在，那么会通过 new 操作符创建该实例。

<jsp:setProperty> 动作标识通常情况下与 <jsp:useBean> 动作标识一起使用，它将调用由 <jsp:useBean> 动作标识创建的 Bean 实例中的 set×××() 方法，将请求中的参数赋值给 Bean 中对应的属性。<jsp:setProperty> 动作标识中的 name 属性用来指定一个 Bean 实例，property 为动作标识必须存在的属性，可取值为“*”或指定的 Bean 实例中的属性。当取值为“*”时，request 请求中的所有参数的值将被一一赋给 Bean 实例中与参数具有相同名字的属性；若取值为 Bean 实例中的属性，则只会将 request 请求中与该属性同名的一个参数的值赋给这个 Bean 属性。若此时指定了 param 属性，那么请求中参数的名称与 Bean 属性名可以不同。

<jsp:getProperty> 动作标识的属性用来从指定的 Bean 实例中读取指定属性的值，并将其输出到页面中。标识中的 name 属性用来指定一个 Bean 实例，property 属性用来指定要获取由 name 属性指定的 Bean 实例中的那个属性的值。若它指定的值为 userName，那么 Bean 实例中必须存在 getUserName() 方法。

关于对 <jsp:useBean>、<jsp:setProperty> 和 <jsp:getProperty> 动作标识的详细介绍，读者可查看本书 3.5 节中的内容。

在 JSP 中获取表单数据时，可应用 JavaBean。

2. 在 JSP 中应用工具 JavaBean

工具 JavaBean 通常用于封装业务逻辑、数据操作等，例如连接数据库，对数据库进行增、删、改、查和解决中文乱码等操作。使用工具 JavaBean 可以实现业务逻辑与前台程序的分离，提高代码的可读性与易维护性。

【例 5-8】在 JSP 中应用工具 JavaBean。

例如，在实现用户留言功能时，要将用户输入的留言标题和留言内容输出到页面中。若用户输入的信息中存在 HTML 语法中的“<”和“>”符号，如输入 <input type="text">，则将该内容输出到页面后，会显示一个文本框，如图 5-8 所示，但预先设想的是原封不动地输出用户输入的内容。解决该问题的方法是在输出内容之前，将内容中的“<”和“>”等 HTML 中的特殊符号进行转换，如将“<”转换为“<”，将“>”转换为“>”，这样当浏览器遇到“<”时，就会输出“<”符号，如图 5-9 所示。

在 JSP 中应用工具 JavaBean

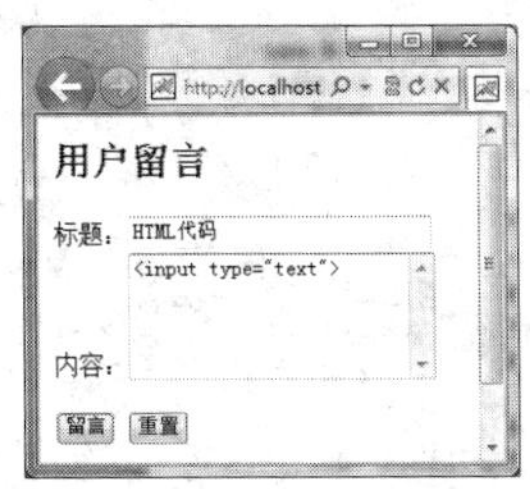
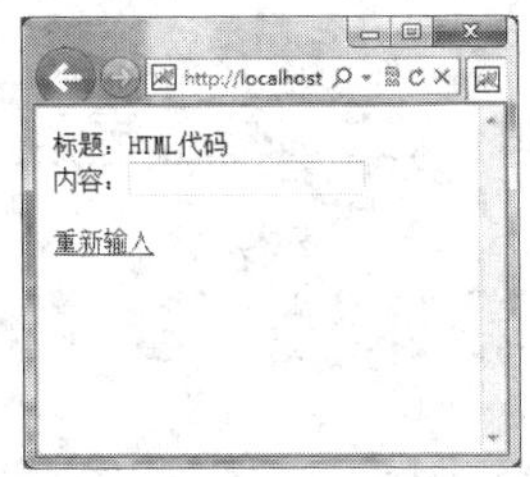

图 5-8　转换前显示的用户留言信息

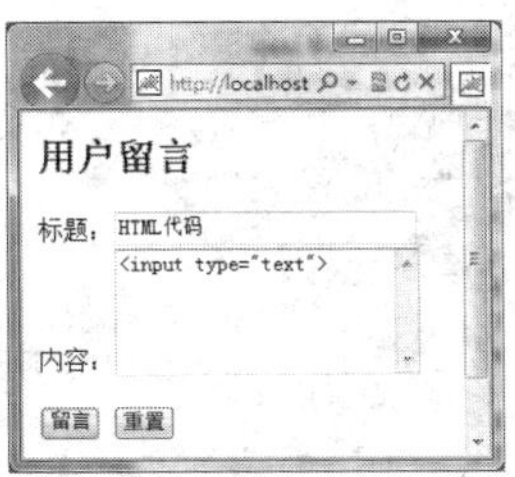
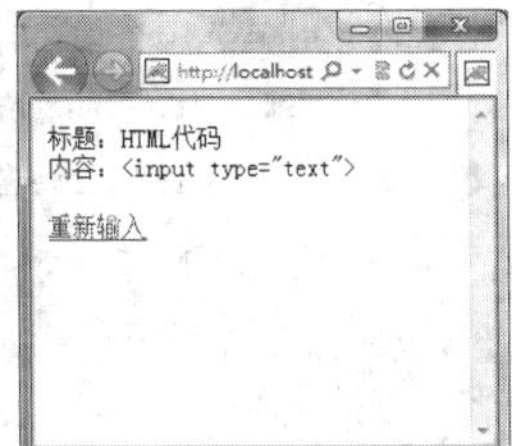

图 5-9　转换后显示的用户留言信息

先来看一下在不使用工具 JavaBean 时如何编码来实现符号的转换。

① 创建填写留言信息的 index.jsp 页面，在该页面中实现一个表单，并向表单中添加两个字段分别表示留言标题和留言内容。index.jsp 页面的关键代码如下：

```
<form action="doWord.jsp" method="post">
    <h2> 用户留言 </h2>
    标题：<input type="text" name="title" size="26">
    <br>
    内容：<textarea name="content" rows="5" cols="25"></textarea>
    <br><br>
    <input type="submit" value=" 留言 ">
    <input type="reset" value=" 重置 ">
</form>
```

② 创建表单处理页面 doWord.jsp，在该页面中首先通过 request 对象获取表单数据，然后调用 String 类的 replace() 方法替换掉数据中的“<”和“>”符号。doWord.jsp 页面的代码如下：

```
<%
    request.setCharacterEncoding("gb/t 2312-1980");
    String title=request.getParameter("title");                    // 获取留言标题
    String content=request.getParameter("content");                // 获取留言内容
    if(title==null)title="";
    if(content==null)content="";

    title=title.replace("<","&lt;");                               // 替换标题中的“<”符号
    title=title.replace(">","&gt;");                               // 替换标题中的“>”符号
    content=content.replace("<","&lt;");                           // 替换内容中的“<”符号
    content=content.replace(">","&gt;");                           // 替换内容中的“>”符号
%>
标题：<%=title%>
<br>
内容：<%=content%>
```

③ 访问 index.jsp 页面，输入标题“HTML”、内容“<input type="text">”后，单击“留言”按钮，将会看到图 5-9 所示的运行结果。

上面的方法直接在 JSP 中编码实现符号的转换。下面来介绍如何应用工具 JavaBean 来实现符号的转换。

① 创建填写留言信息的 index.jsp 页面，代码请参见上面创建的 index.jsp 页面代码。

② 创建名为 MyTools 的工具 JavaBean，在该 JavaBean 中创建一个方法，该方法存在一个 string 型参数，在方法体内编码实现对该参数进行字符转换的操作。MyTools 类的代码如下：

```
package com.yxq.bean;

public class MyTools {
```

```
    public static String change(String str){
        str=str.replace("<","&lt;");
        str=str.replace(">","&gt;");
        return str;
    }
}
```

代码中的 change( ) 方法通过 static 修饰符将方法修饰为静态方法，这样就可以直接通过 MyTools 类名来访问 change( ) 方法了。

③ 创建表单处理页面 doWord.jsp，在该页面中首先通过 page 指令导入 MyTools 类，然后获取表单数据，接着调用 MyTools 类中的 change( ) 方法转换表单数据。doWord.jsp 页面的代码如下：

```
<%@ page import="com.yxq.bean.MyTools" %>
<%
    request.setCharacterEncoding("gb/t 2312-1980");
    String title=request.getParameter("title");                 //获取留言标题
    String content=request.getParameter("content");             //获取留言内容
    if(title==null)title="";
    if(content==null)content="";

    title=MyTools.change(title);            //调用 change( ) 方法转换标题中的“<”和“>”符号
    content=MyTools.change(content);        //调用 change( ) 方法转换内容中的“<”和“>”符号
%>
标题：<%=title%>
<br>
内容：<%=content%>
```

④ 访问 index.jsp 页面，输入标题“HTML”、内容“<input type="text">”后，单击“留言”按钮，将会看到图 5-9 所示的运行结果。

5.4 JavaBean 的应用实例

5.4.1 应用 JavaBean 解决中文乱码问题

应用 JavaBean 解决中文乱码问题

在 JSP 程序开发中，通过表单提交的数据若存在中文，则获取该数据后输出到页面将显示乱码，如图 5-10 所示。所以在输出获取的表单数据之前，必须进行转码操作。将该转码操作在 JavaBean 中实现，可在开发其他项目时重复使用，以避免重复编码。下面通过一个实例来介绍如何应用 JavaBean 解决中文乱码问题。

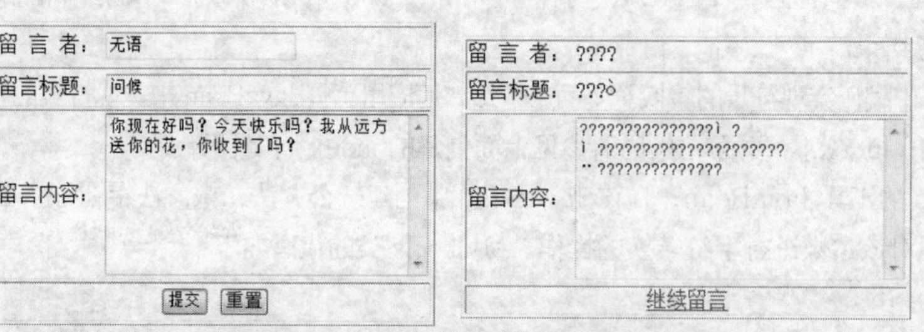

图 5-10 提交表单后生成乱码

【例 5-9】应用 JavaBean 解决中文乱码的问题。

① 创建填写留言信息的 index.jsp 页面，在该页面中实现一个表单，设置表单被提交给 doword.jsp 页面进行处理，并向表单中添加 author、title 和 content 这 3 个字段，分别用来表示留言者、留言标题和留言内容。index.jsp 页面的关键代码如下：

```
<form action="doword.jsp" method="post">
    <table border="1" rules="rows">
        <tr height="30">
            <td> 留 言 者 : </td>
            <td><input type="text" name="author" size="20"></td>
        </tr>
        <tr height="30">
            <td> 留言标题 : </td>
            <td><input type="text" name="title" size="35"></td>
        </tr>
        <tr>
            <td> 留言内容 : </td>
            <td><textarea name="content" rows="8" cols="34"></textarea></td>
        </tr>
        <tr align="center" height="30">
            <td colspan="2">
                <input type="submit" value=" 提交 ">
                <input type="reset" value=" 重置 ">
            </td>
    </table>
</form>
```

② 创建用来封装表单数据的值 JavaBean——WordSingle。该 JavaBean 存在 author、title 和 content 这 3 个属性，分别用来存储 index.jsp 页面中表单的留言者、留言标题和留言内容字段。WordSingle 的关键代码如下：

```
package com.yxq.valuebean;

public class WordSingle {
    private String author;                    // 存储留言者
    private String title;                     // 存储留言标题
    private String content;                   // 存储留言内容
    …// 省略了属性的 set×××() 方法与 get×××() 方法
}
```

③ 创建进行转码操作的工具 JavaBean——MyTools 类。在该 JavaBean 中创建一个方法，该方法存在一个 string 型的参数，在方法体内编码实现对该参数进行转码的操作。MyTools 类的代码如下：

```
package com.yxq.toolbean;

import java.io.UnsupportedEncodingException;
public class MyTools {
    public static String toChinese(String str){
        if(str==null)    str="";
        try {
            // 通过 String 类的构造方法将指定的字符串转换为 GB/T 2312-1980 编码
            str=new String(str.getBytes("ISO-8859-1"),"gb/t 2312-1980");
```

```
            } catch (UnsupportedEncodingException e) {
                str="";
                e.printStackTrace();
            }
            return str;
        }
    }
```

④ 创建表单处理页面 doword.jsp，该页面主要用来接收表单数据，然后将请求转发到 show.jsp 页面来显示用户输入的留言信息。dowoard.jsp 页面的具体代码如下：

```
<%@ page contentType="text/html; charset=gb/t 2312-1980"%>
<jsp:useBean id="myWord" class="com.yxq.valuebean.WordSingle" scope="request">
    <jsp:setProperty name="myWord" property="*"/>
</jsp:useBean>
<jsp:forward page="show.jsp"/>
```

页面通过调用 <jsp:useBean> 和 <jsp:setProperty> 动作标识将表单数据封装到 WordSingle 中，并将该 JavaBean 存储到 request 范围中。这样，当请求转发到 show.jsp 页面后，就可从 request 中获取该 JavaBean。

⑤ 创建显示留言信息的 show.jsp 页面，在该页面中将获取在 doword.jsp 页面中存储的 JavaBean，然后调用 JavaBean 中的 get×××() 方法获取留言信息。若在这里直接将通过 get×××() 方法获取的信息输出到页面中，就会出现图 5-10 所示的乱码，所以还需要调用 MyTools 类相应工具 JavaBean 中的 toChinese( ) 方法进行转码操作。show.jsp 页面的关键代码如下：

```
<%@ page contentType="text/html; charset=gb/t 2312-1980"%>
<%@ page import="com.yxq.toolbean.MyTools" %>
<!-- 获取 request 范围内名称为 myWord 的 WordSingle 类实例 -->
<jsp:useBean id="myWord" class="com.yxq.valuebean.WordSingle" scope="request"/>
    …// 省略了部分 HTML 代码
    <table border="1" height="200" rules="rows">
        <tr>
            <td align="center"> 留 言 者 : </td>
            <!-- 获取留言者后进行转码操作 -->
            <td><%=MyTools.toChinese(myWord.getAuthor()) %></td>
        </tr>
        <tr height="30">
            <td align="center"> 留言标题 : </td>
            <!-- 获取留言标题后进行转码操作 -->
            <td><%=MyTools.toChinese(myWord.getTitle()) %></td>
        </tr>
        <tr>
            <td align="center"> 留言内容 : </td>
            <!-- 获取留言内容后进行转码操作 -->
            <td>
                <textarea rows="8" cols="34" readonly>
                    <%=MyTools.toChinese(myWord.getContent()) %>
                </textarea>
            </td>
        </tr>
        <tr><td colspan="2" align="center"><a href="index.jsp"> 继续留言 </a></td>
    </table>
```

⑥ 访问 index.jsp 页面，输入内容后提交表单，最终出现图 5-11 所示的运行结果。

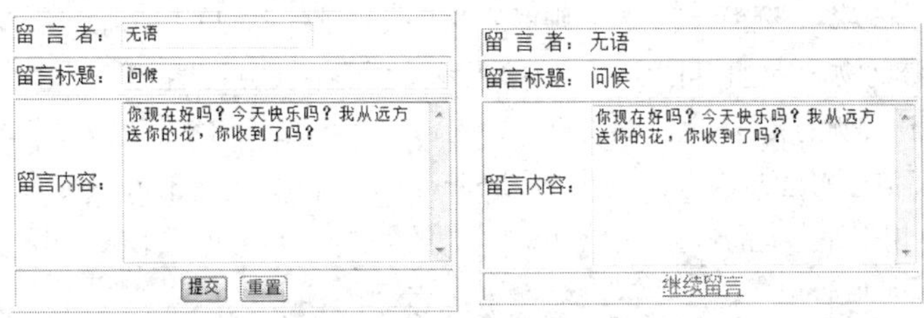

图 5-11　转码后的留言信息

至此，应用 JavaBean 解决中文乱码的实例创建完成。通过对本实例的学习，读者应该掌握解决程序中出现的中文乱码问题的方法。另外，在实例中应用了 <jsp:useBean> 和 <jsp:setProperty> 动作标识将表单数据保存到值 JavaBean 中，这样可以避免在 JSP 中编写 Java 代码。

这里应注意的是：如果读者想通过本实例中应用的 <jsp:setProperty name="myWord" property="*"/> 标识自动将表单数据填充到值 JavaBean 中，那么表单中各字段的名称要与值 JavaBean 中的属性名称一一对应。

在本实例的 MyTools 类中通过 static 修饰符将解决中文乱码的 toChinese( ) 方法定义为一个静态方法，所以在 JSP 中调用 toChinese( ) 方法处理乱码问题时，首先需要通过 page 指令中的 import 语句导入 MyTools 类，然后通过 MyTools 类来调用 toChinese( ) 方法。这里读者需要注意的是：不应使用 <jsp:useBean> 动作标识创建一个 MyTools 类的实例，然后通过该实例来调用 toChinese( ) 方法，因为 toChinese( ) 为静态方法，类中的静态方法应直接通过类进行调用。

5.4.2　应用 JavaBean 实现购物车

应用 JavaBean 实现购物车

相信大家都已经非常熟悉购物车。在现实生活中，购物车是商场提供给顾客用来存放自己所挑选商品的工具，顾客还可以从购物车中拿出不打算购买的商品。在 Web 程序开发中，购物车的概念被应用到了网络电子商城中，用户同样可对该购物车进行商品的添加和删除操作，并且购物车会自动计算出用户需要交付的费用。

本小节将介绍应用 JavaBean 实现一个简单购物车的实例，该购物车可实现商品的添加、删除和清空所有商品的功能。

【例 5-10】应用 JavaBean 实现购物车。

下面先来介绍运行该实例后的操作流程。

首先，用户在商品列表页面中单击“购买”超链接向购物车中添加选择的商品，如图 5-12 所示。对于同一件商品，每单击一次“购买”超链接，则购物车中该商品的购买数量加 1。

然后，单击“查看购物车”超链接，查看自己的购物车，如图 5-13 所示。

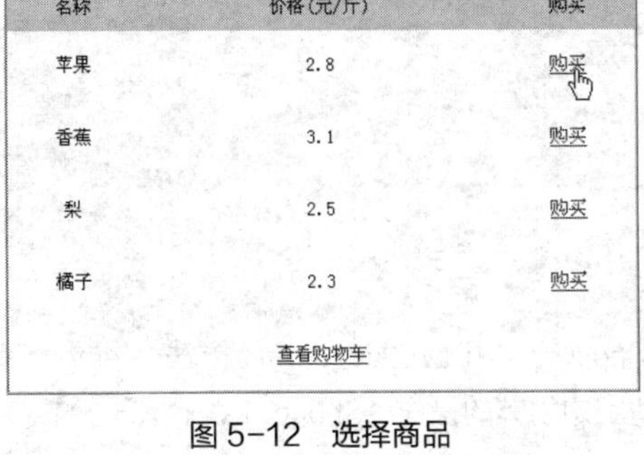

提供商品如下

名称	价格(元/斤)	购买
苹果	2.8	购买
香蕉	3.1	购买
梨	2.5	购买
橘子	2.3	购买

查看购物车

图 5-12　选择商品

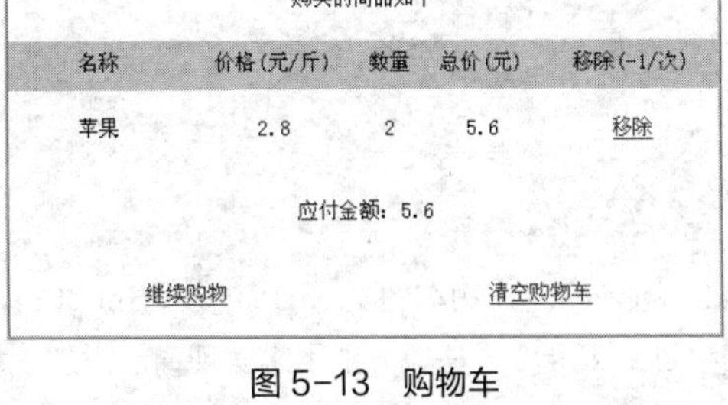

购买的商品如下

名称	价格(元/斤)	数量	总价(元)	移除(-1/次)
苹果	2.8	2	5.6	移除

应付金额：5.6

继续购物　　清空购物车

图 5-13　购物车

图 5-13 所示的购物车中显示了用户购买的商品以及应付的金额，用户可通过单击“移除”超链接移除相应的商品，即每单击一次“移除”超链接，则商品的购买数量减 1；单击“清空购物车”超链接可移除所有的商品；单击“继续购物”超链接可返回图 5-12 所示的页面继续购买商品。

下面来讲解实现该实例的具体过程。

① 创建封装商品信息的值 JavaBean——GoodsSingle 类。在该 JavaBean 中定义 name 属性、price 属性和 num 属性，分别用来保存商品名称、价格和购买数量。GoodsSingle 类的关键代码如下：

```
package com.yxq.valuebean;

public class GoodsSingle {
    private String name;            //保存商品名称
    private float price;            //保存商品价格
    private int num;                //保存商品购买数量
    …//省略了属性的 set×××() 方法和 get×××() 方法
}
```

② 创建工具 JavaBean——MyTools 类。MyTools 类用来将 string 型数据转换为 int 型数据和解决中文乱码问题。MyTools 类的代码如下：

```
package com.yxq.toolbean;

import java.io.UnsupportedEncodingException;

public class MyTools {
    public static int strToint(String str){                 //将 string 型数据转换为 int 型数据的方法
        if(str==null||str.equals(""))
            str="0";
        int i=0;
        try{
            i=Integer.parseInt(str)
        }catch(NumberFormatException e){
            i=0;
            e.printStackTrace();
        }
        return i;
    }
    public static String toChinese(String str){            //进行转码操作的方法
        if(str==null)
            str="";
        try {
            str=new String(str.getBytes("ISO-8859-1"),"gb/t 2312-1980");
        } catch (UnsupportedEncodingException e) {
            str="";
            e.printStackTrace();
        }
        return str;
    }
}
```

③ 创建实现购物车的 JavaBean——ShopCar 类。在 ShopCar 类中创建 addItem() 方法、removeItem() 方法和 clearCar() 方法，分别用来实现商品添加、移除和清空购物车的操作。ShopCar 类存在一个重要的属

性 buylist，其属性类型为 ArrayList 集合对象。该属性用来保存用户购买的商品，对商品的添加、删除和清空购物车的操作主要就是针对 buylist 属性进行的操作。ShopCar 类中只实现了 buylist 属性的 get×××() 方法，所以在 JSP 中只能读取 buylist 属性值。ShopCar 类的具体代码如下：

```
package com.yxq.toolbean;

import java.util.ArrayList;
import com.yxq.valuebean.GoodsSingle;

public class ShopCar {
    private ArrayList buylist=new ArrayList();                    //用来存储购买的商品
    public ArrayList getBuylist() {
        return buylist;
    }
    /**
     * @功能 向购物车中添加商品
     * @参数 single 为 GoodsSingle 类对象，封装了要添加的商品信息
     */
    public void addItem(GoodsSingle single){
        if(single!=null){
            if(buylist.size()==0){                              //如果 buylist 中不存在任何商品
                GoodsSingle temp=new GoodsSingle();
                temp.setName(single.getName());
                temp.setPrice(single.getPrice());
                temp.setNum(single.getNum());
                buylist.add(temp);                              //存储商品
            }
            else{                                               //如果 buylist 中存在商品
                int i=0;
                //遍历 buylist 集合对象，判断该集合中是否已经存在当前要添加的商品
                for(;i<buylist.size();i++){
                    //获取 buylist 集合中当前元素
                    GoodsSingle temp=(GoodsSingle)buylist.get(i);
                    //判断从 buylist 集合中获取的当前商品的名称是否与要添加的商品的名称相同
                    if(temp.getName().equals(single.getName())){
                        //如果相同，说明已经购买了该商品，只需要将商品的购买数量加 1
                        temp.setNum(temp.getNum()+1);           //将商品购买数量加 1
                        break;                                  //结束 for 循环
                    }
                }
                if(i>=buylist.size()){                          //说明 buylist 中不存在要添加的商品
                    GoodsSingle temp=new GoodsSingle();
                    temp.setName(single.getName());
                    temp.setPrice(single.getPrice());
                    temp.setNum(single.getNum());
                    buylist.add(temp);                          //存储商品
                }
            }
        }
```

```
    }
    /**
     * @ 功能 从购物车中移除指定名称的商品
     * @ 参数 name 表示商品名称
     */
    public void removeItem(String name){
        for(int i=0;i<buylist.size();i++){                    // 遍历 buylist 集合，查找指定名称的商品
            GoodsSingle temp=(GoodsSingle)buylist.get(i);     // 获取集合中当前位置的商品
            // 如果商品的名称为 name 参数指定的名称
            if(temp.getName().equals(MyTools.toChinese(name))){
                if(temp.getNum()>1){                          // 如果商品的购买数量大于 1
                    temp.setNum(temp.getNum()-1);             // 则将购买数量减 1
                    break;                                    // 结束 for 循环
                }
                else if(temp.getNum()==1){                    // 如果商品的购买数量为 1
                    buylist.remove(i);                        // 从 buylist 集合对象中移除该商品
                }
            }
        }
    }
    /**
     * @ 功能 清空购物车
     */
    public void clearCar(){
        buylist.clear();                                      // 清空 buylist 集合对象
    }
}
```

以上代码实现了购物车的 JavaBean。通过调用该 JavaBean 中的 addItem( ) 方法，用户可以将选购的物品保存到 buylist 集合对象中。调用该方法时，要求传递一个 GoodsSingle 类对象，该对象封装了商品信息。细心的读者会看到，当 buylist 集合对象中不存在任何商品时，并不是直接将通过参数传递的 single 对象存储到 buylist 集合对象中。这是因为将对象作为参数进行传递时，传递的是该对象在内存中存储的地址，而不是一个新的对象，而 single 对象是从 goodslist 集合对象中获取后传递给 addItem( ) 方法的。如果直接将该 single 对象存储到 buylist 集合对象中，则会造成与 goodslist 集合对象存储了同一个 GoodsSingle 类对象的结果，这样的话，再对 buylist 集合对象中的该 single 对象进行操作，就会影响 goodslist 集合对象中对应的 GoodsSingle 类对象。

④ 创建实例的首页面 index.jsp。在该页面中初始化商品信息列表，然后将请求转发到 show.jsp 页面显示商品，如图 5-12 所示。该初始化操作主要就是将每个商品信息封装到对应的 GoodsSingle 类对象中，然后将 GoodsSingle 类对象存储到 ArrayList 集合对象中，最后将该 ArrayList 集合对象保存到 session 范围内。在这里，为简单起见，将商品的信息写在了 JSP 中。但在实际的开发中，商品信息都保存到数据库中，商品信息列表的初始化是通过查询数据库获取商品信息结果集合后封装到 JavaBean 中的。index.jsp 页面的具体代码如下：

```
<%@ page contentType="text/html;charset=gb/t 2312-1980"%>
<%@ page import="java.util.ArrayList" %>
<%@ page import="com.yxq.valuebean.GoodsSingle" %>
<%!
    static ArrayList goodslist=new ArrayList();               // 用来存储商品
    static{                                                   // 静态代码块
        String[] names={" 苹果 "," 香蕉 "," 梨 "," 橘子 "};     // 商品名称
        float[] prices={2.8f,3.1f,2.5f,2.3f};                 // 商品价格
```

```
        for(int i=0;i<4;i++){                                  // 初始化商品信息列表
            // 定义一个 GoodsSingle 类对象来封装商品信息
            GoodsSingle single=new GoodsSingle();
            single.setName(names[i]);                          // 封装商品名称信息
            single.setPrice(prices[i]);                        // 封装商品价格信息
            single.setNum(1);                                  // 封装购买数量信息
            goodslist.add(i,single);                           // 保存商品到 goodslist 集合对象中
        }
    }
%>
<%
    session.setAttribute("goodslist",goodslist);              // 保存商品列表到 session 中
    response.sendRedirect("show.jsp");                         // 跳转到 show.jsp 页面显示商品
%>
```

上述代码通过 static 修饰符定义了一个静态代码块，商品信息列表的初始化就是在该代码块中实现的，即 static{…} 中的代码。请求访问 index.jsp 页面时，会先执行静态代码块中的代码。静态代码块中的代码只在请求第一次访问时执行，这样，当用户重复访问 index.jsp 页面时，就不会重复执行商品列表的初始化操作了。

在 JSP 中只能在声明标识中定义静态代码块，即在“<%!”与“%>”之间定义，而不能在脚本程序中定义，并且在静态代码块中只能访问静态变量。所以在声明 goodslist 集合对象时，也需要通过 static 修饰符进行修饰。

⑤ 创建 show.jsp 页面，在该页面中显示于 index.jsp 页面初始化的商品列表。在页面中首先获取存储在 session 范围中的 goodslist 集合对象，然后遍历 goodslist 集合依次输出存储的商品。show.jsp 页面的关键代码如下：

```
<%@ page contentType="text/html;charset=gb/t 2312-1980"%>
<%@ page import="java.util.ArrayList" %>
<%@ page import="com.yxq.valuebean.GoodsSingle" %>
<%   ArrayList goodslist=(ArrayList)session.getAttribute("goodslist");   %>
<table border="1" width="450" rules="none" cellspacing="0" cellpadding="0">
    <tr height="50"><td colspan="3" align="center"> 提供商品如下 </td></tr>
    <tr align="center" height="30" bgcolor="lightgrey">
        <td> 名称 </td>
        <td> 价格 ( 元 / 斤 )</td>
        <td> 购买 </td>
    </tr>
    <% if(goodslist==null||goodslist.size()==0){ %>
    <tr height="100"><td colspan="3" align="center"> 没有商品可显示！ </td></tr>
    <%
        }
        else{
            for(int i=0;i<goodslist.size();i++){
                GoodsSingle single=(GoodsSingle)goodslist.get(i);
    %>
    <tr height="50" align="center">
        <td><%=single.getName()%></td>
        <td><%=single.getPrice()%></td>
```

```
            <td><a href="docar.jsp?action=buy&id=<%=i%>"> 购买 </a></td>
        </tr>
        <%
                }
            }
        %>
        <tr height="50">
            <td align="center" colspan="3"><a href="shopcar.jsp"> 查看购物车 </a></td>
        </tr>
    </table>
```

触发代码中实现的“购买”超链接后将请求 docar.jsp 页面，并向请求传递 action 和 id 两个参数。action 表示用户执行的操作，id 则表示商品在 goodslist 中存储的位置。触发“查看购物车”超链接后将进入 shopcar.jsp 页面，查看购物车。

⑥ 创建 docar.jsp 页面，docar.jsp 用来处理用户触发的“购买”“移除”“清空购物车”的操作。在该页面通过获取请求中传递的 action 参数来判断当前请求的是什么操作。docar.jsp 页面的具体代码如下：

```
<%@ page contentType="text/html;charset=gb/t 2312-1980"%>
<%@ page import="java.util.ArrayList" %>
<%@ page import="com.yxq.valuebean.GoodsSingle" %>
<%@ page import="com.yxq.toolbean.MyTools" %>
<jsp:useBean id="myCar" class="com.yxq.toolbean.ShopCar" scope="session"/>
<%
    String action=request.getParameter("action");
    if(action==null)
        action="";
    if(action.equals("buy")){                              // 购买商品
        ArrayList goodslist=(ArrayList)session.getAttribute("goodslist");
        int id=MyTools.strToint(request.getParameter("id"));
        GoodsSingle single=(GoodsSingle)goodslist.get(id);
        myCar.addItem(single);                             // 调用 ShopCar 类中的 addItem( ) 方法添加商品
        response.sendRedirect("show.jsp");
    }
    else if(action.equals("remove")){                      // 移除商品
        String name=request.getParameter("name");          // 获取商品名称
        myCar.removeItem(name);                            // 调用 ShopCar 类中的 removeItem( ) 方法移除商品
        response.sendRedirect("shopcar.jsp");
    }
    else if(action.equals("clear")){                       // 清空购物车
        myCar.clearCar();                                  // 调用 ShopCar 类中的 clearCar( ) 方法清空购物车
        response.sendRedirect("shopcar.jsp");
    }
    else{
        response.sendRedirect("show.jsp");
    }
%>
```

代码中通过应用 <jsp:useBean> 动作标识来调用 ShopCar 类。注意：此时 scope 属性的值必须设置为 session。这样，当用户第一次触发 show.jsp 页面中的“购买”超链接请求在 docar.jsp 页面购买商品时，会创建一个 ShopCar 类实例并保存到 session 范围中。当用户再次触发“购买”超链接后，session 中已经存在 ShopCar 类的实例，因此会直接从 session 中取出该实例进行操作，而不是重新创建一个 ShopCar 类实例。如果设置为 page 或 request，则每次触发“购买”超链接时，会重新创建 ShopCar 类实例，这就使得之前购买的商品都不存在了；如果设置为 application，就会使得所有的访问用户共享一个购物车，而不是每人都拥有自己的购物车。

程序中用来保存用户购买商品的是 buylist 集合对象。因为 buylist 是 ShopCar 类中的属性，所以将 ShopCar 类实例保存到 session 范围内后，buylist 集合对象的有效范围也变为了 session。这就使得每个用户的 session 中都有一个 buylist 集合对象，即每个用户都拥有一个购物车。

⑦ 创建 shopcar.jsp 页面，该页面用来显示用户购买的商品。在该页面中，首先通过 <jsp:useBean> 动作标识获取 docar.jsp 页面存储在 session 中的 ShopCar 类实例，即购物车；然后获取 ShopCar 类实例中用来保存购买商品的 buylist 集合对象；最后遍历该集合对象，输出购买的商品。shopcar.jsp 页面的关键代码如下：

```
<%@ page contentType="text/html;charset=gb/t 2312-1980"%>
<%@ page import="java.util.ArrayList" %>
<%@ page import="com.yxq.valuebean.GoodsSingle" %>
<!-- 通过动作标识，获取 ShopCar 类实例 -->
<jsp:useBean id="myCar" class="com.yxq.toolbean.ShopCar" scope="session"/>
<%
    ArrayList buylist=myCar.getBuylist();              // 获取实例中用来存储购买的商品的集合
    float total=0;                                      // 用来存储应付金额
%>

<table border="1" width="450" rules="none" cellspacing="0" cellpadding="0">
    <tr height="50"><td colspan="5" align="center"> 购买的商品如下 </td></tr>
    <tr align="center" height="30" bgcolor="lightgrey">
        <td width="25%"> 名称 </td>
        <td> 价格 (元 / 斤)</td>
        <td> 数量 </td>
        <td> 总价 (元)</td>
        <td> 移除 (-1/ 次)</td>
    </tr>
    <%  if(buylist==null||buylist.size()==0){ %>
    <tr height="100"><td colspan="5" align="center"> 您的购物车为空！ </td></tr>
    <%
        }
        else{
            for(int i=0;i<buylist.size();i++){
                GoodsSingle single=(GoodsSingle)buylist.get(i);
                String name=single.getName();           // 获取商品名称
                float price=single.getPrice();          // 获取商品价格
```

```
                int num=single.getNum();                    //获取购买数量
                //计算当前商品总价，并进行四舍五入
                float money=((int)((price*num+0.05f)*10))/10f;
                total+=money;                               //计算应付金额
    %>
    <tr align="center" height="50">
        <td><%=name%></td>
        <td><%=price%></td>
        <td><%=num%></td>
        <td><%=money%></td>
        <td>
            <a href="docar.jsp?action=remove&name=<%=single.getName() %>">移除</a>
        </td>
    </tr>
    <%
            }
        }
    %>
    <tr height="50" align="center"><td colspan="5">应付金额：<%=total%></td></tr>
    <tr height="50" align="center">
        <td colspan="2"><a href="show.jsp">继续购物</a></td>
        <td colspan="3"><a href="docar.jsp?action=clear">清空购物车</a></td>
    </tr>
</table>
```

至此，应用 JavaBean 实现购物车完成。在本实例中分别创建了保存商品信息的值 JavaBean——GoodsSingle 类、工具 JavaBean——MyTools 类和实现购物车的 JavaBean——ShopCar 类。在 MyTools 工具 JavaBean 中实现一个将字符串转换为 int 型数据的方法，该方法主要是通过调用 Integer 类的 parseInt( ) 方法实现的。这里读者需要注意的是，在调用 parseInt( ) 方法时，需要应用 try/catch 语句来捕获可能发生的异常。在 ShopCar 类中创建了一个 addItem( ) 方法，用来实现添加商品到购物车的操作，该方法将用来存储商品信息的 GoodsSingle 类对象作为参数。这里读者应牢记：将对象作为参数进行传递时，传递的是该对象在内存中存储的地址，并不是一个新的对象。清楚这一点，才不至于在开发程序时出现错误。具体讲解可查看本实例第③步中的内容。另外需要注意的是，用来实现购物车的 JavaBean 要将购物车保存到 session 范围中，而不是其他的范围，如 request 和 application。

5.5 本章小结

本章首先介绍了 JavaBean 的相关概念，包括 JavaBean 技术、JavaBean 的种类和 JavaBean 规范；然后介绍了 JavaBean 中的属性，在这些属性中重点介绍了简单属性和索引属性；接着介绍了 JavaBean 的应用，在介绍 JavaBean 的应用时，首先介绍了如何在 Eclipse 中创建 JavaBean，然后介绍了如何在 JSP 中应用 JavaBean，在介绍过程中分别实现了应用 JavaBean 和不应用 JavaBean 的两种方法，通过这两种方法来体现应用 JavaBean 的优点；最后，本章给出了应用 JavaBean 开发的两个实例。通过学习本章，读者可以熟悉 JavaBean 并且掌握 JavaBean 的使用方法，为以后更深入的学习打好基础。

习 题

5-1 什么是 JavaBean？使用 JavaBean 的优点是什么？

5-2 JavaBean 按功能可分为哪几种？在 JSP 中最为常用的是哪一种？

5-3 在 JSP 中，一个标准的 JavaBean 需要具备哪些条件？

5-4 分别介绍值 JavaBean 与工具 JavaBean 的作用。

5-5 JavaBean 具有哪几种属性？在 JSP 中比较常用的是哪些属性？

5-6 以下对 JavaBean 的描述正确的是（　　）。

A. 创建的 JavaBean 必须实现 java.io.Serializable 接口

B. 编译后的 JavaBean 放在项目中的任何目录下，在 JSP 中都可以被调用

C. JavaBean 最终被保存到扩展名为 .jsp 的文件中

D. JavaBean 实质上是一个 Java 类

E. 在 JSP 中只有通过 <jsp:useBean> 动作标识才可以调用 JavaBean

上机指导

5-1 应用 Eclipse 创建一个名为 BookInfo 的值 JavaBean，要求该 JavaBean 具有 name、price、stock 和 author 简单属性，属性类型为 String。

5-2 应用 Eclipse 创建一个名为 DoString 的工具 JavaBean，用来转换字符串中的“<”与“>”符号。

5-3 实现一个简单的登录程序。要求应用 JavaBean 来接收用户输入的用户名和密码，然后判断输入的用户名是否为“admin”、密码是否为“000”。若是，则转发到 success.jsp 页面显示“欢迎登录”提示信息，否则转发到 fault.jsp 页面显示“登录失败”提示信息。

可通过调用 String 类的 equals( ) 方法来判断两个字符串是否相等，如 "YXQ".equals("yxq")，该表达式返回布尔值 false，"zsy".equals("zsy") 则返回布尔值 true。

CHAPTER 06

第6章 Servlet 技术

本章要点

- Servlet 技术及特点
- Servlet API 编程的常用接口和类
- Servlet 的创建与配置
- 过滤器以及过滤器核心对象

■ 本章介绍 Servlet 的基础知识及 Servlet 的应用，主要包括 Servlet 技术功能、Servlet 技术特点、Servlet 的生命周期、Servlet API 编程的常用接口和类以及 Servlet 的开发。通过学习本章，读者应该了解什么是 Servlet，Servlet API 中常用哪些接口和类，并掌握创建 Servlet 以及在程序中应用 Servlet 的方法。

6.1 Servlet 基础

Servlet 是用 Java 语言编写的服务器端程序。在 JSP 技术出现之前，Servlet 广泛用于开发动态的 Web 应用程序。如今在 J2EE（Java 2 Platform Enterprise Edition，Java 2 平台企业版）项目的开发中，Servlet 仍然被广泛地使用。

Servlet 技术简介

6.1.1 Servlet 技术简介

Servlet 是一种独立于平台和协议的、在服务器端运行的 Java 程序，可以用来生成动态的 Web 页面。与传统的 CGI（Common Gateway Interface，公共网关接口）和其他许多类似 CGI 的技术相比，Servlet 具有更好的可移植性、更强大的功能、更少的投资、更高的效率、更好的安全性等特点。

Servlet 是使用 Java Servlet API 及相关类和方法的 Java 程序。Java 语言能够实现的功能，Servlet 基本都能实现（除图形界面外）。Servlet 主要用于处理客户端传来的 HTTP 请求，并返回一个响应。通常所说的 Servlet 就是指 HttpServlet，用于处理 HTTP 请求，其能够处理的请求有 doGet( )、doPost( )、service( ) 等。在开发 Servlet 时，可以直接继承 javax.servlet.http.HttpServlet。

Servlet 需要在 web.xml 中进行描述，例如，映射执行 Servlet 的名字、配置 Servlet 类、初始化参数、进行安全配置和 URL 映射、设置启动的优先权等。Servlet 不仅可以生成 HTML 脚本进行输出，而且可以生成二进制表单进行输出。

6.1.2 Servlet 技术功能

Servlet 具有通过创建一个框架来扩展服务器的能力，以提供在 Web 上进行请求和响应的服务。当客户机发送请求至服务器时，服务器可以将请求信息发送给 Servlet，并让 Servlet 建立起服务器返回给客户机的响应。当启动 Web 服务器或客户机第一次请求服务时，可以自动装入 Servlet，之后，Servlet 继续运行直到其他客户机发出请求。Servlet 的功能涉及的范围很广，主要功能如下。

Servlet 技术功能

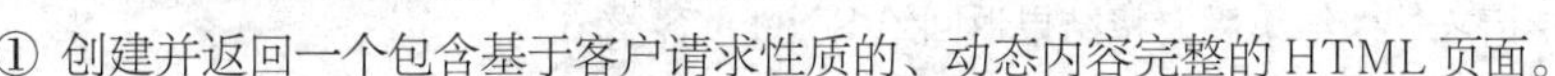

① 创建并返回一个包含基于客户请求性质的、动态内容完整的 HTML 页面。

② 创建可嵌入现有 HTML 页面的 HTML 片段。

③ 与其他服务器资源（包括数据库和基于 Java 的应用程序）进行通信。

④ 用多个客户机处理连接，接收多个客户机的输入，并将结果传递到多个客户机上。例如，Servlet 可以是支持多名参与者参与的游戏的服务器。

⑤ 在允许以单连接方式传送数据的情况下，在浏览器上打开服务器至 applet 的新连接，并使该连接处于打开状态。在允许客户机和服务器简单、高效地执行会话的情况下，applet 也可以启动客户浏览器和服务器之间的连接，可以通过定制协议进行通信。

⑥ 将定制的处理提供给所有服务器的标准程序。

Servlet 技术特点

6.1.3 Servlet 技术特点

Servlet 技术最大的优势是它可以处理客户端传来的 HTTP 请求，并返回一个响应。总体来说，Servlet 技术具有以下特点。

① 高效。在服务器上仅有一个 JVM 在运行，它的优势在于当多个来自客户端的请

求进行访问时，Servlet 为每个请求分配一个线程而不是进程。

② 方便。Servlet 提供了大量的实用工具例程，例如处理很难完成的 HTML 表单数据、读取和设置 HTTP 头、处理 Cookie 和跟踪会话等。

③ 跨平台。Servlet 是用 Java 语言编写的，它可以在不同的操作系统平台和不同的应用服务器平台下运行。

④ 功能强大。在 Servlet 中，许多使用传统 CGI 程序很难完成的任务都可以利用 Servlet 技术轻松地完成。例如，Servlet 能够直接和 Web 服务器交互，而普通的 CGI 程序不能。Servlet 还能够在各个程序之间共享数据，使得数据库连接池之类的功能很容易实现。

⑤ 灵活和可扩展。采用 Servlet 开发的 Web 应用程序，由于 Java 类的继承、构造函数等特点，其应用灵活、可随意扩展。

⑥ 共享数据。Servlet 之间通过共享数据可以很容易地实现数据库连接池。它能方便地实现管理用户请求、简化 Session 和获取前一页面信息的相关操作。而在 CGI 之间的通信则很差。由于每个 CGI 程序的调用都会开始一个新的进程，调用 CGI 间的通信通常要通过文件进行，因而相当缓慢。同一台服务器上的不同 CGI 程序之间的通信也相当麻烦。

⑦ 安全。有些 CGI 版本有明显的安全弱点。即使是使用最新的标准和 PERL（Practical Extraction and Reporting Language，实际抽取与汇报语言）等语言，系统也没有完整的安全机制。而 Java 定义有完整的安全机制，包括 SSL\CA 认证、安全政策等规范。

6.1.4 Servlet 的生命周期

Servlet 的生命周期

在 Servlet 的整个生命周期中，Servlet 的处理过程如图 6-1 所示。

图 6-1 所示各步骤的说明如下。

第 1 步：用户通过客户端浏览器向 Servlet 容器发送 HTTP 请求，Servlet 容器解析该请求，并创建 Servlet 实例。

第 2 步：Servlet 容器调用 Servlet 的 init() 方法。

第 3 步：Servlet 容器调用 service() 方法，并将 HttpServletRequest 和 HttpServletResponse 对象传递给该方法，在 service() 方法中处理用户请求。

第 4 步：在 Servlet 中请求处理结束后，将结果返回给 Servlet 容器。

第 5 步：Servlet 容器将结果返回给客户端进行显示。

第 6 步：当 Servlet 容器关闭时，调用 destroy() 方法销毁 Servlet 实例。

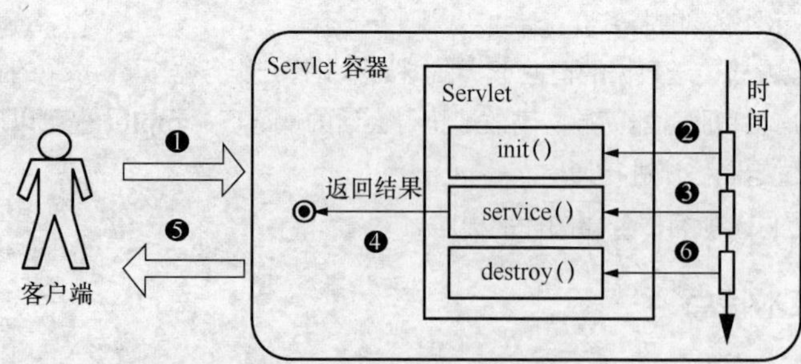

图 6-1　Servlet 的处理过程

初始化和销毁操作只执行一次。

6.1.5 Servlet与JSP的区别

Servlet是一种在服务器端运行的Java程序，从某种意义上说，它就是服务器端的Applet。所以Servlet可以像Applet一样作为一种插件（Plugin）嵌入Web Server中，提供诸如HTTP、FTP（File Transfer Protocol，文件传输协议）等协议服务甚至用户自己定制的协议服务。而JSP是继Servlet后Sun公司推出的新技术，它是以Servlet为基础开发的。Servlet与JSP相比有以下几点区别。

Servlet与JSP的区别

① 编程方式不同。

② Servlet必须在编译以后才能执行。

③ 运行速度不同。

6.1.6 Servlet的代码结构

Servlet的代码结构

下面的代码显示了一个简单Servlet的基本代码结构，该Servlet处理的是GET请求。如果读者不理解HTTP，可以把它看成当用户在浏览器地址栏输入URL、单击Web页面中的链接、提交没有指定method的表单时浏览器所发出的请求。Servlet也可以很方便地处理POST请求。POST请求是提交那些指定了method="post"的表单时所发出的请求。

```
import java.io.IOException;
import java.io.PrintWriter;
import javax.servlet.ServletException;
import javax.servlet.http.HttpServlet;
import javax.servlet.http.HttpServletRequest;
import javax.servlet.http.HttpServletResponse;

public class MingriServlet extends HttpServlet {
    public void doGet(HttpServletRequest request, HttpServletResponse response)
        throws ServletException, IOException {
        // 可编写使用request读取与请求有关的信息和表单数据的代码
        // 可编写使用response指定HTTP应答状态代码和应答头的代码
        PrintWriter out = response.getWriter();
        // 可编写使用out对象向页面中输出信息的代码
    }
}
```

若要创建一个Servlet，应使创建的类继承HttpServlet类，并覆盖doGet( )方法、doPost( )方法之一或全部。doGet( )方法和doPost( )方法都有两个参数，分别为HttpServletRequest类型和HttpServletResponse类型的。HttpServletRequest可提供访问有关请求的信息的方法，例如表单数据、HTTP请求头等。HttpServletResponse除了可提供用于指定HTTP应答状态（200、404等）、应答头（Content-Type、Set-Cookie等）的方法之外，最重要的是它可提供一个用于向客户端发送数据的PrintWriter。对于简单的Servlet来说，它的大部分工作是通过println( )方法生成向客户端发送的页面。

注意 doGet( )方法和doPost( )方法会抛出两个异常，因此必须在声明中包含它们。另外必须导入java.io 包（要用到 PrintWriter 等类）、javax.servlet 包（要用到 HttpServlet 等类）以及 javax.servlet.http 包（要用到 HttpServletRequest 类和 HttpServletResponse 类）。doGet( )和 doPost( )这两个方法是由 service( )方法调用的，有时可能需要直接覆盖 service( )方法，比如 Servlet 要处理 GET 和 POST 两种请求时。

6.2 Servlet API 编程的常用接口和类

本节将介绍 Servlet 中的常用接口和类，使读者对 Servlet 有比较全面的了解。

Servlet API 编程的常用接口和类

6.2.1 javax.servlet.Servlet 接口

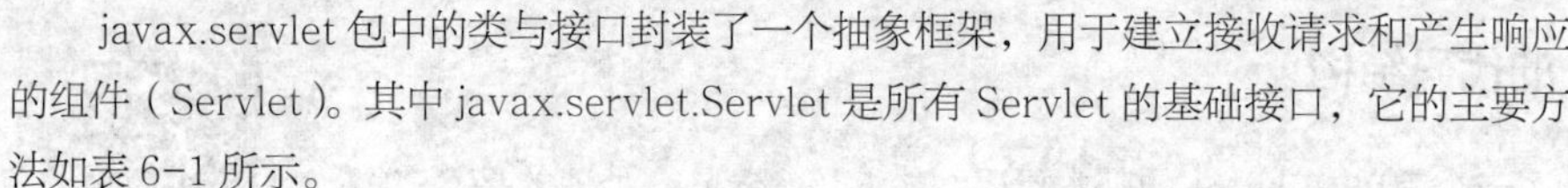

javax.servlet 包中的类与接口封装了一个抽象框架，用于建立接收请求和产生响应的组件（Servlet）。其中 javax.servlet.Servlet 是所有 Servlet 的基础接口，它的主要方法如表 6-1 所示。

表 6-1 javax.servlet.Servlet 接口的主要方法

方 法 原 型	含 义
public void destroy( )	当 Servlet 被清除时，Web 服务器会调用这个方法。Servlet 可以使用这个方法完成切断和数据库的连接、保存重要数据等操作
public ServletConfig getServletConfig()	该方法返回 ServletConfig 对象。用该对象可以使 Servlet 和 Web 服务器进行通信，例如传递初始变量
public String getServletInfo( )	返回有关 Servlet 的基本信息，如编程人员姓名和时间等
public void init(ServletConfig arg0) throws ServletException	该方法在 Servlet 初始化时被调用。在 Servlet 生命周期中，这个方法仅会被调用一次，它可以用来设置一些准备工作，例如设置数据库连接、读取 Servlet 设置信息等，它也可以通过 ServletConfig 对象获得 Web 服务器通过的初始化变量
public void service(ServletRequest arg0, ServletResponse arg1) throws Servlet-Exception, IOException	该方法用来处理 Web 请求、产生 Web 响应，使用它可以对 ServletRequest 和 ServletResponse 对象进行操作

6.2.2 HttpServlet 类

HttpServlet 类存放在 javax.servlet.http 包内，它是针对使用 HTTP 的 Web 服务器的 Servlet 类。HttpServlet 类通过执行 Servlet 接口，能够提供 HTTP 的功能。HttpServlet 类的主要方法如表 6-2 所示。

表 6-2 javax.servlet.http.HttpServlet 类的主要方法

方 法 原 型	含 义
protected void doDelete(HttpServletRequest arg0, HttpServletResponse arg1) throws Servlet-Exception, IOException	对应 HTTP DELETE 请求，从服务器删除文件
protected void doGet(HttpServletRequest arg0, HttpServletResponse arg1) throws ServletExce-ption, IOException	对应 HTTP GET 请求，即客户向服务器请求数据，通过 URL 附加发送数据

续表

方法原型	含义
protected void doHead(HttpServletRequest arg0, HttpServletResponse arg1) throws ServletExce-ption, IOException	对应 HTTP HEAD 请求，即从服务器要求数据，和 GET 不同的是并不是返回 HTTP 数据体
protected void doOptions(HttpServletRequest arg0, HttpServletResponse arg1) throws Servlet-Exception, IOException	对应 HTTP OPTION 请求，即客户查询服务器支持什么方法
protected void doPost(HttpServletRequest arg0, HttpServletResponse arg1) throws ServletExce-ption, IOException	对应 HTTP POST 请求，即客户向服务器发送数据，请求数据
protected void doPut(HttpServletRequest arg0, HttpServletResponse arg1) throws ServletExce-ption, IOException	对应 HTTP PUT 请求，即客户向服务器上传数据或文件
protected void doTrace(HttpServletRequest arg0, HttpServletResponse arg1) throws ServletException, IOException	对应 HTTP TRACE 请求，用来调试 Web 程序
protected long getLastModified(HttpServletRequest arg0)	返回 HttpServletRequest 最后被更改的时间，以毫秒为单位，从 1970/01/01 计起

6.2.3 ServletConfig 接口

ServletConfig 接口存放在 javax.servlet 包内，它是一个由 Servlet 容器使用的 Servlet 配置对象，用于在 Servlet 初始化时向它传递信息。ServletConfig 接口的主要方法如表 6-3 所示。

表 6-3 javax.servlet.ServletConfig 接口的主要方法

方法原型	含义
public String getInitParameter(String arg0)	根据初始化变量名称返回其字符串值
public Enumeration getInitParameterNames()	返回所有初始化变量的枚举 Enumeration 对象，可以用来查询
public ServletContext getServletContext()	返回 ServletContext 对象，Java 的 get××× () 方法大多返回原对象，而不是复制的对象
public String getServletName()	返回当前 Servlet 的名称，该名称在 web.xml 里指定

6.2.4 HttpServletRequest 接口

HttpServletRequest 接口存放在 javax.servlet.http 包内，该接口的主要方法如表 6-4 所示。

表 6-4 javax.servlet.http.HttpServletRequest 接口的主要方法

方法原型	含义
public String getAuthType()	返回 Servlet 使用的安全机制名称
public String getContextPath()	返回请求 URI 的 Context 部分，实际是 URI 中指定 Web 程序的部分。例如 URI 为 "http://localhost:8080/mingrisoft/index.jsp"，这一方法返回的是 "mingrisoft"
public Cookie[] getCookies()	返回客户发过来的 Cookie 对象
public long getDateHeader(String arg0)	返回客户请求中的时间属性

续表

方 法 原 型	含　义
public String getHeader(String arg0)	根据名称返回客户请求中对应的头（Header）信息
public Enumeration getHeaderNames( )	返回客户请求中所有的头信息名称
public Enumeration getHeaders(String arg0)	返回客户请求中特定头信息的值
public int getIntHeader(String arg0)	以 int 格式根据名称返回客户请求中对应的头信息。如果不能转换成 int 格式，生成一个 NumberFormatException 异常
public String getMethod( )	返回客户请求的方法名称，例如 GET、POST 或 PUT
public String getPathInfo( )	返回客户请求 URL 的路径信息
public String getPathTranslated( )	返回 URL 中在 Servlet 名称之后、检索字符串之前的路径信息
public String getQueryString( )	返回 URL 中检索的字符串
public String getRemoteUser( )	返回用户名称，主要应用在 Servlet 安全机制中检查用户是否已经登录
public String getRequestURI( )	返回客户请求使用的 URI 路径，是 URI 中的 host 名称和端口号之后的部分。例如 URL 为“http://localhost:8080/mingrisoft/index.jsp”，这一方法返回的是“/index.jsp”
public StringBuffer getRequestURL( )	返回客户 Web 请求的 URL 路径
public String getServletPath( )	返回 URL 中对应 Servlet 名称的部分
public HttpSession getSession( )	返回当前会话期间对象
public Principal getUserPrincipal( )	返回 java.security.Principal 对象，包括当前登录的用户名称
public boolean isRequestedSessionIdFromCookie( )	判断当前 session ID 是否来自一个 Cookie
public boolean isRequestedSessionIdFromURL( )	判断当前 session ID 是否来自 URL 的一部分
public boolean isRequestedSessionIdValid( )	判断当前用户期间是否有效
public boolean isUserInRole(String arg0)	判断已经登录的用户是否属于特定角色

6.2.5 HttpServletResponse 接口

HttpServletResponse 接口存放在 javax.servlet.http 包内，它代表对客户端的 HTTP 响应。HttpServletResponse 接口给出了相应客户端的 Servlet( ) 方法。它允许 Serlvet 设置内容长度和回应的 MIME 类型，并且提供输出流 ServletOutputStream。HttpServletResponse 接口的主要方法如表 6-5 所示。

表 6-5　javax.servlet.http.HttpServletResponse 接口的主要方法

方 法 原 型	含　义
public void addCookie(Cookie arg0)	在响应中加入 Cookie 对象
public void addDateHeader(String arg0, long arg1)	加入对应名称的日期头信息
public void addHeader(String arg0, String arg1)	加入对应名称的字符串头信息
public void addIntHeader(String arg0, int arg1)	加入对应名称的 int 属性
public boolean containsHeader(String arg0)	判断对应名称的头信息是否已经被设置
public String encodeRedirectURL(String arg0)	对特定的 URL 进行加密，在 sendRedirect( ) 方法中使用
public String encodeURL(String arg0)	对特定的 URL 进行加密。如果浏览器不支持 Cookie，同时加入 session ID

续表

方 法 原 型	含　　义
public void sendError(int arg0) throws IOException	使用特定的错误代码向客户传递出错响应
public void sendError(int arg0, String arg1) throws IOException	使用特定的错误代码向客户传递出错响应，同时清空缓冲器
public void sendRedirect(String arg0) throws IOException	传递临时响应，响应的地址根据 location 指定
public void setHeader(String arg0, String arg1)	设置指定名称的头信息
public void setIntHeader(String arg0, int arg1)	设置指定名称的头信息，其值为 int 型数据
public void setStatus(int arg0)	设置响应的状态编码

6.2.6 GenericServlet 类

GenericServlet 类存放在 javax.servlet. 包中，它提供对 Servlet 接口的基本实现。GenericServlet 类是一个抽象类，它的 service( ) 方法是一个抽象方法。该类的主要方法如表 6-6 所示。

表 6-6　javax.servlet.GenericServlet 类的主要方法

方 法 原 型	含　　义
public void destroy( )	Servlet 容器使用这个方法结束 Servlet 服务
public String getInitParameter(String arg0)	根据变量名称查找并返回初始变量值
public Enumeration getInitParameterNames( )	返回初始变量的枚举对象
public ServletConfig getServletConfig( )	返回 ServletConfig 对象
public ServletContext getServletContext( )	返回 ServletContext 对象
public String getServletInfo( )	返回关于 Servlet 的信息，如作者、版本、版权等
public String getServletName( )	返回 Servlet 的名称
public void init( ) throws ServletException	代替 super.init(config) 的方法
public void init(ServletConfig arg0) throws Servlet-Exception	Servlet 容器使用该方法指示 Servlet 已经被初始化为服务状态
public void log(String arg0, Throwable arg1)	该方法用来向 Web 服务器的 log 目录输出运行记录，一般文件名称为 Web 程序的 servlet 名称
public void log(String arg0)	该方法用来向 Web 服务器的 log 目录输出运行记录和弹出的运行错误信息
public void service(ServletRequest arg0, ServletRe-sponse arg1) throws ServletException, IOException	由 Servlet 容器调用，使 Servlet 对请求进行响应

6.3 Servlet 开发

6.3.1 Servlet 的创建

Servlet 的创建

创建一个 Servlet，通常涉及下列 4 个步骤。

① 继承 HttpServlet 抽象类。

② 重载适当的方法，如覆盖（或称为重写）doGet() 方法或 doPost() 方法。

③ 如果有 HTTP 请求信息，就获取该信息。可通过调用 HttpServletRequest 类对象的以下 3 个方法获取：

```
getParameterNames()          //获取请求中所有参数的名字
getParameter()               //获取请求中指定参数的值
getParameterValues()         //获取请求中所有参数的值
```

④ 生成 HTTP 响应。HttpServletResponse 类对象用于生成响应，并将它返回到发出请求的客户机上。它的方法允许设置“请求”标题和“响应”主体。“响应”对象还含有 getWriter() 方法，以返回一个 PrintWriter 类对象。可使用 PrintWriter 类的 print() 方法和 println() 方法来编写 Servlet 响应返回给客户机，或者直接使用 out 对象输出有关 HTML 文档的内容。

以下代码为按照上述步骤创建 Servlet 类：

```
package com;
import java.io.IOException;
import java.io.PrintWriter;
import javax.servlet.ServletException;
import javax.servlet.http.HttpServlet;
import javax.servlet.http.HttpServletRequest;
import javax.servlet.http.HttpServletResponse;
public class MyServlet extends HttpServlet {
    public void doGet(HttpServletRequest request, HttpServletResponse response)
        throws ServletException, IOException {
        //获取 HTTP 请求信息
        String myName = request.getParameter("myName");
        //生成 HTTP 响应
        PrintWriter out = response.getWriter();
        response.setContentType("text/html;charset=gb/t 2312-1980");
        response.setHeader("Pragma", "No-cache");
        response.setDateHeader("Expires", 0);
        response.setHeader("Cache-Control", "no-cache");
        out.println("<html>");
        out.println("<head><title> 一个简单的 Servlet 程序 </title></head>");
        out.println("<body>");
        out.println("<h1> 一个简单的 Servlet 程序 </h1>");
        out.println("<p>"+myName+" 您好，欢迎访问！ ");
        out.println("</body>");
        out.println("</html>");
        out.flush();
    }
    public void doPost(HttpServletRequest request, HttpServletResponse response)
            throws ServletException, IOException {
        this.doGet(request, response);
    }
}
```

使用集成开发工具创建Servlet比较简单，适合初学者。本节以Eclipse开发工具为例介绍创建Servlet的方法，步骤如下。

① 创建一个动态Web项目，然后在包资源管理器中的新建项目名称节点上单击鼠标右键，在弹出的快捷菜单中，选择“新建”/“Servlet”打开“Create Servlet”对话框，在该对话框的“Java package”文本框中输入包名com.mingrisoft，在“Class name”文本框中输入类名FirstServlet，其他的采用默认设置，单击“下一步”按钮，如图6-2所示。

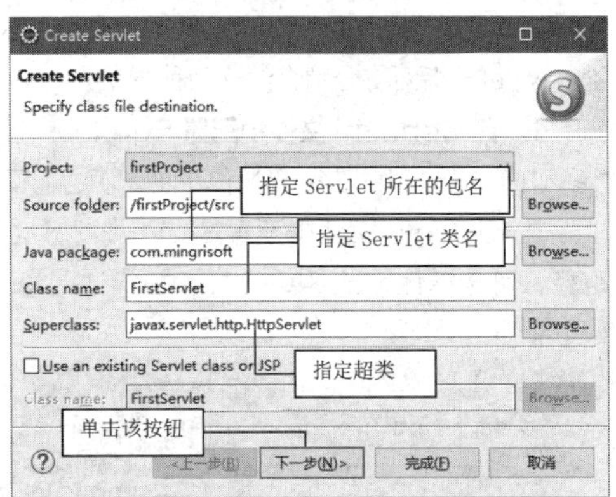

图6-2 “Create Servlet”对话框

② 进入图6-3所示的配置Servlet的信息界面，在该界面中采用默认设置。

在Servlet开发中，如果需要配置Servlet的相关信息，可以在图6-3所示的界面中进行配置，如描述信息、初始化参数、URL映射等。其中“描述信息”指对Servlet的一段描述文字；“初始化参数”指在Servlet初始化过程中用到的参数，这些参数可以通过Servlet的init()方法进行调用；“URL映射”指通过哪一个URL来访问Servlet。

③ 单击“下一步”按钮，将进入图6-4所示的用于选择修饰符、实现接口和要生成的方法的界面。在该界面中，修饰符和接口保持默认设置，在“Inherited abstract methods”复选框下选中“doGet”和“doPost”复选框，单击“完成”按钮，完成Servlet的创建。

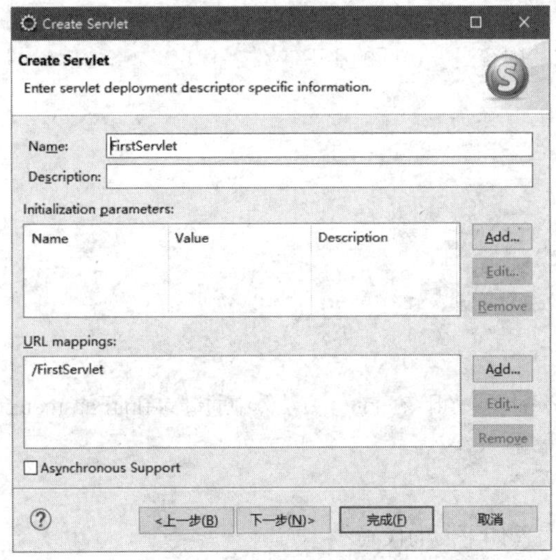

图6-3 配置Servlet

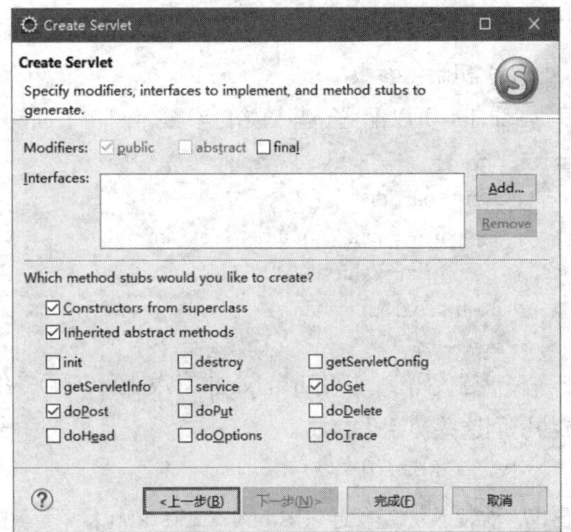

图6-4 选择修饰符、实现接口和要生成的方法的界面

选择“doPost”与“doGet”这2个复选框的作用是让Eclipse自动生成doGet( )方法与doPost( )方法，实际应用中可以选择多个方法。

6.3.2 Servlet的配置

创建了Servlet类后，还需要对Servlet进行配置。配置的目的是将创建的Servlet注册到Servlet容器之中，以方便Servlet容器对Servlet的调用。在Servlet 3.0以前的版本中，只能在web.xml文件中配置

Servlet。而在 Servlet 3.0 中，除了能在 web.xml 文件中配置以外，还能利用注解来配置 Servlet。下面将分别介绍这两种方法。

在 web.xml 文件中配置 Servlet

1. 在 web.xml 文件中配置 Servlet

（1）Servlet 的名称、类和其他选项的配置

在 web.xml 文件中配置 Servlet 时，必须指定 Servlet 的名称、Servlet 类的路径，可选择性地给 Servlet 添加描述信息和指定在发布时显示的名称。具体代码如下：

```
<servlet>
    <description>Simple Servlet</description>
    <display-name>Servlet</display-name>
    <servlet-name>myServlet</servlet-name>
    <servlet-class>com.MyServlet</servlet-class>
</servlet>
```

在上述代码中，<description> 和 </description> 元素之间的内容是 Serlvet 的描述信息，<display-name> 和 </display-name> 元素之间的内容是发布时 Serlvet 的名称，<servlet-name> 和 </servlet-name> 元素之间的内容是 Servlet 的名称，<servlet-class> 和 </servlet-class> 元素之间的内容是 Servlet 类的路径。

如果要对一个 JSP 文件进行配置，可通过下面的代码进行指定：

```
<servlet>
    <description>Simple Servlet</description>
    <display-name>Servlet</display-name>
    <servlet-name>Login</servlet-name>
    <jsp-file>login.jsp</jsp-file>
</servlet>
```

在上述代码中，<jsp-file> 和 </jsp-file> 元素之间的内容是要访问的 JSP 文件名称。

（2）初始化参数

Servlet 可以配置一些初始化参数，例如下面的代码：

```
<servlet>
    <init-param>
      <param-name>number</param-name>
      <param-value>1000</param-value>
    </init-param>
</servlet>
```

在上述代码中，指定 number 的参数值为 1000。在 Servlet 里，可以在 init() 方法体中通过 getInitParameter() 方法访问这些初始化参数。

（3）启动装入优先权

启动装入优先权通过 <load-on-startup> 元素指定，例如下面的代码：

```
<servlet>
     <servlet-name>ServletONE</servlet-name>
     <servlet-class>com.ServletONE</servlet-class>
     <load-on-startup>10</load-on-startup>
</servlet>
<servlet>
     <servlet-name>ServletTWO</servlet-name>
     <servlet-class>com.ServletTWO</servlet-class>
     <load-on-startup>20</load-on-startup>
```

```
</servlet>
<servlet>
    <servlet-name>ServletTHREE</servlet-name>
    <servlet-class>com.ServletTHREE</servlet-class>
    <load-on-startup>AnyTime</load-on-startup>
</servlet>
```

在上述代码中，ServletONE 类先被载入，ServletTWO 类后被载入，而 ServletTHREE 类可在任何时间被载入。

（4）Servlet 的映射

在 web.xml 配置文件中可以给一个 Servlet 进行多次映射，因此，可以通过不同的方法访问这个 Servlet，例如下面的代码：

```
<servlet-mapping>
    <servlet-name>OneServlet</servlet-name>
    <url-pattern>/One</url-pattern>
</servlet-mapping>
```

通过上述代码的配置，若请求的路径中包含“/One”，则会访问逻辑名为“OneServlet”的 Servlet。如下面的代码：

```
<servlet-mapping>
    <servlet-name>OneServlet</servlet-name>
    <url-pattern>/Two/*</url-pattern>
</servlet-mapping>
```

通过上述配置，若请求的路径中包含“/Two/a”或“/Two/b”等符合“/Two/*”的模式的字符，则同样会访问逻辑名为“OneServlet”的 Servlet。

2. 采用注解配置 Servlet

采用注解配置 Servlet 的基本语法如下：

采用注解配置 Servlet

```
import javax.servlet.annotation.WebServlet;

@WebServlet(urlPatterns = {"/ 映射地址 "}, asyncSupported = true|false,
loadOnStartup = -1, name = "Servlet 名称 ", displayName = " 显示名称 ",
initParams = {@WebInitParam(name = "username", value = " 值 ")}
)
```

在上面的语法中，urlPatterns 属性用于指定映射地址；asyncSupported 属性用于指定是否支持异步操作模式；loadOnStartup 属性用于指定 Servlet 的加载顺序；name 属性用于指定 Servlet 的 name 属性；displayName 属性用于指定该 Servlet 的显示名；initParams 属性用于指定一组 Servlet 初始化参数。

【例 6-1】通过 Servlet 从浏览器中输出文本信息。

本例将介绍一个简单的 Servlet 程序，该程序实现的功能为输出纯文本信息，程序运行结果如图 6-5 所示。

① 创建名称为 MyServlet.java 类文件，该类继承了 HttpServlet 类。程序代码如下：

图 6-5　生成纯文本的 Servlet 的程序运行结果

```
package com;
import java.io.IOException;
import java.io.PrintWriter;
import javax.servlet.ServletException;
```

```
import javax.servlet.http.HttpServlet;
import javax.servlet.http.HttpServletRequest;
import javax.servlet.http.HttpServletResponse;

public class MyServlet extends HttpServlet {
    public void doGet(HttpServletRequest request, HttpServletResponse response)
            throws ServletException, IOException {
        response.setContentType("text/html;charset=gb/t 2312-1980");
        PrintWriter out = response.getWriter();
        out.println(" 保护环境！爱护地球！ ");
    }
}
```

② 在 web.xml 文件中配置 MyServlet，其配置如下：

```
<?xml version="1.0" encoding="UTF-8"?>
<web-app>
      <servlet>
          <servlet-name>MyServlet</servlet-name>
          <servlet-class>com.MyServlet</servlet-class>
      </servlet>
      <servlet-mapping>
          <servlet-name>MyServlet</servlet-name>
          <url-pattern>/textServlet</url-pattern>
      </servlet-mapping>
</web-app>
```

在上述代码中，首先通过 <servlet-name> 和 <servlet-class> 声明 Servlet 的名称和类的路径，然后通过 <url-pattern> 声明访问这个 Servlet 的 URI 映射。

③ 打开 IE，在地址栏中输入地址“http://localhost:8080/MyServlet/textServlet”，则会出现如图 6-5 所示的运行结果。

对于例 6-1 中的 MyServlet，利用注解配置代码的方法如下：

```
import javax.servlet.annotation.WebServlet;
@WebServlet("/textServlet")
public class MyServlet extends HttpServlet {
  ...
}
```

6.4 Servlet 过滤器

在现实生活之中，水经过一层层的过滤处理才达到饮用标准，每一层过滤都起一种“净化”的作用。Java Web 中的 Servlet 过滤器与过滤水的原理相似，Servlet 过滤器主要用于对客户端（浏览器）的请求进行过滤处理，再将过滤后的请求转交给下一资源，它在 Java Web 开发中具有十分重要的作用。

什么是过滤器

6.4.1 什么是过滤器

Servlet 过滤器与 Servlet 十分相似，但它具有拦截客户端（浏览器）请求的功能。Servlet 过滤器可以改变请求中的内容，来满足实际开发中的需要。对于程序开发人员而言，过滤器实质就是在 Web 应用服务器上的一个 Web 应用组件，用于拦截客户端（浏览器）与目标资源的请求，并对这些请求进行一定的过滤处理，再将其发送给目标资源。过滤器的处理方式如图 6-6 所示。

从图 6-6 中可以看出，在 Web 服务器中部署了过滤器以后，不仅客户端发送的请求会被过滤器处理，而且请求在被发送到目标资源进行处理以后，请求的回应信息也同样会经过过滤器。

如果一个 Web 应用中使用一个过滤器不能满足实际中的业务需要，那么可以部署多个过滤器对业务请求进行多次处理，这样做就组成了一个过滤器链，如图 6-7 所示。Web 服务器在处理过滤器链时，将按过滤器的先后顺序对请求进行处理。

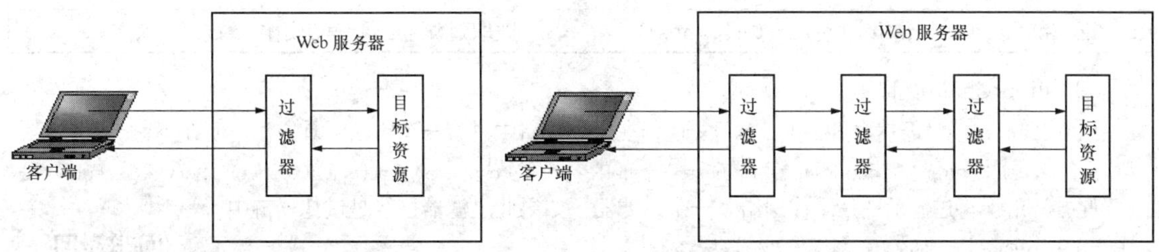

图 6-6　过滤器的处理方式　　图 6-7　过滤器链

如果在 Web 窗口中部署了过滤器链，也就是部署了多个过滤器，请求会依次按照过滤器的顺序进行处理，在第一个过滤器处理请求后，会传递给第二个过滤器进行处理，以此类推，一直传递到最后一个过滤器为止，再将请求交给目标资源进行处理。目标资源在处理了经过过滤器的请求后，其回应信息再从最后一个过滤器依次传递到第一个过滤器，最后传递到客户端。这就是过滤器在过滤器链中的应用流程。

过滤器核心对象

6.4.2 过滤器核心对象

过滤器对象放置在 javax.servlet 包中，其名称为 Filter，它是一个接口。除这个接口外，与过滤器相关的接口还有 FilterConfig 接口与 FilterChain 接口，这两个接口也同样是对象，位于 javax.servlet 包中，分别为过滤器的配置对象与过滤器的传递工具。在实际开发中，定义过滤器对象只需要直接或间接地实现 Filter 接口就可以了，如图 6-8 中的 MyFilter1 过滤器与 MyFilter2 过滤器均实现了 Filter 接口，而 FilterConfig 接口与 FilterChain 接口用于对过滤器进行相关操作。

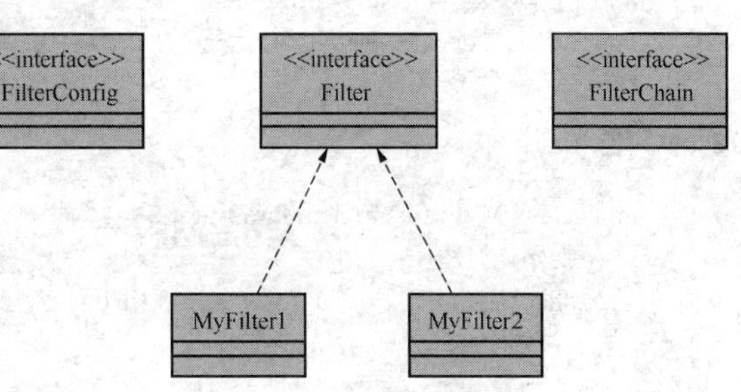

图 6-8　Filter 及相关对象

（1）Filter 接口

每一个过滤器对象都要直接或间接地实现 Filter 接口。在 Filter 接口中定义了 3 个方法，分别为 init( ) 方法、doFilter( ) 方法与 destroy( ) 方法，其方法声明及说明如表 6-7 所示。

表 6-7　Filter 接口的方法声明及说明

方 法 声 明	说　明
public void init(FilterConfig filterConfig) throws ServletException	过滤器初始化方法，此方法在过滤器初始化时调用
public void doFilter（ServletRequest request，ServletResponse response，FilterChain chain）throws IOException，ServletException	对请求进行过滤处理
public void destroy( )	销毁方法，以便释放资源

（2）FilterConfig 接口

FilterConfig 接口由 Servlet 容器实现，主要用于获取过滤器中的配置信息，其方法声明及说明如表 6-8 所示。

表 6-8　FilterConfig 接口的方法声明及说明

方法声明	说明
public String getFilterName()	获取过滤器的名字
public ServletContext getServletContext()	获取 Servlet 上下文
public String getInitParameter(String name)	获取过滤器的初始化参数值
public Enumeration getInitParameterNames()	获取过滤器的所有初始化参数

（3）FilterChain 接口

FilterChain 接口仍然由 Servlet 容器实现，在这个接口中只有一个方法，其方法声明如下：

```
public void doFilter (ServletRequest request, ServletResponse response) throws IOException, ServletException
```

此方法用于将过滤后的请求传递给下一个过滤器。如果此过滤器已经是过滤器链中的最后一个过滤器，那么请求将传递给目标资源。

6.4.3　过滤器的创建与配置

过滤器的创建与配置

创建一个过滤器对象需要实现 javax.servlet.Filter 接口，同时实现 Filter 接口的 3 个方法，下面就为大家演示过滤器的创建的示例。

【例 6-2】创建名称为 MyFilter 的过滤器对象。

创建 MyFilter 过滤器对象的代码如下。

```
import java.io.IOException;
import javax.servlet.Filter;
import javax.servlet.FilterChain;
import javax.servlet.FilterConfig;
import javax.servlet.ServletException;
import javax.servlet.ServletRequest;
import javax.servlet.ServletResponse;
/**
 * 过滤器
 */
public class MyFilter implements Filter {
    // 初始化方法
    public void init(FilterConfig fConfig) throws ServletException {
        // 初始化处理
    }
    // 过滤处理方法
    public void doFilter(ServletRequest request, ServletResponse response, FilterChain chain) throws IOException,
ServletException {
        // 过滤处理
        chain.doFilter(request, response);
    }
    // 销毁方法
    public void destroy() {
        // 释放资源
    }
}
```

过滤器中的 init( ) 方法用于对过滤器的初始化进行处理；destroy( ) 方法是过滤器的销毁方法，主要用于释放资源。过滤处理的业务逻辑需要编写到 doFilter( ) 方法中。在请求过滤处理后，需要调用 chain 参数的 doFilter( ) 方法将请求向下传递给下一个过滤器或目标资源。

使用过滤器并不一定要将请求向下传递到下一个过滤器或目标资源。如果业务逻辑需要，也可以在过滤处理后，直接响应给客户端。

过滤器与 Servlet 十分相似，在创建之后同样需要对其进行配置。过滤器的配置主要分为两个步骤，分别为声明过滤器对象和创建过滤器映射，其配置方法如下。

【例 6-3】创建名为 MyFilter 的过滤器对象。

创建 MyFilter 过滤器对象的代码如下。

```
<!-- 过滤器声明 -->
<filter>
    <!-- 过滤器的名称 -->
    <filter-name>MyFilter</filter-name>
    <!-- 过滤器的完整类名 -->
    <filter-class>com.lyq.MyFilter</filter-class>
</filter>
<!-- 过滤器映射 -->
<filter-mapping>
    <!-- 过滤器名称 -->
    <filter-name>MyFilter</filter-name>
    <!-- 过滤器 URL 映射 -->
    <url-pattern>/MyFilter</url-pattern>
</filter-mapping>
```

<filter> 标签用于声明过滤器对象。在这个标签中必须配置两个子元素，分别为过滤器的名称与过滤器完整类名，其中 <filter-name> 用于定义过滤器的名称，<filter-class> 用于指定过滤器的完整类名。

<filter-mapping> 标签用于创建过滤器的映射，它的主要作用就是指定 Web 应用中，哪些 URL 应用哪一个过滤器进行处理。<filter-mapping> 标签需要指定过滤器的名称与过滤器的 URL 映射，其中 <filter-name> 用于定义过滤器的名称，<url-pattern> 用于指定过滤器应用的 URL。

<filter> 标签中的 <filter-name> 可以是自定义的名称，而 <filter-mapping> 标签中的 <filter-name> 用于指定已定义的过滤器的名称，它需要与 <filter> 标签中的 <filter-name> 一一对应。

【例 6-4】创建一个过滤器，实现网站访问计数器的功能，并在 web.xml 文件的配置中将网站访问量的初始值设置为 5000。

① 创建名称为 CountFilter 的类。此类用于实现 javax.servlet.Filter 接口，是一个过滤器对象，通过此过滤器实现统计网站访问人数功能，其关键代码如下：

```
import java.io.IOException;
import javax.servlet.Filter;
import javax.servlet.FilterChain;
import javax.servlet.FilterConfig;
import javax.servlet.ServletContext;
import javax.servlet.ServletException;
import javax.servlet.ServletRequest;
import javax.servlet.ServletResponse;
```

```
import javax.servlet.http.HttpServletRequest;
ublic class CountFilter implements Filter {
    // 来访数量
    private int count;
    @Override
    public void init(FilterConfig filterConfig) throws ServletException {
        String param = filterConfig.getInitParameter("count");        // 获取初始化参数
        count = Integer.valueOf(param);                                // 将字符串转换为 int 型数据
    }
    @Override
    public void doFilter(ServletRequest request, ServletResponse response,
            FilterChain chain) throws IOException, ServletException {
        count ++;                                                      // 访问数量自增
        // 将 ServletRequest 转换成 HttpServletRequest
        HttpServletRequest req = (HttpServletRequest) request;
        // 获取 ServlctContext
        ServletContext context = req.getSession().getServletContext();
        context.setAttribute("count", count);
        // 将来访数量值放入 ServletContext 中
        chain.doFilter(request, response);                             // 向下传递过滤器
    }
    @Override
    public void destroy() {

    }
}
```

在 CountFilter 类中，包含一个成员变量 count，用于记录网站访问人数。此变量在过滤器的初始化方法 init() 中被赋值，它的初始化值通过 FilterConfig 对象读取配置文件中的初始化参数进行获取。

count 变量的值在 CountFilter 类的 doFilter() 方法中被递增。因为客户端在请求服务器中的 Web 应用时，过滤器拦截请求通过 doFilter() 方法进行过滤处理，所以当客户端请求 Web 应用时，count 变量的值将自增 1。为了能够获取计数器中的值，实例中将该变量放置于 Servlet 上下文之中，Servlet 上下文对象通过将 ServletRequest 转换成为 HttpServletRequest 对象后获取。

编写过滤器对象需要实现 javax.servlet.Filter 接口，实现此接口后需要对 Filter 对象的 3 个方法进行实现。在这 3 个方法中，除了 doFilter() 方法外，如果在业务逻辑中不涉及初始化方法 init() 与销毁方法 destroy()，可以不编写任何代码对其进行空实现，如实例中的 destroy() 方法。

② 配置已创建的 CountFilter 对象，此操作通过配置 web.xml 文件实现，其关键代码如下：

```
<!-- 过滤器声明 -->
<filter>
    <filter-name>CountFilter</filter-name>        <!-- 过滤器的名称 -->
    <filter-class>com.lyq.CountFilter</filter-class>   <!-- 过滤器的完整类名 -->
    <init-param>                          <!-- 设置初始化参数 -->
        <param-name>count</param-name>       <!-- 参数名 -->
        <param-value>5000</param-value>    <!-- 参数值 -->
    </init-param>
</filter>
```

```
<filter-mapping>                                         <!-- 过滤器映射 -->
    <filter-name>CountFilter</filter-name>               <!-- 过滤器名称 -->
    <url-pattern>/index.jsp</url-pattern>                <!-- 过滤器 URL 映射 -->
</filter-mapping>
```

CountFilter 对象的配置主要通过声明过滤器及创建过滤器的映射实现，其中声明过滤器通过 <filter> 标签实现。在声明过程中，实例通过 <init-param> 标签配置过滤器的初始化参数，初始化参数的名称为 count，参数值为 5000。

如果直接对过滤器对象中的成员变量进行赋值，那么在过滤器被编译后将不可修改。所以，实例中将过滤器对象中的成员变量定义为过滤器的初始化参数，从而提高代码的灵活性。

③ 创建程序中的首页 index.jsp 页面。在此页面中通过 JSP 内置对象 Application 获取计数器的值，其关键代码如下：

```
<body>
    <h2>
    欢迎光临，<br>
    您是本站的第【
    <%=application.getAttribute("count") %>
    】位访客！
    </h2>
</body>
```

由于在 web.xml 文件中将参数 count 的初始值设置为 5000，所以实例运行后，计数器的数值变为大于 5000 的数。在多次刷新页面后，实例运行效果如图 6-9 所示。

图 6-9　实例运行效果

6.4.4　字符编码过滤器

在 Java Web 程序开发中，由于 Web 服务器内部所使用的编码格式并不支持中文字符集，所以浏览器请求中的中文数据会出现乱码现象。

从图 6-10 中可以看出，由于 Web 服务器使用了 ISO-8859-1 编码格式，所以在 Web 应用的业务处理中也会使用 ISO-8859-1 编码格式。虽然浏览器提交的请求使用的是中文编码格式 UTF-8，但经过业务处理中的 ISO-8859-1 编码，仍然会出现中文乱码现象。解决此问题的方法非常简单，只要在业务处理中重新指定中文字符集再进行编码即可。在实际开发过程中，如果通过在每一个业务处理中指定中文字符集编码，操作过于烦琐，而且容易遗漏某一个业务处理中的字符编码设置。如果通过字符编码过滤器来处理字符编码，就可以做到简单又万无一失，如图 6-11 所示。

字符编码过滤器

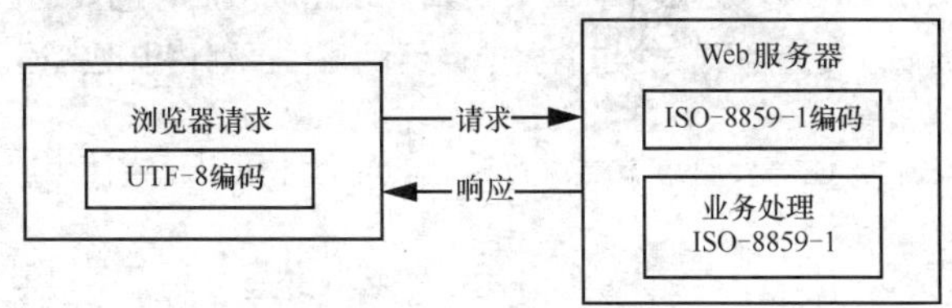

图 6-10　Web 请求中的编码

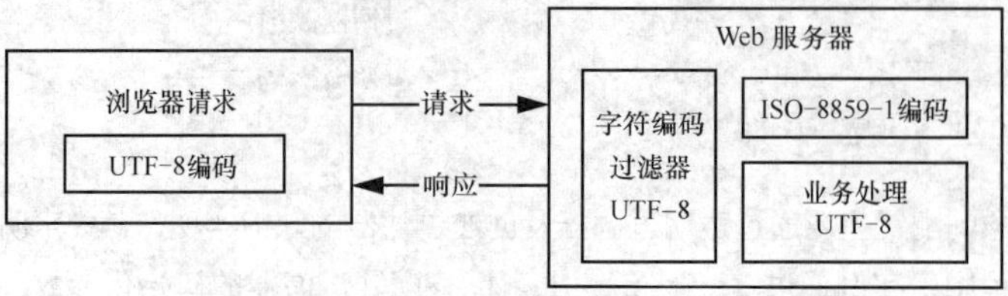

图 6-11　在 Web 服务器中加入字符编码过滤器

在 Web 应用中部署了字符编码过滤器以后，即使 Web 服务器的编码格式不支持中文，但浏览器的每一次请求都会经过字符编码过滤器进行转码，这样就可以完全避免中文乱码现象的产生。

【例 6-5】实现图书信息的添加功能，并创建字符编码过滤器，避免中文乱码现象的产生。

① 创建字符编码过滤器对象，其名称为 CharactorFilter 类。此类可实现继承 javax.servlet.Filter 接口，并在 doFilter( ) 方法中对请求中的字符编码格式进行设置，其关键代码如下：

```
public class CharactorFilter implements Filter {
    String encoding = null;                                        // 字符编码
    @Override
    public void destroy() {
        encoding = null;
    }
    @Override
    public void doFilter(ServletRequest request, ServletResponse response,
            FilterChain chain) throws IOException, ServletException {
        if(encoding != null){                                      // 判断字符编码是否为空
            request.setCharacterEncoding(encoding);                // 设置 request 的编码格式
          response.setContentType("text/html; charset="+encoding);
                                                                   // 设置 response 字符编码
        }
            chain.doFilter(request, response);                     // 传递给下一过滤器
    }

    @Override
    public void init(FilterConfig filterConfig) throws ServletException {
        encoding = filterConfig.getInitParameter("encoding");      // 获取初始化参数
    }
}
```

CharactorFilter 类是实例中的字符编码过滤器，它主要通过在 doFilter( ) 方法中指定 request 与 response 两个参数的字符集 encoding 进行编码处理，使得目标资源的字符集支持中文。其中 encoding 是 CharactorFilter 类定义的字符编码格式成员变量，此变量在过滤器的初始化方法 init( ) 中被赋值，它的值是通过 FilterConfig 对象读取配置文件中的初始化参数获取的。

注意

在过滤器对象的 doFilter( ) 方法中，业务逻辑处理完成之后，需要通过 FilterChain 对象的 doFilter( ) 方法将请求传递到下一个过滤器或目标资源，否则将出现错误。

在创建了过滤器对象之后，还需要对过滤器进行一定的配置才可以正常使用。过滤器 CharactorFilter 的配置代码如下：

```
<filter>                                                      <!-- 声明过滤器 -->
    <filter-name>CharactorFilter</filter-name>                <!-- 过滤器名称 -->
    <filter-class>com.lyq.CharactorFilter</filter-class>      <!-- 过滤器的完整类名 -->
```

```
    <init-param>                                          <!-- 初始化参数 -->
        <param-name>encoding</param-name>                 <!-- 参数名 -->
        <param-value>UTF-8</param-value>                  <!-- 参数值 -->
    </init-param>
</filter>
<filter-mapping>                                          <!-- 过滤器映射 -->
    <filter-name>CharactorFilter</filter-name>            <!-- 过滤器名称 -->
    <url-pattern>/*</url-pattern>                         <!-- URL 映射 -->
</filter-mapping>
```

在过滤器 CharactorFilter 的配置声明中，实例将它的初始化参数 encoding 的值设置为 UTF-8。它与 JSP 的编码格式相同，支持中文。

在 web.xml 文件中配置过滤器，其过滤器的 URL 映射可以使用正则表达式进行配置，如实例中使用“/*”来匹配所有请求。

② 创建名称为 AddServlet 的类。此类继承 HttpServlet，是处理添加图书信息请求的 Servlet 对象，其关键代码如下：

```
public class AddServlet extends HttpServlet {
    private static final long serialVersionUID = 1L;
    protected void doGet(HttpServletRequest request, HttpServletResponse response) throws ServletException, IOException {
        // 处理 GET 请求
        doPost(request, response);
    }
    protected void doPost(HttpServletRequest request, HttpServletResponse response) throws ServletException, IOException {
        // 处理 POST 请求
        PrintWriter out = response.getWriter();                 // 获取 PrintWriter
        String id = request.getParameter("id");                 // 获取图书编号
        String name = request.getParameter("name");             // 获取名称
        String author = request.getParameter("author");         // 获取作者
        String price = request.getParameter("price");           // 获取价格
        out.print("<h2> 图书信息添加成功 </h2><hr>");            // 输出图书信息
        out.print(" 图书编号 : " + id + "<br>");
        out.print(" 图书名称 : " + name + "<br>");
        out.print(" 作者 : " + author + "<br>");
        out.print(" 价格 : " + price + "<br>");
        out.flush();                                            // 刷新流
        out.close();                                            // 关闭流
    }
}
```

AddServlet 的类主要通过 doPost( ) 方法实现添加图书信息请求的处理，其处理方式是将所获取到的图书信息数据直接输出到页面之中。

在 Java Web 程序开发中，通常情况下，Servlet 所处理的请求类型都是 GET 或 POST。所以可以在 doGet( ) 方法中调用 doPost( ) 方法，把业务处理代码写到 doPost( ) 方法中；或在 doPost( ) 方法中调用 doGet( ) 方法，把业务处理代码写到 doGet( ) 方法中。无论 Servlet 所接收到的请求类型是 GET 还是 POST，Servlet 都会对其进行处理。

在编写了 Servlet 类后，还需要在 web.xml 文件中对 Servlet 进行配置，其配置代码如下：

```
<servlet>                                                 <!-- 声明 Servlet -->
    <servlet-name>AddServlet</servlet-name>               <!-- Servlet 名称 -->
```

```
        <servlet-class>com.lyq.AddServlet</servlet-class>          <!-- Servlet 完整类名 -->
    </servlet>
    <servlet-mapping>                                              <!-- Servlet 映射 -->
        <servlet-name>AddServlet</servlet-name>                    <!-- Servlet 名称 -->
        <url-pattern>/AddServlet</url-pattern>                     <!-- URL 映射 -->
    </servlet-mapping>
```

③ 创建名称为 index.jsp 的页面。它是程序中的主页，主要用于放置添加图书信息的表单，其关键代码如下：

```
<body>
    <form action="AddServlet" method="post">
        <table align="center" border="1" width="350">
            <tr>
                <td class="2" align="center" colspan="2">
                    <h2> 添加图书信息 </h2>
                </td>
            </tr>
            <tr>
                <td align="right"> 图书编号：</td>
                <td>
                    <input type="text" name="id">
                </td>
            </tr>
            <tr>
                <td align="right"> 图书名称：</td>
                <td>
                    <input type="text" name="name">
                </td>
            </tr>
            <tr>
                <td align="right"> 作　　者：</td>
                <td>
                    <input type="text" name="author">
                </td>
            </tr>
            <tr>
                <td align="right"> 价　　格：</td>
                <td>
                    <input type="text" name="price">
                </td>
            </tr>
            <tr>
                <td class="2" align="center" colspan="2">
                    <input type="submit" value=" 添　加 ">
                </td>
            </tr>
        </table>
    </form>
</body>
```

编写完 index.jsp 页面后，就可部署发布程序。实例运行后，将打开 index.jsp 页面，添加正确的图书信息，如图 6-12 所示。单击“添加”按钮，效果如图 6-13 所示。

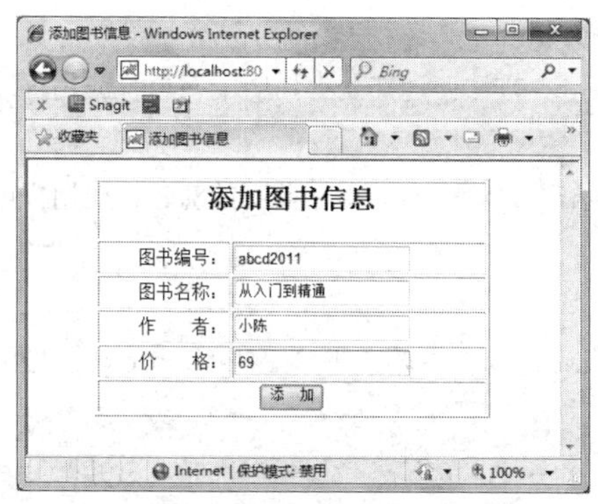

图 6-12　添加图书信息

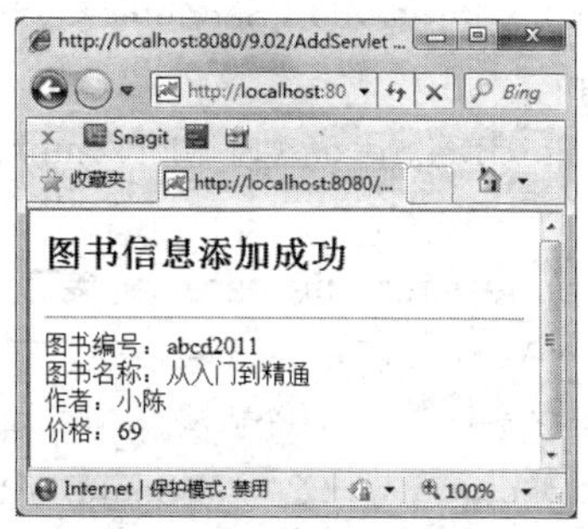

图 6-13　显示图书信息

6.5　Servlet 监听器

在 Servlet 技术中已经定义了一些事件，并且可以针对这些事件来编写相关的事件监听器，从而使用监听器处理事件。

6.5.1　Servlet 监听器简介

监听器的作用是监听 Web 服务器的有效期事件，由容器管理。可利用 Listener 接口监听容器中的某个执行程序，并且根据其需求做出适当响应。表 6-9 所示为 Servlet 和 JSP 中的 8 个 Listener 接口和 6 个 Event 类。

表 6-9　Listener 接口与 Event 类

Listener 接口	Event 类
ServletContextListener	ServletContextEvent
ServletContextAttributeListener	ServletContextAttributeEvent
HttpSessionListener	HttpSessionEvent
HttpSessionActivationListener	
HttpSessionAttributeListener	HttpSessionBindingEvent
HttpSessionBindingListener	
ServletRequestListener	ServletRequestEvent
ServletRequestAttributeListener	ServletRequestAttributeEvent

6.5.2　Servlet 监听器的工作原理

问题是时代的声音，回答并指导解决问题是理论的根本任务。

Servlet 监听器是当今 Web 应用的一个重要组成部分，它在 Servlet 2.3 规范中与 Servlet 过滤器一起被引入，并且在 Servlet 3.0 规范中进行了较大的改进，主要用来监听和控制 Web 应用，极大地增强了 Web 应用的事件处理能力。

Servlet 监听器的功能比较接近 Java 的 GUI 程序的监听器，可以监听由 Web 应用中状态改变而引起的 Servlet 容器产生的相应事件，然后接受并处理这些事件。

6.5.3　监听 Servlet 上下文

Servlet 上下文监听器可以监听 ServletContext 对象的创建、删除和属性的添加、删除和修改操作。该监听器需要用到如下两个接口。

1. ServletContextListener 接口

ServletContextListener 接口存放在 javax.servlet 包内，主要监听 ServletContext 的创建和删除。它

提供的如下 2 个方法也称为“Web 应用程序的生命周期方法”。

① contextInitialized (ServletContextEvent event) 方法：通知正在监听的对象，应用程序已经被加载及初始化。

② contextDestroyed (ServletContextEvent event) 方法：通知正在监听的对象，应用程序已经被载出，即关闭。

2. ServletAttributeListener 接口

ServletAttributeListener 接口存放在 javax.servlet 包内，主要监听 ServletContext 属性的增加、删除及修改，它提供了如下 3 个方法。

① attributeAdded (ServletContextAttributeEvent event) 方法：若有对象加入 Application 的范围，通知正在监听的对象。

② attributeReplaced (ServletContextAttributeEvent event) 方法：若在 Application 的范围内一个对象取代另一个对象，通知正在监听的对象。

③ attributeRemoved (ServletContextAttributeEvent event) 方法：若有对象从 Application 的范围移除，通知正在监听的对象。

6.5.4 监听 HTTP 会话

有如下 4 个接口可以监听 HTTP 会话（HttpSession）信息。

1. HttpSessionListener 接口

HttpSessionListener 接口监听 HTTP 会话的创建及销毁，它提供了如下 2 个方法。

① sessionCreated (HttpSessionEvent event) 方法：通知正在监听的对象，session 已经被加载及初始化。

② sessionDestroyed (HttpSessionEvent event) 方法：通知正在监听的对象，session 已经被载出（HttpSessionEvent 类的主要方法是 getSession()，可以使用该方法回传一个 session 对象）。

2. HttpSessionActivationListener 接口

HttpSessionActivationListener 接口监听 HTTP 会话的 active 和 passivate 情况，它提供了如下 3 个方法。

① attributeAdded (HttpSessionBindingEvent event) 方法：若有对象加入 session 的范围，通知正在监听的对象。

② attributeReplaced (HttpSessionBindingEvent event) 方法：若在 session 的范围一个对象取代另一个对象，通知正在监听的对象。

③ attributeRemoved (HttpSessionBindingEvent event) 方法：若有对象从 session 的范围移除，通知正在监听的对象（HttpSessionBinding Event 类主要有 3 个方法，即 getName()、getSession() 和 getValues()）。

3. HttpBindingListener 接口

HttpBindingListener 接口监听 HTTP 会话中对象的绑定信息。它是唯一不需要在 web.xml 中设置 Listener 的，并提供了以下 2 个方法。

① valueBound (HttpSessionBindingEvent event) 方法：当有对象加入 session 的范围时，会被自动调用。

② valueUnBound (HttpSessionBindingEvent event) 方法：当有对象从 session 的范围内移除时，会被自动调用。

4. HttpSessionAttributeListener 接口

HttpSessionAttributeListener 接口监听 HTTP 会话中属性的设置请求，它提供了如下 2 个方法。

① sessinDidActivate（HttpSessionEvent event）方法：通知正在监听的对象，其 session 已经变为有效状态。

② sessinWillPassivate（HttpSessionEvent event）方法：通知正在监听的对象，其 session 已经变为无效状态。

6.5.5 监听 Servlet 请求

在 Servlet 2.4 规范中新增加了一种技术，即监听客户端的请求。一旦能够在监听程序中获取客户端的请求，即可统一处理请求。要实现客户端的请求和请求参数设置的监听，需要如下两个接口。

1. ServletRequestListener 接口

ServletRequestListener 接口提供了如下 2 个方法。

① requestInitalized（ServletRequestEvent event）方法：通知正在监听的对象，ServletRequest 已经被加载及初始化。

② requestDestroyed（ServletRequestEvent event）方法：通知正在监听的对象，ServletRequest 已经被载出，即关闭。

2. ServletRequestAttributeListener 接口

ServletRequestAttributeListener 接口提供了如下 3 个方法。

① attributeAdded（ServletRequestAttributeEvent event）方法：若有对象加入 request 的范围，通知正在监听的对象。

② attributeReplaced（ServletRequestAttributeEvent event）方法：若在 request 的范围内一个对象取代另一个对象，通知正在监听的对象。

③ attributeRemoved（ServletRequestAttributeEvent event）方法：若有对象从 request 的范围移除，通知正在监听的对象。

6.5.6 使用监听器查看在线用户

利用 Listener 接口监听某个执行程序，并根据该程序的需求做出适当响应。

【例 6-6】通过监听器查看用户在线情况。

① 创建 UserInfoList.java 类文件，用来保存在线用户和对其执行具体操作，该文件的完整代码如下：

```
public class UserInfoList {
    private static UserInfoList user = new UserInfoList();
    private Vector vector = null;
    /*
        利用 private 调用构造函数，防止外界产生新的 instance 对象
     */
    public UserInfoList() {
        this.vector = new Vector();
    }
    /* 外界使用的 instance 对象 */
    public static UserInfoList getInstance() {
        return user;
    }
    /* 增加用户 */
    public boolean addUserInfo(String user) {
        if (user != null) {
```

```
                this.vector.add(user);
                return True;
            } else {
                return False;
            }
        }
        /* 获取用户列表 */
        public Vector getList() {
            return vector;
        }
        /* 移除用户 */
        public void removeUserInfo(String user) {
            if (user != null) {
                vector.removeElement(user);
            }
        }
    }
```

② 创建 UserInfoTrace.java 类文件，主要实现 valueBound(HttpSessionBindingEvent arg0) 和 valueUnbound(HttpSessionBindingEvent arg0) 两个方法。当有对象加入 session 时，会自动执行 valueBound( ) 方法；当有对象从 session 中移除时，会自动执行 valueUnbound( ) 方法。在 valueBound( ) 和 valueUnbound( ) 方法中都加入了输出信息的功能，使用户在控制台中更清楚地了解执行过程。该文件的完整代码如下：

```
public class UserInfoTrace implements javax.servlet.http.
        HttpSessionBindingListener {
    private String user;
    private UserInfoList container = UserInfoList.getInstance();
    public UserInfoTrace() {
        user = "";
    }
    /* 设置在线监听人员 */
    public void setUser(String user) {
        this.user = user;
    }
    /* 获取在线监听 */
    public String getUser() {
        return this.user;
    }
    public void valueBound(HttpSessionBindingEvent arg0) {
        System.out.println(" 上线 " + this.user);
    }
    public void valueUnbound(HttpSessionBindingEvent arg0) {
        System.out.println(" 下线 " + this.user);
        if (user != "") {
            container.removeUserInfo(user);
        }
    }
}
```

③ 创建 showUser.jsp 页面文件，在其中设置 session 的 setMaxInactiveInterval( ) 为 10s。这样可以缩短 session 的生命周期，关键代码如下：

```
<%@ page import="java.util.*"%>
<%@ page import="com.listener.*"%>
<%
UserInfoList list = UserInfoList.getInstance();          // 获得 UserInfoList 类的对象
UserInfoTrace ut = new UserInfoTrace();                  // 创建 UserInfoTrace 类的对象
request.setCharacterEncoding("UTF-8");                   // 设置编码格式为 UTF-8，解决中文乱码问题
String name = request.getParameter("user");              // 获取输入的用户名
ut.setUser(name);                                        // 设置用户名
session.setAttribute("list", ut);                        // 将 UserInfoTrace 对象绑定到 session 中
list.addUserInfo(ut.getUser());                          // 添加用户到 UserInfo 类的对象中
session.setMaxInactiveInterval(30);                      // 设置 session 的过期时间为 30s
%>
<textarea rows="8" cols="20">
<%
Vector vector=list.getList();
if(vector!=null&&vector.size()>0){
for(int i=0;i<vector.size();i++){
  out.println(vector.elementAt(i));
}
}
%>
</textarea>
```

运行本实例，在用户登录页面中输入用户名，如图 6-14 所示。单击“登录”按钮将进入图 6-15 所示的在线用户列表页面。该页面将显示当前在线用户，同时在控制台中将输出图 6-16 所示的信息。

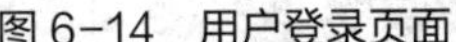
图 6-14　用户登录页面

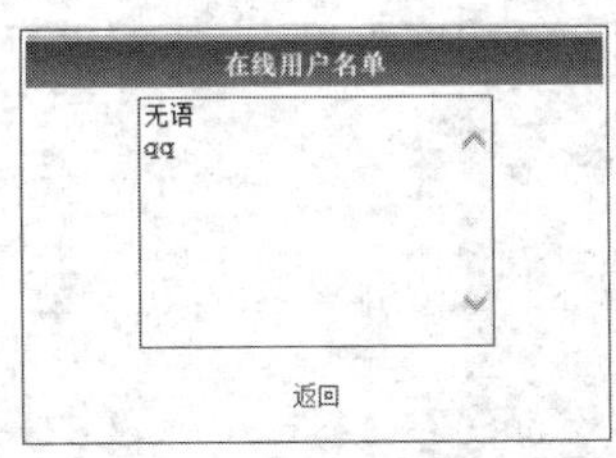

图 6-15　在线用户列表页面

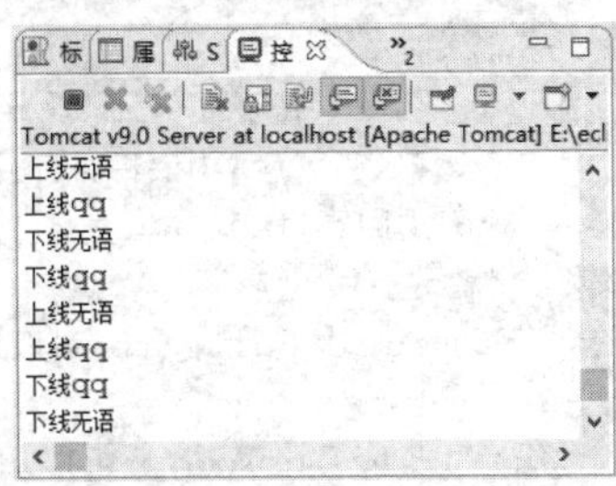

图 6-16　控制台输出信息

6.6　Servlet 的应用实例

本章已经介绍了如何创建和配置 Servlet，以及 Servlet 过滤器和监听器的使用方法。下面通过两个具体的应用实例来帮助读者巩固相关知识。

应用 Servlet 实现留言板

6.6.1　应用 Servlet 实现留言板

对于大家来说，留言板并不陌生。本小节将介绍应用 Servlet 实现一个简单留言板，在开发过程中会应用第 5 章介绍的工具 JavaBean。该 JavaBean 用来转换 HTML 中的特殊字符、格式化时间以及解决出现的中文乱码问题。

【例 6-7】应用 Servlet 实现留言板。

下面来介绍运行留言板的操作流程。

首先，用户在填写留言信息的页面中填写留言信息，如图 6-17 所示。

然后单击“提交”按钮提交表单。根据配置，表单将被提交给事先编写好的 Servlet，在该 Servlet 中保

存留言信息到 application 范围中，并跳转到 show.jsp 页面显示用户留言，如图 6-18 所示。

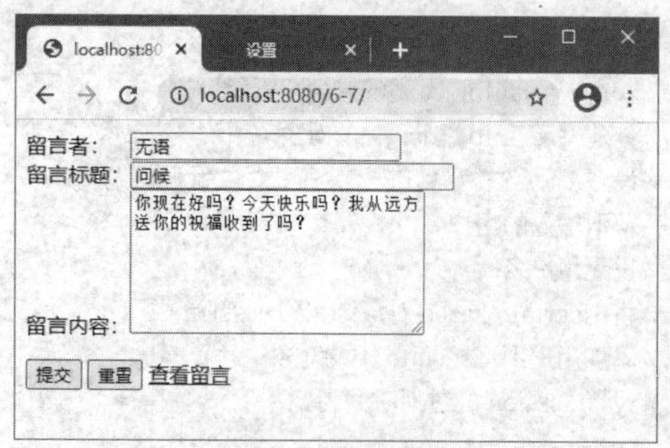

图 6-17　填写留言信息

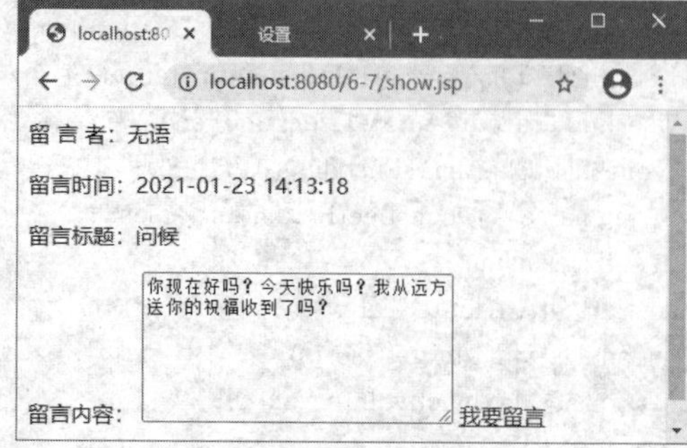

图 6-18　显示用户留言

下面来讲解实现留言板的具体过程。

① 创建工具 JavaBean——MyTools 类。在 MyTools 类中创建 changeHTML() 方法、changeTime() 方法和 toChinese() 方法，分别用来实现转换 HTML 中的特殊字符、格式化时间和解决中文乱码问题。MyTools 类的代码如下：

```
package com.yxq.toolbean;

import java.io.UnsupportedEncodingException;
import java.text.SimpleDateFormat;
import java.util.Date;

public class MyTools {
    /**
     * @ 功能 转换字符串中属于 HTML 中的特殊字符
     * @ 参数 source 为要转换的字符串
     * @ 返回值 string 型值
     */
    public static String changeHTML(String source){
        String changeStr="";
        changeStr=source.replace("&","&amp;");                     // 转换字符串中的“&”符号
        changeStr=changeStr.replace(" "," ");                 // 转换字符串中的空格
        changeStr=changeStr.replace("<","&lt;");                   // 转换字符串中的“<”符号
        changeStr=changeStr.replace(">","&gt;");                   // 转换字符串中的“>”符号
        changeStr=changeStr.replace("\r\n","<br>");                // 转换字符串中的回车换行
        return changeStr;
    }
   /**
   * @ 功能 将 Date 型日期转换成指定格式的字符串形式，如“yyyy-MM-dd HH:mm:ss”
   * @ 参数 date 为要被转换的 Date 型日期
   * @ 返回值 string 型值
   */
    public static String changeTime(Date date) {
        // 创建一个格式化日期的 SimpleDateFormat 类对象，并同时指定日期最终被转换成的样式
        SimpleDateFormat format=new SimpleDateFormat("yyyy-MM-dd HH:mm:ss");
        return format.format(date);                                 // 调用 format() 方法格式化日期
    }
    /**
```

```
    * @ 功能 解决通过提交表单产生的中文乱码
    * @ 参数 value 为要转换的字符串
    * @ 返回值 string 型值
    */
   public  static String  toChinese(String str) {
       if(str==null)    str="";
       try {
           str=new String(str.getBytes("ISO-8859-1"),"gb/t 2312-1980");
       } catch (UnsupportedEncodingException e) {
           str="";
           e.printStackTrace();
       }
       return str;
   }
}
```

② 创建值 JavaBean——WordSingle 类。在该 JavaBean 中定义 author、title、content 和 time 属性，分别用来存储留言者、留言标题、留言内容和留言时间。WordSingle 类的关键代码如下：

```
package com.yxq.valuebean;

public class WordSingle {
    private String author;
    private String title;
    private String content;
    private String time;
    ……// 省略了属性的 set×××() 方法与 get×××() 方法
}
```

③ 创建用户填写留言信息的页面 index.jsp，在该页面中实现一个表单，并向表单中添加 author、title 和 content 字段，分别用来接收用户输入的留言者、留言标题和留言内容。index.jsp 页面的关键代码如下：

```
<form action="addWord" method="post">
    留 言 者 : <input type="text" name="author" size="25">
    <br>
    留言标题 : <input type="text" name="title" size="31">
    <br>
    留言内容 : <textarea name="content" rows="7"  cols="30"></textarea>
    <p>
    <input type="submit" value=" 提交 ">
    <input type="reset" value=" 重置 ">
    <a href="show.jsp"> 查看留言 </a>
</form>
```

代码中将表单请求的目标资源设为 addWord，在 web.xml 文件中进行配置。若将 addWord 对应到 Servlet，则在该 Servlet 中可处理用户提交的请求。

④ 创建处理用户请求的 Servlet——WordServlet。在该 Servlet 中先获取用户输入的信息，然后调用工具 JavaBean 对获取的信息进行转码、对 HTML 特殊字符进行转换和格式化当前时间，接着将这些信息封装到 WordSingle 类对象中，最后从应用上下文中获取存储了所有留言的集合对象，并将集合对象保存到应用上下文中，将请求重定向到 show.jsp 页面中。WordServlet 类的代码如下：

```
package com.yxq.servlet;

import java.io.IOException;
import java.util.ArrayList;
```

```
import java.util.Date;
import javax.servlet.ServletContext;
import javax.servlet.ServletException;
import javax.servlet.http.HttpServlet;
import javax.servlet.http.HttpServletRequest;
import javax.servlet.http.HttpServletResponse;
import javax.servlet.http.HttpSession;
import com.yxq.toolbean.MyTools;
import com.yxq.valuebean.WordSingle;

public class WordServlet extends HttpServlet {
    protected void doGet(HttpServletRequest request, HttpServletResponse response) throws ServletException, IOException {
        doPost(request,response);
    }
    protected void doPost(HttpServletRequest request, HttpServletResponse response) throws ServletException, IOException {
        //以下代码用来获取表单中字段内容并进行转码
        String author=MyTools.toChinese(request.getParameter("author"));
        String title=MyTools.toChinese(request.getParameter("title"));
        String content=MyTools.toChinese(request.getParameter("content"));
        //获取当前时间并格式化时间为指定格式
        String today=MyTools.changeTime(new Date());
        //创建值 JavaBean 对象用来封装获取的信息
        WordSingle single=new WordSingle();
        single.setAuthor(MyTools.changeHTML(author));
        single.setTitle(MyTools.changeHTML(title));
        single.setContent(content);
        single.setTime(today);
        //获取 session 对象
        HttpSession session=request.getSession();
        //通过 session 对象获取应用上下文
        ServletContext scx=session.getServletContext();
        //获取存储在应用上下文中的集合对象
        ArrayList wordlist=(ArrayList)scx.getAttribute("wordlist");
        if(wordlist==null)
            wordlist=new ArrayList();
        //将封装了信息的值 JavaBean 存储到集合对象中
        wordlist.add(single);
        //将集合对象保存到应用上下文中
        scx.setAttribute("wordlist",wordlist);
        response.sendRedirect("show.jsp");          //将请求重定向到 show.jsp 页面
    }
}
```

⑤ 创建显示留言信息的 show.jsp 页面。在该页面中将获取存储到应用上下文中的 wordlist 集合对象，然后遍历该集合对象并输出留言信息。show.jsp 页面的关键代码如下：

```
<%@ page contentType="text/html; charset=gb/t 2312-1980"%>
<%@ page import="java.util.ArrayList" %>
<%@ page import="com.yxq.valuebean.WordSingle" %>
<%
    ArrayList wordlist=(ArrayList)application.getAttribute("wordlist");
```

```
    if(wordlist==null||wordlist.size()==0)
        out.print(" 没有留言可显示！ ");
    else{
        for(int i=wordlist.size()-1;i>=0;i--){
            WordSingle single=(WordSingle)wordlist.get(i);
%>
    留 言 者：<%=single.getAuthor() %>
    <p>
    留言时间：<%=single.getTime() %>
    <p>
    留言标题：<%=single.getTitle() %>
    <p>
    留言内容：
    <textarea rows="7"  cols="30" readonly><%=single.getContent() %></textarea>
    <a href="index.jsp"> 我要留言 </a>
    <hr width="100%">
<%
        }
    }
%>
```

⑥ 在 web.xml 文件中配置 Servlet。配置代码如下：

```
<servlet>
    <servlet-name>wordServlet</servlet-name>
    <servlet-class>com.yxq.servlet.WordServlet</servlet-class>
</servlet>
<servlet-mapping>
    <servlet-name>wordServlet</servlet-name>
    <url-pattern>/addWord</url-pattern>
</servlet-mapping>
```

至此，应用 Servlet 实现留言板完成。在本实例中分别创建了保存留言信息的值 JavaBean——WordSingle 和工具 JavaBean——MyTools。在 MyTools 工具 JavaBean 中实现了转换 HTML 特殊字符、格式化日期和解决中文乱码问题。其中，格式化日期的方法用来实现将日期型数据转换为指定格式的字符串的操作，方法中主要是应用 SimpleDateFormat 类实现的：首先通过 new 操作符实例化一个 SimpleDateFormat 类实例，在实例化的同时指定日期转换为字符串后的显示格式，然后调用 SimpleDateFormat 类实例的 format() 方法格式化日期型数据。创建的这些 JavaBean 会在 Servlet 中被调用，本实例创建的 Servlet 为 WordServlet，并且在 doPost( ) 方法中编写请求处理代码。留言信息应被所有的用户浏览到，所以应将留言信息保存到应用上下文中，也就是 application 范围内。在 Servlet 中可通过 session 对象的 getServletContext( ) 方法获取应用上下文，该方法返回的是一个 ServletContext 类对象，这个对象代表了整个应用；然后调用 ServletContext 类对象的 setAttribute( ) 方法保存留言信息；最后在 JSP 中调用 application 对象的 getAttribute( ) 方法获取留言信息进行显示。注意：对于创建的 Servlet，还需要在 web.xml 文件中进行配置，这样才能通过请求进行访问。

6.6.2 应用 Servlet 实现购物车

应用 Servlet
实现购物车

在第 5 章 JavaBean 的应用实例中，通过 JavaBean 实现了一个购物车，本小节将应用 Servlet 来实现一个具有相同功能的购物车。读者可对这两种方法进行比较，了解两种方法各自的优势。

在程序开发过程中，应用第 5 章实现的购物车实例中名为 MyTools 和 ShopCar 的工具 JavaBean，以及名为 GoodSingle 的值 JavaBean，这能体现 JavaBean 在程序开发中可重复使用的特点。

【例 6-8】应用 Servlet 实现购物车。

本小节介绍的购物车所实现的功能与第 5 章中购物车的功能相同，并且运行购物车的操作流程也是相同的，这里不再进行介绍，读者可查看 5.4.2 小节中的相关内容。本例与应用 JavaBean 实现购物车不同的是，前者是在 Servlet 中接收并处理用户请求的，而后者是在 JSP 中接收并处理用户请求的。下面来介绍应用 Servlet 实现购物车的过程。为了方便读者阅读，在下面的开发步骤中仍然给出 GoodSingle、MyTools 和 ShopCar 的创建过程，其中在创建 ShopCar 类时会进行一些改动。

① 创建封装商品信息的值 JavaBean——GoodsSingle，其关键代码如下：

```
package com.yxq.valuebean;

public class GoodsSingle {
    private String name;                          //保存商品名称
    private float price;                          //保存商品价格
    private int num;                              //保存商品购买数量
    …//省略了属性的 set×××() 方法和 get×××() 方法
}
```

② 创建工具 JavaBean——MyTools 类。MyTools 类用来实现将 string 型数据转换为 int 型数据和解决中文乱码问题，其关键代码如下：

```
package com.yxq.toolbean;

import java.io.UnsupportedEncodingException;

public class MyTools {
    public static int strToint(String str){           //将 string 型数据转换为 int 型数据的方法
        if(str==null||str.equals(""))
            str="0";
        int i=0;
        try{
            i=Integer.parseInt(str)
        }catch(NumberFormatException e){
            i=0;
            e.printStackTrace();
        }
        return i;
    }
    public static String toChinese(String str){       //进行转码操作的方法
        if(str==null)
            str="";
        try {
            str=new String(str.getBytes("ISO-8859-1"),"gb/t 2312-1980");
        } catch (UnsupportedEncodingException e) {
            str="";
            e.printStackTrace();
        }
        return str;
    }
}
```

③ 创建实现购物车的 JavaBean——ShopCar。本小节实现的 ShopCar 类，与第 5 章中实现的 ShopCar 类有些不同。类中只实现了 buylist 属性的 set×××( ) 方法，并且去掉了实现清空购物车操作的 clearCar( ) 方法，而将该操作直接在 Servlet 中实现。ShopCar 类的具体代码如下：

```
package com.yxq.toolbean;

import java.util.ArrayList;
import com.yxq.valuebean.GoodsSingle;

public class ShopCar {
    private ArrayList buylist=new ArrayList();                  //用来存储购买的商品
    public void setBuylist(ArrayList buylist) {
        this.buylist = buylist;
    }
    /**
     * @功能 向购物车中添加商品
     * @参数 single 为 GoodsSingle 类对象，封装了要添加的商品信息
     */
    public void addItem(GoodsSingle single){
        if(single!=null){
            if(buylist.size()==0){                              //如果 buylist 中不存在任何商品
                GoodsSingle temp=new GoodsSingle();
                temp.setName(single.getName());
                temp.setPrice(single.getPrice());
                temp.setNum(single.getNum());
                buylist.add(temp);                              //存储商品
            }
            else{                                               //如果 buylist 中存在商品
                int i=0;
                //遍历 buylist 集合对象，判断该集合中是否已经存在当前要添加的商品
                for(;i<buylist.size();i++){
                    //获取 buylist 集合中的当前元素
                    GoodsSingle temp=(GoodsSingle)buylist.get(i);
                    //判断从 buylist 集合中获取的当前商品的名称是否与要添加的商品的名称相同
                    if(temp.getName().equals(single.getName())){
                        //如果相同，说明已经购买了该商品，只需要将商品的购买数量加 1
                        temp.setNum(temp.getNum()+1);           //将商品购买数量加 1
                        break;                                  //结束 for 循环
                    }
                }
                if(i>=buylist.size()){                          //说明 buylist 中不存在要添加的商品
                    GoodsSingle temp=new GoodsSingle();
                    temp.setName(single.getName());
                    temp.setPrice(single.getPrice());
                    temp.setNum(single.getNum());
                    buylist.add(temp);                          //存储商品
                }
            }
```

```
            }
        }
        /**
         * @ 功能 从购物车中移除指定名称的商品
         * @ 参数 name 表示商品名称
         */
        public void removeItem(String name){
            for(int i=0;i<buylist.size();i++){                    // 遍历 buylist 集合，查找指定名称的商品
                GoodsSingle temp=(GoodsSingle)buylist.get(i);      // 获取集合中当前位置的商品
                // 如果商品的名称为 name 参数指定的名称
                    if(temp.getName().equals(MyTools.toChinese(name))){
                if(temp.getNum()>1){                               // 如果商品的购买数量大于 1
                        temp.setNum(temp.getNum()-1);              // 则将购买数量减 1
                        break;                                     // 结束 for 循环
                    }
                    else if(temp.getNum()==1){                     // 如果商品的购买数量为 1
                        buylist.remove(i);                         // 从 buylist 集合对象中移除该商品
                    }
                }
            }
        }
}
```

④ 创建实例的首页面 index.jsp，在该页面中直接将请求转发给 Servlet。index.jsp 页面的具体代码如下：

```
<%@ page contentType="text/html;charset=gb/t 2312-1980"%>
<jsp:forward page="/index"/>
```

代码中将请求的目标资源设为“/index”，在 web.xml 文件中进行配置。“/index”为访问某个 Servlet 的路径，在该 Servlet 中用来处理用户提交的请求。

⑤ 创建处理用户访问首页面请求的 Servlet——IndexServlet 类，在该 Servlet 中初始化商品信息列表。IndexServlet 类的具体代码如下：

```
package com.yxq.servlet;

import java.io.IOException;
import java.util.ArrayList;
import javax.servlet.ServletException;
import javax.servlet.http.HttpServlet;
import javax.servlet.http.HttpServletRequest;
import javax.servlet.http.HttpServletResponse;
import javax.servlet.http.HttpSession;
import com.yxq.valuebean.GoodsSingle;

public class IndexServlet extends HttpServlet {
    private static ArrayList goodslist=new ArrayList();
    protected void doGet(HttpServletRequest request, HttpServletResponse response) throws ServletException, IOException {
        doPost(request,response);
    }
    protected void doPost(HttpServletRequest request, HttpServletResponse response) throws ServletException, IOException {
        HttpSession session=request.getSession();
```

```
        session.setAttribute("goodslist",goodslist);
        response.sendRedirect("show.jsp");
    }
    static{                                    //静态代码块
        String[] names={"苹果","香蕉","梨","橘子"};
        float[] prices={2.8f,3.1f,2.5f,2.3f};
        for(int i=0;i<4;i++){
            GoodsSingle single=new GoodsSingle();
            single.setName(names[i]);
            single.setPrice(prices[i]);
            single.setNum(1);
            goodslist.add(single);
        }
    }
}
```

请求访问 IndexServlet 类后，首先会执行类中静态代码块中的代码，完成商品信息列表的初始化；接着执行 doGet() 方法或 doPost() 方法；最后将初始化的商品列表存储到 session 范围内，并跳转到 show.jsp 页面。

⑥ 在 web.xm 文件中配置 IndexServlet，其配置代码如下：

```
<servlet>
    <servlet-name>indexServlet</servlet-name>
    <servlet-class>com.yxq.servlet.IndexServlet</servlet-class>
</servlet>
<servlet-mapping>
    <servlet-name>indexServlet</servlet-name>
    <url-pattern>/index</url-pattern>
</servlet-mapping>
```

⑦ 创建 show.jsp 页面，该页面用来显示初始化的商品信息列表。页面中首先获取存储在 session 范围中的 goodslist 集合对象，然后遍历 goodslist 集合并依次输出存储的商品。show.jsp 页面的关键代码如下：

```
<%@ page contentType="text/html;charset=gb/t 2312-1980"%>
<%@ page import="java.util.ArrayList" %>
<%@ page import="com.yxq.valuebean.GoodsSingle" %>
<%   ArrayList goodslist=(ArrayList)session.getAttribute("goodslist");    %>
<table border="1" width="450" rules="none" cellspacing="0" cellpadding="0">
    <tr height="50"><td colspan="3" align="center">提供商品如下</td></tr>
    <tr align="center" height="30" bgcolor="lightgrey">
        <td>名称</td>
        <td>价格(元/斤)</td>
        <td>购买</td>
    </tr>
    <% if(goodslist==null||goodslist.size()==0){ %>
    <tr height="100"><td colspan="3" align="center">没有商品可显示！ </td></tr>
    <%
        }
        else{
            for(int i=0;i<goodslist.size();i++){
                GoodsSingle single=(GoodsSingle)goodslist.get(i);
     %>
     <tr height="50" align="center">
```

```
                <td><%=single.getName()%></td>
                <td><%=single.getPrice()%></td>
                <td><a href="doCar?action=buy&id=<%=i%>"> 购买 </a></td>
            </tr>
            <%
                    }
                }
            %>
            <tr height="50">
                <td align="center" colspan="3"><a href="shopcar.jsp"> 查看购物车 </a></td>
            </tr>
        </table>
```

代码中实现的“购买”超链接所请求的资源并不是实际存在的 JSP，而是访问某个 Servlet 的路径。该 Servlet 就是用来接收并处理用户触发的“购买”“移除”“清空购物车”请求的。

⑧ 创建接收并处理“购买”“移除”“清空购物车”请求的 Servlet——BuyServlet 类。在该类中通过获取请求中传递的 action 参数来判断当前请求的是什么操作，从而调用相应的方法处理请求，并在这些方法中最终通过调用 ShopCar 类中的方法实现具体业务。BuyServlet 类的具体代码如下：

```
package com.yxq.servlet;

import java.io.IOException;
import java.util.ArrayList;
import javax.servlet.ServletException;
import javax.servlet.http.HttpServlet;
import javax.servlet.http.HttpServletRequest;
import javax.servlet.http.HttpServletResponse;
import javax.servlet.http.HttpSession;
import com.yxq.toolbean.MyTools;
import com.yxq.toolbean.ShopCar;
import com.yxq.valuebean.GoodsSingle;

public class BuyServlet extends HttpServlet {
    protected void doGet(HttpServletRequest request, HttpServletResponse response) throws ServletException, IOException {
        doPost(request,response);
    }
    protected void doPost(HttpServletRequest request, HttpServletResponse response) throws ServletException, IOException {
        String action=request.getParameter("action");     // 获取 action 参数
        if(action==null)action="";
        if(action.equals("buy"))                          // 触发了“购买”请求
            buy(request,response);                        // 调用 buy() 方法实现商品的购买
        if(action.equals("remove"))                       // 触发了“移除”请求
            remove(request,response);                     // 调用 remove() 方法实现商品的移除
        if(action.equals("clear"))                        // 触发了“清空购物车”请求
            clear(request,response);                      // 调用 clear() 方法实现购物车的清空
```

```
    }
    //实现购买商品的方法
    protected void buy(HttpServletRequest request, HttpServletResponse response) throws ServletException, IOException {
        HttpSession session=request.getSession();
        //获取触发"购买"请求时传递的 id 参数，该参数存储的是商品在 goodslist 对象中存储的位置
        String strId=request.getParameter("id");
        int id=MyTools.strToint(strId);
        ArrayList goodslist=(ArrayList)session.getAttribute("goodslist");
        GoodsSingle single=(GoodsSingle)goodslist.get(id);

        //从 session 范围内获取存储了用户已购买商品的集合对象
        ArrayList buylist=(ArrayList)session.getAttribute("buylist");
        if(buylist==null)
          buylist=new ArrayList();

        ShopCar myCar=new ShopCar();
        myCar.setBuylist(buylist);              //将 buylist 对象赋值给 ShopCar 类实例中的属性
        myCar.addItem(single);                  //调用 ShopCar 类中 addItem()方法实现商品添加操作

        session.setAttribute("buylist",buylist);
        response.sendRedirect("show.jsp");      //将请求重定向到 show.jsp 页面
    }
    //实现移除商品的方法
    protected void remove(HttpServletRequest request, HttpServletResponse response) throws ServletException, IOException {
        HttpSession session=request.getSession();
        ArrayList buylist=(ArrayList)session.getAttribute("buylist");

        String name=request.getParameter("name");
        ShopCar myCar=new ShopCar();
        myCar.setBuylist(buylist);              //将 buylist 对象赋值给 ShopCar 类实例中的属性
        //调用 ShopCar 类中 removeItem ()方法实现商品移除操作
        myCar.removeItem(MyTools.toChinese(name));

        response.sendRedirect("shopcar.jsp");
    }
    //实现清空购物车的方法
    protected void clear(HttpServletRequest request, HttpServletResponse response) throws ServletException, IOException {
        HttpSession session=request.getSession();
        //从 session 范围内获取存储了用户已购买商品的集合对象
        ArrayList buylist=(ArrayList)session.getAttribute("buylist");
        buylist.clear();                        //清空 buylist 集合对象，实现购物车清空的操作
        response.sendRedirect("shopcar.jsp");
    }
}
```

⑨ 在 web.xml 文件中配置 BuyServlet，其配置代码如下：

```
<servlet>
    <servlet-name>buyServlet</servlet-name>
    <servlet-class>com.yxq.servlet.BuyServlet</servlet-class>
</servlet>
<servlet-mapping>
    <servlet-name>buyServlet</servlet-name>
    <url-pattern>/doCar</url-pattern>
</servlet-mapping>
```

⑩ 创建 shopcar.jsp 页面，该页面用来显示用户购买的商品。在页面中，首先获取存储在 session 中用来保存用户已购买商品的 buylist 集合对象，最后遍历该集合对象，输出购买的商品。shopcar.jsp 页面的关键代码如下：

```
<%@ page contentType="text/html;charset=gb/t 2312-1980"%>
<%@ page import="java.util.ArrayList" %>
<%@ page import="com.yxq.valuebean.GoodsSingle" %>
<%
    //获取存储在 session 中用来存储用户已购买商品的 buylist 集合对象
    ArrayList buylist=(ArrayList)session.getAttribute("buylist");
    float total=0;                                        //用来存储应付金额
%>
<table border="1" width="450" rules="none" cellspacing="0" cellpadding="0">
    <tr height="50"><td colspan="5" align="center">购买的商品如下</td></tr>
    <tr align="center" height="30" bgcolor="lightgrey">
        <td width="25%">名称</td>
        <td>价格(元/斤)</td>
        <td>数量</td>
        <td>总价(元)</td>
        <td>移除(-1/次)</td>
    </tr>
    <%  if(buylist==null||buylist.size()==0){ %>
    <tr height="100"><td colspan="5" align="center">您的购物车为空！ </td></tr>
    <%
        }
        else{
            for(int i=0;i<buylist.size();i++){
                GoodsSingle single=(GoodsSingle)buylist.get(i);
                String name=single.getName();          //获取商品名称
                float price=single.getPrice();         //获取商品价格
                int num=single.getNum();               //获取购买数量
                //计算当前商品总价，并进行四舍五入
                float money=((int)((price*num+0.05f)*10))/10f;
                total+=money;                          //计算应付金额
    %>
    <tr align="center" height="50">
        <td><%=name%></td>
```

```
            <td><%=price%></td>
            <td><%=num%></td>
            <td><%=money%></td>
            <td><a href="doCar?action=remove&name=<%=single.getName() %>"> 移除 </a></td>
        </tr>
        <%
                }
            }
        %>
        <tr height="50" align="center"><td colspan="5"> 应付金额 : <%=total%></td></tr>
        <tr height="50" align="center">
            <td colspan="2"><a href="show.jsp"> 继续购物 </a></td>
            <td colspan="3"><a href="doCar?action=clear"> 清空购物车 </a></td>
        </tr>
    </table>
```

至此，应用 Servlet 实现购物车完成。

本实例应用 Servlet 实现购物车，实际上对购物车增加商品和删除商品的操作仍然是在 JavaBean 中完成的，Servlet 只在接收用户请求后来调用该 JavaBean 实现操作，所以在第 5 章中实现的购物车的 ShopCar 类可在进行小的修改后直接应用到本实例中。因为在 Servlet 中可以直接操作 request 对象和 session 对象，所以可以在 Servlet 中来获取存储在 session 中用来保存已购买商品的 buylist 集合对象，然后将该 buylist 集合对象传递给 ShopCar 类，因此在 ShopCar 类中需要创建一个方法来接收从 Servlet 中传递的 buylist 集合对象，也就是本实例设置的 setBuylist( ) 方法。对于清空购物车的操作，既然可在 Servlet 中直接获取存储在 session 中用来保存已购买商品的 buylist 集合对象，那么也可以直接调用 List 集合对象的 clear( ) 方法来清除保存在 buylist 中的所有商品，就不必在 ShopCar 类中实现了。

在本实例中，Servlet 只作为接收请求和转发请求的控制器，真正的业务仍然是通过调用实现购物车的 JavaBean（ShopCar 类）而实现的，所以了解了第 5 章实现的购物车，本实例就不难理解了。这里读者主要应注意的就是 JSP、JavaBean 和 Servlet 在开发程序时各自的角色和作用，理解了这些，才能开发出优秀的项目。

在 Servlet 中实现请求的转发，还可以通过 javax.servlet.RequestDispatcher 类的 forward( ) 方法实现，使用方法如下：

```
RequestDispatcher rd=request.getRequestDispatcher(path);
    rd.forward(request,response);
```

其中，path 表示要转发的目标资源。

6.7 本章小结

本章首先介绍了 Servlet 的一些基础知识，其中包括 Servlet 的技术简介、技术功能、技术特点、Servlet 的生命周期等；然后介绍了 Servlet 编程常用的接口和类，对这些接口和类中的重要方法通过表格的形式列出并解释；接着介绍了 Servlet 的开发，包括 Servlet 的创建和 Servlet 的配置；最后应用 Servlet 实现了留言板和购物车。通过学习本章，读者可以熟悉 Servlet 并且掌握 Servlet 的使用方法，为以后更深入的学习打好基础。

习 题

6-1 什么是 Servlet？ Servlet 的技术特点是什么？ Servlet 与 JSP 有什么区别？

6-2 创建一个 Servlet 通常分为哪几个步骤？

6-3 运行 Servlet 需要在 web.xml 文件中进行哪些配置？

6-4 怎样设置 Servlet 的启动装入优先级别？

6-5 当访问一个 Servlet 时，以下 Servlet 中的哪个方法先被执行？（　　）

A．destroy( )　　B．doGet( )　　C．service( )　　D．init( )

6-6 假设在 myServlet 应用中有一个 MyServlet 类，在 web.xml 文件中对其进行如下配置：

```
<servlet>
    <servlet-name> myservlet </servlet-name>
    <servlet-class>com.yxq.servlet.MyServlet</servlet-class>
</servlet>
<servlet-mapping>
    <servlet-name> myservlet</servlet-name>
    <url-pattern>/welcome</url-pattern>
</servlet-mapping>
```

则以下可以访问到 MyServlet 的是哪项？（　　）

A．http://localhost:8080/MyServlet

B．http://localhost:8080/myservlet

C．http://localhost:8080/com/yxq/servlet/MyServlet

D．http://localhost:8080/yxq /welcome

上机指导

6-1 创建一个 Servlet。要求通过浏览器访问该 Servlet 后，输出一个 1 行 1 列的表格，表格中的内容为“保护环境！爱护地球！”。

6-2 实现一个简单的登录程序。要求由 Servlet 接收用户输入的用户名和密码，然后将其输出到页面中。

CHAPTER 07

第7章 JSP实用组件

本章要点

- JSP 文件操作
- 发送 E-mail
- JSP 动态图表
- JSP 报表

■ 很多公司为 JSP 开发了许多实用组件，这大大扩展了 JSP 的功能。本章将介绍在应用 JSP 开发程序时，比较常用的用于操作文件的组件、发送 E-mail 的组件、生成动态图书的组件和生成 JSP 报表的组件。通过学习本章，读者应该掌握文件上传与下载的方法，掌握发送 E-mail 的方法，掌握利用 JFreeChart 生成动态图表的方法及应用 iText 组件生成 JSP 报表的方法。

7.1 JSP 文件操作

Commons-FileUpload 组件是 Apache 组织下的 jakarta-commons 项目组实施的一个小项目，该组件可以方便地将 multipart/form-data 类型请求中的各种表单域解析出来，并实现一个或多个文件的上传，同时可以限制上传文件的大小等因素。在使用 Commons-FileUpload 组件时，需要先下载该组件。

Commons-FileUpload 组件需要 commons-io 包的支持，因此在下载 Commons-FileUpload 组件时，还需要将 commons-io 组件一起下载。

7.1.1 添加表单及表单元素

在上传文件页面中，添加用于上传文件的表单及表单元素。在该表单中，需要通过文件域指定要上传的文件。在表单中添加文件域的语法格式如下：

```
<input name="file" type="file" size="尺寸">
```

添加表单及表单元素

代码说明如下。

name 属性：用于指定文件域的名称。

type 属性：用于指定标记的类型，这里可设置为 file，表示文件域。

size 属性：用于指定文件域中文本框的长度。

例如，在表单中添加一个名称为 file 的文件，可以使用下面的代码：

```
<input name="file" type="file" size="35">
```

在实现文件上传时，必须将 form 表单的 enctype 属性设置为“multipart/form-data”，否则不能上传文件。

7.1.2 创建文件上传对象

在应用 Commons-FileUpload 组件实现文件上传时，需要创建一个工厂对象，并根据该工厂对象创建一个新的文件上传对象，具体代码如下：

```
// 基于磁盘文件项目创建一个工厂对象
DiskFileItemFactory factory = new DiskFileItemFactory();
// 创建一个新的文件上传对象
ServletFileUpload upload = new ServletFileUpload(factory);
```

创建文件上传对象

在使用上面的两行代码时，需要导入相应的类，具体的代码如下：

```
import org.apache.commons.fileupload.disk.DiskFileItemFactory;
import org.apache.commons.fileupload.servlet.ServletFileUpload;
```

7.1.3 解析上传请求

解析上传请求

创建一个文件上传对象后，就可以应用这个对象解析上传请求了。在解析上传请求时，首先要获取全部的表单项，这可以通过文件上传对象的 parseRequest( ) 方法来实现。parseRequest( ) 方法原型如下：

```
public List parseRequest(HttpServletRequst request) throws FileUploadException
```

其中，request 为 HttpServletRequest 对象。

例如，应用该方法获取全部表单项，并将其保存到 List 集合中的具体代码如下：

```
List items = upload.parseRequest(request);              // 获取全部的表单项
```

通过 parseRequest( ) 方法获取的全部表单项，将保存到 List 集合中；并且保存到 List 集合中的表单项，不管是文件域还是普通表单域，都会被当成 FileItem 对象处理。在进行文件上传时，可以通过 FileItem 对象的 isFormField( ) 方法判断表单项是文件域还是普通表单域。如果该方法的返回值为 true，则表示是一个普通表单域，否则表示是一个文件域。isFormField( ) 方法的原型如下：

```
public boolean isFormField( )
```

例如，应用 isFormField( ) 方法判断文件域的具体代码如下：

```
if (!item.isFormField( )) {                              // 判断是否为文件域
    ……  // 此处省略了部分代码
}
```

在实现文件上传时，还需要获取上传文件的文件名，这可以通过 FileItem 类的 getName( ) 方法实现。getName( ) 方法的原型如下：

```
public String getName( )
```

仅当该表单域是文件域时，getName( ) 方法才有效。

例如，通过 getName( ) 方法获取上传文件的文件名的具体代码如下：

```
String fileName=item.getName( );                         // 获取文件名
```

在上传文件时，还可以通过 getSize( ) 方法获取上传文件的大小。getSize( ) 方法的原型如下：

```
public long getSize( )
```

例如，通过 getSize( ) 方法获取上传文件大小的具体代码如下：

```
long upFileSize=item.getSize( );                         // 获取上传文件的大小
```

在上传文件时，还可以通过 getContentType( ) 方法获取上传文件的类型。getContentType( ) 方法的原型如下：

```
java.lang.String getContentType( )
```

例如，通过 getContentType( ) 方法获取上传文件类型的具体代码如下：

```
String type=item.getContentType( );                      // 获取文件类型
```

【例 7-1】应用 Commons-FileUpload 组件将文件上传到服务器。

① 创建 index.jsp 页面，其中包含文件上传表单项。实现文件上传操作时，需要将 form 表单的 enctype 属性值设置为 multipart/form-data。index.jsp 页面的关键代码如下：

```
<!-- 定义表单 -->
<form action="UploadServlet" method="post"   enctype="multipart/form-data"
    name="form1" id="form1" onsubmit="return validate( )">
    <ul>
        <li> 请选择要上传的文件：</li>
        <li> 上传文件：<input type="file" name="file" /> <!-- 文件上传组件 --></li>
        <li><input type="submit" name="Submit" value=" 上传 " />
        <input type="reset" name="Submit2" value=" 重置 " /></li>
```

```
    </ul>
    <%
        // 判断保存在 request 范围内的对象是否为空
        if (request.getAttribute("result") != null) {
            out.println("<script >alert('" + request.getAttribute("result")
                    + "');</script>");                          // 页面显示提示信息
        }
    %>
</form>
```

② 当用户单击“上传”按钮时，系统将提交 URL 为 UploadServlet 的 Servlet，在该 Servlet 中处理文件上传请求。关键代码如下：

```
public void doPost(HttpServletRequest request, HttpServletResponse response)
        throws ServletException, IOException {
    String adjunctname ;
    String fileDir = request.getRealPath("upload/");            // 指定上传文件的保存地址
    String message = " 文件上传成功 ";
    String address = "";
    if(ServletFileUpload.isMultipartContent(request)){          // 判断是否上传文件
      DiskFileItemFactory factory = new DiskFileItemFactory();
      factory.setSizeThreshold(20*1024);                        // 设置内存中允许存储的字节数
      factory.setRepository(factory.getRepository());           // 设置存放临时文件的目录
      // 创建新的上传文件句柄
      ServletFileUpload upload = new ServletFileUpload(factory);
      int size = 2*1024*1024;                                   // 指定上传文件的大小
      List formlists = null;                                    // 创建保存上传文件的集合对象
      try {
          formlists = upload.parseRequest(request);             // 获取上传文件集合
      } catch (FileUploadException e) {
          e.printStackTrace();
      }
      Iterator iter = formlists.iterator();                     // 获取上传文件迭代器
      while(iter.hasNext()){
          FileItem formitem = (FileItem)iter.next();            // 获取每个上传文件
          if(!formitem.isFormField()){                          // 忽略不是上传文件的表单域
            String name = formitem.getName();                   // 获取上传文件的名称
             if(formitem.getSize()>size){                       // 如果上传文件大于规定的上传文件的大小
            message = " 您上传的文件太大，请选择不超过 2M 的文件 ";
            break;                                              // 退出程序
          }
            // 获取上传文件的大小
            String adjunctsize = new Long(formitem.getSize()).toString();
            // 如果上传文件为空
            if((name == null) ||(name.equals(""))&&(adjunctsize.equals("0")))
              continue;                                         // 退出程序
            adjunctname = name.substring(name.lastIndexOf("\\")+1,name.length());
            address = fileDir+"\\"+adjunctname;                 // 创建上传文件的保存地址
            File saveFile = new File(address);                  // 根据文件保存地址，创建文件
            try {
```

```
                formitem.write(saveFile);                    // 向文件写入数据
            } catch (Exception e) {
                e.printStackTrace();
            }
        }
    }
  }
  request.setAttribute("result", message);                  // 将提示信息保存在 request 对象中
  RequestDispatcher requestDispatcher = request
          .getRequestDispatcher("index.jsp");               // 设置相应返回地址
  requestDispatcher.forward(request, response);
}
```

运行本实例，单击"浏览"按钮，选择要上传的文件（注意要上传的文件不能大于 2MB），如图 7-1 所示，单击"上传"按钮即可将该文件上传到服务器的指定文件夹中。

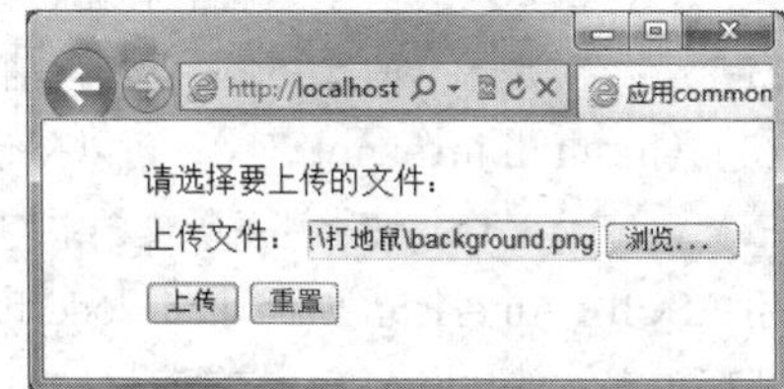

图 7-1　上传文件

7.2　发送 E-mail

随着 Internet 技术的飞速发展，网络已经成为人们生活中不可缺少的一部分，通过 E-mail 发送电子邮件也成为网络上人与人之间通信的一种方式。在 JSP 中可以应用 Java Mail 组件进行电子邮件的收发。

7.2.1　Java Mail 组件简介

Java Mail 是 Sun 公司发布用来处理 E-mail 的 API，是一种可选的，用于读取、编写和发送电子消息的包（标准扩展）。使用 Java Mail 可以创建 MUA（Mail User Agent，邮件用户代理）类型的程序，它类似于 Eudora、Pine 及 Microsoft Outlook 等邮件程序。其主要目的不是像发送邮件或提供 MTA（Mail Transfer Agent，邮件传输代理）类型的程序那样用于传输、发送和转发消息，而是与 MUA 类型的程序交互，以阅读和撰写电子邮件。MUA 依靠 MTA 完成实际的发送任务。

Java Mail 组件简介

7.2.2　Java Mail 核心类简介

Java Mail API 中提供很多用于处理 E-mail 的类，其中比较常用的有 Session（会话）类、Message（消息）类、Address（地址）类、Authenticator（认证方式）类、Transport（传输）类、Store（存储）类和 Folder（文件夹）类等 7 个类。这 7 个类都可以在 Java Mail API 的核心包 mail.jar 中找到。

1. Session 类

Java Mail API 中提供了 Session 类，用于定义保存诸如 SMTP（Simple Mail Transfer Protocol，简单邮件传输协议）主机和认证信息的基本邮件会话。通过 Session 可以阻止恶意代码窃取其他用户在会话中的信息（包括用户名和密码等认证信息），从而让其他工作顺利执行。

Session 类

每个基于 Java Mail 的程序都需要创建一个 session 或多个 session 对象。由于 session 对象利用 java.util.Properties 对象获取诸如邮件服务器、用户名、密码等信息，以及其他可在整个应用程序中共享的信息，所以在创建 session 对象前，需要先创建 java.util.Properties 对象。创建 java.util.Properties 对象的代码如下：

```
Properties props=new Properties();
```

可以通过以下两种方法创建 session 对象，不过通常情况下会使用第二种方法。

① 使用静态方法创建 session 的语句如下：

```
Session session = Session.getInstance(props, authenticator);
```

其中，props 为 java.util. Properties 类的对象；authenticator 为 Authenticator 对象，用于指定认证方式。

② 创建默认的共享 session 的语句如下：

```
Session defaultSession = Session.getDefaultInstance(props, authenticator);
```

其中，props 为 java.util. Properties 类的对象；authenticator 为 Authenticator 对象，用于指定认证方式。

如果在进行邮件发送时，不需要指定认证方式，可以使用空值（null）作为参数 authenticator 的值。例如，创建一个不需要指定认证方式的 session 对象的代码如下：

```
Session mailSession=Session.getDefaultInstance(props,null);
```

2. Message 类

Message 类

Message 类是电子邮件系统的核心类，用于存储实际发送的电子邮件信息。Message 类是一个抽象类，要使用该抽象类可以使用其子类 MimeMessage。该类保存在 javax.mail.internet 包中，可以存储 MIME 类型和报头［在不同的 RFC（Request For Comments，请求注解）文档中均有定义］消息，并且将消息的报头限制成只能使用 ASCII（American Standard Code for Information Interchange，美国信息交换标准代码）字符，但非 ASCII 字符可以被编码到某些报头字段中。

如果想对 MimeMessage 类进行操作，首先要实例化该类的一个对象。在实例化该类的对象时，需要指定一个 session 对象，这可以通过将 session 对象传递给 MimeMessage 的构造方法来实现。例如，实例化 MimeMessage 类的对象 message 的代码如下：

```
MimeMessage msg = new MimeMessage(mailSession);
```

实例化 MimeMessage 类的对象 message 后，就可以通过该类的相关方法设置电子邮件信息的详细信息。MimeMessage 类中常用的方法包括以下几个。

（1）setText( ) 方法

setText( ) 方法用于指定纯文本信息的邮件内容。该方法只有一个参数，用于指定邮件内容。setText( ) 方法的语法格式如下：

```
setText(String content)
```

其中，content 为纯文本的邮件内容。

（2）setContent( ) 方法

setContent( ) 方法用于设置电子邮件内容的基本机制，多数应用在发送 HTML 等纯文本以外的信息。该方法包括两个参数，分别用于指定邮件内容和邮件内容类型。setContent( ) 方法的语法格式如下：

```
setContent(Object content, String type)
```

其中 content 用于指定邮件内容，type 用于指定邮件内容类型。

例如，指定邮件内容为“你现在好吗”，类型为普通的文本，代码如下：

message.setContent(" 你现在好吗 ", "text/plain");

（3）setSubject ( ) 方法

setSubject( ) 方法用于设置邮件的主题。该方法只有一个参数，用于指定邮件的主题。setSubject( ) 方法的语法格式如下：

```
setSubject(String subject)
```

其中 subject 用于指定邮件的主题。

（4）saveChanges( ) 方法

saveChanges( ) 方法能够保证报头域同会话内容保持一致。saveChanges ( ) 方法的语法格式如下：

```
msg.saveChanges();
```

（5）setFrom()方法

setFrom()方法用于设置发件人地址。该方法只有一个参数，用于指定发件人地址，该地址为 InternetAddress 类的一个对象。setFrom()方法的语法格式如下：

```
msg.setFrom(new InternetAddress(from));
```

创建 InternetAddress 类的对象的方法请参见下面的“Address 类”部分。

（6）setRecipients()方法

setRecipients()方法用于设置收件人地址。该方法有两个参数，分别用于指定收件人类型和收件人地址。setRecipients()方法的语法格式如下：

```
setRecipients(RecipientType type, InternetAddress addres);
```

其中 type 用于指定收件人类型，可以使用以下 3 个常量来区分收件人的类型。

① Message.RecipientType.TO　// 发送。

② Message.RecipientType.CC　// 抄送。

③ Message.RecipientType.BCC　// 暗送。

addres 用于指定收件人地址，可以为 InternetAddress 类的一个对象或多个对象组成的数组。

例如，设置收件人的地址为“wgh8007@163.com”的代码如下：

```
address=InternetAddress.parse("wgh8007@163.com",false);
msg.setRecipients(Message.RecipientType.TO, toAddrs);
```

（7）setSentDate()方法

setSentDate()方法用于设置发送邮件的时间。该方法只有一个参数，用于指定发送邮件的时间。setSentDate ()方法的语法格式如下：

```
setSentDate(Date date);
```

其中 date 用于指定发送邮件的时间。

（8）getContent()方法

getContent()方法用于获取消息内容，该方法无参数。

（9）writeTo()方法

writeTo()方法用于获取消息内容（包括报头信息），并将其写到一个输出流中。该方法只有一个参数，用于指定输出流。writeTo()方法的语法格式如下：

```
writeTo(OutputStream os)
```

其中 os 用于指定输出流。

3. Address 类

Address 类用于设置电子邮件的响应地址。Address 类是一个抽象类，要使用该抽象类可以使用其子类 InternetAddress。该类保存在 javax.mail.internet 包中，可以按照指定的内容设置电子邮件的地址。

Address 类

如果想对 InternetAddress 类进行操作，首先要实例化该类的一个对象。在实例化该类的对象时，有以下两种方法。

① 创建只带有电子邮件地址的地址。可以把电子邮件地址传递给 InternetAddress 类的构造方法，代码如下：

```
InternetAddress address = new InternetAddress("wgh717@sohu.com");
```

② 创建带有电子邮件地址并显示其他标识信息的地址。可以将电子邮件地址和附加信息同时传递给

InternetAddress 类的构造方法，代码如下。

```
InternetAddress address = new InternetAddress("wgh717@sohu.com","Wang GuoHui");
```

Java Mail API 没有检查电子邮件地址有效性的机制。如果需要，读者可以自己编写检查电子邮件地址是否有效的方法。

4. Authenticator 类

Authenticator 类通过用户名和密码来访问受保护的资源。Authenticator 类是一个抽象类，要使用该抽象类首先需要创建一个 Authenticator 的子类，并重载 getPasswordAuthentication() 方法，具体代码如下：

```
class WghAuthenticator extends Authenticator {
   public PasswordAuthentication getPasswordAuthentication() {
      String username = "wgh";                // 邮箱登录账号
      String pwd = "111";                     // 登录密码
      return new PasswordAuthentication(username, pwd);
   }
}
```

Authenticator 类

然后通过以下代码实例化新创建的 Authenticator 的子类，并将其与 session 对象绑定：

```
Authenticator auth = new WghAuthenticator ();
Session session = Session.getDefaultInstance(props, auth);
```

5. Transport 类

Transport 类用于使用指定的协议（通常是 SMTP）发送电子邮件。Transport 类提供了以下两种发送电子邮件的方法。

Transport 类

① 只调用其静态方法 send()，按照默认协议发送电子邮件，代码如下：

```
Transport.send(message);
```

② 首先从指定协议的会话中获取一个特定的实例，然后传递用户名和密码，再发送信息，最后关闭连接，代码如下：

```
Transport transport =sess.getTransport("smtp");
transport.connect(servername,from,password);
transport.sendMessage(message,message.getAllRecipients());
transport.close();
```

在发送多个消息时，建议采用第二种方法，因为它将保持消息间活动服务器的连接；而使用第一种方法时，系统将为每一个方法的调用建立一条独立的连接。

如果想要查看经过邮件服务器发送邮件的具体命令，可以用 session.setDebug(true) 方法设置调试标志。

6. Store 类

Store 类定义了用于保存文件夹间层级关系的数据库，以及包含在文件夹中的信息。该类也可以定义存取协议的类型，以便存取文件夹与信息。

在获取会话后，就可以使用用户名和密码或 Authenticator 类来连接 Store 类了。与 Transport 类一样，首先要告诉 Store 类将使用什么协议。

使用 POP3（Post Office Protocol-Version 3，邮局协议版本 3）连接 Store 类，代码如下：

Store 类

```
Store store = session.getStore("pop3");
store.connect(host, username, password);
```

使用 IMAP（Internet Mail Access Protocol，交互邮件访问协议）连接 Store 类，代码如下：

```
Store store = session.getStore("imap");
store.connect(host, username, password);
```

说明 如果使用 POP3，只可以使用 Inbox 文件夹。但是使用 IMAP，可以使用其他的文件夹。

在使用 Store 类读取完邮件信息后，需要及时关闭连接。关闭 Store 类的连接可以使用以下代码：

```
store.close();
```

Folder 类

7. Folder 类

Folder 类定义了获取（fetch）、备份（copy）、附加（append）以及删除（delete）信息等方法。

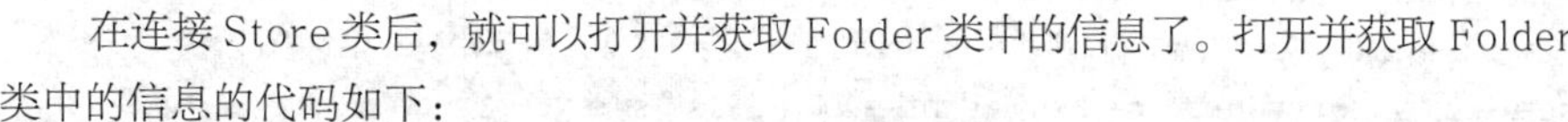

在连接 Store 类后，就可以打开并获取 Folder 类中的信息了。打开并获取 Folder 类中的信息的代码如下：

```
Folder folder = store.getFolder("INBOX");
folder.open(Folder.READ_ONLY);
Message message[] = folder.getMessages();
```

在使用 Folder 类读取完邮件信息后，需要及时关闭对文件夹存储的连接。关闭 Folder 类的连接的语法格式如下：

```
folder.close(Boolean boolean);
```

其中 boolean 用于指定是否通过清除已删除的消息来更新文件夹。

7.2.3 搭建 Java Mail 的开发环境

由于目前 Java Mail 还没有被添加在标准的 Java 开发工具中，所以在使用前必须另外下载 Java Mail API，以及 Sun 公司的 JAF（JavaBeans Activation Framework）。Java Mail 的运行必须依赖于 JAF 的支持。

搭建 Java Mail 的开发环境

1. 下载并构建 Java Mail API

Java Mail API 是发送 E-mail 的核心 API，2017 年 4 月 Java Mail 已经移到 GitHub 上，截至本书编写时最新版本的文件名为 javamail-1_4.zip。将其下载后解压缩到硬盘上，并在系统的环境变量 CLASSPATH 中指定 activation.jar 文件的放置路径。例如，将 mail.jar 文件复制到 JavaMail 文件夹中，可以在环境变量 CLASSPATH 中添加以下内容：

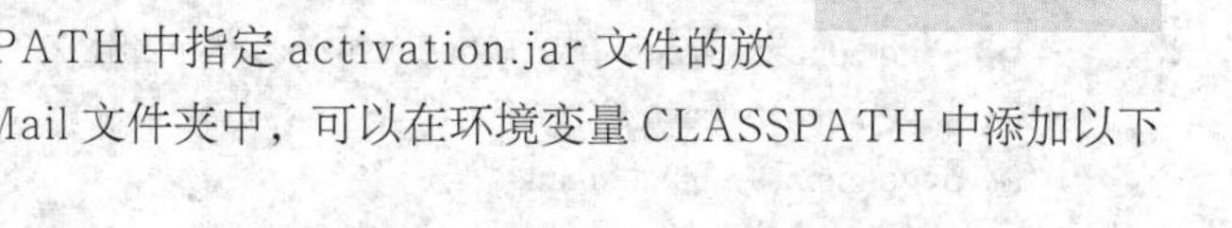

```
C:\JavaMail\mail.jar;
```

如果不想更改环境变量，也可以把 mail.jar 放到实例程序的 WEB-INF/lib 目录下。

2. 下载并构建 JAF

目前 Java Mail API 的所有版本都需要 JAF 的支持。JAF 为输入的任意数据块提供了支持，并能相应地对其进行处理。

JAF 可以到 Oracle 官网上下载，截至本书编写时最新版本的 JAF 文件名为 jaf-1_1-fr.zip，下载后解压缩到硬盘上，并在系统的环境变量 CLASSPATH 中指定 activation.jar 文件的放置路径。例如，将 activation.jar

文件复制到 JavaMail 文件夹中，可以在环境变量 CLASSPATH 中添加以下内容：

```
C:\JavaMail\activation.jar;
```

如果不想更改环境变量，也可以把 activation.jar 放到实例程序的 WEB-INF/lib 目录下。

在 JSP 中应用 Java Mail 组件发送 E-mail

7.2.4 在 JSP 中应用 Java Mail 组件发送 E-mail

jspSmartUpload 组件常用的功能就是发送 E-mail。本小节将通过一个具体的实例介绍应用 jspSmartUpload 组件发送 E-mail 的方法。

【例 7-2】发送普通文本格式的 E-mail。

① 编写发送 E-mail 页面 sendmail.jsp，在该页面中添加用于收集邮件发送信息的表单及表单元素，关键代码如下：

```
<form name="form1" method="post" action="mydeal.jsp" onSubmit="return checkform(form1)">
收件人：<input name="to" type="text" id="to" title=" 收件人 " size="60" readonly="yes" value="mingrisoft@mingrisoft.com">
发件人：<input name="from" type="text" id="from" title=" 发件人 " size="60">
密码：<input name="password" type="password" id="password" title=" 发件人信箱密码 " size="60">
主题：<input name="subject" type="text" id="subject" title=" 邮件主题 " size="60">
内容：<textarea name="content" cols="59" rows="7" class="wenbenkuang" id="content" title=" 邮件内容 "></textarea>
<input name="Submit" type="submit" class="btn_grey" value=" 发送 ">
<input name="Submit2" type="reset" class="btn_grey" value=" 重置 ">
</form>
```

② 在进行邮件发送前，还需要保证邮件的收件人地址、发件人地址、发件人信箱密码、邮件主题和邮件内容不允许为空，这可以通过编写一个自定义的 JavaScript 函数实现，具体代码如下：

```
<script language="javascript">
function checkform(myform){
    for(i=0;i<myform.length;i++){
        if(myform.elements[i].value==""){
            alert(myform.elements[i].title+" 不能为空！ ");
            myform.elements[i].focus();
            return false;
        }
    }
}
</script>
```

③ 编写发送邮件的处理页面 mydeal.jsp，完整代码如下：

```
<%@ page contentType="text/html; charset=gb/t 2312-1980" language="java"  errorPage="" %>
<%@ page import="java.util.*" %>
<%@ page import ="javax.mail.*" %>
<%@ page import="javax.mail.internet.*" %>
<%@ page import="javax.activation.*" %>
<%
try{
    request.setCharacterEncoding("gb/t 2312-1980");
    String from=request.getParameter("from");
    String to=request.getParameter("to");
    String subject=request.getParameter("subject");
    String messageText=request.getParameter("content");
```

```
    String password=request.getParameter("password");
    // 生成 SMTP 的主机名称
    int n =from.indexOf('@');
    int m=from.length() ;
    String mailserver ="smtp."+from.substring(n+1,m);
   // 建立邮件会话
   Properties pro=new Properties();
   pro.put("mail.smtp.host",mailserver);
   pro.put("mail.smtp.auth","true");
   Session sess=Session.getInstance(pro);
   sess.setDebug(true);
   // 新建一个消息对象
   MimeMessage message=new MimeMessage(sess);
   // 设置发件人
   InternetAddress from_mail=new InternetAddress(from);
   message.setFrom(from_mail);
  // 设置收件人
   InternetAddress to_mail=new InternetAddress(to);
   message.setRecipient(Message.RecipientType.TO ,to_mail);
   // 设置主题
   message.setSubject(subject);
  // 设置内容
  message.setText(messageText);
  // 设置发送时间
  message.setSentDate(new Date());
  // 发送邮件
  message.saveChanges(); // 保证报头域同会话内容保持一致
  Transport transport =sess.getTransport("smtp");
  transport.connect(mailserver,from,password);
  transport.sendMessage(message,message.getAllRecipients());
  transport.close();
  out.println("<script language='javascript'>alert(' 邮件已发送！ ');window.location. href='sendmail.jsp';</script>");
}catch(Exception e){
    System.out.println(" 发送邮件产生的错误："+e.getMessage());
    out.println("<script language='javascript'>alert(' 邮件发送失败！ ');window.loca-tion.href='sendmail.jsp';</script>");
}
%>
```

运行程序，将显示发送邮件页面，在该页面中输入收件人、发件人、密码、主题及内容，如图 7-2 所示，单击“发送”按钮即可将该邮件发送到收件人的邮箱中。

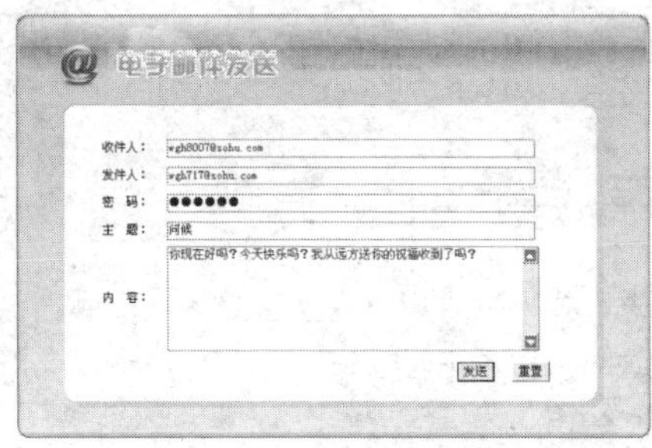

图 7-2　发送邮件页面

如果将设置收件人的代码改为以下内容，将可以实现邮件群发：

```
InternetAddress[] to_mail={new InternetAddress(to1),new InternetAddress(to2),new InternetAddress(to3)};
message.addRecipients(Message.RecipientType.TO ,to_mail);
```

在上面的代码中，to1、to2 和 to3 表示单个的收件人地址。

7.3 JSP 动态图表

JFreeChart 是一个 Java 开源项目，是一款优秀的 Java 图表生成插件，它可在 Java Application、Servlet 和 JSP 下生成各种格式的图表，包括柱形图、饼形图、线图、区域图、时序图和多轴图等。

JFreeChart 的下载与使用

7.3.1 JFreeChart 的下载与使用

JFreeChart 是开源站点 SourceForge.net 上的一个 Java 项目，它是开放源代码的图形报表组件，我们可以在它的官方网站中下载。进入其官方网站主页，在该页面单击 DownLoad 超链接将进入下载页面，选择所要下载的产品 JFreeChart 即可进行下载。截至本书编写时，它的最新版本为 1.5.2，本章内容将以此版本为例进行讲解。

由于 1.5.2 版本下载后，不提供打包好的 .jar 文件，读者也可以使用早期的 1.0.19 版本。

在下载成功后将得到一个名为“jfreechart-1.5.2.zip”的压缩包，此压缩包中包含 JFreeChart 组件源代码、示例等文件，将其解压缩后的文件结构如图 7-3 所示。

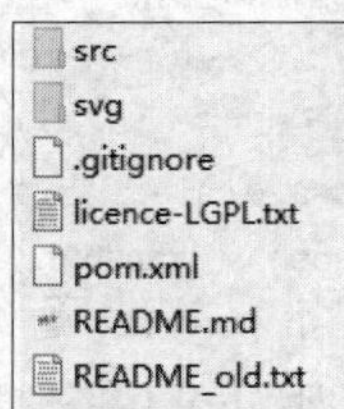

图 7-3　jfreechart-1.5.2 文件结构

在使用 jfreechart-1.5.2 时，需要先将源代码打包为 .jar 文件（也可以在本书提供的资源包中下载），然后放置到项目的 lib 目录下，并且在 Web 应用程序的 web.xml 文件中，在 </web-app> 前面添加如下代码：

```
<servlet>
    <servlet-name>DisplayChart</servlet-name>
    <servlet-class>org.jfree.chart.servlet.DisplayChart</servlet-class>
</servlet>
<servlet-mapping>
    <servlet-name>DisplayChart</servlet-name>
    <url-pattern>/servlet/DisplayChart</url-pattern>
</servlet-mapping>
```

这样，就可以利用 JFreeChart 组件生成动态统计图表了。利用 JFreeChart 组件生成动态统计图表的基本步骤如下。

① 创建绘图数据集合。

② 创建 JFreeChart 实例。

③ 自定义图表绘制属性（该步可选）。

④ 生成指定格式的图片，并返回图片名称。

⑤ 组织图片浏览路径。

⑥ 通过 HTML 中的 <img> 标记显示图片。

7.3.2 JFreeChart 的核心类

在使用 JFreeChart 组件之前，首先应该了解该组件的核心类及其功能。JFreeChart 核心类如表 7-1 所示。

表 7-1 JFreeChart 核心类

对　象	说　明
JFreeChart	图表对象，生成任何类型的图表都要通过该对象。JFreeChart 插件提供了一个工厂类 ChartFactory，用来创建各种类型的图表对象
×××Dataset	数据集对象，用来保存绘制图表的数据。不同类型的图表对应着不同类型的数据集对象
×××Plot	绘图区对象。如果需要自行定义绘图区的相关绘制属性，需要通过该对象进行设置
×××Axis	坐标轴对象，用来定义坐标轴的绘制属性
×××Renderer	图片渲染对象，用于渲染和显示图表
×××URLGenerator	链接对象，用于生成 Web 图表中项目的超链接
×××ToolTipGenerator	图表提示对象，用于生成图表提示信息。不同类型的图表对应着不同类型的图表提示对象

JFreeChart 中的图表对象用 JFreeChart 对象表示，由 Title（标题或子标题）、Plot（图表的绘制结构）、BackGround（图表背景）、toolstip（图表提示条）等几个主要的对象组成。其中 Plot 对象又由 Render（图表的绘制单元——绘图域）、Dataset（图表数据源）、domainAxis（x 轴）、rangeAxis（y 轴）等一系列对象组成，而 domain Axis（x 轴）和 rangeAxis（y 轴）是由更小的刻度、标签、间距、刻度单位等一系列对象组成的。

JFreeChart 的核心类

7.3.3 利用 JFreeChart 生成动态图表

利用 JFreeChart 可以很方便地生成柱形图表，下面通过一个具体实例进行介绍。

【例 7-3】利用 JFreeChart 生成论坛版块人气指数排行的柱形图。

利用 JFreeChart 生成动态图表

```
<%@ page language="java" pageEncoding="GB/T 2312-1980"%>
<%@ page import="org.jfree.chart.ChartFactory" %>
<%@ page import="org.jfree.chart.JFreeChart" %>
<%@ page import="org.jfree.data.category.DefaultCategoryDataset" %>
<%@ page import="org.jfree.chart.plot.PlotOrientation" %>
<%@ page import="org.jfree.chart.entity.StandardEntityCollection" %>
<%@ page import="org.jfree.chart.ChartRenderingInfo" %>
<%@ page import="org.jfree.chart.servlet.ServletUtilities" %>
<%@ page import="org.jfree.data.category.DefaultCategoryDataset"%>
<%@ page import="org.jfree.chart.StandardChartTheme"%>
<%@ page import="java.awt.Font"%>
<%
StandardChartTheme standardChartTheme = new StandardChartTheme("CN");     // 创建主题样式
standardChartTheme.setExtraLargeFont(new Font(" 隶书 ", Font.BOLD, 20));    // 设置标题字体
standardChartTheme.setRegularFont(new Font(" 微软雅黑 ",Font.PLAIN, 15));   // 设置图例的字体
standardChartTheme.setLargeFont(new Font(" 微软雅黑 ", Font.PLAIN, 15));    // 设置轴向的字体
ChartFactory.setChartTheme(standardChartTheme);                          // 设置主题样式
```

```
DefaultCategoryDataset dataset1=new DefaultCategoryDataset();
dataset1.addValue(200," 北京 ","ASP 专区 ");
dataset1.addValue(150," 北京 ","PHP 专区 ");
dataset1.addValue(450," 北京 ","Java 专区 ");
dataset1.addValue(400," 吉林 ","ASP 专区 ");
dataset1.addValue(200," 吉林 ","PHP 专区 ");
dataset1.addValue(150," 吉林 ","Java 专区 ");
dataset1.addValue(150," 深圳 ","ASP 专区 ");
dataset1.addValue(350," 深圳 ","PHP 专区 ");
dataset1.addValue(200," 深圳 ","Java 专区 ");
// 创建 JFreeChart 组件的图表对象
JFreeChart chart=ChartFactory.createBarChart(
                              " 论坛版块人气指数排行图 ",    // 图表标题
                              " 版块名称 ",                  // x 轴的显示标题
                              " 人气指数 ",                  // y 轴的显示标题
                              dataset1,                      // 数据集
                              PlotOrientation.VERTICAL,      // 图表方向 ( 垂直 )
                              true,                          // 是否包含图例
                              false,                         // 是否包含图例说明
                              false                          // 是否包含连接
                              );
// 设置图表的文件名
ChartRenderingInfo info = new ChartRenderingInfo(new StandardEntityCollection());
String fileName=ServletUtilities.saveChartAsPNG(chart,400,270,info,session);
String url=request.getContextPath()+"/servlet/DisplayChart?filename="+fileName;
%>
…      <!-- 此处省略了部分 HTML 代码 -->
<img src="<%=url%>">
…      <!-- 此处省略了部分 HTML 代码 -->
```

程序运行结果如图 7-4 所示。

【例 7-4】利用 JFreeChart 生成论坛版块人气指数的饼形图。

```
<%@ page language="java" pageEncoding="GB/T 2312-1980"%>
<%@ page import="org.jfree.chart.ChartFactory" %>
<%@ page import="org.jfree.chart.JFreeChart" %>
<%@ page import="org.jfree.data.general.DefaultPieDataset" %>
<%@ page import="org.jfree.chart.entity.StandardEntityCollection" %>
<%@ page import="org.jfree.chart.ChartRenderingInfo" %>
<%@ page import="org.jfree.chart.servlet.ServletUtilities" %>
<%@ page import="org.jfree.data.category.DefaultCategoryDataset"%>
<%@ page import="org.jfree.chart.StandardChartTheme"%>
<%@ page import="java.awt.Font"%>
<%
StandardChartTheme standardChartTheme = new StandardChartTheme("CN");      // 创建主题样式
standardChartTheme.setExtraLargeFont(new Font(" 隶书 ", Font.BOLD, 20));   // 设置标题字体
standardChartTheme.setRegularFont(new Font(" 微软雅黑 ",Font.PLAIN,15));   // 设置图例的字体
standardChartTheme.setLargeFont(new Font(" 微软雅黑 ", Font.PLAIN, 15));   // 设置轴向的字体
ChartFactory.setChartTheme(standardChartTheme);                            // 设置主题样式
DefaultPieDataset dataset1=new DefaultPieDataset();
dataset1.setValue("ASP 专区 ",200);
```

```
dataset1.setValue("PHP 专区 ",150);
dataset1.setValue("Java 专区 ",450);
dataset1.setValue("DoNet 专区 ",400);
// 创建 JFreeChart 组件的图表对象
JFreeChart chart=ChartFactory.createPieChart(
                        " 论坛版块人气指数比例图 ",      // 图表标题
                        dataset1,                      // 数据集
                        true,                          // 是否包含图例
                        false,                         // 是否包含图例说明
                        false                          // 是否包含连接
                        );
// 设置图表的文件名
ChartRenderingInfo info = new ChartRenderingInfo(new StandardEntityCollection());
String fileName=ServletUtilities.saveChartAsPNG(chart,400,270,info,session);
String url=request.getContextPath()+"/servlet/DisplayChart?filename="+fileName;
%>
…    <!-- 此处省略了部分 HTML 代码 -->
<img src="<%=url%>">
…    <!-- 此处省略了部分 HTML 代码 -->
```

程序运行结果如图 7-5 所示。

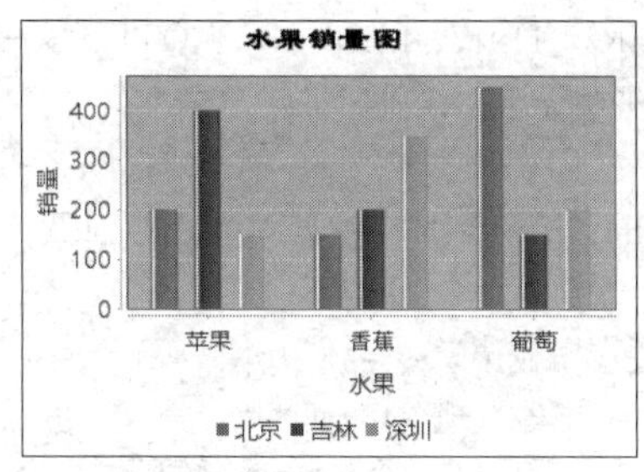

图 7-4　例 7-3 运行结果

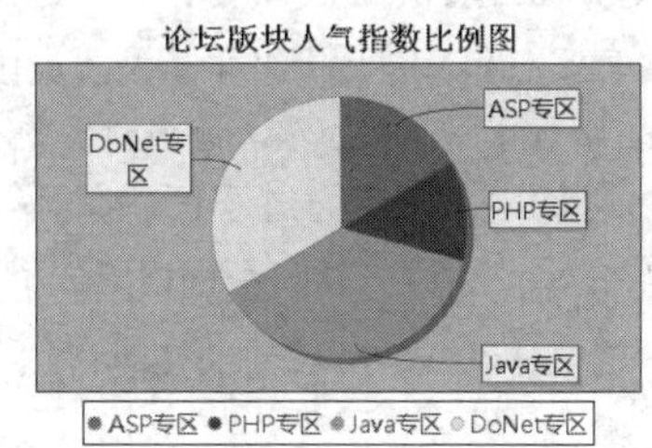

图 7-5　例 7-4 运行结果

7.4　JSP 报表

在企业的信息系统中，报表一直占据比较重要的地位。在 JSP 中可以通过 iText 组件生成报表。本节将重点介绍如何使用 iText 组件生成 PDF 报表。

iText 组件简介

7.4.1　iText 组件简介

iText 是一个能够快速产生 PDF（Protable Document Format，便携式文档格式）文件的 Java 类库，是著名的开放源代码站点 sourceforge 的一个项目。通过 iText 提供的 Java 类不仅可以生成包含文本、表格、图形等内容的只读文档，而且可以将 XML、HTML 文件转化为 PDF 文件。它的类库尤其与 Servlet 能很好地结合。使用 iText 与 PDF 能够使用户正确地控制 Servlet 的输出。

iText 组件的下载与配置

7.4.2　iText 组件的下载与配置

iText 组件可以到网站下载。图 7-6 所示为 iText 下载页面。

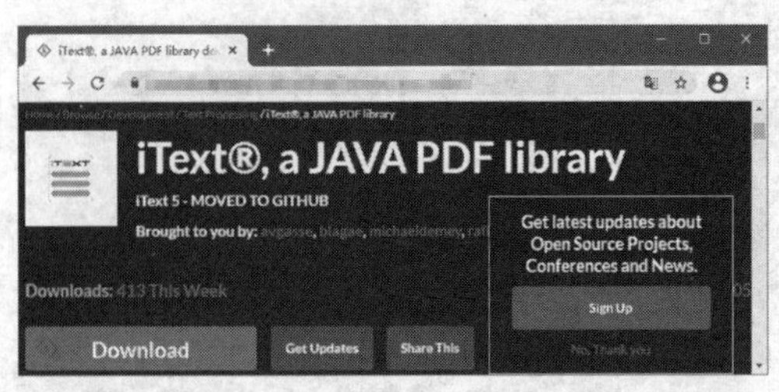

图 7-6　iText 组件的下载页面

在图 7-6 所示的页面中单击"Download"按钮可以下载最新版本的 iText 组件。在使用 iText 时，如果生成的 PDF 文件中需要出现中文、日文、韩文字符，则需要下载相应的包。下载这些辅助包比较烦琐，所以笔者在本书提供的资源包中，给出了所需的 Jar 包，读者直接使用即可。当然，如果想真正了解 iText 组件，阅读 iText 文档显得非常重要。读者在下载 iText 的同时，也可以下载 iText 文档。

建立 com.lowagie.text.Document 对象的实例

7.4.3　应用 iText 组件生成 JSP 报表

1. 建立 com.lowagie.text.Document 对象的实例

建立 com.lowagie.text.Document 对象的实例，可以通过以下 3 个构造方法实现：

```
public Document();
public Document(Rectangle pageSize); // 定义页面的大小
public Document(Rectangle pageSize,int marginLeft,int marginRight,int marginTop,int marginBottom); /* 定义
页面的大小，参数 marginLeft、marginRight、marginTop、marginBottom 分别表示左、右、上、下的页边距 */
```

其中，通过 Rectangle 类对象的参数可以设定页面大小、页面背景色，以及页面横向 / 纵向等属性。iText 组件定义了 A0-A10、AL、LETTER、HALFLETTER、_11x17、LEDGER、NOTE、B0-B5、ARCH_A-ARCH_E、FLSA 和 FLSE 等纸张类型，也可以自定义纸张大小，代码如下：

```
Rectangle pageSize = new Rectangle(144,720);
```

在 iText 组件中，可以通过下面的代码实现将 PDF 文档设定成 A4 页面大小。当然，也可以通过 Rectangle 类中的 rotate() 方法将页面设置成横向，代码如下：

```
Rectangle rectPageSize = new Rectangle(PageSize.A4);             // 定义 A4 页面大小
rectPageSize = rectPageSize.rotate();                            // 实现 A4 页面的横置
Document doc = new Document(rectPageSize,50,50,50,50);    // 其余 4 个参数设置了页面的 4 个边距
```

2. 设定文档属性

在文档打开之前，可以设定文档的标题、主题、关键字、作者、创建者、生产者、创建日期等属性，设定的方法分别如下：

```
public boolean addTitle(String title)
public boolean addSubject(String subject)
public boolean addKeywords(String keywords)
public boolean addAuthor(String author)
public boolean addCreator(String creator)
public boolean addProducer()
public boolean addCreationDate()
```

设定文档属性

public boolean addHeader(String name, String content) 方法对于 PDF 文档无效，仅对 HTML 文档有效，用于添加文档的头信息。

3. 创建书写器对象

文档（Document）对象建立好之后，还需要建立一个或多个书写器（Writer）与对象相关联。通过书写器可以将具体的文档存成需要的格式。例如，om.lowagie.text.PDF.PDFWriter 可以将文档存成 PDF 格式，而 com.lowagie.text.html.HTMLWriter 可以将文档存成 HTML 格式。

创建书写器对象

【例 7-5】书写器对象示例。

在 JSP 编写代码实现生成 PDF 的文档，并设置该文档的页面大小为 B5、文档标题为欢迎页、作者为 wgh、文档内容为 Welcome to BeiJing，代码如下：

```
<%@ page language="java"  pageEncoding="gb/t 2312-1980"%>
<%@ page import="java.io.*,com.lowagie.text.*,com.lowagie.text.pdf.*"%>
<%
    response.reset();
    response.setContentType("application/pdf");                  // 设置文档格式
    Rectangle rectPageSize = new Rectangle(PageSize.B5);         // 定义 B5 页面大小
    Document document = new Document(rectPageSize);              // 创建 Document 实例
    PdfWriter.getInstance(document,new FileOutputStream("welcomePage.pdf"));
    document.addTitle(" 欢迎页 ");
    document.addAuthor("wgh");
    document.open();                                             // 打开文档
    document.add(new Paragraph("Welcome to BeiJing"));           // 添加内容
    document.close();                                            // 关闭文档
    // 解决抛出 IllegalStateException 异常的问题
    out.clear();
    out = pageContext.pushBody();
%>
```

运行程序，将在服务器中生成名为 welcomePage.pdf 的文件，打开该文件，文件内容如图 7-7 所示。单击“文件”/“文档属性”，可以看到图 7-8 所示的“文档属性”对话框，在该对话框中可以看到刚刚设置的属性信息。

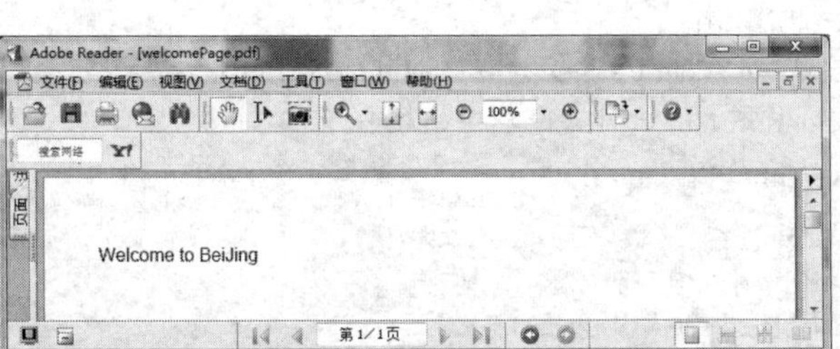

图 7-7 文件内容

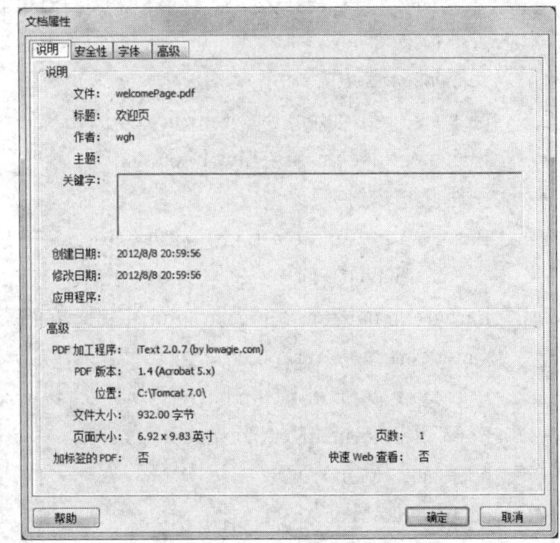

图 7-8 “文档属性”对话框

需要注意的是，在 JSP 中使用下面的代码：

```
response.reset();
response.setContentType("application/pdf");
DataOutput output = new DataOutputStream(response.getOutputStream());
```

将抛出如下异常：

```
ERROR [Engine] StandardWrapperValve[jsp]: Servlet.service() for servlet jsp threw exceptionJava.lang.IllegalState
Exception: getOutputStream() has already been called for this response
```

造成上述异常的原因是 Web 服务器生成的 Servlet 代码中有“out.write("")”，它和 JSP 中调用的 response.getOutputStream() 产生了冲突，即 Servlet 规范说明，不能既调用 response.getOutputStream()，又调用 response.getWriter()。无论先调用哪一个，在调用第二个的时候都会抛出“IllegalStateException”

异常。因为在 JSP 中，out 变量是通过 response.getWriter( ) 方法得到的，在程序中既用了 response.getOutputStream，又用了 out 变量，故出现以上错误。要解决该问题，在程序中添加以下代码即可：

```
out.clear();
out=pageContext.pushBody();
```

4．进行中文处理

进行中文处理

iText 组件本身不支持中文。为了解决中文输出的问题，需要多下载一个 iTextAsian.jar 包。下载后将其放入项目目录下的 WEB-INF/lib 路径中。使用这个中文包无非是实例化一个字体类，把字体类应用到相应的文字中，就可以正常显示中文。

可以通过以下代码解决中文输出问题：

```
BaseFont bfChinese = BaseFont.createFont("STSong-Light", "UniGB-UCS2-H", BaseFont. NOT_EMBEDDED);
//用中文的基础字体实例化了一个字体类
Font FontChinese = new Font(bfChinese, 12, Font.NORMAL);
Paragraph par = new Paragraph(" 简单快乐 ",FontChinese);      //将字体类用到了一个段落中
document.add(par);                                            //将段落添加到了文档中
```

在上面的代码中，STSong-Light 定义了使用的中文字体；UniGB-UCS2-H 定义了文字的编码标准和样式，GB 代表编码方式为 GB/T 2312-1980，H 代表横排字，V 代表竖排字。

【例 7-6】中文处理示例。

在 JSP 编写代码实现输出 PDF 文档，文档内容为“宝剑锋从磨砺出 梅花香自苦寒来”，代码如下：

```
<%@ page language="java"  pageEncoding="gb/t 2312-1980"%>
<%@ page import="java.io.*,com.lowagie.text.*,com.lowagie.text.pdf.*"%>
<%
 response.reset();
 response.setContentType("application/pdf");              //设置文档格式
 Document document = new Document();                      //创建 Document 实例
 //进行中文输出设置
 BaseFont bfChinese = BaseFont.createFont("STSong-Light",
        "UniGB-UCS2-H", BaseFont.NOT_EMBEDDED);
 Paragraph par = new Paragraph(" 宝剑锋从磨砺出 ",new Font(bfChinese, 12, Font.NORMAL));
 par.add(new Paragraph(" 梅花香自苦寒来 ",new Font(bfChinese, 12, Font.ITALIC)));
 ByteArrayOutputStream buffer = new ByteArrayOutputStream();
 PdfWriter.getInstance(document, buffer);
 document.open();                                         //打开文档
 document.add(par);                                       //添加内容
 document.close();                                        //关闭文档
 //解决抛出“IllegalStateException”异常的问题
 out.clear();
 out = pageContext.pushBody();
     DataOutput output = new DataOutputStream(response.getOutputStream());
 byte[] bytes = buffer.toByteArray();
 response.setContentLength(bytes.length);
 for (int i = 0; i < bytes.length; i++) {
     output.writeByte(bytes[i]);
 }
%>
```

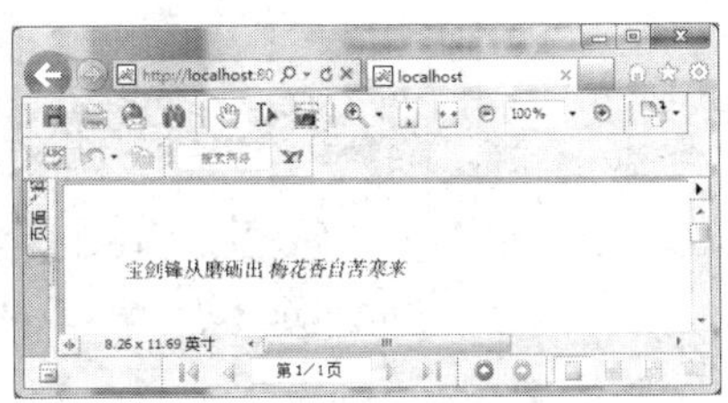

图 7-9　例 7-6 运行结果

运行结果如图 7-9 所示。

5. 创建表格

iText 组件中创建表格的类包括 com.lowagie.text.Table 和 com.lowagie.text.PDF.PDFPTable 两种。对于比较简单的表格，可以使用 com.lowagie.text.Table 类创建。但是如果要创建复杂的表格，就需要用到 com.lowagie.text.PDF.PDFPTable 类。

（1）com.lowagie.text.Table 类

com.lowagie.text.Table 类的构造函数有如下 3 个：

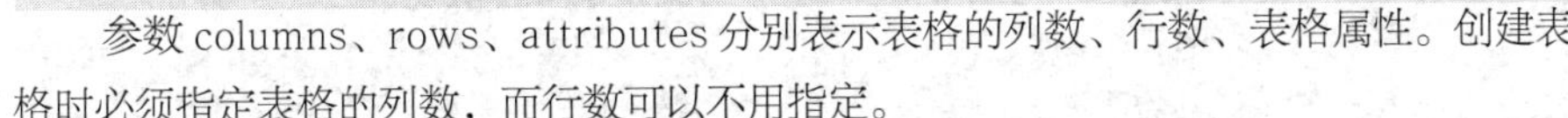

```
Table(int columns)
Table(int columns, int rows)
Table(Properties attributes)
```

创建表格

参数 columns、rows、attributes 分别表示表格的列数、行数、表格属性。创建表格时必须指定表格的列数，而行数可以不用指定。

创建表格之后，还可以设定表格的属性，如边框宽度、边框颜色、间距（padding space 即单元格的间距）大小等属性。

【例 7-7】表格示例 1。

使用 com.lowagie.text.Table 类来生成 2 行 3 列的带表头的表格，完整代码如下：

```
<%@ page language="java"  pageEncoding="gb/t 2312-1980"%>
<%@ page import="java.io.*,com.lowagie.text.*,com.lowagie.text.pdf.*"%>
<%
    response.reset();
    response.setContentType("application/pdf");          // 设置文档格式
    Document document = new Document();                  // 创建 Document 实例
    // 进行表格设置
    Table table = new Table(3);                          // 建立列数为 3 的表格
    table.setBorderWidth(2);                             // 边框宽度设置为 2
    table.setPadding(3);                                 // 表格边距离设置为 3
    table.setSpacing(3);
    Cell cell = new Cell("header");                      // 创建单元格作为表头
    cell.setHeader(true);                                // 表示该单元格作为表头信息显示
    cell.setColspan(3);                                  // 合并单元格，使该单元格占用 3 个列
    table.addCell(cell);
    table.endHeaders();                                  // 表头添加完毕后，必须调用此方法，否则跨页时，表头联显示
    cell = new Cell("cell1");                            // 添加一个一行两列的单元格
    cell.setRowspan(2);                                  // 合并单元格，向下占用 2 行
    table.addCell(cell);
    table.addCell("cell2.1.1");
    table.addCell("cell2.2.1");
    table.addCell("cell2.1.2");
    table.addCell("cell2.2.2");
    ByteArrayOutputStream buffer = new ByteArrayOutputStream();
    PdfWriter.getInstance(document, buffer);
    document.open();                                     // 打开文档
    document.add(table);                                 // 添加内容
```

```
    document.close();                                              // 关闭文档
    // 解决抛出"IllegalStateException"异常的问题
    out.clear();
    out = pageContext.pushBody();
        DataOutput output = new DataOutputStream(response.getOutputStream());

    byte[] bytes = buffer.toByteArray();
    response.setContentLength(bytes.length);

    for (int i = 0; i < bytes.length; i++) {
        output.writeByte(bytes[i]);
    }
%>
```

运行结果如图 7-10 所示。

如果想要设置单元格内的文字居中显示，可以先创建一个 Cell 对象的实例，再设置该实例的 setHorizontalAlignment 属性为 Cell.ALIGN_CENTER。例如，将例 7-7 所生成表格的表头文字居中显示，在语句"Cell cell = new Cell("header");"后面添加下面语句即可：

cell.setHorizontalAlignment(Cell.ALIGN_CENTER);　// 设置文字水平居中

（2）com.lowagie.text.PdfPTable 类

iText 组件的一个文档中可以有很多个表格，一个表格可以有很多个单元格，一个单元格里面可以放很多个段落，一个段落里面可以放一些文字。但是，读者必须明确以下两点内容。

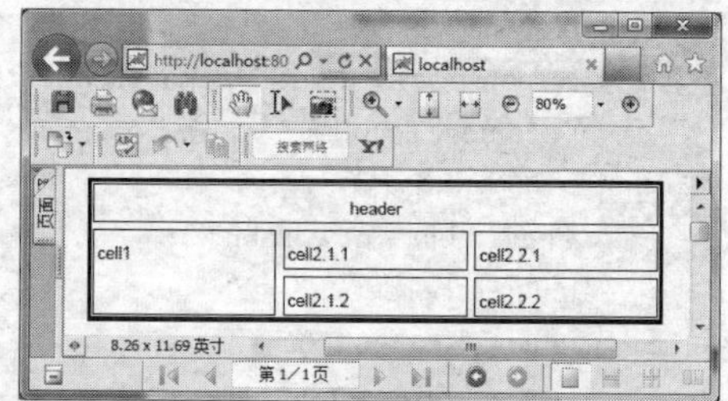

图 7-10　例 7-7 运行结果

① 在 iText 组件中没有行的概念，在表格里面直接放单元格。如果一个 5 列的表格中放进 10 个单元格，那么就是两行的表格。

② 如果一个 5 列的表格放入 4 个基本没有任何跨列设置的单元格，那么这个表格根本添加不到文档中，而且不会有任何提示。

【例 7-8】表格示例 2。

使用 com.lowagie.text.PdfPTable 类来生成 2 行 5 列的表格，完整代码如下：

```
<%@ page language="java" pageEncoding="gb/t 2312-1980"%>
<%@ page import="java.io.*,com.lowagie.text.*,com.lowagie.text.pdf.*"%>
<%
    response.reset();
    response.setContentType("application/pdf");                    // 设置文档格式
    Document document = new Document();                            // 创建 Document 实例
    // 生成 2 行 5 列的表格
    PdfPTable table = new PdfPTable(5);
    for (int i = 1; i < 11; i++) {
        PdfPCell cell = new PdfPCell();
        cell.addElement(new Paragraph("NO."+String.valueOf(i)));   // 设置单元格的内容
        table.addCell(cell);
```

```
    }
    ByteArrayOutputStream buffer = new ByteArrayOutputStream();
    PdfWriter.getInstance(document, buffer);
    document.open();                                          // 打开文档
    document.add(table);                                      // 添加表格
    document.close();                                         // 关闭文档
    // 解决抛出"IllegalStateException"异常的问题
    out.clear();
    out = pageContext.pushBody();
        DataOutput output = new DataOutputStream(response.getOutputStream());
    byte[] bytes = buffer.toByteArray();
    response.setContentLength(bytes.length);
    for (int i = 0; i < bytes.length; i++) {
        output.writeByte(bytes[i]);
    }
%>
```

运行结果如图 7-11 所示。

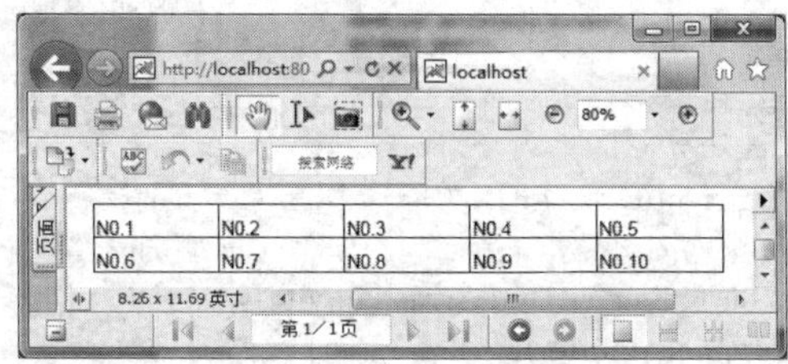

图 7-11　例 7-8 运行结果

6. 图像处理

iText 组件中处理图像的类为 com.lowagie.text.Image，目前 iText 组件支持的图像格式有 GIF、JPEG、PNG、WMF 等。对于不同的图像格式，iText 组件用同样的构造函数自动识别。通过下面的代码可以分别获得 GIF、JPG、PNG 图像的实例：

图像处理

```
Image gif = Image.getInstance("face1.gif");
Image jpeg = Image.getInstance("bookCover.jpg");
Image png = Image.getInstance("ico01.png");
```

图像的位置主要是指图像在文档中的对齐方式、图像和文本的位置关系。iText 组件通过方法 setAlignment(int alignment) 设置图像的位置。当参数 alignment 为 Image.RIGHT、Image.MIDDLE、Image.LEFT 时，分别指右对齐、居中、左对齐；当参数 alignment 为 Image.TEXTWRAP、Image.UNDERLYING 时，分别指文字绕图形显示、图形作为文字的背景显示。也可以结合使用这两种参数以达到预期的效果，如 setAlignment(Image.RIGHT | Image.TEXTWRAP) 显示的效果为图像右对齐、文字围绕图像显示。

如果图像在文档中不按原尺寸显示，可以通过下面的方法进行设定：

```
public void scaleAbsolute(int newWidth, int newHeight)
public void scalePercent(int percent)
public void scalePercent(int percentX, int percentY)
```

其中，方法 scaleAbsolute(int newWidth, int newHeight) 用于直接设定显示尺寸；方法 scalePercent(int percent) 用于设定显示比例，如 scalePercent(50) 表示显示的大小为原尺寸的 50%；而方法 scalePercent(int percentX, int percentY) 则用于设定图像高宽的显示比例。

如果图像需要旋转一定角度之后在文档中显示，可以通过方法 setRotation(double r) 设定，参数 r 为弧度。如果旋转角度为 30°，则参数 r= Math.PI / 6。

【例 7-9】图像处理示例。

在 JSP 编写代码实现输出 PDF 文档，文档内容为一个 2 行 1 列的表格，其中第 1 行的内容为图片，第 2 行的内容为居中显示的文字 harvest。完整代码如下：

```
<%@ page language="java" pageEncoding="gb/t 2312-1980"%>
<%@ page import="java.io.*,com.lowagie.text.*,com.lowagie.text.pdf.*"%>
<%
    response.reset();
    response.setContentType("application/pdf");
    Document document = new Document();
    //获取图片的路径
    String filePath=pageContext.getServletContext().getRealPath("harvest.jpg");
    Image jpg = Image.getInstance(filePath);
    jpg.setAlignment(Image.MIDDLE);                            //设置图片居中
    Table table=new Table(1);
    table.setAlignment(Table.ALIGN_MIDDLE);                    //设置表格居中
    table.setBorderWidth(0);                                   //将边框宽度设为 0
    table.setPadding(3);                                       //将表格边距离设为 3
    table.setSpacing(3);
    table.addCell(new Cell(jpg));                              //将图片加载在表格中
    Cell cellword=new Cell("harvest");
    cellword.setHorizontalAlignment(Cell.ALIGN_CENTER);        //设置文字水平居中
    table.addCell(cellword);                                   //添加表格
    ByteArrayOutputStream buffer = new ByteArrayOutputStream();
    PdfWriter.getInstance(document, buffer);
    document.open();
    //通过表格进行输出图片的内容
    document.add(table);
    document.close();
    //解决抛出“IllegalStateException”异常的问题
    out.clear();
    out = pageContext.pushBody();
        DataOutput output = new DataOutputStream(response.getOutputStream());

    byte[] bytes = buffer.toByteArray();
    response.setContentLength(bytes.length);

    for (int i = 0; i < bytes.length; i++) {
        output.writeByte(bytes[i]);
    }
%>
```

程序运行结果如图 7-12 所示。

图 7-12　例 7-9 运行结果

7.5 本章小结

本章首先介绍了文件上传下载组件 jspSmartUpload，通过该组件可以实现将文件上传到服务器，以及从服务器上下载文件到本地的功能；然后介绍了 Java Mail 组件，通过该组件可以实现收发邮件的功能；接着介绍了动态图表组件 JFreeChart，使用该组件可以很方便地生成柱形、饼形等图表；最后介绍了生成报表组件 iText，使用 iText 组件可以生成 JSP 报表。通过对本章的学习，读者完全可以开发出文件上传与下载模块、邮件收发系统、图表分析模块和 PDF 报表模块等。

习 题

7-1 jSPSmartUpload、Java Mail、JFreeChart 和 iText 组件的作用是什么？

7-2 怎么解决在实现生成 PDF 文档时抛出“getOutputStream( ) has already been called for this response”异常的问题？

7-3 在使用 JFreeChart 组件时，需要进行哪些准备工作？

7-4 在使用 iText 组件时，如何将 PDF 文档设定成 B5 页面大小？

上机指导

7-1 编写 JSP 程序，实现批量上传文件到服务器。

7-2 编写 JSP 程序，实现下载指定文件。

7-3 编写 JSP 程序，实现发送 HTML 格式的邮件。

7-4 编写 JSP 程序，实现发送带附件的邮件。

7-5 编写生成不包含图例的柱形图的程序。

7-6 编写生成不包含图例的饼形图的程序。

7-7 编写 JSP 程序，生成 PDF 报表，内容为 2 行 1 列的表格，表格的第 1 行为居中显示的文字“图片（一）”，表格的第 2 行为一张 JPG 格式的图片。

CHAPTER 08

第 8 章 JSP 数据库应用开发

本章要点

- JDBC 原理及驱动
- JDBC 常用接口
- 应用 JDBC 访问数据库
- 应用 JDBC 连接数据库
- 数据库的查询、添加、修改、删除
- 连接池技术

■ 数据库应用技术是开发 Web 应用程序的重要技术之一，多数 Web 应用程序都离不开数据库。本章将重点介绍如何在 JSP 中应用数据库开发技术。通过学习本章，读者应了解 JDBC 技术，掌握 JDBC 中常用接口的应用方法、连接及访问数据库的方法或连接典型数据库的方法，掌握数据库操作技术以及连接池技术的应用方法。

8.1 数据库管理系统

数据库管理系统

JSP 可以访问并操作很多种数据库管理系统，如 SQL Server、MySQL、Oracle、Access、DB2、Sybase 和 PostgreSQL 等，下面介绍几种常用的数据库管理系统。

8.1.1 SQL Server 2008 数据库

SQL Server 2008 是一个重大的产品版本，它推出了许多新的特性，并进行了很多关键的改进，成为至今为止功能最强大和最全面的 SQL Server 版本。SQL Server 是使用客户机 / 服务器体系结构的 RDBMS（Relational DataBase Management System，关系数据库管理系统）。微软公司于 1988 年推出了 SQL Server 的第一个 Beta 版本，1996 年推出了 SQL Server 6.5，1998 年推出了 SQL Server 7.0，2000 年推出了 SQL Server 2000，2005 年推出了 SQL Server 2005，2008 年推出了 SQL Server 2008。目前，SQL Server 已经是世界上应用最广泛的大型数据库之一。

1. 安装 SQL Server 2008 的必备条件

在安装 SQL Server 2008 之前，要了解安装 SQL Server 2008 所需的必备条件，检查计算机的软硬件配置是否满足 SQL Server 2008 的安装要求。必备条件如表 8-1 所示。

表 8-1　安装 SQL Server 2008 所需的必备条件

软　硬　件	描　　述
软件	SQL Server 安装程序需要使用 Microsoft Windows Installer 4.5 或更高版本以及 MDAC（Microsoft Data Access Components，微软数据访问组件）2.8 SP1 或更高版本
处理器	1.4GHz 处理器，建议使用 2.0GHz 或频率更高的处理器
RAM	最小 512MB，建议使用 1GB 或更大的内存
可用硬盘空间	至少有 2.0GB 的可用磁盘空间
CD-ROM 驱动器或 DVD-ROM	从磁盘进行安装时需要相应的 CD（Compact Disc，光盘）或 DVD（Digital Versatile Disc，数字通用光盘）驱动器
显示器	SQL Server 2008 图形工具需要使用 VGA（Video Graphics Array，视频图形阵列）或更高的分辨率，分辨率至少为 1024 像素 ×768 像素

2. 安装 SQL Server 2008

安装 SQL Server 2008

安装 SQL Server 2008 数据库的步骤如下。

① 将 SQL Server 2008 光盘放入光驱，此时光盘会自动运行。在打开的 SQL Server 2008 安装对话框中，首先单击左侧的“安装”按钮，然后单击“全新 SQL Server 独立安装或向现有安装添加功能”超链接，打开“安装程序支持规则”界面，再单击“确定”按钮，打开“产品密钥”界面，在该界面中输入产品密钥。

② 单击“下一步”按钮，进入“许可条款”界面，在该界面中选中“我接受许可条款”复选框，然后单击“下一步”按钮，打开“安装程序支持文件”界面，在该界面中单击“安装”按钮，安装程序支持文件。

③ 安装完程序支持文件后，界面上会出现“下一步”按钮，单击“下一步”按钮，进入“安装程序支持规则”界面。在该界面中，如果所有规则都通过，则“下一步”按钮可用。

④ 单击“下一步”按钮，进入“功能选择”界面，这里可以选择需要安装的功能。如果全部安装，则可以单击“全选”按钮。

⑤ 单击“下一步”按钮，进入“实例配置”界面，在该界面中选择实例的命名方式并命名实例，然后选择实例根目录。

⑥ 单击“下一步”按钮，进入“磁盘空间要求”界面，在该界面中显示安装 SQL Server 2008 所需的磁盘空间，单击“下一步”按钮，进入“服务器配置”界面。在该界面中，单击“对所有 SQL Server 服务使用相同的账户”按钮，以便为所有的 SQL Server 2008 服务设置统一账户。

⑦ 单击“下一步”按钮，进入“数据库引擎配置”界面，在该界面中选择身份验证模式，并设置密码，然后单击“添加当前用户”按钮，再单击“下一步”按钮，如图 8-1 所示。

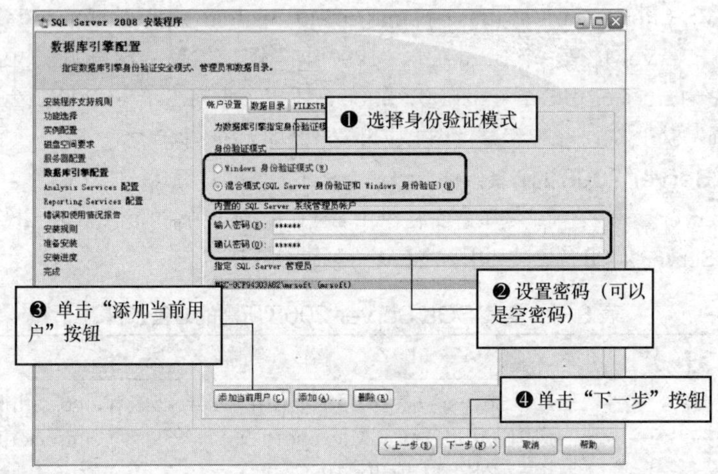

图 8-1 “数据库引擎配置”界面

⑧ 进入“Analysis Services 配置”界面，在该界面中单击“添加当前用户”按钮，然后单击“下一步”按钮，进入“Reporting Services 配置”界面，在该界面中选择“安装本机模式默认配置”单选按钮。

⑨ 单击“下一步”按钮，进入“错误和使用情况报告”界面，在该界面中设置是否将错误和使用情况报告发送到 Microsoft，这里选择默认设置，然后单击“下一步”按钮，进入“安装规则”界面。在该界面中，如果所有规则都通过，则“下一步”按钮可用。

⑩ 单击“下一步”按钮，进入“准备安装”界面，在该界面中显示准备安装的 SQL Server 2008 功能。单击“安装”按钮，进入“安装进度”界面，该界面中将显示 SQL Server 2008 的安装进度。

⑪ 安装完成后，“安装进度”界面中会显示安装的所有功能，然后单击“下一步”按钮，进入“完成”界面。在该界面中单击“关闭”按钮，即可完成 SQL Server 2008 的安装。

3. 创建数据库

在 SQL Server 2008 中，可以通过企业管理器创建数据库。下面将介绍如何在企业管理器中创建数据库。

① 选择“开始”/“所有程序”/“Microsoft SQL Server 2008”/“SQL Server Management Studio”，启动 SQL Server 的企业管理器。在对象资源管理器中，展开“localhost”节点，并选中“数据库”子节点，在该节点上单击鼠标右键，在弹出的快捷菜单中选择“新建数据库”命令，打开“新建数据库”对话框。

② 在“新建数据库”对话框的“数据库名称”文本框中，输入数据库名为 db_database08，单击“确定”按钮，完成数据库的创建。此时，对象资源管理器的数据库节点中，将显示新创建的数据库。

4. 创建数据表

创建好数据库后，就可以在该数据库中创建数据表了。在企业管理器中创建数据表的具体方法如下。

① 在 SQL Server 企业管理器中，展开刚刚创建的数据库“db_database08”节点，在其子节点“表”上，单击鼠标右键，在弹出的快捷菜单中选择“新建表”命令，打开表设计器。

② 在表设计器的“列名”列中，输入字段名 ID，在“数据类型”列中选择字段类型为 int，同时，为了将该字段设置为自动编号，还需要在“列”选项卡中，将标识设置为“是”，按照该方法继续添加所需要的字段（如 name 和 pwd）。

③ 字段添加完毕后，还可以为表设置主键。例如，将 ID 字段设置为主键的方法是，选中该字段，单击上方工具栏中的🔑图标。

④ 单击💾图标，保存该数据表，名称为 tb_user。

8.1.2 MySQL 数据库

MySQL 是目前较为流行的开放源代码的数据库，是完全网络化的跨平台的关系数据库系统，它是由 MySQL AB 公司开发、发布并支持的。任何人都能从 Internet 下载 MySQL 软件，而无须支付任何费用，并且“开放源代码”意味着任何人都可以使用和修改该软件。如果愿意，用户也可以研究源代码并进行恰当的修改，以满足自己的需求。不过需要注意的是，这种“自由”是有范围的。

8.1.3 Oracle 数据库

Oracle 数据库由以 RDBMS 为核心的一批软件产品组成，可在多种硬件平台上运行，例如微机、工作站、小型机、中型机和大型机等，并且支持多种操作系统，用户的 Oracle 应用可以方便地从一种计算机配置移至另一种计算机配置上。Oracle 数据库的分布式结构可将数据和应用驻留在多台计算机上，并且相互间的通信是透明的。Oracle 数据库支持大数据库、多用户的、高性能的事务处理，数据库的大小甚至可以上千兆，还支持大量用户同时在同一数据库上运行各种数据应用，并使用封锁机制进行事务间访问数据的并发控制，保证数据一致性。Oracle 数据库系统维护具有很高的性能，甚至每天可 24h 连续工作，进行正常的系统操作（非计算机系统故障）不会中断数据库的使用。

8.1.4 Access 数据库

Access 数据库是 Microsoft Office 系统软件中的一个重要组成部分，它是一个关系桌面数据库，可以用来建立中、小型的数据库应用系统，应用非常广泛。同时，由于 Access 数据库具有操作简单、使用方便等特点，许多小型的 Web 应用程序也采用 Access 数据库。

8.2 JDBC 概述

JDBC 是用于执行 SQL 语句的 API 类包，由一组用 Java 语言编写的类和接口组成。JDBC 提供了一种标准的应用程序设计接口，通过它可以访问各类关系数据库。下面将对 JDBC 技术进行详细介绍。

JDBC 概述

8.2.1 JDBC 技术介绍

JDBC 是一套面向对象的 API，制定了统一的访问各类关系数据库的标准接口，为各个数据库厂商提供了标准接口的实现。通过 JDBC 技术，开发人员可以用纯 Java 语言和标准的 SQL 语句编写完整的数据库应用程序，并且真正地实现软件的跨平台性。在 JDBC 技术问世之前，各家数据库厂商执行各自的一套 API，使得开发人员访问数据库非常困难，特别是在更换数据库时，需要修改大量代码，十分不方便。JDBC 的发布获得了巨大的成功，很快就成了 Java 访问数据库的标准，并且获得了几乎所有数据库厂商的支持。

JDBC 是一种底层 API，在访问数据库时需要在业务逻辑中直接嵌入 SQL 语句。由于 SQL 语句是面向关系的，依赖于关系模型，所以 JDBC 具有简单直接的优点，特别是对于小型应用程序十分方便。需要注意的是，JDBC 不能直接访问数据库，必须依赖于数据库厂商提供的 JDBC 驱动程序。通常情况下可使用 JDBC 完成以下操作。

① 同数据库建立连接。

② 向数据库发送 SQL 语句。

③ 处理从数据库返回的结果。

JDBC 具有下列优点。

① JDBC 与 ODBC（Open DataBase Connectivity，开放式数据库互连）十分相似，便于软件开发人员理解。

② JDBC 使软件开发人员从复杂的驱动程序编写工作中解脱出来，可以完全专注于业务逻辑的开发。

③ JDBC 支持多种关系数据库，大大增加了软件的可移植性。

④ JDBC API 是面向对象的，软件开发人员可以将常用的方法进行二次封装，从而提高代码的重用性。

与此同时，JDBC 也具有下列缺点。

① 通过 JDBC 访问数据库时速度将受到一定影响。

② 虽然 JDBC API 是面向对象的，但通过 JDBC 访问数据库依然是面向关系的。

③ JDBC 提供了对不同厂家的产品的支持，这将对数据源造成影响。

8.2.2 JDBC 驱动程序

JDBC 驱动程序用于解决应用程序与数据库通信的问题，它可以分为 4 种，即 JDBC-ODBC Bridge、JDBC-Native API Bridge、JDBC-middleware 和 Pure JDBC Driver，下面分别进行介绍。

1. JDBC-ODBC Bridge

JDBC-ODBC Bridge 通过本地的 ODBC Driver 连接到 RDBMS 上。这种连接方式必须将 ODBC 二进制代码（许多情况下还包括数据库客户机代码）加载到使用该驱动程序的每个客户机上，因此，这种类型的驱动程序最适合企业网或者是利用 Java 编写的 3 层结构的应用程序服务器。

2. JDBC-Native API Bridge

JDBC-Native API Bridge 驱动程序通过调用本地的 native 程序实现数据库连接，这种类型的驱动程序把客户机 API 上的 JDBC 调用转换为 Oracle、Sybase、Informix、DB2 或其他 DBMS 的调用。需要注意的是，和 JDBC-ODBC Bridge 驱动程序一样，这种类型的驱动程序要求将某些二进制代码加载到每台客户机上。

3. JDBC-middleware

JDBC-middleware 驱动程序是一种完全利用 Java 编写的 JDBC 驱动程序，这种驱动程序将 JDBC 转换为与 DBMS 无关的网络协议，然后将该协议通过网络服务器中间件转换为 DBMS 协议。这种网络服务器中间件能够将纯 Java 客户机连接到多种不同的数据库上，使用的具体协议取决于提供者。通常情况下，它是最为灵活的 JDBC 驱动程序，有可能所有这种解决方案的提供者都提供适合 Intranet 用的产品。为了使这些产品也支持 Internet 访问，它们必须满足 Web 所提出的安全性、通过防火墙的访问等方面的额外要求。目前，数家提供者正将 JDBC 驱动程序加到他们现有的数据库中间件产品中。

4. Pure JDBC Driver

Pure JDBC Driver 驱动程序是一种完全利用 Java 编写的 JDBC 驱动程序，这种类型的驱动程序将 JDBC 调用直接转换为 DBMS 所使用的网络协议。这将允许从客户机机器上直接调用 DBMS 服务器，是 Intranet 访问的一个很实用的解决方法。由于许多此类协议都是专用的，因此它们通常由数据库提供者自己提供，目前有数家提供者已在着手做这件事了。

8.3 JDBC 中的常用接口

JDBC 提供了许多接口和类。通过这些接口和类，可以实现与数据库的通信。本节将详细介绍一些常用的 JDBC 接口和类。

驱动程序接口 Driver

8.3.1 驱动程序接口 Driver

每种数据库的驱动程序都应该提供一个实现 java.sql.Driver 接口的类，简称 Driver 类。在加载 Driver 类时，应该创建自己的实例并向 java.sql.DriverManager 类注册该实例。

通常情况下通过 java.lang.Class 类的静态方法 forName(String className) 加载要连接数据库的 Driver 类，该方法的入口参数为要加载 Driver 类的完整包名。加载成功后，将 Driver 类的实例注册到 DriverManager 类中；如果加载失败，将抛出“ClassNotFoundException”异常，即未找到指定 Driver 类的异常。

8.3.2 驱动程序管理器 DriverManager

驱动程序管理器 DriverManager

java.sql.DriverManager 类负责管理 JDBC 驱动程序的基本服务，是 JDBC 的管理层，作用于用户和驱动程序之间，负责跟踪可用的驱动程序，并在数据库和驱动程序之间建立连接。另外，DriverManager 类也处理诸如驱动程序登录时间限制及登录和跟踪消息的显示等。成功加载 Driver 类并在 DriverManager 类中注册后，DriverManager 类即可用来建立数据库连接。

当调用 DriverManager 类的 getConnection( ) 方法请求建立数据库连接时，DriverManager 类将试图定位一个适当的 Driver 类，并检查定位到的 Driver 类是否可以建立连接。如果可以，则建立连接并返回；如果不可以，则抛出“SQLException”异常。DriverManager 类提供的常用方法如表 8-2 所示。

表 8-2 DriverManager 类提供的常用方法

方法名称	功能描述
getConnection(String url，String user，String password)	为静态方法，用来获得数据库连接，有 3 个入口参数，依次为要连接数据库的 URL、用户名和密码，返回值类型为 java.sql.Connection
setLoginTimeout(int seconds)	为静态方法，用来设置每次等待建立数据库连接的最长时间
setLogWriter(java.io.PrintWriter out)	为静态方法，用来设置日志的输出对象
println(String message)	为静态方法，用来输出指定消息到当前的 JDBC 日志流

8.3.3 数据库连接接口 Connection

java.sql.Connection 接口负责与特定数据库的连接，在连接的上下文中可以执行 SQL 语句并返回结果，还可以通过 getMetaData( ) 方法获得由数据库提供的相关信息，例如数据表、存储过程和连接功能等信息。Connection 接口提供的常用方法如表 8-3 所示。

数据库连接接口 Connection

表 8-3　Connection 接口提供的常用方法

方法名称	功能描述
createStatement()	创建并返回一个 Statement 实例，通常在执行无参数的 SQL 语句时创建该实例
prepareStatement()	创建并返回一个 PreparedStatement 实例，通常在执行包含参数的 SQL 语句时创建该实例，并对 SQL 语句进行预编译处理
prepareCall()	创建并返回一个 CallableStatement 实例，通常在调用数据库存储过程时创建该实例
setAutoCommit()	设置当前 Connection 实例的自动提交模式，默认为 true，即自动将更改同步到数据库中。如果设为 false，需要通过执行 commit() 方法或 rollback() 方法手动将更改同步到数据库中
getAutoCommit()	查看当前的 Connection 实例是否处于自动提交模式，如果是则返回 true，否则返回 false
setSavepoint()	在当前事务中创建并返回一个 Savepoint 实例，前提条件是当前的 Connection 实例不能处于自动提交模式，否则将抛出异常
releaseSavepoint()	从当前事务中移除指定的 Savepoint 实例
setReadOnly()	设置当前 Connection 实例的读取模式，默认为非只读模式，不能在事务当中执行该操作，否则将抛出异常。该方法有一个布尔型的入口参数，设为 true 表示开启只读模式，设为 false 则表示关闭只读模式
isReadOnly()	查看当前的 Connection 实例是否为只读模式，如果是则返回 true，否则返回 false
isClosed()	查看当前的 Connection 实例是否被关闭，如果被关闭则返回 true，否则返回 false
commit()	将从上一次提交或回滚以来进行的所有更改同步到数据库，并释放 Connection 实例当前拥有的所有数据库锁定
rollback()	取消当前事务中的所有更改，并释放当前 Connection 实例拥有的所有数据库锁定。该方法只能在非自动提交模式下使用，如果在自动提交模式下使用该方法，将抛出异常。该方法有一个入口参数，为 Savepoint 实例的重载方法，用来取消 Savepoint 实例之后的所有更改，并释放对应的数据库锁定
close()	立即释放 Connection 实例占用的数据库和 JDBC 资源，即关闭数据库连接

8.3.4　执行 SQL 语句接口 Statement

执行 SQL 语句
接口 Statement

java.sql.Statement 接口用来执行静态的 SQL 语句，并返回执行结果。例如，对于 INSERT、UPDATE 和 DELETE 语句，调用 executeUpdate(String sql) 方法；而 SELECT 语句则调用 executeQuery(String sql) 方法，并返回一个永远不能为 null 的 ResultSet 实例。Statement 接口提供的常用方法如表 8-4 所示。

表 8-4　Statement 接口提供的常用方法

方法名称	功能描述
executeQuery(String sql)	执行指定的静态 SELECT 语句，并返回一个永远不能为 null 的 ResultSet 实例
executeUpdate(String sql)	执行指定的静态 INSERT、UPDATE 或 DELETE 语句，并返回一个 int 型数值，为同步更新记录的条数
clearBatch()	清除位于 Batch 中的所有 SQL 语句，如果驱动程序不支持批量处理将抛出异常
addBatch(String sql)	将指定的 SQL 命令添加到 Batch 中，string 型入口参数通常为静态的 INSERT 或 UPDATE 语句，如果驱动程序不支持批量处理将抛出异常

续表

方法名称	功能描述
executeBatch()	执行 Batch 中的所有 SQL 语句，如果全部执行成功，则返回由受影响的行数（即更新计数）组成的数组。数组元素的排序与 SQL 语句的添加顺序对应。数组元素有以下几种情况：①大于或等于零的数，说明 SQL 语句执行成功，未影响数据库中行数的更新计数；② -2，说明 SQL 语句执行成功，但未得到受影响的行数；③ -3，说明 SQL 语句执行失败，仅当执行失败后继续执行后面的 SQL 语句时出现。如果驱动程序不支持批量，或者未能成功执行 Batch 中的 SQL 语句之一，将抛出异常
close()	立即释放 Statement 实例占用的数据库和 JDBC 资源，即关闭 Statement 实例

8.3.5 执行动态 SQL 语句接口 PreparedStatement

执行动态 SQL 语句接口 Prepared Statement

java.sql.PreparedStatement 接口继承于 Statement 接口，是 Statement 接口的扩展，用来执行动态的 SQL 语句，即包含参数的 SQL 语句。通过 PreparedStatement 实例执行的动态 SQL 语句，将被预编译并保存到 PreparedStatement 实例中，从而可以反复并且高效地执行该 SQL 语句。

需要注意的是，在通过 set×××() 方法为 SQL 语句中的参数赋值时，必须通过与输入参数的已定义 SQL 类型兼容的方法，也可以通过 setObject() 方法设置各种类型的输入参数。PreparedStatement 接口的使用方法如下：

```
PreparedStatement ps = connection
    .prepareStatement("select * from table_name where id>? and (name=? or name=?)");
ps.setInt(1, 1);
ps.setString(2, "wgh");
ps.setObject(3, "sk");
ResultSet rs = ps.executeQuery();
```

PreparedStatement 接口提供的常用方法如表 8-5 所示。

表 8-5 PreparedStatement 接口提供的常用方法

方法名称	功能描述
executeQuery()	执行前面包含参数的动态 SELECT 语句，并返回一个永远不能为 null 的 ResultSet 实例
executeUpdate()	执行前面包含参数的动态 INSERT、UPDATE 或 DELETE 语句，并返回一个 int 型数值，为同步更新记录的条数
clearParameters()	清除当前所有参数的值
set×××()	为指定参数设置 ××× 型值
close()	立即释放 Statement 实例占用的数据库和 JDBC 资源，即关闭 Statement 实例

8.3.6 执行存储过程接口 CallableStatement

执行存储过程接口 Callable Statement

java.sql.CallableStatement 接口继承于 PreparedStatement 接口，是 PreparedStatement 接口的扩展，用来执行 SQL 的存储过程。

JDBC API 定义了一套存储过程 SQL 转义语法，该语法允许对所有 RDBMS 通过标准方式调用存储过程。该语法定义了两种形式，分别是包含结果参数和不包含结果参数的。如果使用结果参数，则必须将其注册为 OUT 型参数，参数是根据定义位置按顺序引用的，第一个参数的索引为 1。

为参数赋值的方法是从 PreparedStatement 中继承来的 set×××( ) 方法。在执行存储过程之前，必须注册所有 OUT 类型的参数，它们的值是在执行后通过 get×××( ) 方法检索的。

CallableStatement 可以返回一个或多个 ResultSet 实例。处理多个 ResultSet 对象的方法是从 Statement 中继承来的。

8.3.7 访问结果集接口 ResultSet

java.sql.ResultSet 接口类似于一个数据表，通过该接口的实例可以获得检索结果集，以及对应数据表的相关信息，例如列名和类型等。ResultSet 实例通过执行查询数据库的语句生成。

访问结果集接口 ResultSet

ResultSet 实例具有指向其当前数据行的指针。最初，指针指向第一行记录的前方，通过 next( ) 方法可以将指针移动到下一行，因为该方法在没有下一行时将返回 false，所以可以通过 while 循环来迭代 ResultSet 结果集。在默认情况下，ResultSet 对象不可以更新，只有一个可以向前移动的指针，因此，它只能迭代一次，并且只能按从第一行到最后一行的顺序进行。如果需要，可以生成可滚动和可更新的 ResultSet 对象。

ResultSet 接口提供了从当前行检索不同类型列值的 get×××( ) 方法。该类方法均有两个重载方法，可以通过列的索引编号或列的名称检索。通过列的索引编号检索较为高效，列的索引编号从 1 开始。对于不同的 get×××( ) 方法，JDBC 驱动程序尝试将基础数据转换为与 get×××( ) 方法相应的 Java 类型的值，并返回适当的 Java 类型的值。

JDBC 2.0 API（JDK 1.2）之后为该接口添加了一组更新方法 update×××( )。该类方法均有两个重载方法，可以通过列的索引编号或列的名称指定列，用来更新当前行的指定列，或者初始化要插入行的指定列。但是该方法并未将操作同步到数据库，需要执行 updateRow( ) 方法或 insertRow( ) 方法完成同步操作。

ResultSet 接口提供的常用方法如表 8-6 所示。

表 8-6 ResultSet 接口提供的常用方法

方 法 名 称	功 能 描 述
first( )	移动指针到第一行。如果结果集为空则返回 false，否则返回 true；如果结果集类型为 TYPE_FORWARD_ONLY 将抛出异常
last( )	移动指针到最后一行。如果结果集为空则返回 false，否则返回 true；如果结果集类型为 TYPE_FORWARD_ONLY 将抛出异常
previous( )	移动指针到上一行。如果存在上一行则返回 true，否则返回 false；如果结果集类型为 TYPE_FORWARD_ONLY 将抛出异常
next( )	移动指针到下一行。指针最初位于第一行之前，第一次调用该方法将移动到第一行；如果存在下一行则返回 true，否则返回 false
beforeFirst( )	移动指针到 ResultSet 实例的开头，即第一行之前。如果结果集类型为 TYPE_FORWARD_ONLY 将抛出异常
afterLast( )	移动指针到 ResultSet 实例的末尾，即最后一行之后。如果结果集类型为 TYPE_FORWARD_ ONLY 将抛出异常
absolute( )	移动指针到指定行。该方法有一个 int 型入口参数，正数表示从前向后编号，负数表示从后向前编号，编号均从 1 开始。如果存在指定行则返回 true，否则返回 false；如果结果集类型为 TYPE_ FORWARD_ONLY 将抛出异常
relative( )	移动指针到相对于当前行的指定行。该方法有一个 int 型入口参数，正数表示向后移动，负数表示向前移动，视当前行为 0。如果存在指定行则返回 true，否则返回 false；如果结果集类型为 TYPE_FORWARD_ONLY 将抛出异常
getRow( )	查看当前行的索引编号。索引编号从 1 开始，如果位于有效记录行上则返回一个 int 型索引编号，否则返回 0

续表

方法名称	功能描述
findColumn( )	查看指定列名的索引编号。该方法有一个 string 型入口参数，为要查看的列的名称。如果包含指定列，则返回 int 型索引编号，否则将抛出异常
isBeforeFirst( )	查看指针是否位于 ResultSet 实例的开头，即第一行之前，如果是则返回 true，否则返回 false
isAfterLast( )	查看指针是否位于 ResultSet 实例的末尾，即最后一行之后，如果是则返回 true，否则返回 false
isFirst( )	查看指针是否位于 ResultSet 实例的第一行，如果是则返回 true，否则返回 false
isLast( )	查看指针是否位于 ResultSet 实例的最后一行，如果是则返回 true，否则返回 false
close( )	立即释放 ResultSet 实例占用的数据库和 JDBC 资源。关闭所属的 Statement 实例时也将执行此操作

8.4 JDBC 访问数据库的过程

在对数据库进行操作时，首先需要连接数据库。在 JSP 中，连接数据库大致可以分加载 JDBC 驱动程序、创建数据库连接、执行 SQL 语句、获得查询结果和关闭连接等 5 个步骤，下面进行详细介绍。

加载 JDBC
驱动程序

1. 加载 JDBC 驱动程序

在连接数据库之前，首先加载要连接数据库的驱动到 JVM，这可通过 java.lang.Class 类的静态方法 forName(String className) 实现。例如加载 SQL Server 2008 驱动程序的代码如下：

```
try {
    Class.forName("com.microsoft.sqlserver.jdbc.SQLServerDriver");
} catch (ClassNotFoundException e) {
    System.out.println(" 加载数据库驱动时抛出异常，内容如下：");
    e.printStackTrace();
}
```

成功加载后，会将加载的驱动类注册给 DriverManager 类；如果加载失败，将抛出“ClassNotFoundException”异常，即未找到指定的驱动类，所以需要在加载数据库驱动类时捕捉可能抛出的异常。

通常将负责加载驱动的代码放在 static 块中，这样做的好处是只有 static 块所在的类第一次被加载时才加载数据库驱动，避免重复加载驱动程序，浪费计算机资源。

2. 创建数据库连接

java.sql.DriverManager 类是 JDBC 的管理层，负责建立和管理数据库连接。通过 DriverManager 类的静态方法 getConnection(String url、String user、String password) 可以建立数据库连接，3 个入口参数依次为要连接数据库的路径、用户名和密码。该方法的返回值类型为 java.sql.Connection，典型代码如下：

```
Connection conn = DriverManager.getConnection(
    "jdbc:sqlserver://127.0.0.1:1433;DatabaseName=db_database08", "sa", "");
```

创建数据库
连接

在上面的代码中，连接的是本地的 SQL Server 数据库，数据库名称为 db_database08，登录用户为 sa，密码为空。

3. 执行 SQL 语句

执行 SQL 语句

建立数据库连接（Connection）的目的是与数据库进行通信，实现方式为执行 SQL 语句，但是通过 Connection 实例并不能执行 SQL 语句，还需要通过 Connection 实例创建 Statement 实例。Statement 实例分为以下 3 种类型。

① Statement 实例：该类型的实例只能用来执行静态的 SQL 语句。

② PreparedStatement 实例：该类型的实例增加了执行动态 SQL 语句的功能。

③ CallableStatement 对象：该类型的实例增加了执行数据库存储过程的功能。

其中 Statement 是最基础的；PreparedStatement 继承了 Statement，并做了相应的扩展；而 CallableStatement 继承了 PreparedStatement，又做了相应的扩展，从而保证在基本功能的基础上，各自又增加了一些独特的功能。

4. 获得查询结果

获得查询结果

通过 Statement 接口的 executeUpdate( ) 方法或 executeQuery( ) 方法，可以执行 SQL 语句，同时返回执行结果。如果执行的是 executeUpdate( ) 方法，将返回一个 int 型数值，代表影响数据库记录的条数，即插入、修改或删除记录的条数；如果执行的是 executeQuery( ) 方法，将返回一个 ResultSet 型的结果集，其中不仅包含所有满足查询条件的记录，还包含相应数据表的相关信息，例如列的名称、类型和列的数量等。

5. 关闭连接

关闭连接

在建立 Connection、Statement 和 ResultSet 实例时，均需占用一定的数据库和 JDBC 资源。所以每次访问数据库结束后，应该及时销毁这些实例，释放它们占用的所有资源，方法是使用各个实例的 close( ) 方法，并且在关闭时建议按照以下的顺序进行：

```
resultSet.close();
statement.close();
connection.close();
```

采用上面顺序关闭的原因在于 Connection 是一个接口，close( ) 方法的实现方式可能多种多样。如果是通过 DriverManager 类的 getConnection( ) 方法得到的 Connection 实例，在调用 close( ) 方法关闭 Connection 实例时会同时关闭 Statement 实例和 ResultSet 实例。但是通常情况下需要采用数据库连接池，在调用通过连接池得到的 Connection 实例的 close( ) 方法时，Connection 实例可能并没有被释放，而是被放回到了连接池中，又被其他连接调用。在这种情况下如果不手动关闭 Statement 实例和 ResultSet 实例，它们在 Connection 中可能会越来越多。虽然 JVM 的垃圾回收机制会定时清理缓存，但是如果清理得不及时，当数据库连接达到一定数量时，将严重影响数据库和计算机的运行速度，甚至导致软件或系统瘫痪。

8.5 典型 JSP 数据库的连接

8.5.1 SQL Server 2008 数据库的连接

SQL Server 2008 数据库的连接

SQL Server 2008 数据库的驱动代码如下：

```
String driverClass="com.microsoft.sqlserver.jdbc.SQLServerDriver";
```

连接 SQL Server 2008 数据库需要用到的包只有 sqljdbc.jar 或者 sqljdbc4.jar。

连接 SQL Server 2008 数据库的 URL 代码如下：

```
String url = "jdbc:sqlserver://127.0.0.1:1433;DatabaseName=db_database08";
```

在上面的 URL 代码中，“127.0.0.1”为数据库所在机器的 IP 地址，该 IP 地址代表本机，也可替换为“localhost”；“1433”为 SQL Server 2008 数据库默认的端口号；“db_database08”为数据库名。

【例 8-1】在 JSP 中连接 SQL Server 2008 数据库 db_databse08。

```
<%@ page language="java" import="java.util.*" pageEncoding="GB/T 2312-1980"%>
<%@ page import="java.sql.*"%>
……      <!-- 此处省略了部分 HTML 代码 -->
连接 SQL Server 2008 数据库 <br>
<%
String driverClass="com.microsoft.sqlserver.jdbc.SQLServerDriver";
String url = "jdbc:sqlserver://127.0.0.1:1433;DatabaseName=db_database08";
String username = "sa";
String password = "";
Class.forName(driverClass);                                          // 加载数据库驱动
Connection conn=DriverManager.getConnection(url, username, password);  // 建立连接
Statement stmt=conn.createStatement();
ResultSet rs = stmt.executeQuery("select * from tb_user");           // 执行查询语句
while(rs.next()){                                                    // 循环显示数据表中的数据
    out.println("<br> 用户名 : "+rs.getString(2)+"   密码 : "+rs.getString(3));
}
rs.close();
stmt.close();
conn.close();
%>
</body></html>
```

程序运行结果如图 8-2 所示。

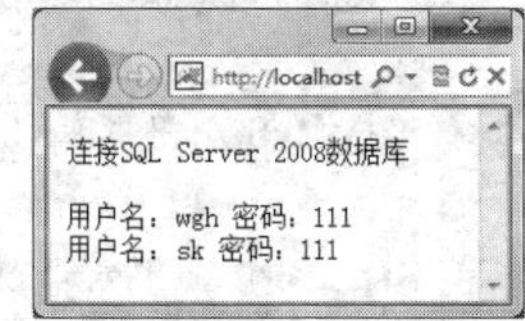

图 8-2　例 8-1 运行结果

8.5.2　Access 数据库的连接

Access 数据库的驱动代码如下：

```
String driverClass="sun.jdbc.odbc.JdbcOdbcDriver";
```

连接 Access 数据库需要通过 JDBC-ODBC 方式，不需要引入任何包。

连接 Access 数据库的 URL 代码如下：

```
String url = "jdbc:odbc:driver={Microsoft Access Driver (*.mdb)};DBQ=E:/db_database08.mdb";
```

Access 数据库的连接

由于在上面的 URL 代码中采用的是系统默认的连接 Access 数据库的驱动 Microsoft Access Driver (*.mdb)，所以不需要手动配置 ODBC 驱动。“E:/db_database08.mdb”为 Access 数据库的绝对存放路径，在实际程序中，可以通过 request 对象的相关方法获取数据库文件的存放路径。

【例 8-2】在 JSP 中连接 Access 数据库 db_databse08。

```
<%@ page language="java" import="java.sql.*" pageEncoding="GB/T 2312-1980"%>
……      <!-- 此处省略了部分 HTML 代码 -->
连接 Access 数据库 <br>
<%
String driverClass="sun.jdbc.odbc.JdbcOdbcDriver";
String path=request.getRealPath("");     // 获取当前请求文件的绝对路径
String url = "jdbc:odbc:driver={Microsoft Access Driver (*.mdb)};DBQ="+path+"/db_database08.mdb";
String username = "";
```

```
String password = "";
Class.forName(driverClass);                                             // 加载数据库驱动
Connection conn=DriverManager.getConnection(url, username, password);   // 建立连接
Statement stmt=conn.createStatement();
ResultSet rs = stmt.executeQuery("select * from tb_user");              // 执行 SQL 语句
// 此处省略了循环显示数据表中的数据及关闭数据库连接的代码，具体代码请参见例 8-1
%>
</body></html>
```

程序运行结果如图 8-3 所示。

图8-3 例8-2运行结果

8.5.3 MySQL 数据库的连接

MySQL 数据库的驱动代码如下：

```
String driverClass="com.mysql.jdbc.Driver";
```

连接 MySQL 数据库需要用到的包为 mysql-connector-java-5.1.20-bin.jar。

MySQL 数据库的连接

连接 MySQL 数据库的 URL 代码如下：

```
String url="jdbc:mysql://127.0.0.1:3306/db_database08";
```

在上面的 URL 代码中，“127.0.0.1”为数据库所在机器的 IP 地址，该 IP 地址代表本机，也可替换为“localhost”；“3306”为 MySQL 数据库默认的端口号；“db_database08”为要连接的数据库名。

【例 8-3】在 JSP 中连接 MySQL 数据库 db_databse08。

```
<%@ page language="java" import="java.sql.*" pageEncoding="GB/T 2312-1980"%>
……      <!-- 此处省略了部分 HTML 代码 -->
连接 MySQL 数据库 <br>
<%
String driverClass="com.mysql.jdbc.Driver";
String url="jdbc:mysql://localhost:3306/db_database08";
String username = "root";
String password = "111";
Class.forName(driverClass);                                             // 加载数据库驱动
Connection conn=DriverManager.getConnection(url, username, password);   // 建立连接
Statement stmt=conn.createStatement();
ResultSet rs = stmt.executeQuery("select * from tb_user");              // 执行 SQL 语句
// 此处省略了循环显示数据表中的数据及关闭数据库连接的代码，具体代码请参见例 8-1
%>
</body></html>
```

程序运行结果如图 8-4 所示。

8.6 数据库操作技术

在开发 Web 应用程序时，经常需要对数据库进行操作，常用的数据库操作包括查询、添加、修改或删除数据库中的数据。这些操作既可以通过静态的 SQL 语句实现，也可以通过动态的 SQL 语句实现，还可以通过存储过程实现，具体采用的实现方式要根据实际情况而定。

图 8-4 例 8-3 运行结果

8.6.1 查询操作

查询操作

JDBC 提供了两种实现数据查询的方法，一种是通过 Statement 对象执行静态的 SQL 语句实现，另一种是通过 PreparedStatement 对象执行动态的 SQL 语句实现。由于 PreparedStatement 类是 Statement 类的扩展，一个 PreparedStatement 对象包含一个预编译的 SQL 语句，该 SQL 语句可能包含一个或多个参数，这样应用程序可以动态地为其赋值，所以 PreparedStatement 对象执行的速度比 Statement 对象快。因此在执行较多的 SQL 语句时，建议使用 PreparedStatement 对象。

下面将通过两个实例分别应用这两种方法实现数据查询。

【例 8-4】查询操作示例 1。

应用 Statement 对象从数据表 tb_user 中查询 name 字段值为 wgh 的数据，代码如下：

```
<%@ page language="java" import="java.sql.*" pageEncoding="GB/T 2312-1980"%>
<%
// 此处省略了创建数据库连接的代码
Statement stmt=conn.createStatement();
ResultSet rs = stmt.executeQuery("select * from tb_user where name='wgh'");
    while(rs.next()){
        out.println(" 用户名 : "+rs.getString(2)+"    密码 : "+rs.getString(3));
    }
rs.close();
stmt.close();
conn.close();
%>
```

【例 8-5】查询操作示例 2。

应用 PreparedStatement 对象从数据表 tb_user 中查询 name 字段值为 wgh 的数据，代码如下：

```
<%@ page language="java" import="java.sql.*" pageEncoding="GB/T 2312-1980"%>
<%
// 此处省略了创建数据库连接的代码
PreparedStatement pStmt = conn.prepareStatement("select * from tb_user where name=?");
pStmt.setString(1,"wgh");
ResultSet rs = pStmt.executeQuery();
while(rs.next()){
    out.println(" 用户名 : "+rs.getString(2)+"    密码 : "+rs.getString(3));
}
rs.close();
pStmt.close();
conn.close();
%>
```

例 8-4 和例 8-5 的运行结果如图 8-5 所示。

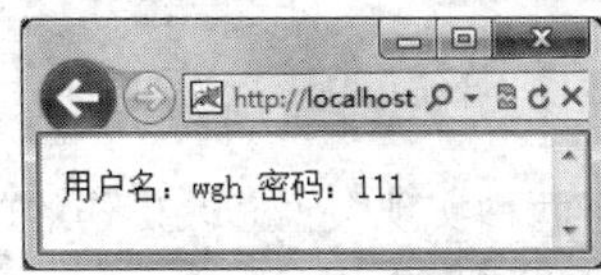

图 8-5　例 8-4 和例 8-5 的运行结果

> 技巧
> 如果要实现模糊查询，可以使用 SQL 语句中的 like 关键字实现。例如，要查询 name 字段中包括“w”的数据可以使用 SQL 语句“select * from tb_user where name like‘%w%’”或“select * from tb_user where name like ?”实现。其中，使用后一语句时，需要将参数值设置为“%w%”。

8.6.2 添加操作

添加操作

与查询操作相同，JDBC 中也提供了两种实现数据添加操作的方法，一种是通过 Statement 对象执行静态的 SQL 语句实现，另一种是通过 PreparedStatement 对象执行动态的 SQL 语句实现。

通过 Statement 对象和 PreparedStatement 对象实现数据添加操作的方法同实现查询操作的方法基本相同，所不同的就是执行的 SQL 语句及其执行方法不同，实现数据添加操作时采用的是 executeUpdate( ) 方法，而实现数据查询时使用的是 executeQuery( ) 方法。实现数据添加操作执行的 SQL 语句为 Insert 语句，其语法格式如下：

```
Insert [INTO] table_name[(column_list)] values(data_values)
```

Insert 语句的参数说明如表 8-7 所示。

表 8-7 Insert 语句的参数说明

参　数	描　述
[INTO]	可选项，无特殊含义，可以将它用在 INSERT 和目标表之前
table_name	要添加记录的数据表名称
column_list	是表中的字段列表，表示向表中哪些字段插入数据；如果是多个字段，字段之间用逗号分隔。不指定 column_list，默认向数据表中所有字段插入数据
data_values	要添加的数据列表，各个数据之间使用逗号分隔。数据列表中的个数、数据类型必须和字段列表中的字段个数、数据类型一致
values	引入要插入的数据值的列表。对于 column_list（如果已指定）中或者表中的每个列，都必须有一个数据值；必须用圆括号将值列表括起来。如果 VALUES 列表中的值与表中的值和表中列的顺序不相同，或者未包含表中所有列的值，那么必须使用 column_list 明确地指定存储每个传入值的列

应用 Statement 对象向数据表 tb_user 中添加数据的关键代码如下：

```
Statement stmt=conn.createStatement( );
int rtn= stmt.executeUpdate("insert into tb_user (name,pwd) values('hope','111')");
```

利用 PreparedStatement 对象向数据表 tb_user 中添加数据的关键代码如下：

```
PreparedStatement pStmt = conn.prepareStatement("insert into tb_user (name,pwd) values(?,?)");
pStmt.setString(1,"dream");
pStmt.setString(2,"111");
int rtn= pStmt.executeUpdate( );
```

8.6.3 修改操作

修改操作

与添加操作相同，JDBC 也提供了两种实现数据修改操作的方法，一种是通过 Statement 对象执行静态的 SQL 语句实现，另一种是通过 PreparedStatement 对象执行动态的 SQL 语句实现。

通过 Statement 对象和 PreparedStatement 对象实现数据修改操作的方法同实现添加操作的方法基本相同，所不同的是执行的 SQL 语句不同。实现数据修改操作执行的 SQL 语句为 UPDATE 语句，其语法格式如下：

```
UPDATE table_name
SET <column_name>=<expression>
    […,<last column_name>=<last expression>]
[WHERE<search_condition>]
```

UPDATE 语句的参数说明如表 8-8 所示。

表 8-8　UPDATE 语句的参数说明

参　数	描　述
table_name	需要更新的数据表名
SET	指定要更新的列或变量名称的列表
column_name	含有要更改数据的列的名称。column_name 必须驻留于 UPDATE 子句中所指定的表或视图中，标识列不能进行更新。如果指定了限定的列名称，限定符必须同 UPDATE 子句中的表或视图的名称相匹配
expression	变量、字面值、表达式或加上括号返回单个值的 subSELECT 语句。expression 返回的值将替换 column_name 中的现有值
WHERE	指定条件来限定所更新的行
<search_condition>	为要更新行指定需满足的条件。搜索条件也可以是连接所基于的条件，对搜索条件中可以包含的谓词数量没有限制

应用 Statement 对象修改数据表 tb_user 中 name 字段值为“dream”的记录，关键代码如下：

```
Statement stmt=conn.createStatement();
int rtn= stmt.executeUpdate("update tb_user set name='hope',pwd='222' where name='dream'");
```

利用 PreparedStatement 对象修改数据表 tb_user 中 name 字段值为“hope”的记录，关键代码如下：

```
PreparedStatement pStmt = conn.prepareStatement("update tb_user set name=?,pwd=? where name=?");
    pStmt.setString(1,"dream");
    pStmt.setString(2,"111");
    pStmt.setString(3,"hope");
    int rtn= pStmt.executeUpdate();
```

在实际应用中，经常先将要修改的数据查询出来并显示到相应的表单中，然后将表单提交到相应处理页，在处理页中获取要修改的数据，并执行修改操作，完成数据修改。

8.6.4　删除操作

删除操作

数据删除操作也可以通过两种方法实现，一种是通过 Statement 对象执行静态的 SQL 语句实现，另一种是通过 PreparedStatement 对象执行动态的 SQL 语句实现。

通过 Statement 对象和 PreparedStatement 对象实现数据删除操作的方法同实现添加操作的方法基本相同，所不同的就是执行的 SQL 语句不同。实现数据删除操作执行的 SQL 语句为 DELETE 语句，其语法格式如下：

```
DELETE FROM <table_name >[WHERE<search condition>]
```

在上面的语法中，table_name 用于指定要删除数据的表的名称；<search_condition> 用于指定删除数据的限定条件。在搜索条件中对包含的谓词数量没有限制。

应用 Statement 对象从数据表 tb_user 中删除 name 字段值为“hope”的数据，关键代码如下：

```
Statement stmt=conn.createStatement();
int rtn= stmt.executeUpdate("delete tb_user where name='hope'");
```

利用 PreparedStatement 对象从数据表 tb_user 中删除 name 字段值为“dream”的数据，关键代码如下：

```
PreparedStatement pStmt = conn.prepareStatement("delete from tb_user where name=?");
pStmt.setString(1,"dream");
int rtn= pStmt.executeUpdate();
```

8.7 连接池技术

本节将详细介绍数据库连接池技术，以及数据库连接池的配置方法和通过 JNDI（Java Naming and Directory Interface，Java 命名与目录接口，一种将对象和名字绑定的技术，详细介绍参见 8.7.3 节）从连接池中获得数据库连接的方法。

8.7.1 连接池简介

连接池简介

通常情况下，在每次访问数据库之前都要先建立数据库的连接，这将消耗一定的资源，并延长访问数据库的时间。如果是访问量相对较小的系统还可以，如果访问量较大，将严重影响系统的性能。为了解决这一问题，引入了连接池的概念。所谓连接池，就是预先建立好一定数量的数据库连接，模拟存放在一个连接池中，由连接池负责对这些数据库连接进行管理。这样，当需要访问数据库时，就可以通过已经建立好的连接访问数据库了，从而免去了每次访问数据库之前建立数据库连接的开销。

连接池还解决了数据库连接数量限制的问题。由于数据库能够承受的连接数量是有限的，当达到一定程度时，数据库的性能就会下降，甚至崩溃。而池化管理机制通过有效地使用和调度这些连接池中的连接，则解决了这个问题（在这里我们不讨论连接池对连接数量限制的问题）。

数据库连接池的具体实施办法如下。

① 预先创建一定数量的连接，存放在连接池中。

② 当程序请求一个连接时，连接池为该请求分配一个空闲连接，而不是去重新建立一个连接；当程序使用完连接后，该连接将重新回到连接池中，而不是直接将连接释放。

③ 当连接池中的空闲连接数量低于下限时，连接池将根据管理机制追加创建一定数量的连接；当空闲连接数量高于上限时，连接池将释放一定数量的连接。

每次用完 Connection 后，要及时调用 Connection 对象的 close( ) 方法或 dispose( ) 方法显式关闭连接，以便连接可以及时返回到连接池中。非显式关闭的连接可能不会被添加或返回到连接池中。

连接池具有下列优点。

① 创建一个新的数据库连接所耗费的时间主要取决于网络的速度以及应用程序和数据库服务器的（网络）距离，这个过程通常是一个很耗时的过程。采用数据库连接池后，数据库连接请求则可以直接通过连接池满足，而不需要将该请求重新连接、认证到数据库服务器，从而节省了时间。

② 提高了数据库连接的重复使用率。

③ 解决了数据库对连接数量的限制。

与此同时，连接池具有下列缺点。

① 连接池中可能存在多个与数据库保持连接但未被使用的连接，在一定程度上浪费了资源。

② 要求开发人员和使用者准确估算系统需要提供的数据库连接的最大数量。

8.7.2 在 Tomcat 中配置连接池

在 Tomcat 中
配置连接池

在通过连接池技术访问数据库时，首先需要在 Tomcat 下配置数据库连接池，下面以 SQL Server 2008 为例介绍在 Tomcat 7.0 下配置数据库连接池的方法。

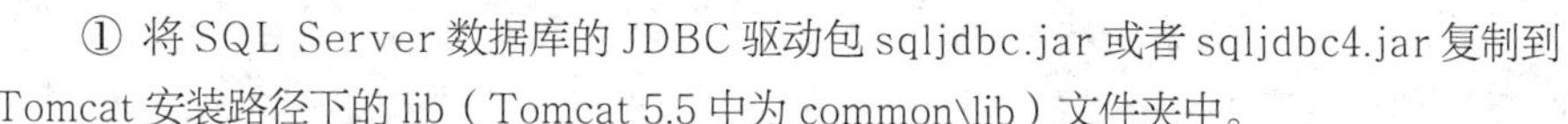

① 将 SQL Server 数据库的 JDBC 驱动包 sqljdbc.jar 或者 sqljdbc4.jar 复制到 Tomcat 安装路径下的 lib（Tomcat 5.5 中为 common\lib）文件夹中。

② 配置数据源。在配置数据源时，可以将其配置到 Tomcat 安装目录下的 conf\server.xml 文件中，也可以将其配置到 Web 工程目录下的 META-INF\context.xml 文件中，建议采用后者，因为这样配置的数据源更有针对性。配置数据源的具体代码如下：

```
<Context>
    <Resource name="TestJNDI" type="javax.sql.DataSource" auth="Container"
        driverClassName="com.microsoft.sqlserver.jdbc.SQLServerDriver"     url="jdbc:sqlserver://127.0.0.1:14
        33;DatabaseName=db_db_database08"
        username="sa" password="" maxActive="4" maxIdle="2" maxWait="6000" />
</Context>
```

在配置数据源时，需要配置的 <Resource> 元素的属性及其说明如表 8-9 所示。

表 8-9　<Resource> 元素的属性及其说明

属 性 名 称	说　明
name	设置数据源的 JNDI 名
type	设置数据源的类型
auth	设置数据源的管理者。该属性有 Container 和 Application 两个可选值，Container 表示由容器来创建和管理数据源，Application 表示由 Web 应用来创建和管理数据源
driverClassName	设置连接数据库的 JDBC 驱动程序
url	设置连接数据库的路径
username	设置连接数据库的用户名
password	设置连接数据库的密码
maxActive	设置连接池中处于活动状态的数据库连接的最大数目，0 表示不受限制
maxIdle	设置连接池中处于空闲状态的数据库连接的最大数目，0 表示不受限制
maxWait	设置当连接池中没有处于空闲状态的连接时，数据库连接请求的最长等待时间（单位为毫秒），如果超出该时间将抛出异常，-1 表示无限期等待

8.7.3 使用连接池技术访问数据库

使用连接池技术
访问数据库

JDBC 2.0 提供了 javax.sql.DataSource 接口，负责与数据库建立连接，在应用时不需要编写连接数据库代码，可以直接从数据源中获得数据库连接。JDBC 在 DataSource 中预先建立了多个数据库连接，这些数据库连接保存在数据库连接池中。当程序访问数据库时，只需从连接池中取出空闲的连接，访问结束后，再将连接归还给连接池即可。DataSource 对象由容器（例如 Tomcat）提供，不能通过创建实例的方法来获得 DataSource 对象，需要利用 Java 的 JNDI（Java Nameing and Directory Interface，Java 命名和目录接口）来获得 DataSource 对象的引用。JNDI 是一个应用程序设计的 API，为开发人员提供了查询和访问各种命名和目录服务的通用的、统一的接口，类似 JDBC，是构建在抽象层上的。JNDI 提供了一种统一的方式，可以用于在网络上查找和访问 JDBC 服务，通过指定一个资源名称，可以返回数据库连接建立所必需的信息。

【例 8-6】应用连接池技术访问数据库 db_database08，并显示数据表 tb_user 中的全部数据。

① 将 SQL Server 数据库的 JDBC 驱动包 sqljdbc4.jar 复制到 Tomcat 安装路径下的 lib（Tomcat 5.5 中为 common\lib）文件夹中。

② 在 Web 工程目录下的 META-INF\context.xml 文件中输入以下代码配置数据源：

```
<Context>
    <Resource name="TestJNDI" type="javax.sql.DataSource" auth="Container"
        driverClassName="com.microsoft.sqlserver.jdbc.SQLServerDriver"
    url="jdbc:sqlserver://127.0.0.1:1433;DatabaseName=db_database08"
        username="sa" password="" maxActive="4" maxIdle="2" maxWait="6000" />
</Context>
```

③ 编写 databasePool.jsp 文件，用于通过数据库连接池访问 db_database08 数据库，并显示数据表 tb_user 中的全部数据，关键代码如下：

```
<%@ page language="java" import="javax.naming.*" pageEncoding="GB/T 2312-1980"%>
<%@ page import="javax.sql.*" %>
<%@ page import="java.sql.*" %>
<html>
<body>
<%
try {
    Context ctx = new InitialContext();
    ctx = (Context) ctx.lookup("java:comp/env");
    DataSource ds = (DataSource) ctx.lookup("TestJNDI");    //获取连接池对象
    Connection conn=ds.getConnection();
    Statement stmt=conn.createStatement();
    String sql="SELECT * FROM tb_user";
    ResultSet rs=stmt.executeQuery(sql);
    while(rs.next()){
        out.println("<br> 用户名 : "+rs.getString(2)+"    密码 : "+rs.getString(3));
    }
    rs.close();
    stmt.close();
    conn.close();
} catch (NamingException e) {
    e.printStackTrace();
}
%>
</body>
</html>
```

程序运行结果如图 8-6 所示。

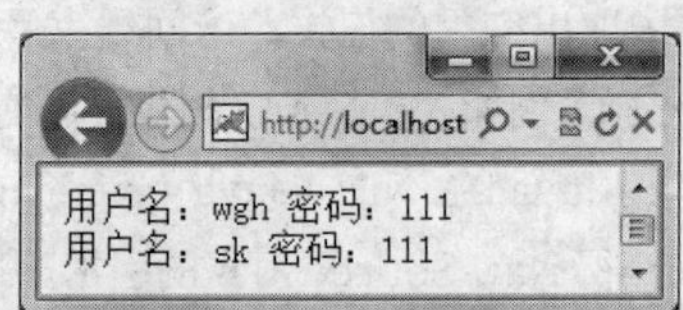

图 8-6　例 8-6 运行结果

8.8 本章小结

本章首先介绍了 JDBC 技术以及 JDBC 中常用接口的应用，然后介绍了连接及访问数据库的方法以及各种常用数据库的连接方法，接着介绍了数据的查询、添加、修改和删除操作，最后介绍了连接池技术的应用。这些技术都是应用 JSP 开发动态网站时必不可少的技术，读者应该重点掌握并灵活应用。通过对本章的学习，读者完全可以编写出基于数据库的 Web 应用程序。

习 题

8-1 在 Windows 7 操作系统中，通过 JDBC 连接 SQL Server 2008 数据库需要进行什么操作?

8-2 简述 JDBC 连接数据库的基本步骤。

8-3 写出 SQL Server 2008 数据库的驱动及连接本地机器上的数据库 db_databse 的 URL。

8-4 执行动态 SQL 语句的接口是什么?

8-5 Statement 实例可以分为哪 3 种类型? 它们的功能分别是什么?

8-6 JDBC 中提供的两种实现数据查询的方法分别是什么?

8-7 简述数据库连接池的优缺点。

8-8 如何在 Tomcat 中配置数据库连接池?

上机指导

8-1 编写一个简易的留言簿，实现添加留言并显示留言的功能，数据库采用 SQL Server 2008。

8-2 编写一个连接 MySQL 数据库的程序，要求将前台表单填写的数据保存到数据表中。

8-3 编写一个连接 Access 数据库的程序，要求显示数据表中的全部数据，在每条数据后添加用于修改和删除数据的超链接，并实现数据修改和删除功能。

8-4 编写程序，应用 Tomcat 连接池连接数据库，并向指定数据表中添加数据。

CHAPTER 09

第 9 章
JSP 与 AJAX

本章要点

- AJAX 使用的技术
- 传统 AJAX 的工作流程
- jQuery 的基本使用方法
- 使用 jQuery 发送 GET 请求和 POST 请求

■ 本章主要介绍的内容包括了解 AJAX 技术、使用 XMLHttpRequest 对象、传统 AJAX 的工作流程、应用 jQuery 实现 AJAX 以及 AJAX 开发需要注意的几个问题。通过学习本章，读者应该掌握 AJAX 技术，并能够利用 AJAX 技术实现无刷新操作。

9.1 了解 AJAX

9.1.1 什么是 AJAX

AJAX 是 Asynchronous JavaScript and XML 的缩写，意思是异步的 JavaScript 与 XML。AJAX 并不是一门新的语言或技术，它是 XMLHttpRequest 对象 JavaScript、XML、CSS（Cascading Style Sheets，串联样式表）、DOM（Document Object Model，文档对象模型）等多种已有技术的组合，可以实现客户端的异步请求操作，从而可以实现在不刷新页面的情况下与服务器进行通信，以减少用户的等待时间，减轻服务器和带宽的负担，提供更好的服务响应。

了解 AJAX

9.1.2 AJAX 开发模式与传统开发模式的比较

在 Web 2.0 时代以前，多数网站都采用传统的开发模式。而在 Web 2.0 时代，很多网站都采用 AJAX 开发模式。为了让读者更好地了解 AJAX 开发模式，下面将对 AJAX 开发模式与传统开发模式进行比较。

在传统的 Web 应用开发模式中，页面中用户的每一次操作都将触发一次返回 Web 服务器的 HTTP 请求；服务器进行相应的处理（获得数据、运行、与不同的系统会话）后，返回一个 HTML+CSS 页面给客户端。Web 应用的传统模型如图 9-1 所示。

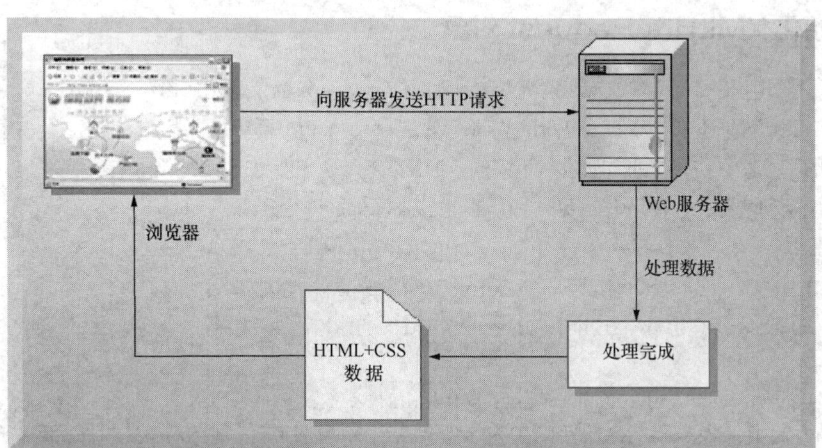

图 9-1　Web 应用的传统模型

而在 AJAX 应用中，页面中用户将通过 AJAX 引擎与服务器端进行通信，然后将返回的结果提交给客户端页面的 AJAX 引擎，再由 AJAX 引擎来决定将这些数据插入页面的指定位置。Web 应用的 AJAX 模型如图 9-2 所示。

从图 9-1 和图 9-2 中可以看出，对于每个用户的行为，在 Web 应用的传统模型中，将生成一次 HTTP 请求；而在 Web 应用的 AJAX 模型中，将变成对 AJAX 引擎的一次调用。在 AJAX 模型中通过 JavaScript 实现在不刷新整个页面的情况下，对部分数据进行更新，从而降低网络流量，给用户带来更好的体验。

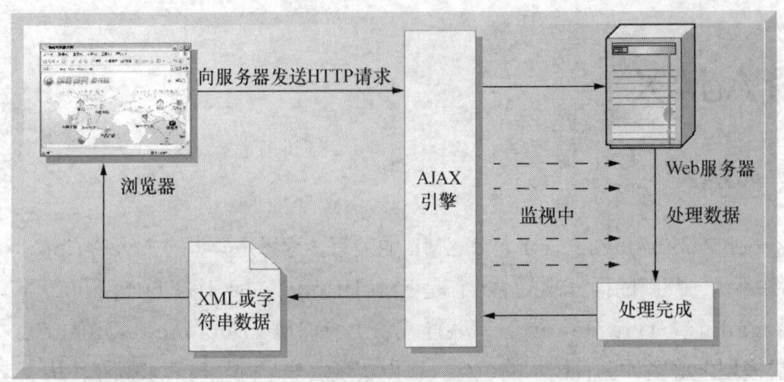

图 9-2 Web 应用的 AJAX 模型

9.2 使用 XMLHttpRequest 对象

AJAX 是 XMLHttpRequest 对象和 JavaScript、XML、CSS、DOM 等多种技术的组合。其中，只有 XMLHttpRequest 对象是新技术。下面我们就对 XMLHttpRequest 对象进行详细介绍。

AJAX 使用的技术中，最核心的技术就是 XMLHttpRequest，它是一个具有应用程序接口的 JavaScript 对象，能够使用 HTTP 连接一个服务器，是微软公司为了满足开发者的需要，于 1999 年在 IE 5.0 中率先推出的。通过 XMLHttpRequest 对象，AJAX 可以像桌面应用程序一样只同服务器进行数据层面的交换，而不用每次都刷新页面，也不用每次都将数据处理的工作交给服务器来完成，这样既减轻了服务器负担又加快了响应速度，还缩短了用户等待的时间。

9.2.1 初始化 XMLHttpRequest 对象

初始化 XMLHttp-Request 对象

在使用 XMLHttpRequest 对象发送请求和处理响应之前，首先需要初始化该对象。由于 XMLHttpRequest 对象还未被 W3C（World Wide Web Consortium，万维网联盟）标准化，所以对于不同的浏览器，初始化的方法也是不同的。通常情况下，初始化 XMLHttpRequest 对象只需要考虑两种情况，一种是 IE，另一种是非 IE，下面分别进行介绍。

（1）IE

IE 把 XMLHttpRequest 实例化为一个 ActiveX 对象，具体方法如下：

```
var http_request = new ActiveXObject("Msxml2.XMLHTTP");
```

或者如下：

```
var http_request = new ActiveXObject("Microsoft.XMLHTTP");
```

在上面的方法中，Msxml2.XMLHTTP 和 Microsoft.XMLHTTP 是针对 IE 的不同版本而进行设置的，目前比较常用的是这两种。

（2）非 IE

非 IE（例如 Firefox 浏览器、Opera 浏览器、Safari 浏览器等）把 XMLHttpRequest 对象实例化为一个本地 JavaScript 对象，具体方法如下：

```
var http_request = new XMLHttpRequest();
```

为了提高程序的兼容性，可以创建一个跨浏览器的 XMLHttpRequest 对象。创建一个跨浏览器的 XMLHttpRequest 对象其实很简单，只需要判断不同浏览器的实现方式即可。如果浏览器提供了 XMLHttpRequest 类，则直接创建一个实例，否则实例化一个 ActiveX 对象。具体代码如下：

```
if (window.XMLHttpRequest) {                                  // 非 IE
    http_request = new XMLHttpRequest();
} else if (window.ActiveXObject) {                            //IE
    try {
        http_request = new ActiveXObject("Msxml2.XMLHTTP");
    } catch (e) {
        try {
            http_request = new ActiveXObject("Microsoft.XMLHTTP");
        } catch (e) {}
    }
}
```

在上面的代码中，调用 window.ActiveXObject 将返回一个对象或 null。在 if 语句中，会把返回值看作 true 或 false（如果返回的是一个对象，为 true；否则返回 null，为 false）。

由于 JavaScript 具有动态类型特性，而且 XMLHttpRequest 对象在不同浏览器上的实例是兼容的，所以可以用同样的方式访问 XMLHttpRequest 实例属性，不需要考虑创建该实例的方法是什么。

9.2.2 XMLHttpRequest 对象的常用方法

XMLHttpRequest 对象提供了一些常用的方法，通过这些方法可以对请求进行操作。下面对 XMLHttpRequest 对象的常用方法进行介绍。

XMLHttp-Request 对象的常用方法

（1）open() 方法

open() 方法用于设置进行异步请求目标的 URL、请求方法以及其他参数信息，具体语法如下：

```
open("method","URL"[,asyncFlag[,"userName"[, "password"]]])
```

open() 方法的参数说明如表 9-1 所示。

表 9-1 open() 方法的参数说明

参 数	说 明
method	用于指定请求的类型，一般为 GET 或 POST
URL	用于指定请求地址，可以使用绝对地址或者相对地址，并且可以传递查询字符串
asyncFlag	为可选参数，用于指定请求方式，异步请求为 true，同步请求为 false，默认情况下为 true
userName	为可选参数，用于指定请求用户名，没有时可省略
password	为可选参数，用于指定请求密码，没有时可省略

例如，设置请求目标为 register.jsp、请求方法为 GET、请求方式为异步的代码如下：

```
http_request.open("GET","register.jsp",true);
```

（2）send() 方法

send() 方法用于向服务器发送请求。如果请求声明为异步，该方法将立即返回，否则将等到接收到响应为止。send() 方法的语法格式如下：

```
send(content)
```

其中 content 用于指定发送的数据，可以是 DOM 对象的实例、输入流或字符串。如果没有参数需要传递，可以设置为 null。

例如，向服务器发送一个不包含任何参数的请求，可以使用下面的代码：

```
http_request.send(null);
```

（3）setRequestHeader( ) 方法

setRequestHeader( ) 方法用于为请求的 HTTP 头设置值。setRequestHeader( ) 方法的具体语法格式如下：

```
setRequestHeader("header", "value")
```

其中 header 用于指定 HTTP 头，value 用于为指定的 HTTP 头设置值。

setRequestHeader( ) 方法必须在调用 open( ) 方法之后才能调用。

例如，在发送 POST 请求时，需要设置 Content-Type 请求头的值为“application/x-www-form-urlencoded”，这时可以通过 setRequestHeader( ) 方法进行设置，具体代码如下：

```
http_request.setRequestHeader("Content-Type","application/x-www-form-urlencoded");
```

（4）abort( ) 方法

abort( ) 方法用于停止或放弃当前异步请求，其语法格式如下：

```
abort( )
```

（5）getResponseHeader( ) 方法

getResponseHeader( ) 方法用于以字符串形式返回指定的 HTTP 头信息，其语法格式如下：

```
getResponseHeader("headerLabel")
```

其中 headerLabel 用于指定 HTTP 头，包括 Server、Content-Type 和 Date 等。

例如，要获取 HTTP 头 Content-Type 的值，可以使用以下代码：

```
http_request.getResponseHeader("Content-Type")
```

运行上面的代码将获取到以下内容：

```
text/html;charset=UTF-8
```

（6）getAllResponseHeaders( ) 方法

getAllResponseHeaders( ) 方法用于以字符串形式返回完整的 HTTP 头信息，其中包括 Server、Date、Content-Type 和 Content-Length。getAllResponseHeaders( ) 方法的语法格式如下：

```
getAllResponseHeaders( )
```

例如，应用下面的代码调用 getAllResponseHeaders( ) 方法，将弹出图 9-3 所示的对话框，显示完整的 HTTP 头信息：

```
alert(http_request.getAllResponseHeaders( ));
```

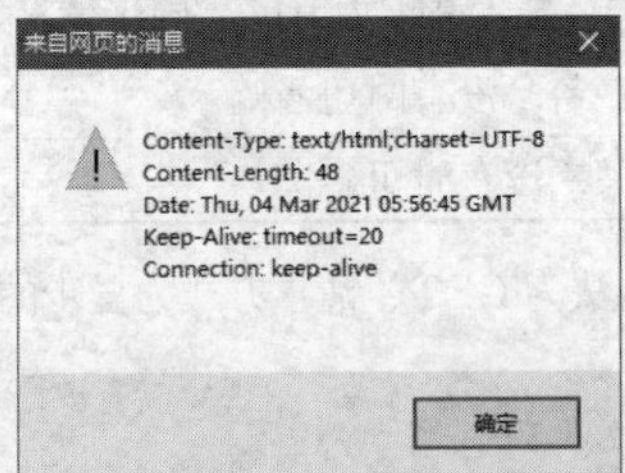

图 9-3　获取的完整的 HTTP 头信息

9.2.3　XMLHttpRequest 对象的常用属性

XMLHttp-Request 对象的常用属性

XMLHttpRequest 对象提供了一些常用属性，通过这些属性可以获取服务器的响应状态及响应内容。下面将对 XMLHttpRequest 对象的常用属性进行介绍。

（1）onreadystatechange 属性

onreadystatechange 属性用于指定状态改变时所触发的事件处理器。在 AJAX 中，每个状态改变时都会触发这个事件处理器，通常会调用一个 JavaScript 函数。

例如，指定状态改变时触发事件处理器，调用 JavaScript 函数 getResult() 的代码如下：

```
http_request.onreadystatechange = getResult;
```

在指定所触发的事件处理器时，所调用的 JavaScript 函数不能添加圆括号及指定参数名。不过这里可以使用匿名函数。例如，要调用带参数的函数 getResult( )，可以使用下面的代码：

```
http_request.onreadystatechange = function( ){
  getResult(" 添加的参数 ");                    // 调用带参数的函数
};                                              // 通过匿名函数指定要带参数的函数
```

（2）readyState 属性

readyState 属性用于获取请求的状态。该属性共包括 5 个属性值，如表 9-2 所示。

表 9-2 readyState 属性的属性值

值	意　义	值	意　义
0	未初始化	3	交互中
1	正在加载	4	完成
2	已加载		

（3）responseText 属性

responseText 属性用于获取服务器的响应，表示为字符串。

（4）responseXML 属性

responseXML 属性用于获取服务器的响应，表示为 XML。这个对象可以解析为一个 DOM 对象。

（5）status 属性

status 属性用于返回服务器的 HTTP 状态码，常用的状态码如表 9-3 所示。

表 9-3 status 属性常用的状态码

值	意　义	值	意　义
200	表示成功	202	表示请求被接受，但尚未成功
400	错误的请求	404	文件未找到
500	内部服务器错误		

（6）statusText 属性

statusText 属性用于返回 HTTP 状态码对应的文本，如 OK 或 Not Found（未找到）等。

9.3 传统 AJAX 的工作流程

通过前面的学习，相信大家已经对 AJAX 以及 AJAX 所使用的技术有所了解了。下面将介绍在 AJAX 中如何发送请求与处理服务器响应。

9.3.1 发送请求

发送请求

AJAX 可以通过 XMLHttpRequest 对象实现采用异步方式在后台发送请求。通常情况下，AJAX 发送的请求有两种，一种是发送 GET 请求，另一种是发送 POST 请求。但是无论发送哪种请求，都需要经过以下 4 个步骤。

① 初始化 XMLHttpRequest 对象。为了提高程序的兼容性，需要创建一个跨浏览器的 XMLHttpRequest 对象，并且判断 XMLHttpRequest 对象的实例化是否成功。如果不成功，则给予提示。具体代码如下：

```
http_request = false;
if (window.XMLHttpRequest) {                          // 非 IE
    http_request = new XMLHttpRequest();              // 创建 XMLHttpRequest 对象
} else if (window.ActiveXObject) {                    // IE
    try {
        http_request = new ActiveXObject("Msxml2.XMLHTTP");
                                                      // 创建 XMLHttpRequest 对象
    } catch (e) {
        try {
        // 创建 XMLHttpRequest 对象
            http_request = new ActiveXObject("Microsoft.XMLHTTP");
        } catch (e) {}
    }
}
if (!http_request) {
    alert(" 不能创建 XMLHttpRequest 对象实例！ ");
    return false;
}
```

② 为 XMLHttpRequest 对象指定一个返回结果处理函数（回调函数），用于对返回结果进行处理，具体代码如下：

```
http_request.onreadystatechange = getResult;          // 指定返回结果处理函数
```

使用 XMLHttpRequest 对象的 onreadystatechange 属性指定回调函数时，不能指定要传递的参数。如果要指定传递的参数，可以应用以下方法：

http_request.onreadystatechange = function( ){getResult(param)};

③ 创建一个服务器的连接。在创建时，需要指定发送的请求（GET 或 POST），以及设置是否采用异步方式发送请求。

例如，采用异步方式发送 GET 请求的具体代码如下：

```
http_request.open('GET', url, true);
```

采用异步方式发送 POST 请求的具体代码如下：

```
http_request.open('POST', url, true);
```

open( ) 方法中的 url 参数可以是一个 JSP 的 URL，也可以是 Servlet 的映射地址。也就是说，请求处理页可以是一个 JSP，也可以是一个 Servlet。

在指定 URL 参数时，最好将一个时间戳追加到该 URL 参数的后面，这样可以防止因浏览器缓存结果而不能实时得到最新的结果。例如，可以指定 URL 参数为以下代码：

```
String url="deal.jsp?nocache="+new Date( ).getTime( );
```

④ 向服务器发送请求。XMLHttpRequest 对象的 send( ) 方法可以实现向服务器发送请求。该方法需要传递一个参数，如果发送的是 GET 请求，可以将该参数设置为 null；如果发送的是 POST 请求，可以通过该参数指定要发送的请求参数。

向服务器发送 GET 请求的代码如下：

```
http_request.send(null);                                    // 向服务器发送请求
```

向服务器发送 POST 请求的代码如下：

```
var param="user="+form1.user.value+"&pwd=
"+form1.pwd.value+"&email="+form1.email.value;              // 组合参数
http_request.send(param);                                   // 向服务器发送请求
```

需要注意的是：在发送 POST 请求前，还需要设置正确的请求头，具体代码如下：

```
http_request.setRequestHeader("Content-Type","application/x-www-form-urlencoded");
```

上面的这句代码，需要添加在 http_request.send(param); 语句之前。

9.3.2 处理服务器响应

当向服务器发送请求后，接下来就需要处理服务器响应了。在向服务器发送请求时，需要通过 XMLHttpRequest 对象的 onreadystatechange 属性指定一个回调函数，用于处理服务器响应。在这个回调函数中，首先需要判断服务器的请求状态，保证请求已完成；然后根据服务器的 HTTP 状态码，判断服务器对请求的响应是否成功。如果成功，则获取服务器的响应返回给客户端。

处理服务器响应

XMLHttpRequest 对象提供了两个用来返回服务器响应的属性，一个是 responseText 属性，用来返回字符串响应；另一个是 responseXML 属性，用来返回 XML 响应。

（1）处理字符串响应

字符串响应通常应用在响应不是特别复杂的情况下。例如，将响应显示在提示对话框中，或者响应只是显示成功或失败的字符串。

将字符串响应显示到提示对话框中的回调函数的具体代码如下：

```
function getResult() {
    if (http_request.readyState == 4) {              // 判断请求状态
        if (http_request.status == 200) {            // 请求成功，开始处理返回结果
            alert(http_request.responseText);        // 显示判断结果
        } else {                                     // 请求页面有错误
            alert("您所请求的页面有错误！");
        }
    }
}
```

如果需要将响应结果显示到页面的指定位置，也可以先在页面的合适位置添加一个 <div> 或 <span> 标记，设置该标记的 id 属性（如 div_result），然后在回调函数中应用以下代码显示响应结果：

```
document.getElementById("div_result").innerHTML=http_request.responseText;
```

（2）处理 XML 响应

如果在服务器端需要生成特别复杂的响应，就需要应用 XML 响应。应用 XMLHttpRequest 对象的 responseXML 属性，可以生成一个 XML 文档，而且当前浏览器已经提供了很好的解析 XML 文档对象的方法。

例如，有一个保存图书信息的 XML 文档，具体代码如下：

```
<?xml version="1.0" encoding="UTF-8"?>
    <books>
        <book>
            <title>Java Web 开发典型模块大全</title>
            <publisher>人民邮电出版社</publisher>
        </book>
```

```
        <book>
            <title>Java 范例完全自学手册 </title>
            <publisher> 人民邮电出版社 </publisher>
        </book>
    </books>
```

在回调函数中遍历保存图书信息的 XML 文档，并将其显示到页面中的代码如下：

```
function getResult( ) {
    if (http_request.readyState == 4) {                          // 判断请求状态
        if (http_request.status == 200) {                        // 请求成功，开始处理响应
            var xmldoc = http_request.responseXML;
            var str="";
            for(i=0;i<xmldoc.getElementsByTagName("book").length;i++){
                var book = xmldoc.getElementsByTagName("book").item(i);
                str=str+"《"+book.getElementsByTagName("title")[0].firstChild.data+"》由 ""+
book.getElementsByTagName('publisher')[0].firstChild.data+"" 出版 <br>";
            }
            document.getElementById("book").innerHTML=str;        // 显示图书信息
        } else {                                                  // 请求页面有错误
            alert(" 您所请求的页面有错误！ ");
        }
    }
}
<div id="book"></div>
```

通过运行上面的代码获取的 XML 文档的信息如下：

```
《Java Web 开发典型模块大全》由 " 人民邮电出版社 " 出版
《Java 范例完全自学手册》由 " 人民邮电出版社 " 出版
```

9.3.3 一个完整的实例——检测用户名是否唯一

【例 9-1】编写一个会员注册页面，并应用 AJAX 实现检测用户名是否唯一的功能。

① 创建 index.jsp 文件。在该文件中添加一个用于收集用户注册信息的表单及表单元素，以及代表“检测用户名”按钮的图片，并在该图片的 onClick 事件中调用 checkName( ) 方法，检测用户名是否被注册，关键代码如下：

```
<form method="post" action="" name="form1">
用户名：<input name="username" type="text" id="username" size="32">
<img src="images/checkBt.jpg" width="104" height="23" style="cursor:pointer;"
 onClick="checkUser(form1.username);">
密码：<input name="pwd1" type="password" id="pwd1" size="35"><
确认密码：<input name="pwd2" type="password" id="pwd2" size="35">
E-mail：<input name="email" type="text" id="email" size="45">
<input type="image" name="imageField" src="images/registerBt.jpg">
</form>
```

一个完整的实例——检测用户名是否唯一

② 在页面的合适位置添加一个用于显示提示信息的 <div> 标记，并通过 CSS 设置该 <div> 标记的样式，关键代码如下：

```
<div id="toolTip"></div>
```

③ 编写一个自定义的 JavaScript 函数 createRequest( )。在该函数中，首先初始化 XMLHttpRequest 对象，然后指定处理函数，再创建与服务器的连接，最后向服务器发送请求。createRequest( ) 函数的具体

代码如下：

```
function createRequest(url) {
    http_request = false;
    if (window.XMLHttpRequest) {                    // 非 IE
        http_request = new XMLHttpRequest();        // 创建 XMLHttpRequest 对象
    } else if (window.ActiveXObject) {              // IE
        try {
            http_request = new ActiveXObject("Msxml2.XMLHTTP");
                                                    // 创建 XMLHttpRequest 对象
        } catch (e) {
            try {
                http_request = new ActiveXObject("Microsoft.XMLHTTP");
                                                    // 创建 XMLHttpRequest 对象
            } catch (e) {}
        }
    }
    if (!http_request) {
        alert("不能创建 XMLHttpRequest 对象实例！");
        return false;
    }
    http_request.onreadystatechange = getResult;    // 调用回调函数
    http_request.open('GET', url, true);            // 创建与服务器的连接
    http_request.send(null);                        // 向服务器发送请求
}
```

④ 编写回调函数 getResult()，该函数主要根据请求状态对返回结果进行处理。在该函数中，如果请求成功，为提示框设置相应的提示内容，并且让该提示框显示。getResult() 函数的具体代码如下：

```
function getResult() {
    if (http_request.readyState == 4) {             // 判断请求状态
        if (http_request.status == 200) {           // 请求成功，开始处理返回结果
            document.getElementById("toolTip").innerHTML=http_request.responseText;
                                                    // 设置提示内容
            document.getElementById("toolTip").style.display="block";
                                                    // 显示提示框
        } else {                                    // 请求页面有错误
            alert("您所请求的页面有错误！");
        }
    }
}
```

⑤ 编写自定义的 JavaScript 函数 checkuser()，用于检测用户名是否为空。当用户名不为空时，调用 createRequest() 函数发送异步请求检测用户名是否被注册。checkuser() 函数的具体代码如下：

```
function checkUser(userName){
    if(userName.value==""){
        alert("请输入用户名！");userName.focus();return;
    }else{
        createRequest('checkUser.jsp?user='+ encodeURIComponent(userName.value));
    }
}
```

⑥ 编写检测用户名是否被注册的处理页面 checkUser.jsp，在该页面中判断输入的用户名是否注册，

并应用 JSP 内置对象 out 的 println( ) 方法输出判断结果。checkUser.jsp 页面的具体代码如下：

```
<%@ page language="java" import="java.util.*" pageEncoding="UTF-8" %>
<%
    String[] userList={" 明日科技 ","mr","mrsoft","wgh"};                    // 创建一个一维数组
// 获取用户名
    String user=new String(request.getParameter("user").
getBytes("ISO-8859-1"),"UTF-8");
    Arrays.sort(userList);                                                    // 对数组进行排序
    int result=Arrays.binarySearch(userList,user);                            // 搜索数组
    if(result>-1){
        out.println(" 很抱歉，该用户名已经被注册！ ");                        // 输出检测结果
    }else{
        out.println(" 恭喜您，该用户名没有被注册！ ");                        // 输出检测结果
    }
%>
```

运行本实例，在“用户名”文本框中输入 mr，单击“检测用户名”按钮，将显示图 9-4 所示的提示信息。

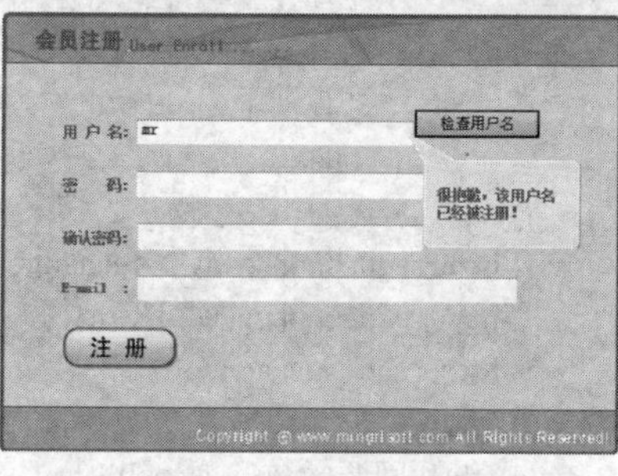

图 9-4　用户名不为空时显示的效果

9.4　应用 jQuery 实现 AJAX

通过前面的介绍，我们知道在 Web 中应用 AJAX 的工作流程比较烦琐，每次都需要编写大量的 JavaScript 代码。不过应用目前比较流行的 jQuery 可以简化 AJAX。下面将具体介绍如何应用 jQuery 实现 AJAX。

9.4.1　jQuery 简介

jQuery 是一套简洁、快速、灵活的 JavaScript 脚本库，是由约翰 · 雷西格（John Resig）于 2006 年创建的，它能帮助我们简化 JavaScript 代码。JavaScript 脚本库类似于 Java 的类库，我们将一些工具方法或对象方法封装在类库中，方便用户使用。jQuery 因为简便易用受到大量开发人员的推崇。

jQuery 简介

要在自己的网站中应用 jQuery 库，需要下载并配置它。

（1）下载和配置 jQuery

jQuery 是一个开源的脚本库，我们可以在它的官方网站中下载最新版本的 jQuery 库。截至本书编写时的最新版本是 3.6.0，下载后将得到名为 jquery-3.6.0.min.js 的文件。

将 jQuery 库下载到本地计算机后，还需要在项目中配置 jQuery 库。将下载后的 jquery-3.6.0.min.js 文件放置到项目的指定文件夹中，通常放置在 JS 文件夹中，然后在需要应用 jQuery 的页面中使用下面的语句，将其引用到文件中：

```
<script language="javascript" src="JS/jquery-3.6.0.min.js"></script>
```

或者

```
<script src="JS/jquery-3.6.0.min.js" type="text/javascript"></script>
```

注意

引用 jQuery 的 <script> 标记，必须放在所有自定义脚本文件的 <script> 之前，否则在自定义的脚本代码中应用不到 jQuery 脚本库。

（2）jQuery 的工厂函数

在 jQuery 中，无论我们使用哪种类型的选择符，都需要从 "$" 和 "( )" 符号开始。在 "( )" 中通常使用字符串参数，参数中可以包含任何 CSS 选择符表达式。下面介绍几种比较常见的用法。

① 在参数中使用标记名，如 $("div") 用于获取文档中全部的 <div>。

② 在参数中使用 ID，如 $("#username") 用于获取文档中 ID 属性值为 username 的一个元素。

③ 在参数中使用 CSS 类名，如 $(".btn_grey") 用于获取文档中 CSS 类名为 btn_grey 的所有元素。

我的第一个 jQuery 脚本

9.4.2 我的第一个 jQuery 脚本

【例 9-2】应用 jQuery 弹出一个提示对话框。

① 在 Eclipse 中创建动态 Web 项目，并在该项目的 WebContent 节点下创建一个名为 JS 的文件夹，将 jquery-3.6.0.min.js 复制到该文件夹中。

默认情况下，在 Eclipse 创建的动态 Web 项目中，添加 jQuery 库以后，将出现红色的叉号，表示有语法错误，但是程序仍然可以正常运行。解决该问题的方法是：首先在 Eclipse 的主菜单中选择“窗口”/“首选项目”，打开“首选项”对话框，在“首选项”对话框的左侧选择“JavaScript”/“验证器”/“错误 / 警告”，然后取消选择右侧的“Enable JavaScript Semantic Validation”复选框并应用，接下来再找到项目的 .project 文件，将其中的以下代码删除：

```
<buildCommand>
    <name>org.eclipse.wst.jsdt.core.javascriptValidator</name>
    <arguments>
    </arguments>
</buildCommand>
```

保存该文件，然后将其重新添加到 jQuery 库就可以了。

② 创建一个名称为 index.jsp 的文件，在该文件的 <head> 标记中引用 jQuery 库文件，关键代码如下：

```
<script type="text/javascript" src="JS/jquery-3.6.0.min.js"></script>
```

③ 在 <body> 标记中，应用 HTML 的 <a> 标记添加一个空的超链接，关键代码如下：

```
<a href="#"> 弹出提示对话框 </a>
```

④ 编写 jQuery 代码，实现在单击页面中的超链接时，弹出一个提示对话框，具体代码如下：

```
<script>
$(document).ready(function(){
   // 获取超链接对象，并为其添加单击事件
   $("a").click(function(){
      alert(" 我的第一个 jQuery 脚本！ ");
   });
});
</script>
```

实际上，上面的代码还可以更简单，也就是用 "$" 符代替 $(document).ready，替换后的代码如下：

```
<script>
$(function(){
```

```
    // 获取超链接对象，并为其添加单击事件
    $("a").click(function(){
        alert(" 我的第一个 jQuery 脚本！ ");
    });
});
</script>
```

运行本实例，单击页面中的“弹出提示对话框”超链接，将弹出图 9-5 所示的提示对话框。

在第 2 章中介绍 JavaScript 的事件时我们已经知道例 9-2 的效果还可以通过下面的代码实现：

```
<script>
window.onload=function(){
    $("a").click(function(){
        alert(" 我的第一个 jQuery 脚本！ ");
    });
}
</script>
```

这时，读者可能要问，这两种方法有什么区别，究竟哪种方法更好呢？下面我们就来介绍二者的区别。window.onload( ) 方法在页面所有的内容都载入完毕后才会执行，例如图片和横幅等。而 $(document).ready( ) 方法则在 DOM 元素载入就绪后执行。在一个页面中可以放置多个 $(document).ready( ) 方法，而 window.onload( ) 方法在页面上只允许放置一个（常规情况）。这两个方法可以同时在页面中执行，两者并不矛盾。不过，$(document).ready( ) 方法比 window.onload( ) 方法载入得更快。

图 9-5　弹出的提示对话框

9.4.3　应用 load( ) 方法发送请求

load( ) 方法通过 AJAX 请求从服务器加载数据，并把返回的数据放置到指定的元素中。它的语法格式如下：

应用 load( ) 方法发送请求

```
.load( url [, data] [, complete(responseText, textStatus, XMLHttpRequest)] )
```

代码说明如下。

url：用于指定要请求页面的 URL。

data：可选参数，用于指定跟随请求一同发送的数据。load( ) 方法不仅可以导入静态的 HTML 文件，还可以导入动态脚本（例如 JSP 文件）。当要导入动态文件时，就可以把要传递的数据通过该参数进行指定。

complete(responseText, textStatus, XMLHttpRequest)：用于指定调用 load( ) 方法并得到服务器响应后再执行的另外一个函数。如果不指定它，那么服务器响应完成后，则直接将匹配元素的 HTML 内容设置为返回的数据。在该函数的 3 个参数中，responseText 表示请求返回的内容，textStatus 表示请求状态，XMLHttpRequest 表示 XMLHttpRequest 对象。

例如，要请求名为 book.html 的静态页面，可以使用下面的代码：

```
$("#getBook").load("book.html");
```

使用 load( ) 方法发送请求时，有两种请求，一种是 GET 请求，另一种是 POST 请求。采用哪种请求，将由 data 参数的值决定。当 load( ) 方法没有向服务器传递参数时，就是 GET 请求，反之就是 POST 请求。

【例 9-3】应用 jQuery 在页面中显示实时走动的时间。

① 在 Eclipse 中创建动态 Web 项目，并在该项目的 WebContent 节点下创建一个名为 JS 的文件夹，将 jquery-3.6.0.min.js 复制到该文件夹中。

② 创建一个名为 index.jsp 的文件，在该文件的 <head> 标记中引用 jQuery 库文件，关键代码如下：

```
<script type="text/javascript" src="JS/jquery-3.6.0.min.js"></script>
```

③ 在 <body> 标记中，添加一个 id 属性值为 getTime 的 <div> 标记，关键代码如下：

```
<div id="getTime"> 正在获取时间…</div>
```

④ 编写 jQuery 代码，实现每隔 1s 请求一次 getTime.jsp 文件，以获取当前系统时间，具体代码如下：

```
<script>
$(document).ready(function(){
        window.setInterval("$('#getTime').load('getTime.jsp',{});",1000);
});
</script>
```

⑤ 创建一个名为 getTime.jsp 的文件，在该文件中编写用于在页面中输出当前系统时间的 JSP 代码。getTime.jsp 文件的具体代码如下：

```
<%@ page language="java" contentType="text/html; charset=UTF-8"    pageEncoding="UTF-8"%>
<%@page import="java.util.Date"%>
<%
    out.println(new java.text.SimpleDateFormat("YYYY-MM-dd HH:mm:ss").format(new Date()));  //输出当前系统时间
%>
```

运行本实例，在页面中将显示图 9-6 所示的当前系统时间。

使用 load() 方法请求 HTML 页面时，也可以只加载被请求文档中的一部分。这可以通过在请求的 URL 后面接一个空格，再加上要加载内容的 jQuery 选择器来实现。例如，要加载 book.html 页面中 ID 属性为 javaweb 的元素内容，可以使用下面的代码：

```
$("#getTime").load("book.html #javaweb");
```

在 book.html 文件中添加以下代码：

```
<ul id="javaweb">
    <li>Java Web 开发实战宝典 </li>
    <li>Java Web 典型模块与项目实战 </li>
</ul>
<ul id="java">
    <li>Java 从入门到精通 </li>
    <li>Java 典型模块精解 </li>
</ul>
```

在运行代码 $("#getTime").load("book.html #javaweb"); 时，将显示图 9-7 所示的运行结果。

图 9-6　当前系统时间

图 9-7　加载请求文档中 ID 属性为 javaweb 的 <ul> 标记

9.4.4　发送 GET 请求和 POST 请求

在 jQuery 中，虽然有 load( ) 方法可以根据提供的参数发送 GET 请求和 POST 请求，但是该方法有一定的局限性。它是一个局部方法，需要在 jQuery 包装集上调用，并且会将返回的 HTML 内容加载到对象中，即使设置了回调函数也还是会加载。为此，jQuery 还提供了全局的、专门用于发送 GET 请求和 POST 请求的 get() 方法和 post() 方法。

（1）get() 方法

get() 方法

get() 方法用于通过 GET 方式来进行异步请求，它的语法格式如下：

```
$.get(url [, data] [, success(data, textStatus, jqXHR)] [, dataType] )
```

代码说明如下。

url：字符串类型的参数，用于指定请求页面的 URL。

data：可选参数，用于指定发送至服务器的 key/value 数据。data 参数会自动添加到 URL 中。如果 URL 中的某个参数又通过 data 参数进行传递，那么 get() 方法是不会自动合并相同名称的参数的。

success(data,textStatus,jqXHR)：可选参数，用于指定载入成功后执行的回调函数。其中，data 用于保存返回的数据，testStatus 为状态码（可以是 timeout、error、notmodified、success 或 parsererror），jqXHR 为 XMLHTTPRequest 对象。不过该回调函数只有当 testStatus 的值为 success 时才会执行。

dataType：可选参数，用于指定返回数据的类型。可以是 XML、JSON、Script 或者 HTML，默认为 HTML。

例如，使用 get() 方法请求 deal.jsp，并传递两个字符串类型的参数，可以使用下面的代码：

```
$.get("deal.jsp",{name:" 无语 ",branch:"java"});
```

【例 9-4】将例 9-1 的程序修改为采用 jQuery 的 get( ) 方法发送请求的方式来实现。

① 在 Eclipse 中创建动态 Web 项目，并在该项目的 WebContent 节点下创建一个名为 JS 的文件夹，将 jquery-3.6.0.min.js 复制到该文件夹中。

② 创建一个名为 index.jsp 的文件，在该文件的 <head> 标记中引用 jQuery 库文件，关键代码如下：

```
<script type="text/javascript" src="JS/jquery-3.6.0.min.js"></script>
```

③ 在 <body> 标记中，添加一个用于收集用户注册信息的表单及表单元素，以及代表“检测用户名”按钮的图片，并为这个图片设置 ID 属性，关键代码如下：

```
<form method="post" action="" name="form1">
用户名：<input name="username" type="text" id="username" size="32">
<img id="checkuser" src="images/checkBt.jpg"
          width="104" height="23" style="cursor: pointer;">
密码：<input name="pwd1" type="password" id="pwd1" size="35"><
确认密码：<input name="pwd2" type="password" id="pwd2" size="35">
E-mail：<input name="email" type="text" id="email" size="45">
<input type="image" name="imageField" src="images/registerBt.jpg">
</form>
```

④ 在页面的合适位置添加一个用于显示提示信息的 <div> 标记，并且通过 CSS 设置该 <div> 标记的样式。由于此处的代码与例 9-1 完全相同，所以这里不再给出。

⑤ 在引用 jQuery 库的代码下方，编写 JavaScript 代码，实现当 DOM 元素载入就绪后，为代表“检测用户名”的按钮图片添加单击事件。在该单击事件中，判断用户名是否为空，如果为空，则给出提示对话框，并让该文本框获得焦点；否则应用 get() 方法，发送异步请求检测用户名是否被注册。具体代码如下：

```
<script type="text/javascript">
    $(document).ready(function(){
        $("#checkuser").click(function(){
            if ($("#username").val()== "") {              // 判断是否输入用户名
               alert(" 请输入用户名！ ");
               $("#username").focus();                   // 让用户名文本框获得焦点
               return;
```

```
            } else {                                    //已经输入用户名时，检测用户名是否唯一
                $.get("checkUser.jsp",
                        {user:$("#username").val()},
                        function(data){
                            $("#toolTip").text(data);    //设置提示内容
                            $("#toolTip").show();        //显示提示框
                });
            }
        });
    });
</script>
```

⑥ 编写检测用户名是否被注册的处理页面 checkUser.jsp，在该页面中判断输入的用户名是否已被注册，并应用 JSP 内置对象 out 的 println() 方法输出判断结果。由于此处的代码与例 9-1 完全相同，因此这里不再给出。

运行本实例，在"用户名"文本框中输入 mr，单击"检测用户名"按钮，将显示图 9-4 所示的提示信息。

从这个程序中，我们可以看到使用 jQuery 替代传统的 AJAX，确实简单、方便了许多。它可使开发人员的精力不必集中于实现 AJAX 功能的烦琐步骤，而专注于程序的功能。

get( ) 方法通常用来实现简单的 GET 请求功能。对于复杂的 GET 请求，需要使用 $.ajax( ) 方法实现。例如，在 get( ) 方法中指定的回调函数，只能在请求成功时调用。如果需要在出错时也执行一个函数，那么需要使用 $.ajax( ) 方法实现。

（2）post() 方法

post() 方法用于通过 POST 方式进行异步请求，它的语法格式如下：

```
$.post( url [, data] [, success(data, textStatus, jqXHR)] [, dataType] )
```

post( ) 方法

代码说明如下。

url：字符串类型的参数，用于指定请求页面的 URL。

data：可选参数，用于指定发送到服务器的 key/value 数据，该数据将连同请求一同被发送到服务器。

success(data, textStatus, jqXHR)：可选参数，用于指定载入成功后执行的回调函数。在回调函数中含有两个参数，分别是 data（返回的数据）和 testStatus（状态码，可以是 timeout、error、notmodified、success 或 parsererror）。不过该回调函数只有当 testStatus 的值为 success 时才会执行。

dataType：可选参数，用于指定返回数据的类型。可以是 XML、JSON（JavaScript Object Notation，JS 对象简谱）、Script、Text 或 HTML，默认为 HTML。

例如，使用 post() 方法请求 deal.jsp，并传递两个字符串类型的参数和回调函数，可以使用下面的代码：

```
$.post("deal.jsp",{title:"祝福",content:"祝愿天下的所有母亲平安、健康……"},function(data){
    alert(data);
});
```

【例 9-5】实现实时显示聊天内容。

① 在 Eclipse 中创建动态 Web 项目，并在该项目的 WebContent 节点下创建一个名为 JS 的文件夹，将 jquery-3.6.0.min.js 复制到该文件夹中。

② 创建一个名为 index.jsp 的文件，在该文件的 <head> 标记中引用 jQuery 库文件，关键代码如下：

```
<script type="text/javascript" src="JS/jquery-3.6.0.min.js"></script>
```

③ 在 index.jsp 页面的合适位置添加一个 <div> 标记，用于显示聊天内容，具体代码如下：

```
<div id="content" style="height:206px; overflow:hidden;">欢迎光临碧海聆音聊天室！ </div>
```

④ 在引用 jQuery 库的代码下方，编写一个名为 getContent( ) 的自定义的 JavaScript 函数，用于发送

GET 请求获取聊天内容并显示。getContent() 函数的具体代码如下：

```
function getContent() {
    $.get("ChatServlet?action=get&nocache=" + new Date().getTime(),
            function(data) {
                $("#content").html(data);          // 显示获取到的聊天内容
            });
}
```

⑤ 创建并配置一个与聊天信息相关的 Servlet 实现类 ChatServlet，并在该 Servlet 中编写 get() 方法获取全部聊天信息。get() 方法的具体代码如下：

```
public void get(HttpServletRequest request,HttpServletResponse response) throws
ServletException,IOException{
    response.setContentType("text/html;charset=UTF-8");   // 设置响应的内容类型及编码方式
    response.setHeader("Cache-Control", "no-cache");         // 禁止页面缓存
    PrintWriter out = response.getWriter();                  // 获取输出流对象
    /********************** 获取聊天信息 ***************************/
    ServletContext application=getServletContext();          // 获取 application 对象
    String msg="";
    if(null!=application.getAttribute("message")){
        Vector<String> v_temp=(Vector<String>)application.getAttribute("message");
        for(int i=v_temp.size()-1;i>=0;i--){
            msg=msg+"<br>"+v_temp.get(i);
        }
    }else{
        msg=" 欢迎光临碧海聆音聊天室！ ";
    }
    out.println(msg);                                        // 输出生成后的聊天信息
    out.close();                                             // 关闭输出流对象
}
```

⑥ 为了实现实时显示最新的聊天内容，当 DOM 元素载入就绪后，需要在 index.jsp 文件的引用 jQuery 库的代码下方编写下面的代码：

```
$(document).ready(function() {
    getContent();                                            // 获取聊天内容
    window.setInterval("getContent();", 5000);               // 每隔 5s 获取一次聊天内容
});
```

⑦ 在 index.jsp 页面的合适位置添加用于获取用户昵称和说话内容的表单及表单元素，关键代码如下：

```
<form name="form1" method="post" action="">
    <input name="user" type="text" id="user" size="20"> 说：
<input name="speak" type="text" id="speak" size="50">
      <input id="send" type="button" class="btn_grey" value=" 发送 ">
</form>
```

⑧ 在引用 jQuery 库的代码下方编写 JavaScript 代码，实现当 DOM 元素载入就绪后，为“发送”按钮添加单击事件。在该单击事件中，判断昵称和发送信息文本框是否为空，如果为空，则给出提示对话框，并让该文本框获得焦点；否则应用 post() 方法，发送异步请求到服务器，保存聊天信息。具体代码如下：

```
$(document).ready(function() {
    $("#send").click(function() {
        if ($("#user").val() == "") {              // 判断昵称是否为空
            alert(" 请输入您的昵称！ ");
        }
        if ($("#speak").val() == "") {             // 判断说话内容是否为空
            alert(" 说话内容不可以为空！ ");
```

```
            $("speak").focus();                     // 让说话内容文本框获得焦点
        }
        $.post("ChatServlet?action=send", {
            user : $("#user").val(),
            speak : $("#speak").val()
        });                                         // 发送 POST 请求
        $("#speak").val("");                        // 清空说话内容文本框的值
        $("#speak").focus();                        // 让说话内容文本框获得焦点
    });
});
```

⑨ 在聊天信息相关的 Servlet 实现类 ChatServlet 中，编写 send( ) 方法将聊天信息保存到 application 中。send( ) 方法的具体代码如下：

```
public void send(HttpServletRequest request,HttpServletResponse response)
 throws ServletException, IOException {
    ServletContext application=getServletContext(); // 获取 application 对象
    /******************** 保存聊天信息 ***************************/
    response.setContentType("text/html;charset=UTF-8");
    String user=request.getParameter("user");          // 获取用户昵称
    String speak=request.getParameter("speak");        // 获取说话内容
    Vector<String> v=null;
    String message="["+user+"] 说 : "+speak;           // 组合说话内容
    if(null==application.getAttribute("message")){
      v=new Vector<String>();
    }else{
      v=(Vector<String>)application.getAttribute("message");
    }
    v.add(message);
    application.setAttribute("message", v);
                                                       // 将聊天内容保存到 application 中
Random random = new Random();
request.getRequestDispatcher("ChatServlet?action=get&nocache="+ random.nextInt(10000)).forward(request, response);
}
```

运行本实例，在页面中将显示最新的聊天内容，如图 9-8 所示。如果当前聊天室内没有任何聊天内容，将显示“欢迎光临碧海聆音聊天室！”。当用户输入昵称及说话内容后，单击“发送”按钮，将发送聊天内容，并显示到上方的聊天内容列表中。

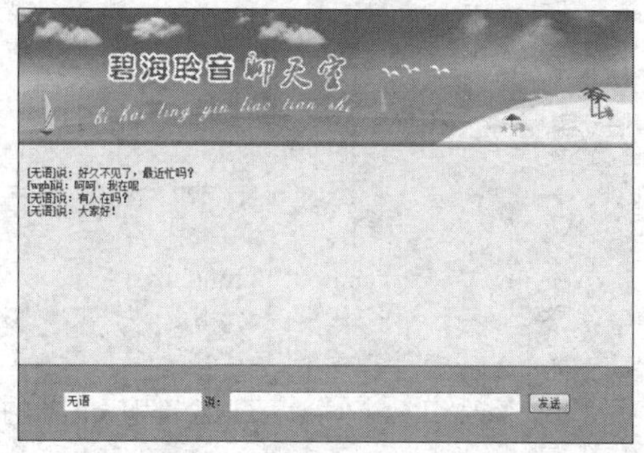

图 9-8　实时显示聊天内容

9.4.5　服务器返回的数据格式

服务器端处理完客户端的请求后，会为客户端返回一个数据。这个返回数据的格式可以有很多种，在 get( ) 方法和 post( ) 方法中可以设置服务器返回数据的格式。常用的格式有 HTML、XML、JSON 这 3 种。

（1）HTML 片段

如果返回的数据格式为 HTML，在回调函数中数据不需要进行任何的处理就可以直接使用，而且在服务器端也不需要做过多的处理。例如，在例 9-5 中，读取聊天信息时，我们使用的是 get( ) 方法与服务器进行交互，并在回调函数处理后返回数据类型为 HTML 的数据。关键代码如下：

服务器返回的数据格式

```
$.get("ChatServlet?action=get&nocache=" + new Date().getTime(),
        function(date) {
            $("#content").html(date);        // 显示读取到的聊天内容
}
);
```

在上面的代码中，并没有使用 get( ) 方法的第 4 个参数 dataType 来设置返回数据的类型，因为数据格式默认就是 HTML。

如果返回数据的格式为 HTML 片段，那么返回数据 data 不需要进行任何的处理，直接应用在 html( ) 方法中即可。在 Servlet 中也不必对处理后的数据进行任何加工，只需要设置响应的内容类型为 text/html 即可。例如，在例 9-5 获取聊天信息的 Servlet 代码中，我们只是设置了响应的内容类型，以及将聊天内容输出到响应中：

```
response.setContentType("text/html;charset=UTF-8");
response.setHeader("Cache-Control", "no-cache");   // 禁止页面缓存
PrintWriter out = response.getWriter();
String msg=" 欢迎光临碧海聆音聊天室！ ";              // 这里定义一个变量，模拟生成的聊天信息
out.println(msg);
out.close();
```

使用 HTML 片段作为返回数据，实现起来比较简单，但是它有一个致命的缺点，那就是这种数据结构方式不一定能在其他的 Web 程序中得到重用。

（2）XML 数据

XML 是一种可扩展的标记语言，它强大的可移植性和可重用性都是其他语言所无法比拟的。如果返回数据的格式是 XML，那么在回调函数中需要对 XML 文档进行处理和解析。在程序开发时，经常应用 attr( ) 方法获取节点的属性，应用 find( ) 方法获取 XML 文档的文本节点。

【例 9-6】将例 9-5 中获取到的聊天内容修改为使用 XML 格式返回数据。

① 修改 index.jsp 页面中读取聊天内容的方法 getContent( )，设置 get( ) 方法返回数据的格式为 XML，将返回的 XML 格式的聊天内容显示到页面中。修改后的代码如下：

```
function getContent() {
    $.get("ChatServlet?action=get&nocache=" + new Date().getTime(),
            function(data) {
                var msg="";                          // 初始化聊天内容
                $(data).find("message").each(function(){
                    msg+="<br>"+$(this).text();      // 读取一条留言信息
                });
            $("#content").html(msg);                 // 显示获取到的聊天内容
            },"XML");
}
```

② 修改 ChatServlet，获取全部聊天信息的 get() 方法，将聊天内容以 XML 格式输出，修改后的代码如下：

```
public void get(HttpServletRequest request,HttpServletResponse response) throws
        ServletException,IOException{
    response.setContentType("text/xml;charset=UTF-8");      // 设置响应的内容类型及编码方式
    PrintWriter out = response.getWriter();                 // 获取输出流对象
    out.println("<?xml version='1.0'?>");
    out.println("<chat>");
    /*********************** 获取聊天信息 ******************************/
    ServletContext application=getServletContext();          // 获取 application 对象
    if(null!=application.getAttribute("message")){
```

```
        Vector<String> v_temp=(Vector<String>)application.getAttribute("message");
        for(int i=v_temp.size()-1;i>=0;i--){
            out.println("<message>"+v_temp.get(i)+"</message>");
        }
    }else{
        out.println("<message> 欢迎光临碧海聆音聊天室！ </message>");
    }
    out.println("</chat>");
    out.flush();
    out.close();                          // 关闭输出流对象
}
```

运行本实例，同样可以得到图 9-5 所示的运行结果。

虽然 XML 文档的可重用性和可移植性比较强，但是 XML 文档的体积较大，与其他格式的文档相比，解析和操作 XML 文档要相对慢一些。

（3）JSON 数据

JSON 是一种轻量级的数据交换格式，其语法简洁，不仅易于阅读和编写，而且易于机器的解析和生成，被读取的速度也非常的快。正是由于 XML 文档的体积过于庞大和它有较为复杂的操作性，才诞生了 JSON。与 XML 文档一样，JSON 文件也具有很强的可重用性，而且相对于 XML 文档而言，JSON 文件的操作更加方便，体积更为小巧。

JSON 由两个数据结构组成，一个是对象（为“名称 / 值”形式的映射），另一个是数组（为值的有序列表）。JSON 没有变量或其他控制，只用于数据传输。

① 对象。在 JSON 中，可以使用下面的语法格式来定义对象：

```
{"属性 1":属性值 1,"属性 2":属性值 2……"属性 n":属性值 n}
```

代码说明如下。

属性 1 ~ 属性 n：用于指定对象拥有的属性名。

属性值 1 ~ 属性值 n：用于指定各属性对应的属性值，其值可以是字符串、数字、布尔值（true/false）、null、对象和数组。

例如，定义一个保存人员信息的对象，可以使用下面的代码：

```
{
"name":"wgh",
"email":"wgh717@sohu.com",
"address":"长春市"
}
```

② 数组。在 JSON 中，可以使用下面的语法格式来定义对象：

```
{"数组名":[
    对象 1, 对象 2……, 对象 n
]}
```

代码说明如下。

数组名：用于指定当前数组名。

对象 1 ~ 对象 n：用于指定各数组元素，它的值为合法的 JSON 对象。

例如，定义一个保存会员信息的数组，可以使用下面的代码：

```
{"member":[
    {"name":"wgh","address":"长春市","email":"wgh717@sohu.com"},
{"name":"明日科技","address":"长春市","email":"mingrisoft@mingrisoft.com"}
]}
```

这段 JSON 数据在 XML 中的表现形式如下：

```
<?xml version="1.0" encoding="UTF-8"?>
<people>
    <name> 明日科技 </name>
    <address> 长春市 </branch>
    <email>mingrisoft@mingrisoft.com</email>
</people>
<people>
    <name>wgh</name>
    <address> 长春市 </branch>
    <email>wgh717@sohu.com</email>
</people>
```

在数据量大的时候，就可以看出 JSON 格式相对于 XML 格式的优势，而且 JSON 格式的结构更加清晰。

【例 9-7】将例 9-5 中获取到的聊天内容修改为使用 JSON 格式返回数据。

① 修改 index.jsp 页面中读取聊天内容的方法 getContent()，设置 get() 方法返回数据的格式为 JSON，并将返回的 JSON 格式的聊天内容显示到页面中。修改后的代码如下：

```
function getContent() {
  $.get("ChatServlet?action=get&nocache=" + new Date().getTime(),
        function(data) {
            var msg="";                              // 初始化聊天内容字符串
            var chats=eval(data);
            $.each(chats,function(i){
                msg+="<br>"+chats[i].message;    // 获取一条留言信息
            });
          $("#content").html(msg);                    // 显示获取到的聊天内容
        },"JSON");
}
```

② 修改 ChatServlet，获取全部聊天信息的 get() 方法，将聊天内容以 JSON 格式输出。修改后的代码如下：

```
public void get(HttpServletRequest request,HttpServletResponse response)
throws ServletException,IOException{
    // 设置响应的内容类型及编码方式
    response.setContentType("application/json;charset=UTF-8");
    PrintWriter out = response.getWriter();                     // 获取输出流对象
    out.println("[");
    /******************** 获取聊天信息 ***************************/
    ServletContext application=getServletContext();             // 获取 application 对象
    if(null!=application.getAttribute("message")){
        Vector<String> v_temp=(Vector<String>)application.getAttribute("message");
        String msg="";
        for(int i=v_temp.size()-1;i>=0;i--){
            msg+="{\"message\":\""+v_temp.get(i)+"\"},";
        }
        out.println(msg.substring(0, msg.length()-1));          // 去除最后一个逗号
  }else{
        out.println("{\"message\":\" 欢迎光临碧海聆音聊天室！ \"}");
  }
  out.println("]");
```

```
    out.flush();
    out.close();                                    //关闭输出流对象
}
```

运行本实例，同样可以得到图 9-5 所示的运行结果。

9.4.6 使用 $.ajax( ) 方法

使用 $.ajax( ) 方法

在前面我们介绍了发送 GET 请求的 get( ) 方法和发送 POST 请求的 post( ) 方法，虽然这两个方法可以实现发送 GET 请求和 POST 请求，但是这两个方法只对请求成功的情况提供回调函数，并未对失败的情况提供回调函数。如果需要实现对请求失败的情况提供回调函数，那么可以使用 $.ajax( ) 方法。$.ajax( ) 方法是 jQuery 中最底层的 AJAX 实现方法。使用该方法可以设置更加复杂的操作，例如 error（请求失败后处理）和 beforeSend（提前提交回调函数处理）等。使用 $.ajax() 方法，用户可以根据功能需求自定义 AJAX 操作。$.ajax() 方法的语法格式如下：

```
$.ajax( url [, settings] )
```

代码说明如下。

url：必选参数，用于发送请求的地址（默认为当前页）。

settings：可选参数，用于进行 AJAX 请求设置，包含许多可选的设置参数，都是以 key/value 形式体现的。常用的设置参数如表 9-4 所示。

表 9-4　settings 参数的常用设置参数

设 置 参 数	说　明
type	用于指定请求类型，可以设置为 GET 或者 POST，默认值为 GET
data	用于指定发送到服务器的数据。如果数据不是字符串，将自动转换为请求字符串格式。在发送 GET 请求时，该数据将附加在 URL 的后面。设置 processData 参数值为 false，可以禁止自动转换。该设置参数的值必须为 key/value 格式。如果为数组，jQuery 将自动为不同值对应同一个名称，例如 {foo:["bar1", "bar2"]} 将转换为 '&foo=bar1&foo=bar2'
dataType	用于指定服务器返回数据的类型。如果不指定，jQuery 将自动根据 HTTP 包的 MIME 信息返回 responseXML 或 responseText，并作为回调函数参数传递，可用值如下。 text：返回纯文本字符串。 xml：返回 XML 文档，可用 jQuery 进行处理。 html：返回纯文本 HTML 信息（包含的 <script> 元素会在插入 DOM 后执行）。 script：返回纯文本 JavaScript 代码。不会自动缓存结果，除非设置了 cache 参数。 json：返回 JSON 格式的数据。 jsonp：JSONP（JSON with Padding）格式。使用 JSONP 格式调用函数时，如果存在代码 “url?callback=?”，那么 jQuery 将自动替换 “?” 为正确的函数名，以执行回调函数
async	用于设置发送请求的方式，默认值是 true，为异步请求方式；同步请求方式可以设置成 false
beforeSend(jqXHR, settings)	用于设置一个发送请求前可以修改 XMLHttpRequest 对象的函数，例如添加自定义 HTTP 头等
complete(jqXHR, textStatus)	用于设置一个请求完成后的回调函数。无论请求成功或失败，该函数均被调用
error(jqXHR, textStatus, errorThrown)	用于设置请求失败时调用的函数

续表

设置参数	说　明
success(data, textStatus, jqXHR)	用于设置请求成功时调用的函数
global	用于设置是否触发全局 AJAX 事件。设置为 true，触发全局 AJAX 事件；设置为 false，则不触发全局 AJAX 事件；默认值为 true
timeout	用于设置请求超时的时间（单位为 ms）。此设置将覆盖全局设置
cache	用于设置是否从浏览器缓存中加载请求信息，设置为 true 将会从浏览器缓存中加载请求信息。默认值为 true，当 dataType 的值为 script 和 jsonp 时值为 false
dataFilter(data,type)	用于指定将 AJAX 返回的原始数据进行预处理的函数。提供 data 和 type 两个参数：data 表示 AJAX 返回的原始数据，type 是调用 $.ajax() 时提供的 dataType 参数。函数返回的值将由 jQuery 进一步处理
contentType	用于设置发送信息数据至服务器时内容的编码类型，默认值为 application/x-www-form-urlencoded。该默认值适用于大多数应用场合
ifModified	用于设置是否仅在服务器数据改变时获取新数据。使用 HTTP 包的 Last-Modified 头信息进行判断，默认值为 false

例如，将例 9-7 中使用 get() 方法发送请求，修改为使用 $.ajax() 方法发送请求，可以使用下面的代码：

```
$.ajax({
        url : "ChatServlet",                          //设置请求地址
        type : "GET",                                 //设置请求类型
        dataType : "json",                            //设置返回数据的类型
        data : {
            "action" : "get",
            "nocache" : new Date().getTime()
        },                                            //设置传递的数据
        //设置请求成功时执行的回调函数
        success : function(data) {
            var msg = "";                             //初始化聊天内容字符串
            var chats = eval(data);
            $.each(chats, function(i) {
                msg += "<br>" + chats[i].message;     //获取一条留言信息
            });
            $("#content").html(msg);                  //显示获取到的聊天内容
        },
        //设置请求失败时执行的回调函数
        error : function() {
            alert("请求失败！");
        }
});
```

9.5 AJAX 开发需要注意的几个问题

9.5.1 安全问题

AJAX 开发需要注意的几个问题

安全性是互联网服务日益重要的关注点，而 Web 天生就是不安全的。AJAX 应用主要面临以下安全问题。

（1）JavaScript 本身的安全性

虽然 JavaScript 的安全性已逐步提高，提供了很多受限功能，包括访问浏览器的

历史记录、上传文件、改变菜单栏等。但是，当在 Web 浏览器中执行 JavaScript 代码时，用户允许任何人编写的代码运行在自己的机器上，这为移动代码自动跨越网络来运行提供了方便，但也给网站带来了安全隐患。为了解决移动代码的潜在危险，浏览器厂商在一个沙箱（Sandbox）中执行 JavaScript 代码，沙箱是一个只能访问很少计算机资源的密闭环境，从而使 AJAX 应用不能读取或写入本地文件系统。虽然这会给程序开发带来困难，但是它提高了客户端 JavaScript 的安全性。

移动代码是指存放在一台计算机上的代码，其自身可以通过网络传输到另外一台计算机上执行。

（2）数据在网络上传输的安全问题

当采用普通的 HTTP 请求时，请求参数的所有代码都是以明码的方式在网络上传输的。对于一些不太重要的数据，采用普通的 HTTP 请求即可满足要求。但是如果涉及特别机密的信息，这样做是不行的。因为一个正常的路由不会查看传输的任何信息，而对于一个“恶意的路由”，则可能会读取传输的内容。为了保证 HTTP 传输数据的安全，可以对传输的数据进行加密，这样即使被看到，危险也是不大的。虽然对传输的数据进行加密可能会使服务器的性能有所降低，但对于敏感数据，以性能换取更高的安全性，这还是值得的。

（3）客户端调用远程服务的安全问题

虽然 AJAX 允许客户端完成部分服务器的工作，并可以通过 JavaScript 来检查用户的权限，但是通过客户端脚本控制权限并不可取。一些解密高手可以轻松绕过 JavaScript 的权限检查，直接访问业务逻辑组件，从而对网站造成威胁。通常情况下，在 AJAX 应用中，应该将所有的 AJAX 请求都发送到控制器，由控制器负责检查调用者是否有访问资源的权限，而所有的业务逻辑组件都隐藏在控制器的后面。

9.5.2 性能问题

AJAX 将大量的计算从服务器移到了客户端，这就意味着浏览器将承受更大的负担，而不再是只负责简单的文档显示。AJAX 的核心语言是 JavaScript，而 JavaScript 并不以高性能闻名。另外，JavaScript 对象也不是轻量级的，特别是 DOM 元素耗费了大量的内存。因此，如何提高 JavaScript 代码的性能对于 AJAX 开发者来说尤为重要。下面介绍几种优化 AJAX 应用执行速度的方法。

① 优化 for 循环。

② 尽量使用局部变量，而不使用全局变量。

③ 尽量少用 eval，每次使用 eval 都需要消耗大量的时间。

④ 将 DOM 节点附加到文档上。

⑤ 尽量减少点号 "." 操作符的使用。

9.5.3 浏览器兼容性问题

AJAX 使用了大量的 JavaScript 和 AJAX 引擎，而它们需要浏览器提供足够的支持。目前多数浏览器都支持 AJAX，除了 IE 4.0 及以下版本、Opera 7.0 及以下版本、基本文本的浏览器、没有可视化实现的浏览器以及 1997 年以前的浏览器。虽然现在我们常用的浏览器都支持 AJAX，但是它们提供 XMLHttpRequest 对象的方式不一样。所以使用 AJAX 的程序时必须测试针对各个浏览器的兼容性。

9.5.4 中文编码问题

AJAX 不支持多种字符集，它默认的字符集是 UTF-8，所以在应用 AJAX 技术的程序中应及时进行编码转换，否则程序中出现的中文字符将变成乱码。一般情况下，以下两种情况会产生中文乱码。

（1）发送请求时出现中文乱码

将数据提交到服务器有两种方法，一种是使用 GET 方法提交，另一种是使用 POST 方法提交。使用不同的方法提交数据，在服务器端接收参数时解决中文乱码的方法是不同的。具体解决方法如下。

① 当接收使用 GET 方法提交的数据时，要将编码格式转换为 GBK 或是 GB/T 2312-1980。例如，将省份名称的编码格式转换为 GBK 的代码如下：

```
String selProvince=request.getParameter("parProvince");          //获取选择的省份
selProvince=new String(selProvince.getBytes("ISO-8859-1"),"GBK");
```

如果接收请求的页面编码格式为 UTF-8，在接收页面则需要将接收到的数据编码格式转换为 UTF-8，这时就会出现中文乱码。解决的方法是：在发送 GET 请求时，用 encodeURIComponent( ) 方法对要发送的中文进行编码。

② 由于用 POST 方法提交数据时，默认的字符编码格式是 UTF-8，所以当接收使用 POST 方法提交的数据时，要将编码格式转换为 UTF-8。例如，将用户名的编码格式转换为 UTF-8 的代码如下：

```
String username=request.getParameter("user");          //获取用户名
username=new String(username.getBytes("ISO-8859-1"),"UTF-8");
```

（2）获取服务器的响应结果时出现中文乱码

由于 AJAX 在接收 responseText 或 responseXML 的值时是按照 UTF-8 的编码格式进行解码的，所以如果服务器端传递的数据不是 UTF-8 编码格式的，在接收 responseText 或 responseXML 的值时，就可能产生乱码。解决的办法是保证从服务器端传递的数据采用 UTF-8 的编码格式。

9.6 本章小结

本章首先介绍了什么是 AJAX 以及 AJAX 开发模式与传统开发模式的区别；然后详细介绍了如何使用 XMLHttpRequest 对象，XMLHttpRequest 对象是 AJAX 的核心技术，需要重点掌握；接着介绍了传统 AJAX 的工作流程以及如何用 jQuery 实现 AJAX；最后介绍了 AJAX 开发需要注意的几个问题，希望读者充分掌握 XMLHttpRequest 对象的使用方法，这对以后的开发比较重要。

习 题

9-1 什么是 AJAX？简述 AJAX 中使用的技术。

9-2 如何创建一个跨浏览器的 XMLHttpRequest 对象?

9-3 如何解决当发送路径的参数中包括中文时，在服务器端接收参数值时产生乱码的问题?

9-4 如何解决返回到 responseText 或 responseXML 的值中包含中文时产生乱码的问题?

上机指导

9-1 编写用户注册页面，并且通过 AJAX 技术实现不刷新页面验证用户名是否唯一。

9-2 在页面中添加实时走动的系统时钟。

9-3 使用 AJAX 实现无刷新分页功能。

CHAPTER 10

第10章 JSP高级技术

本章要点

- EL 表达式
- JSTL 核心标签库
- 自定义标签库的开发
- Spring 和 MyBatis 框架技术

■ 本章主要介绍 JSP 高级程序设计的相关技术，包括表达式语言和 JSTL 标准标签库的应用、自定义标签库的开发以及 Java Web 开发中应用的框架技术。通过学习本章，读者可以掌握表达式语言和 JSTL 标准标签库的基本应用方法，并能够在 JSTL 中应用表达式语言；掌握自定义标签库的开发技术；了解 Spring 和 MyBatis 框架技术。

10.1 EL 表达式

10.1.1 表达式语言

表达式语言简称 EL（Expression Language），下面称之为 EL 表达式，它是 JSP 2.0 中引入的一种计算和输出 Java 对象的简单语言。EL 为不熟悉 Java 语言的页面开发人员提供了一个开发 JSP 应用程序的新途径。EL 表达式具有以下特点。

表达式语言

① 在 EL 表达式中可以获得命名空间（即 PageContext 对象，它是页面中所有内置对象的最大范围的集成对象，通过它可以访问其他内置对象）。

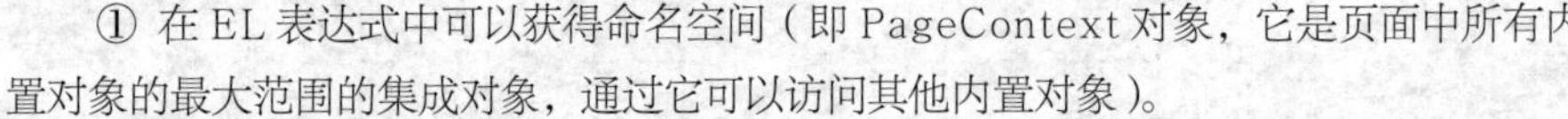

② 用 EL 表达式可以访问一般变量，还可以访问 JavaBean 类中的属性以及嵌套属性和集合对象。

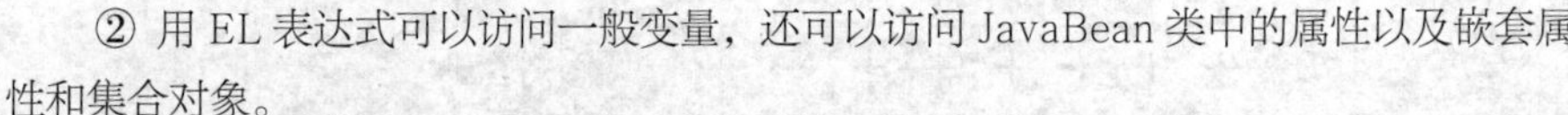

③ 在 EL 表达式中可以执行关系、逻辑和算术等运算。

④ 扩展函数可以与 Java 类的静态方法进行映射。

EL 表达式的简单使用

⑤ 在 EL 表达式中可以访问 JSP 的作用域（即 request、session、application 以及 page）。

10.1.2 EL 表达式的简单使用

在 JSP 2.0 之前，程序员只能使用下面的代码访问系统作用域的值：

```
<%=session.getAttribute("name")%>
```

或者使用下面的代码调用 JavaBean 中的属性值或方法：

```
<jsp:useBean id="dao" scope="page" class="com.UserInfoDao"></jsp:useBean>
<%dao.name;%>                    <!-- 调用 UserInfoDao 类中的 name 属性 -->
<%dao.getName();%>               <!-- 调用 UserInfoDao 类中的 getName() 方法 -->
```

在 EL 表达式中允许程序员使用简单语法访问对象。例如，可以使用下面的代码访问系统作用域的值：

```
${name}
```

其中 ${name} 为访问 name 变量的表达式。

通过 EL 表达式调用 JavaBean 中的属性值或方法的代码如下：

```
<jsp:useBean id="dao" scope="page" class="com.UserInfoDao"></jsp:useBean>
${dao.name}                      <!-- 调用 UserInfoDao 类中的 name 属性 -->
${dao.getName()}                 <!-- 调用 UserInfoDao 类中的 getName() 方法 -->
```

10.1.3 EL 表达式的语法

EL 表达式的语法很简单，它最大的特点就是使用很方便。EL 表达式的语法格式如下：

```
${expression}
```

EL 表达式的语法

在上面的语法中，“${” 符号是表达式的起始点。因此，如果在 JSP 网页中要显示 “${” 字符串，则必须在前面加上 “\” 符号，即 “\${”，或者写成 “${ ‘${’ }”，也就是用表达式来输出 “${” 符号。在表达式中若要输出一个字符串，则可以将此字符串放在一对单引号或双引号内。例如，若要在页面中输出字符串 “长亭外，古道边”，则可以使用下面的代码：

```
${"长亭外，古道边"}
```

由于 EL 表达式是 JSP 2.0 以前的版本中没有的，因此为了和以前的规范兼容，可以通过在页面的前面加入以下语句来声明是否忽略 EL 表达式：

<%@ page isELIgnored="true|false" %>

在上面的语句中，如果为 true，则忽略页面中的 EL 表达式；如果为 false，则解析页面中的 EL 表达式。

如果想在 JSP 中输出 EL 表达式，则可使用"\"符号，即在"${}"之前加"\"。例如"\${5+3}"，将在 JSP 中输出"${5+3}"，而不是 5+3 的结果 8。

10.1.4 EL 表达式的运算符

在 JSP 中，EL 表达式提供了存取数据运算符、算术运算符、关系运算符、逻辑运算符、empty 运算符及条件运算符，下面进行详细介绍。

EL 表达式的运算符

（1）存取数据运算符

在 EL 表达式中可以使用运算符"[]"和"."来获取对象的属性。例如，${user.name} 或者 ${user[name]} 都表示取出对象 user 中的 name 属性值。

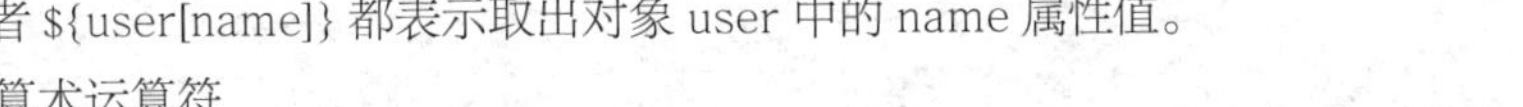

（2）算术运算符

算术运算符可以作用在整数和浮点数上。EL 表达式的算术运算符包括加（+）、减（-）、乘（*）、除（/ 或 div）和求余（% 或 mod）等 5 个。

EL 表达式无法像 Java 一样将两个字符串用"+"运算符连接在一起（"a"+"b"），所以 ${"a"+"b"} 的写法是错误的。但是，可以采用 ${"a"}${"b"} 这样的方法来表示。

（3）关系运算符

关系运算符除了可以作用在整数和浮点数上之外，还可以根据字母的顺序比较两个字符串的大小，这方面在 Java 中没有体现出来。EL 表达式的关系运算符包括等于（== 或 eq）、不等于（!= 或 ne）、小于（< 或 lt）、大于（> 或 gt）、小于或等于（<= 或 le）和大于或等于（>= 或 ge）等 6 个。

在使用 EL 表达式关系运算符时，不能写成如下格式：

${param.password1} == ${param.password2}

或

${${param.password1} == ${param.password2}}

而应写成如下格式：

${param.password1 == param.password2}

（4）逻辑运算符

逻辑运算符可以作用在布尔值上。EL 表达式的逻辑运算符包括与（&& 或 and）、或（|| 或 or）和非（! 或 not）等 3 个。

（5）empty 运算符

empty 运算符是一个前缀（Prefix）运算符，即 empty 运算符位于操作数前方，被用来决定一个对象或变量是否为 null。

（6）条件运算符

EL 表达式中可以利用条件运算符进行条件求值，其语法格式如下：

```
${ 条件表达式 ? 计算表达式 1 : 计算表达式 2}
```

在上面的语法中，如果条件表达式为真，则计算表达式 1，否则计算表达式 2。但是 EL 表达式中的条件运算符功能比较弱，一般可以用 JSTL（JSTL 是一个不断完善的开放源代码的 JSP 标准标签库，主要给 Java Web 开发人员提供一个标准的通用的标签库，关于 JSTL 的详细介绍参见 10.2 节）中的条件标签 <c:if> 或 <c:choose> 替代，如果处理的问题比较简单也可以使用 EL 表达式中的条件运算符。EL 表达式中的条件运算符唯一的优点在于其非常简单和方便，且和 Java 语言里的用法完全一致。

上面所介绍的各运算符的优先级示意图如图 10-1 所示。

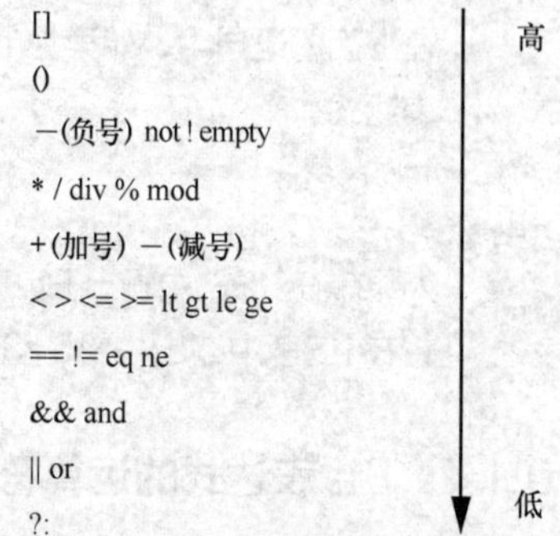

图 10-1 EL 表达式各运算符的优先级示意图

10.1.5 EL 表达式中的隐含对象

为了能够获得 Web 应用程序中的相关数据，EL 表达式中定义了一些隐含对象。这些隐含对象共有 11 个，分为以下 3 种。

（1）PageContext 隐含对象

PageContext 隐含对象可以用于访问 JSP 内置对象，包括 request、response、out、session、config、servletContext 等，如 ${PageContext.session}。

EL 表达式中的隐含对象

（2）访问环境信息的隐含对象

EL 表达式中定义的用于访问环境信息的隐含对象包括以下 6 个。

cookie：用于把请求中的参数名和单个值进行映射。

initParam：把上下文的初始参数和单一的值进行映射。

header：把请求中的 header 名字和单个值进行映射。

param：把请求中的参数名和单个值进行映射。

headerValues：把请求中的 header 名字和一个 Array 值进行映射。

paramValues：把请求中的参数名和一个 Array 值进行映射。

（3）访问作用域范围的隐含对象

EL 表达式中定义的用于访问作用域范围的隐含对象包括以下 4 个。

applicationScope：映射 application 范围内的属性值。

sessionScope：映射 session 范围内的属性值。

requestScope：映射 request 范围内的属性值。

pageScope：映射 page 范围内的属性值。

10.1.6 EL 表达式中的保留字

EL 表达式中定义了表 10-1 所示的保留字。在为变量命名时，应该避免使用这些保留字。

EL 表达式中的保留字

表 10-1　EL 表达式中的保留字

and	eq	gt	true	instanceof	div	or	ne
le	false	lt	empty	mod	not	ge	null

10.2　JSTL 标准标签库

JSTL 标准标签库

JSTL 的全称是 Java Server Pages Standard Tag Library，是由 Apache 的 Jakarta 小组负责维护的。它是一个不断完善的开放源代码的 JSP 标准标签库，主要用于给 Java Web 开发人员提供一个标准的通用的标签库。通过 JSTL，可以取代传统 JSP 程序中嵌入 Java 代码的做法，可大大提高程序的可维护性。

JSTL 主要包括以下 5 种标签库。

（1）核心标签库

核心标签库主要用于实现 JSP 的基本功能，包含 JSTL 的表达式标签、条件标签、循环标签和 URL 操作共 4 种标签，如表 10-2 所示。

表 10-2　核心标签库

名　称		描　述
表达式标签	<c:out> 标签	<c:out> 标签用于将计算的结果输出到 JSP 中，该标签可以替代 <%=%>
	<c:set> 标签	<c:set> 标签用于定义和存储变量，它可以定义变量是在 JSP 会话范围内还是 JavaBean 的属性中。可以使用该标签在页面中定义变量，而不用在 JSP 中嵌入打乱 HTML 排版的 Java 代码
	<c:remove> 标签	<c:remove> 标签可以从指定的 JSP 范围中移除指定的变量
	<c:catch> 标签	<c:catch> 标签是 JSTL 中处理程序异常的标签，它还能够将异常信息保存在变量中
条件标签	<c:if> 标签	该标签可以根据不同的条件去处理不同的业务，也就是执行不同的程序代码
	<c:choose> 标签	<c:choose> 标签可以根据不同的条件去完成指定的业务逻辑，如果没有符合的条件会执行默认条件的业务逻辑。<c:choose> 标签只能作为 <c:when> 和 <c:otherwise> 标签的父标签，可以在它之内嵌套这两个标签完成条件选择逻辑
	<c:when> 标签	这是包含在 <c:choose> 标签中的子标签，它根据不同的条件去执行相应的业务逻辑。可以存在多个 <c:when> 标签，来处理不同条件的业务逻辑
	<c:otherwise> 标签	<c:otherwise> 标签也是一个包含在 <c:choose> 标签中的子标签，用于定义 <c:choose> 标签中的默认条件处理逻辑。如果没有任何一个结果满足 <c:when> 标签指定的条件，将会执行这个标签主体中定义的逻辑代码
循环标签	<c:forEach> 标签	<c:forEach> 标签可以根据循环条件，遍历数组和集合类中的所有或部分数据
	<c:forTokens> 标签	<c:forTokens> 标签用于在 JSP 中遍历一个字符串中所有由定义符号所分隔的成员。当条件成立时，循环执行 <c:forTokens> 标签体中的代码段

续表

名　称		描　述
URL 操作	<c:import> 标签	<c:import> 标签可以将站内或其他网站的静态和动态文件导入到 JSP 中
	<c:redirect> 标签	<c:redirect> 标签可以将客户端发出的 request 请求重定向到其他 URL 服务器端，由其他程序处理客户的请求。而在这期间可以对 request 请求中的属性进行修改或添加，然后把所有属性传递到目标路径
	<c:url> 标签	<c:url> 标签用于生成一个 URL 路径的字符串。这个生成的字符串可以赋予 HTML 的 <a> 标记实现 URL 的连接，或者用这个生成的 URL 字符串实现网页转发与重定向等。在使用该标签生成 URL 时还可以搭配 <c:param> 标签，动态添加 URL 的参数信息
	<c:param> 标签	<c:param> 标签只用于为其他标签提供参数信息。它与 <c:import> 标签、<c:redirect> 标签和 <c:url> 标签组合可以实现动态定制参数，从而使标签可以完成更复杂的程序应用

（2）格式标签库

格式标签库提供了一个简单的标记集合——国际化（I18N，即 internationalization）标记，用于处理和解决与国际化相关的问题。另外，格式标签库中还包含用于格式化数字和日期的显示格式的标签，如表 10-3 所示。

表 10-3　格式标签库

名　称	描　述
<fmt:formatNumber> 标签	<fmt:formatNumber> 标签用于设置数字在不同国家和地区的显示格式
<fmt:parseNumber> 标签	<fmt:parseNumber> 标签可以把字符串类型的数字解析成数字类型的数值，使其可以组合算术运算形成其他数值结果
<fmt:formatDate> 标签	<fmt:formatDate> 标签可以把字符串类型的数字解析成数字类型的数值，使其可以组合算术运算形成其他数值结果
<fmt:parseDate> 标签	<fmt:parseDate> 标签用于解析字符串为日期对象，被解析的字符串可以指定日期模式来灵活地表达日期对象
<fmt:setTimeZone> 标签	<fmt:setTimeZone> 标签用于设置默认时区，也可以将设置的时区存储在 scope 属性指定范围的变量中
<fmt:timeZone> 标签	<fmt:timeZone> 标签用于设置标签体内部的时区。应用该标签后，标签体内所有时间和日期都采用标签设置的时区，但它不会影响到标签外的时区设置
<fmt:setBundle> 标签	<fmt:setBundle> 标签用于读取绑定的消息资源文件。当 JSP 读取本地消息文本时，将从绑定的消息资源文件中读取相应的键值
<fmt:bundle> 标签	<fmt:bundle> 标签用于读取绑定的消息资源文件，该标签只对标签体内的范围有效
<fmt:message> 标签	<fmt:message> 标签负责读取本地消息资源，它从指定的消息文本资源中读取对应的键值，并且可以将键值存储在指定范围的变量中
<fmt:param> 标签	<fmt:param> 标签主要用于为 <fmt:message> 标签读取的消息资源指定参数值（如果消息资源有参数）。它的使用方法很简单，只需要指定参数值便可
<fmt:setlocale> 标签	<fmt:setlocale> 标签主要用于设置语言区域
<fmt:requestEncoding> 标签	<fmt:requestEncoding> 标签主要用于设置请求的编码格式

(3) SQL 标签

SQL 标签封装了数据库访问的通用逻辑。使用 SQL 标签，可以简化对数据库的访问。如果结合核心标签库，可以方便地获取结果集、迭代输出结果集中的数据结果。SQL 标签库如表 10-4 所示。

表 10-4　SQL 标签库

名　　称	描　　述
<sql:setDataSource> 标签	<sql:setDataSource> 标签用于设置数据源。数据源包括数据库的驱动、连接数据库的用户名、密码和 URL 连接等属性
<sql:query> 标签	<sql:query> 标签用于通过 SQL 语句查询符合条件的数据
<sql:update> 标签	<sql:update> 标签用于使用 UPDATE、DELETE 和 INSERT 等 SQL 语句更新数据库记录，并返回影响的记录行数
<sql:param> 标签	<sql:param> 标签用于动态地为 SQL 语句指定参数值。这不同于普通的以变量填充参数的方式，使用 <sql:param> 标签指定 SQL 参数值可以防止 SQL 注入
<sql:dateParam> 标签	<sql:dateParam> 标签和 <sql:param> 标签功能相似，不过 <sql:dateParam> 主要用于为 SQL 语句填充日期类型的参数值
<sql:transaction> 标签	<sql:transaction> 标签用于在事务中处理 SQL 操作。如果 SQL 操作有错误，将不会执行 <sql:transaction> 标签体中的所有 SQL 操作

(4) XML 标签库

XML 标签库可以处理和输出 XML 的标记，使用这些标记可以很方便地开发基于 XML 的 Web 应用。XML 标签库如表 10-5 所示。

表 10-5　XML 标签库

名　　称	描　　述
<x:parse> 标签	<x:parse> 标签可以解析指定的 XML 内容
<x:out> 标签	<x:out> 标签和 <c:out> 标签类似，它们都是输出标签，<x:out> 标签主要用于输出 XML 信息
<x:set> 标签	<x:set> 标签用于把从 XML 文件指定节点读取的属性值存储到指定范围的变量中
<x:if> 标签	<x:if> 标签用于根据 XPath 条件语句执行指定的 JSP 代码
<x:choose> 标签	<x:choose> 标签与其子标签 <x:when> 和 <x:otherwise> 用于完成条件判断
<x:when> 标签	<x:when> 标签为 <x:choose> 标签的子标签，用于根据指定的条件执行不同的程序代码
<x:otherwise> 标签	<x:otherwise> 标签是 <x:choose> 标签的默认执行标签，在没有满足条件的情况下会执行该标签体
<x:forEach> 标签	<x:forEach> 标签用于根据提供的 XPath 表达式，遍历 XML 文件的内容
<x:transform> 标签	<x:transform> 标签用于完成 XML 到 XSLT（Extensible Stylesheet Language Transformations，可扩展样式表转换语言）样式的转换
<x:param> 标签	<x:transform> 标签用于为 <x:transform> 标签设定参数信息。如果执行文件转换的样式表使用了参数，可以使用 <x:param> 标签来定义这些参数

(5) 函数标签库

函数标签库提供了一系列字符串操作函数标签，用于分解和连接字符串、返回子串、确定字符串是否包含特定的子串等。

在使用这些标签之前，必须在 JSP 的首行使用 <%@ taglib%> 指令定义标签库的位置和访问前缀。例如，使用核心标签库的 taglib 指令的格式如下：

```
<%@ taglib prefix="c" uri="http://java.sun.com/jsp/jstl/core" %>
```

使用格式标签库的 taglib 指令的格式如下：

```
<%@ taglib prefix="fmt" uri="http://java.sun.com/jsp/jstl/fmt"%>
```

使用 SQL 标签库的 taglib 指令的格式如下：

```
<%@ taglib prefix="sql" uri="http://java.sun.com/jsp/jstl/sql"%>
```

使用 XML 标签库的 taglib 指令的格式如下：

```
<%@ taglib prefix="xml" uri="http://java.sun.com/jsp/jstl/xml"%>
```

使用函数标签库的 taglib 指令的格式如下：

```
<%@ taglib prefix="fn" uri="http://java.sun.com/jsp/jstl/functions"%>
```

下面将对 JSTL 中常用的核心标签库的 4 种标签进行介绍。

10.2.1 表达式标签

表达式标签

表达式标签包括 <c:out>、<c:set>、<c:remove>、<c:catch> 等 4 个标签，下面分别介绍它们的语法格式及应用。

（1）<c:out> 标签

<c:out> 标签用于将计算的结果输出到 JSP 中，该标签可以替代 <%=%>。<c:out> 标签的语法格式如下。

语法格式 1：

```
<c:out value="value" [escapeXml="true|false"] [default="defaultValue"]/>
```

语法格式 2：

```
<c:out value="value" [escapeXml="true|false"]>
    defalultValue
</c:out>
```

这两种语法格式的输出结果完全相同。<c:out> 标签的属性如表 10-6 所示。

表 10-6　<c:out> 标签的属性

属　性	类　型	描　述	引用 EL
value	Object	将要输出的变量或表达式	可以
escapeXml	boolean	转换特殊字符，默认值为 true，例如将“<”转换为“<”	不可以
default	Object	如果 value 属性值等于 null，则显示 default 属性定义的默认值	不可以

【例 10-1】<c:out> 标签示例。

测试 <c:out> 标签的 escapeXml 属性及通过两种语法格式设置 default 属性时的显示结果，关键代码如下：

```
<%@ page language="java"  pageEncoding="GBK"%>
<%@ taglib prefix="c" uri="http://java.sun.com/jsp/jstl/core" %>
<!-- 此处省略了部分 HTML 代码 -->
escapeXml 属性值为 false 时 : <c:out value="<hr>" escapeXml="false"/>
escapeXml 属性值为 true 时 : <c:out value="<hr>"/>
第一种语法格式 : <c:out value="${name}" default="name 的值为空 "/>
<br>
第二种语法格式 : c:out value="${name}">
```

```
  name 的值为空
</c:out>
<!-- 此处省略了部分 HTML 代码 -->
```

运行程序，将显示图 10-2 所示的运行结果。

（2）<c:set> 标签

<c:set> 标签用于定义和存储变量，它可以定义变量是在 JSP 会话范围内还是 JavaBean 的属性中。可以使用该标签在页面中定义变量，而不用在 JSP 中嵌入打乱 HTML 排版的 Java 代码。<c:set> 标签有以下 4 种语法格式。

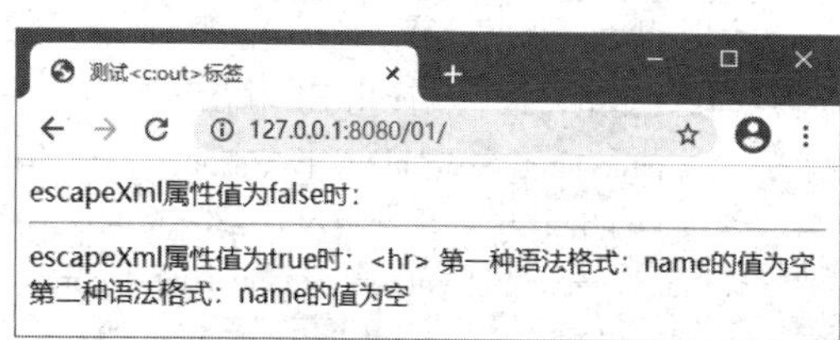

图 10-2　测试 <c:out> 标签的运行结果

语法格式 1：该语法格式在 scope 指定的范围内将变量值存储到变量中。代码如下：

```
<c:set value="value" var="name" [scope="page|request|session|application"]/>
```

语法格式 2：该语法格式在 scope 指定的范围内将标签主体存储到变量中。代码如下：

```
<c:set var="name" [scope="page|request|session|application"]>
    标签主体
</c:set>
```

语法格式 3：该语法格式将变量值存储在 target 属性指定的目标对象的 propName 属性中。代码如下：

```
<c:set value="value" target="object" property="propName"/>
```

语法格式 4：该语法格式将标签主体存储到 target 属性指定的目标对象的 propName 属性中。代码如下：

```
<c:set target="object" property="propName">
    标签主体
</c:set>
```

<c:set> 标签的属性说明如表 10-7 所示。

表 10-7　<c:set> 标签的属性

属　性	类　型	描　述	引用 EL
value	object	将要存储的变量值	可以
var	string	存储变量值的变量名称	不可以
target	object	存储变量值或者标签主体的目标对象，可以是 JavaBean 或 Map 集合对象	可以
property	string	指定目标对象存储数据的属性名	可以
scope	string	指定变量存在于 JSP 的范围，默认值是 page	不可以

【例 10-2】<c:set> 标签示例。

应用 <c:set> 标签定义不同范围内的变量，并通过 EL 进行输出，关键代码如下：

```
<%@ page language="java"  pageEncoding="GBK"%>
<%@ taglib prefix="c" uri="http://java.sun.com/jsp/jstl/core" %>
<c:set var="name" value=" 编程词典网 " scope="page"/>
<c:set var="hostpage" value="www.mrbccd.com" scope="session"/>
<c:out value="${name}"></c:out>   <!-- 应用 EL 输出定义的变量 -->
<br>
<c:out value="${hostpage}"></c:out>
```

程序运行结果如图 10-3 所示。

（3）<c:remove> 标签

<c:remove> 标签可以从指定的 JSP 范围中移除指定的变量，其语法格式如下：

```
<c:remove var="name" [scope="page|request|session|application"]/>
```

在上面的语法中，var 用于指定存储变量值的变量名称；scope 用于指定变量存在于 JSP 的范围，可选值有 page、request、session、application，默认值是 page。

【例 10-3】<c:remove> 标签示例。

应用 <c:set> 标签定义一个 page 范围内的变量，然后应用通过 EL 表达式输出该变量，再应用 <c:remove> 标签移除该变量，最后再应用 EL 输出该变量，关键代码如下：

```
<%@ page language="java"  pageEncoding="GBK"%>
<%@ taglib prefix="c" uri="http://java.sun.com/jsp/jstl/core" %>
<c:set var="name" value=" 编程词典网 " scope="page"/>
移除前输出的变量 name 为 <c:out value="${name}"></c:out>
<c:remove var="name"/>
<br>
移除后输出的变量 name 为 <c:out value="${name}" default=" 变量 name 为空 "></c:out>
```

程序运行结果如图 10-4 所示。

图 10-3　例 10-2 运行结果

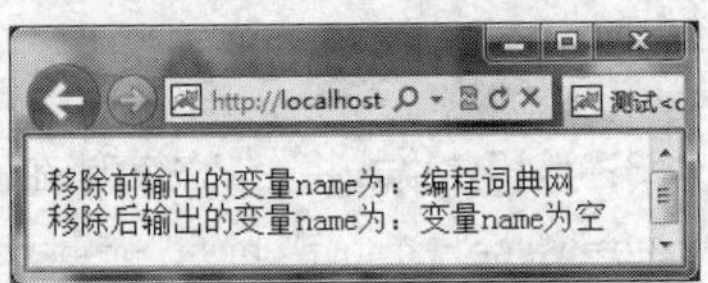

图 10-4　例 10-3 运行结果

（4）<c:catch> 标签

<c:catch> 标签是 JSTL 中处理程序异常的标签，它还能够将异常信息保存在变量中。<c:catch> 标签的语法格式如下：

```
<c:catch [var="name"]>
……存在异常的代码
</c:catch>
```

在上面的语法中，var 属性可以指定存储异常信息的变量。它是一个可选项，如果不需要保存异常信息，可以省略该属性。

10.2.2　条件标签

条件标签

条件标签在程序中会根据不同的条件去执行不同的代码来产生不同的运行结果。使用条件标签可以处理程序中任何可能发生的事情。在 JSTL 中，条件标签包括 <c:if> 标签、<c:choose> 标签、<c:when> 标签和 <c:otherwise> 标签等 4 种，下面将详细介绍这些标签的语法格式及应用。

（1）<c:if> 标签

<c:if> 标签可以根据不同的条件去处理不同的业务，也就是执行不同的程序代码。它和 Java 基础中 if 语句的功能一样。<c:if> 标签有以下两种语法格式。

语法格式 1：该语法格式会判断条件表达式，并将条件的判断结果保存在 var 属性指定的变量中，而这个变量存在于 scope 属性所指定范围中。代码如下：

```
<c:if test="condition" var="name" [scope=page|request|session|application]/>
```

语法格式 2：该语法格式不但可以将 test 属性的判断结果保存在指定范围的变量中，还可以根据条件的判断结果去执行标签主体。标签主体可以是 JSP 能够使用的任何元素，例如 HTML 标记、Java 代码或者嵌入的其他 JSP 标签。代码如下：

```
<c:if test="condition" var="name" [scope=page|request|session|application]>
    标签主体
</c:if>
```

<c:if> 标签的属性如表 10-8 所示。

表 10-8　<c:if> 标签的属性

属　性	类　型	描　　述	引用 EL
test	boolean	条件表达式，它是 <c:if> 标签必须定义的属性	可以
var	string	指定变量名。该属性会指定 test 属性的判断结果将存放在哪个变量中，如果该变量不存在就创建它	不可以
scope	string	存储范围，该属性用于指定 var 属性所指定的变量的存在范围	不可以

【例 10-4】<c:if> 标签示例。

应用 <c:if> 标签判断用户名是否为空，如果为空则显示一个用于输入用户名的文本框及“提交”按钮，关键代码如下：

```
<%@ page language="java"  pageEncoding="GBK"%>
<%@ taglib prefix="c" uri="http://java.sun.com/jsp/jstl/core" %>
语法格式 1：输出用户名是否为 null<br>
    <c:if test="${param.user==null}" var="rtn" scope="page"/>
    <c:out value="${rtn}"/>
<br> 语法格式 2：如果用户名为空，则输出一个用于输入用户名的文本框及 " 提交 " 按钮 <br>
<c:if test="${param.user==null}">
  <form action="" method="post">
    请输入用户名：<input type="text" name="user">
    <input type="submit" value=" 提交 ">
  </form>
</c:if>
```

运行本程序，当用户名为空时，将显示图 10-5 所示的运行结果。输入用户名后，单击“提交”按钮，将显示图 10-6 所示的运行结果。

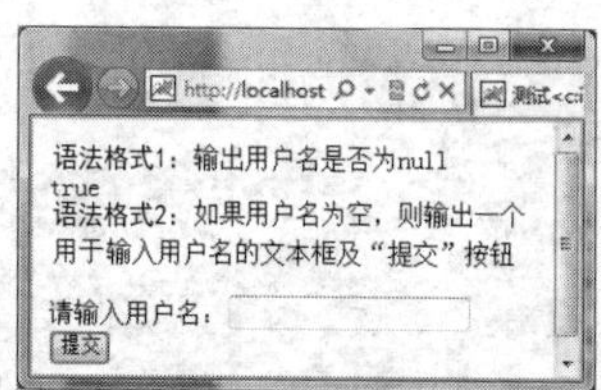

图 10-5　用户名为空时的运行结果

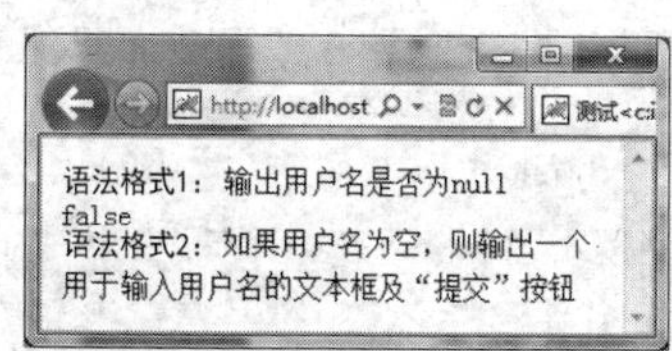

图 10-6　用户名不为空时的运行结果

（2）<c:choose> 标签

<c:choose> 标签可以根据不同的条件去完成指定的业务逻辑，如果没有符合的条件会执行默认条件的业务逻辑。<c:choose> 标签只能作为 <c:when> 和 <c:otherwise> 标签的父标签，可以在它之内嵌套这两个标签完成条件选择逻辑。<c:choose> 标签的语法格式如下：

```
<c:choose>
  <c:when>
    业务逻辑
  </c:when>
  ……  <!-- 多个 <c:when> 标签 -->
  <c:otherwise>
```

```
        业务逻辑
    </c:otherwise>
</c:choose>
```

<c:choose> 标签中可以包含多个 <c:when> 标签来处理不同条件的业务逻辑，但是只能有一个 <c:otherwise> 标签来处理默认条件的业务逻辑。

（3）<c:when> 标签

<c:when> 是包含在 <c:choose> 标签内的子标签，它可以根据不同的条件去执行相应的业务逻辑。可以存在多个 <c:when> 标签来处理不同条件的业务逻辑。其语法格式如下：

```
<c:when test="condition">
   标签主体
</c:when>
```

在上面的语法中，test 属性用于指定条件表达式。该属性为 <c:when> 标签的必选属性，可以引用 EL 表达式。

（4）<c:otherwise> 标签

<c:otherwise> 标签也是一个包含在 <c:choose> 标签内的子标签，用于定义 <c:choose> 标签中的默认条件处理逻辑。如果没有任何一个结果满足 <c:when> 标签指定的条件，将会执行这个标签主体中定义的逻辑代码。在 <c:choose> 标签范围内只能存在一个该标签的定义。<c:otherwise> 标签的语法格式如下：

```
<c:otherwise>
标签主体
</c:otherwise>
```

<c:otherwise> 标签必须定义在所有 <c:when> 标签的后面，也就是说它是 <c:choose> 标签的最后一个子标签。

【例 10-5】<c:otherwise> 标签示例。

应用 <c:choose> 标签、<c:when> 标签和 <c:otherwise> 标签根据当前时间显示不同的问候，关键代码如下：

```
<%@ page language="java"  pageEncoding="GBK"%>
<%@ taglib prefix="c" uri="http://java.sun.com/jsp/jstl/core" %>
<c:set var="hours">
    <%=new java.util.Date().getHours()%>
</c:set>
<c:choose>
    <c:when test="${hours>6 && hours<11}" > 上午好！ </c:when>
    <c:when test="${hours>11 && hours<17}"> 下午好！ </c:when>
    <c:otherwise> 晚上好！ </c:otherwise>
</c:choose>
 现在时间是：${hours} 时
```

运行结果如图 10-7 所示。

图 10-7　例 10-5 运行结果

10.2.3 循环标签

循环标签

JSP 开发经常需要使用循环标签生成大量的代码，例如生成 HTML 表格等。JSTL 标签库中提供了 <c:forEach> 和 <c:forTokens> 两个循环标签。

（1）<c:forEach> 标签

<c:forEach> 标签可以枚举集合中的所有元素，也可以循环指定的次数，这可以根据相应的属性确定。<c:forEach> 标签的语法格式如下：

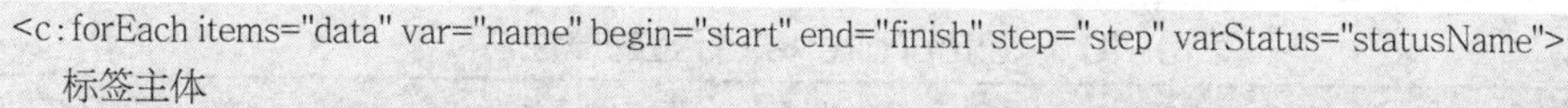

```
<c:forEach items="data" var="name" begin="start" end="finish" step="step" varStatus="statusName">
   标签主体
</c:forEach>
```

<c:forEach> 标签中的属性都是可选项，可以根据需要使用相应的属性。其属性如表 10-9 所示。

表 10-9 <c:forEach> 标签的属性

属　性	类　型	描　述	引用 EL
items	数组、集合类、字符串和枚举类型	被循环遍历的对象，多用于数组与集合类	可以
var	string	循环体的变量，用于存储 items 指定的对象的成员	不可以
begin	int	循环的起始位置	可以
end	int	循环的终止位置	可以
step	int	循环的步长	可以
varStatus	string	循环的状态变量	不可以

【例 10-6】<c:forEach> 标签示例。

应用 <c: forEach > 标签循环输出 List 集合中的内容，并通过 <c: forEach > 标签循环输出字符串“编程词典”6 次，关键代码如下：

```
<%@ page language="java"  pageEncoding="GBK" import="java.util.*"%>
<%@ taglib prefix="c" uri="http://java.sun.com/jsp/jstl/core" %>
<%List list=new ArrayList();
list.add(" 无语 ");
list.add(" 冰儿 ");
list.add("wgh");
request.setAttribute("list",list);%>
利用 &lt;c:forEach&gt; 标签遍历 List 集合的结果如下：<br>
<c:forEach items="${list}" var="tag" varStatus="id">
     ${id.count } ${tag }<br>
</c:forEach>
<c:forEach begin="1" end="6" step="1" var="str">
     <c:out value="${str}"/> 编程词典
</c:forEach>
```

运行程序将显示图 10-8 所示的运行结果。

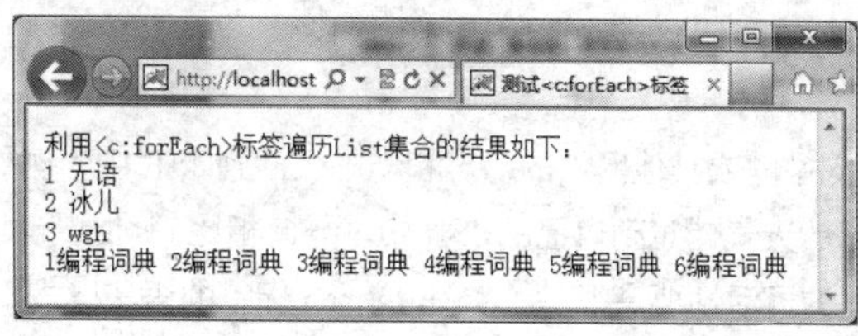

图 10-8 例 10-6 运行结果

（2）<c:forTokens> 标签

<c:forTokens> 标签可以用指定的分隔符将一个字符串分隔开，根据分隔的数量确定循环的次数。<c:forTokens> 标签的语法格式如下：

```
<c:forTokens items="String" delims="char" [var="name"] [begin="start"] [end="end"] [step="len"] [varStatus="statusName"]>
    标签主体
</c:forTokens>
```

<c:forTokens> 标签的属性如表 10-10 所示。

表 10-10　<c:forTokens> 标签的属性

属　性	类　型	描　述	引用 EL
items	string	被循环遍历的对象，多用于数组与集合类	可以
delims	string	字符串的分隔字符，可以同时有多个分割字符	不可以
var	string	变量名称	不可以
begin	int	循环的起始位置	可以
end	int	循环的终止位置	可以
step	int	循环的步长	可以
varStatus	string	循环的状态变量	不可以

【例 10-7】<c: forTokens > 标签示例。

应用 <c: forTokens > 标签分隔字符串并显示，关键代码如下：

```
<%@ page language="java"  pageEncoding="GBK"%>
<%@ taglib prefix="c" uri="http://java.sun.com/jsp/jstl/core" %>
<c:set var="sourceStr" value=" 无语 | 冰儿 |wgh| 简单 |simpleRain"/>
原字符串：<c:out value="${sourceStr}"/>
<br> 分隔后的字符串：
<c:forTokens var="str" items="${sourceStr}" delims="|" varStatus="status">
    <c:out value="${str}"></c:out> ☆
    <c:if test="${status.last}">
        <br> 总共输出 <c:out value="${status.count}"></c:out> 个元素。
    </c:if>
</c:forTokens>
```

运行程序将显示图 10-9 所示的运行结果。

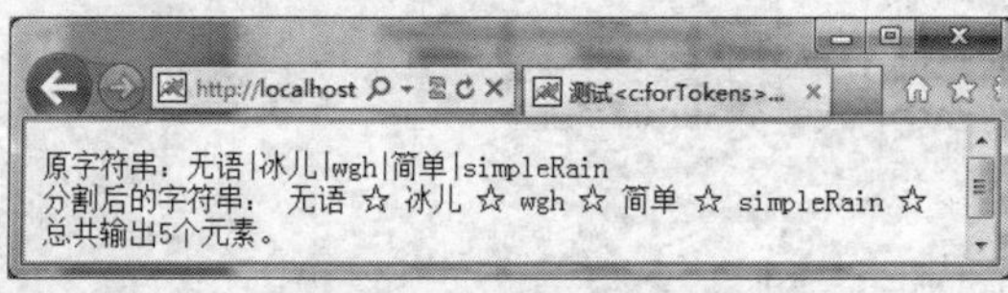

图 10-9　例 10-7 运行结果

10.2.4　URL 操作标签

JSTL 标签库包括 <c:import>、<c:redirect> 和 <c:url> 共 3 种 URL 操作标签，它们可分别实现导入其他页面、重定向和产生 URL 的功能。

URL 操作标签

（1）<c:import> 标签

<c:import> 标签可以导入站内或其他网站的静态和动态文件到 JSP 中，例如，使用 <c:import> 标签导入其他网站的天气信息到自己的 JSP 中。与此相比，<jsp:include> 只能导入站内资源，<c:import> 的灵活性要高很多。<c:import> 标签的语法格式如下。

语法格式 1 如下：

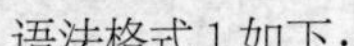

```
<c:import url="url" [context="context"] [var="name"]
 [scope="page|request|session|application"] [charEncoding="encoding"]>
标签主体
</c:import>
```

语法格式 2 如下：

```
<c:import url="url" varReader="name" [context="context"] [charEncoding="encoding"]/>
```

<c:import> 标签的属性如表 10-11 所示。

表 10-11　<c:import> 标签的属性

属　性	类　型	描　述	引用 EL
url	string	被导入的文件资源的 URL 路径	可以
context	string	上下文路径，用于访问同一个服务器的其他 Web 项目，其值必须以“/”开头。如果指定了该属性，那么 url 属性值也必须以“/”开头	可以
var	string	变量名称，将获取的资源存储在变量中	不可以
scope	string	变量的存在范围	不可以
varReader	string	以 Reader 类型存储被包含文件内容	不可以
charEncoding	string	被导入文件的编码格式	可以

（2）<c:redirect> 标签

<c:redirect> 标签可以将客户端发出的 request 请求重定向到其他 URL 服务器端，由其他程序处理客户的请求。在这期间可以对 request 请求中的属性进行修改或添加，然后把所有属性传递到目标路径。该标签有以下两种语法格式。

语法格式 1：该语法格式没有标签主体，并且不添加传递到目标路径的参数信息。代码如下：

```
<c:redirect url="url" [context="/context"]/>
```

语法格式 2：该语法格式将客户请求重定向到目标路径，并且在标签主体中使用 <c:param> 标签传递其他参数信息。代码如下：

```
<c:redirect url="url" [context="/context"]>
    …<c:param>
</c:redirect>
```

上面语法中，url 属性用于指定待定向资源的 URL，它是标签必须指定的属性，可以使用 EL 表达式；context 属性用于在使用相对路径访问外部 context 资源时，指定资源的名字。

（3）<c:url> 标签

<c:url> 标签用于生成一个 URL 路径的字符串，这个生成的字符串可以赋予 HTML 的 <a> 标记实现 URL 的连接，或者用这个生成的 URL 字符串实现网页转发与重定向等。在使用该标签生成 URL 时还可以搭配 <c:param> 标签动态添加 URL 的参数信息。<c:url> 标签有以下两种语法格式。

语法格式 1 如下：

```
<c:url value="url" [var="name"] [scope="page|request|session|application"] [context=    "context"]/>
```

该语法将输出产生的 URL 字符串信息。如果指定了 var 和 scope 属性，就不再输出相应的 URL 信息，而是存储在变量中以备后用。

语法格式 2 如下：

```
<c:url value="url" [var="name"] [scope="page|request|session|application"] [context=    "context"]>
    <c:param>
</c:url>
```

<c:url> 标签的属性如表 10-12 所示。

表 10-12 <c:url> 标签的属性

属　　性	类　　型	描　　述	引用 EL
url	string	生成的 URL 路径信息	可以
context	string	上下文路径，用于访问同一个服务器的其他 Web 项目，其值必须以“/”开头。如果指定了该属性，那么 url 属性值也必须以“/”开头	可以
var	string	变量名称，将获取的资源存储在变量中	不可以
scope	string	变量的存在范围	不可以
context	string	url 属性的相对路径	可以

该语法不仅实现了语法格式 1 的功能，而且可以搭配 <c:param> 标签完成带参数的复杂 URL 信息。

<c:param> 标签只用于为其他标签提供参数信息，它与本小节中的其他 3 个标签组合可以实现动态定制参数，从而使标签可以实现更复杂的程序应用。<c:param> 标签的语法格式如下：

```
<c:param name="paramName" value="paramValue"/>
```

在上面的语法中，name 属性用于指定参数名称，可以引用 EL 表达式；value 属性用于指定参数值。

10.3 自定义标签库的开发

自定义标签是程序员自己定义的 JSP 语言元素，它的功能类似于 JSP 自带的 <jsp:forward> 等标准动作标识。实际上自定义标签就是一个扩展的 Java 类，它是运行一个或者两个接口的 JavaBean。当多个同类型的标签组合在一起时就形成了一个标签库，这时候还需要为这个标签库中的属性编写一个描述性的配置文件，这样服务器才能通过页面上的标签查找到相应的处理类。使用自定义标签可以加快 Web 应用开发的速度，提高代码可重用性，使得 JSP 程序更加容易维护。引入自定义标签后的 JSP 程序更加清晰、简洁，便于管理维护以及日后的升级。

10.3.1 自定义标签的定义格式

自定义标签的定义格式

自定义标签在页面中通过 XML 语法格式来调用。它由一个开始标签和一个结束标签组成，具体定义格式如下。

（1）无标签体的标签

无标签体的标签有两种格式，一种是没有任何属性的，另一种是带有属性的。例如下面的代码：

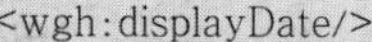

```
<wgh:displayDate/>                                          <!-- 无任何属性 -->
<wgh:displayDate name="contact" type="com.UserInfo"/>       <!-- 带属性 -->
```

在上面的代码中，wgh 为标签前缀，displayDate 为标签名称，name 和 type 是自定义标签使用的两个属性。

（2）带标签体的标签

自定义的标签中可包含标签体，例如下面的代码：

```
<wgh:iterate>Welcome to BeiJing</wgh:iterate>
```

10.3.2 自定义标签的构成

自定义标签的构成

自定义标签由实现自定义标签的 Java 类文件和自定义标签的 TLD（Taglib Description，标签库描述符）文件构成。

（1）实现自定义标签的 Java 类文件

任何一个自定义标签都要有一个相应的标签处理程序，自定义标签的功能是由标签处理程序定义的。因此，自定义标签的开发主要就是标签处理程序的开发。标签处理程序的开发有固定的规范，即开发时需要实现特定接口的 Java 类。开发标签的 Java 类时，必须实现 Tag 或者 BodyTag 接口（它们存储在 javax.servlet.jsp.tagext 包下）。BodyTag 接口是继承了 Tag 接口的子接口。如果创建的自定义标签不带标签体，则可以实现 Tag 接口；如果创建的自定义标签包含标签体，则需要实现 BodyTag 接口。

（2）自定义标签的 TLD 文件

自定义标签的 TLD 文件包含了自定义标签的描述信息，它把自定义标签与对应的处理程序关联起来。

自定义标签的 TLD 文件的扩展名必须是 .tld。该文件存储在 Web 应用的 WEB-INF 目录下或者子目录下，并且一个标签库要对应一个标签库描述文件，而在一个描述文件中可以保存多个自定义标签的声明。

自定义标签的 TLD 文件的完整代码如下：

```
<?xml version="1.0" encoding="ISO-8859-1" ?>
<taglib xmlns="http://java.sun.com/xml/ns/j2ee"
   xmlns:xsi="http://www.w3.org/2001/XMLSchema-instance"
   xsi:schemaLocation="http://java.sun.com/xml/ns/j2ee web-jsptaglibrary_2_0.xsd"
   version="2.0">
   <description>A tag library exercising SimpleTag handlers.</description>
   <tlib-version>1.2</tlib-version>
    <jsp-version>1.2</jsp-version>
    <short-name>examples</short-name>
<tag>
    <description> 描述性文字 </description>
   <name>showDate</name>
    <tag-class>com.ShowDateTag</tag-class>
    <body-content>empty</body-content>
    <attribute>
        <name>value</name>
        <required>true</required>
    </attribute>
</tag>
</taglib>
```

在上面的代码中，<tag> 标签用来提供标签内自定义标签的相关信息。<tag> 标签内包括许多子标签，如表 10-13 所示。

表 10-13　<tag> 标签内的子标签

标签名称	说　明
description	标签的说明（可省略）
display-name	供工具程序显示用的简短名称（可省略）
icon	供工具程序使用的小图标
name	标签的名称，在同一个标签库内不可以有同名的标签。该元素指定的名称可以被 JSP 作为自定义标签使用
tag-class	映射类的完整名称，用于指定与 name 子标签对应的映射类的名称
tei-class	标签设计者定义的 javax.servlet.jsp.tagext.TagExtraInfo 的子类，用来指定返回变量的信息（可省略）
body-content	body 内容的类型，其值可以为 empty、scriptless、tagdependent。其值为 emply 时，表示 body 必须是空；其值为 tagdependent 时，表示 body 的内容由标签实现自行解读，通常用在 body 内容是别的语言时，例如 SQL 语句

续表

标签名称	说　明
variable	声明一个由标签返回给调用网页的 EL 变量（可省略）
attribute	声明一个属性（可省略）
dynamic-attributes	此标签是否可以有动态属性，默认值为 false；若为 true，则 TagHandler 必须实现 javax.servlet.jsp.tagext.DynamicAttrbutes 的接口
example	此标签的使用范例（可省略）
tag-extension	提供此标签额外信息给程序（可省略或多于一个此标签）

通过 <name> 子标签和 <tag-class> 子标签可以建立自定义标签和映射类之间的对应关系。

10.3.3 在 JSP 文件中引用自定义标签

在 JSP 文件中
引用自定义标签

在 JSP 文件中，可以通过下面的代码引用自定义标签：

```
<%@ taglib uri="tld uri" prefix="taglib.prefix"%>
```

语句中的 uri 和 prefix 说明如下。

（1）uri 属性

uri 属性指定了 TLD 文件在 Web 应用中的存放位置，此位置可以采用以下两种方式指定。

① 在 uri 属性中直接指明 TLD 文件的所在目录和对应的文件名，例如下面的代码：

```
<%@ taglib uri="/WEB-INF/showDate.tld" prefix="taglib.prefix"%>
```

② 通过在 web.xml 文件中定义一个关于 TLD 文件的 uri 属性，让 JSP 通过该 uri 属性引用 TLD 文件，这样可以向 JSP 隐藏 TLD 文件的具体位置，有利于实现 JSP 文件的通用性。例如在 web.xml 中进行以下配置：

```
<jsp-config>
    <taglib>
    <taglib-uri> showDateUri</taglib-uri>
    <taglib-location>/WEB-INF/showDate.tld</taglib-location>
    </taglib>
</jsp-config>
```

在 JSP 中可应用以下代码引用自定义标签：

```
<%@ taglib uri="showDateUri " prefix="taglib.prefix"%>
```

（2）prefix 属性

prefix 属性规定了如何在 JSP 中使用自定义标签，即使用什么样的前缀来代表标签。使用时标签名就是在 TLD 文件中定义的 <tag></tag> 段中的 <name> 属性的取值，它要和前缀之间用冒号“:”隔开。

【例 10-8】自定义标签示例。

创建用于显示当前系统日期的自定义标签，并在 JSP 中调用该标签显示当前系统日期，具体步骤如下：

① 编写 ShowDate.jsva 类，该类继承 TagSupport 类，具体代码如下：

```
package com;
import javax.servlet.jsp.*;
import javax.servlet.jsp.tagext.*;
import java.util.*;
public class ShowDate extends TagSupport{
    public int doStartTag() throws JspException{
        JspWriter out=pageContext.getOut();
```

```
        try{
            // 获取当前系统日期
            Date dt=new Date( );
            java.sql.Date date=new java.sql.Date(dt.getTime( ));
            out.print(date);        // 输出当前系统日期
        }catch(Exception e){
            System.out.println(" 显示系统日期时出现的异常 : "+e.getMessage( ));
        }
        return(SKIP_BODY);   // 返回 SKIP_BODY 常量，表示将不对标签体进行处理
    }
}
```

TagSupport 类是 Tag 接口的实现类。该类以默认方法实现 Tag 接口，所以在开发自定义标签时继承 TagSupport 类，可以使开发自定义标签更容易。

② 在 WEB-INF 目录下编写标签库描述文件 showDate.tld，具体代码如下：

```
<?xml version="1.0" encoding="UTF-8" ?>
<taglib xmlns="http://java.sun.com/xml/ns/j2ee"
    xmlns:xsi="http://www.w3.org/2001/XMLSchema-instance"
    xsi:schemaLocation="http://java.sun.com/xml/ns/j2ee web-jsptaglibrary_2_0.xsd"
    version="2.0">
    <description>A tag library exercising SimpleTag handlers.</description>
    <tlib-version>1.2</tlib-version>
      <jsp-version>1.2</jsp-version>
    <short-name>date</short-name>
    <tag>
    <description> 显示当前日期 </description>
    <name>showDate</name>
      <tag-class>com.ShowDate</tag-class>
      <body-content>empty</body-content>
     </tag>
</taglib>
```

③ 在 web.xml 中加入对自定义标签库的引用，关键代码如下：

```
<jsp-config>
      <taglib>
      <taglib-uri> showDateUri</taglib-uri>
      <taglib-location>/WEB-INF/showDate.tld</taglib-location>
      </taglib>
</jsp-config>
```

④ 在 userDefineTag.jsp 文件中引用自定义标签显示当前系统日期，关键代码如下：

```
<%@ page language="java"  pageEncoding="GBK"%>
<%@ taglib uri="showDateUri" prefix="wghDate" %>
<html>
 <head><title> 调用自定义标签显示当前系统日期 </title></head>
 <body>
今天是 <wghDate:showDate/>
</body>
</html>
```

运行程序，将显示图 10-10 所示的运行结果。

图 10-10 例 10-8 运行结果

10.4 JSP 框架技术

在开发 JSP 程序时，采用合适的开发框架可以很好地提高开发效率。Spring Boot 和 MyBatis 是 Java Web 开发中比较优秀的开源框架。这两个框架分工明确，各自能实现不同的功能。在开发的过程中，如果能够将这些框架集成起来，将会使开发过程大大简化，能在很大程度上降低开发成本。下面将对 Spring Boot 和 MyBatis 进行简要介绍。有兴趣的读者请参照这些方面的资源来学习，从而提高自己的开发能力。

10.4.1 Spring 框架

Spring 是一个开源的 Java EE 领域的企业级开发框架，由 Java 和 J2EE 开发领域的专家罗德·约翰逊（Rod Johnson）创建，从 2003 年初正式启用。它能够降低开发企业应用程序的复杂性，可以使用 Spring 替代 EJB（Enterprise JavaBean，企业 JavaBean）开发企业级应用，而不用担心工作量太大、开发进度难以控制和测试过程复杂等问题。目前，Spring 已经发展成为一个生态圈，其应用非常广泛。图 10-11 所示为 Spring 的应用领域。

Spring 框架

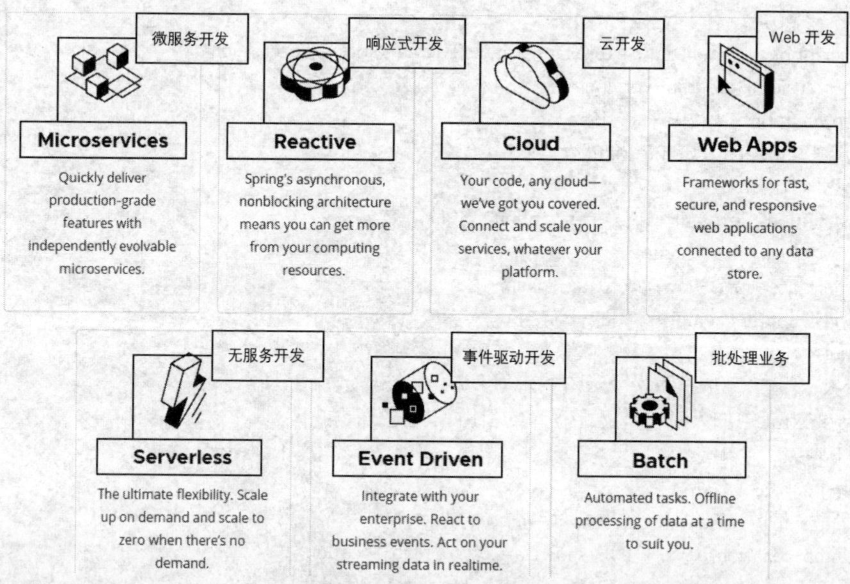

图 10-11 Spring 的应用领域

Spring 生态圈包含的内容非常多，如 Spring Framework、Spring Boot、Spring Cloud、Spring Data、Spring Integration、Spring Batch 等。其中，Spring Framework 是早期 Spring 实现开发 Web 应用的内容。它以 IoC（Inversion of Control，反向控制）和 AOP（Aspect Oriented Programming，面向切面编程）两种先进的技术为基础，完美地简化了企业级开发的复杂度。

Spring Framework 主要由核心模块、上下文模块、AOP 模块、DAO（Data Access Object，数据库访问对象）模块、Spring MVC 模块等 7 大模块组成，它们提供了企业级开发需要的所有功能，而且每个模块都可以单独使用，也可以和其他模块组合使用，灵活且方便的部署可以使开发的程序更加简洁灵活。Spring Framework 的 7 个模块如图 10-12 所示。

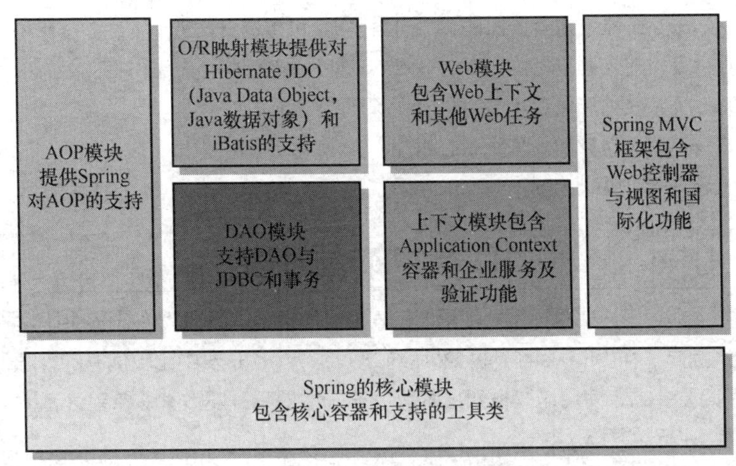

图 10-12　Spring Framework 的 7 个模块

Spring Boot 由 Pivotal 团队在 2013 年开始研发，并且在 2014 年 4 月发布第一个版本的全新开源的轻量级框架。它基于 Spring 4.0 设计，不仅继承了 Spring 框架原有的优秀特性，而且通过简化配置进一步简化了 Spring 应用的整个搭建和开发过程。随着微服务技术的流行，Spring Boot 也成了当下热门的技术。

10.4.2 MyBatis 框架

MyBatis 框架

Java 是一种面向对象的编程语言，但是通过 JDBC 方式操作数据库，运用的是面向过程的编程思想。为了解决这一问题，人们提出了 ORM（Object Relational Mapping，对象 - 关系映射）模式。通过 ORM 模式，可以实现运用面向对象的编程思想操作关系数据库。Hibernate 技术为 ORM 提供了具体的解决方案，实际上就是将 Java 中的对象与关系数据库中的表做一个映射，实现它们之间自动转换的解决方案。但是，在当今大型互联网中，为了提高性能，对 SQL 进行优化、减少数据的传递必不可少，而 Hibernate 屏蔽了 SQL，显然无法满足这一需求。这时，MyBatis 框架应运而生。

MyBatis 框架是一个半自动映射的持久层框架。它支持自定义 SQL、存储过程以及高级映射。它的前身是 Apache 的一个开源项目 iBatis，2010 年这个项目由 Apache software fundation 迁移到了 Google Code，并且改名为 MyBatis。2013 年 11 月，MyBatis 又迁移到 GitHub，目前由 GitBub 负责维护。

MyBatis 在原有 3 层架构（MVC）的基础上，从业务逻辑层又分离出一个持久层和一个 MyBatis 映射接口层，专门负责数据的持久化操作，使业务逻辑层可以真正地专注于业务逻辑的开发，不再需要编写复杂的 SQL 语句。增加的持久层和 MyBatis 映射接口层的软件分层结构如图 10-13 所示。

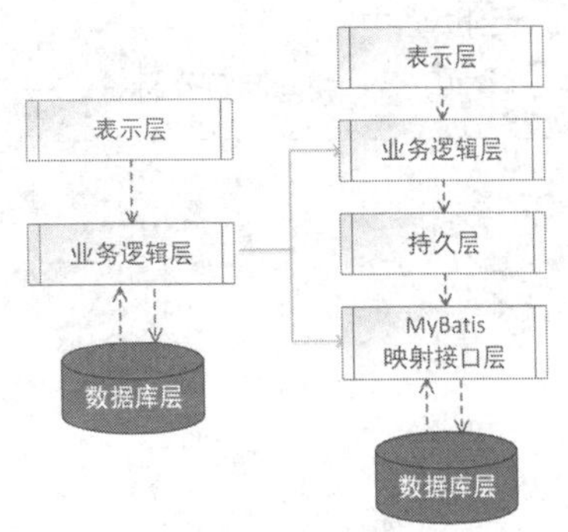

图 10-13　增加的持久层和 MyBatis 映射接口层的软件分层结构

MyBatis 的特点如下。

① 简单易学。MyBatis 本身很小且简单，安装时不需要第三方依赖，只需要一个 Jar 文件，再配置几个 SQL 映射文件即可完成，易于学习和使用。

② 接近 JDBC，比较灵活。SQL 语句写在 XML 文件中，便于统一管理和优化。通过 SQL 语句可以满足操作数据库的所有需求。

③ 解除 SQL 语句和程序代码的耦合。通过提供 DAO 层，将业务逻辑和数据访问逻辑分离，使系统的设计更加清晰，并且易于维护。

④ 提供了很多第三方插件（如分页插件 / 逆向工程），可提高开发效率。

⑤ 提供了映射标签，支持对象与数据库的 ORM 字段关系映射。

⑥ 提供了对象 - 关系映射标签，支持对象 - 关系的组建维护。

⑦ 提供了 XML 标签，支持编写动态 SQL 语句。

⑧ 能够与 Spring 框架很好地集成。

10.5 本章小结

本章首先介绍了 EL 表达式及标签，使用 EL 表达式及标签可以取代传统在 JSP 程序中嵌入 Java 代码的做法，大大提高了程序的可维护性；然后对 Java Web 开发中比较优秀的开源框架 Spring 和 MyBatis 进行了简要介绍，使用这些框架技术可以很好地提高开发效率。希望读者参考这方面的资料进行学习，从而提高自己的开发能力。

习 题

10-1 EL 表达式的基本语法是什么？如何让 JSP 忽略 EL 表达式？

10-2 假如存在以下代码：

```
<% int num=6;
request.setAttribute(“no”,num); %>
```

则下面的 EL 表达式分别输出什么结果？

（1）${no<7}。 （2）${9-no}。

（3）${no div 0}。 （4）${empty no}。

（5）${‘7’> no}。 （6）${no==“6”}。

10-3 JSTL 包括哪几种标签库？

10-4 如何在 JSP 文件中引用自定义标签？

上机指导

10-1 编写用户登录程序，应用 JSTL 和 EL 表达式获取用户名并验证用户名是否为空，如果不为空则显示登录成功，否则将页面重定向到用户登录首页。

10-2 编写程序，从数据库中查询数据，并保存到 List 集合中，再通过 JSTL 的循环标签将其显示到页面中。

10-3 编写自定义标签，并调用该标签显示当前的系统日期及系统时间。

CHAPTER 11

第11章 JSP综合案例——清爽夏日九宫格日记网

本章要点

- 基本开发流程
- 功能结构及系统流程
- 数据库设计
- 编写数据库连接及操作的类
- 配置解决中文乱码的过滤器
- 主页面的实现
- 日记列表模块的实现
- 日记模块的实现
- 编译与发布

■ 随着工作和生活节奏的不断加快，属于自己的私人时间也越来越少，日记这种传统的倾诉方式也逐渐被人们所淡忘，取而代之的是各种各样的网络日记。不过，最近网络中又出现了一种全新的日记形式——九宫格日记，它由九个方方正正的格子组成，让用户可以像做填空题那样对号入座，填写相应的内容，从而完成一篇日记，整个过程不过几分钟。九宫格日记因其便捷、省时等优点在网络上迅速风行开来，备受学生、年轻上班族的青睐。目前很多公司白领也在写九宫格日记。本章将以“清爽夏日九宫格日记网”为例介绍如何应用 Java Web+AJAX+jQuery+MySQL 实现九宫格日记网。

11.1 项目设计思路

11.1.1 功能阐述

配置使用说明

“清爽夏日九宫格日记网”主要包括显示九宫格日记列表、写九宫格日记和用户等 3 个功能模块。下面分别进行介绍。

“显示九宫格日记列表”主要用于分页显示全部九宫格日记、分页显示我的日记、展开和收缩日记图片、显示日记原图、对日记图片进行左转和右转以及删除自己的日记等。

“写九宫格日记”主要用于填写日记信息、预览生成的日记图片和保存日记图片。其中，在填写日记信息时，允许用户选择并预览自己喜欢的模板，以及选择预置日记内容等。

“用户”又包括用户注册、用户登录、退出登录和找回密码等 4 个子功能，下面分别进行说明。

① 用户注册主要用于新用户注册。在进行用户注册时，系统将采用 AJAX 实现无刷新的验证和保存注册信息。

② 用户登录主要用于用户登录网站，登录后的用户可以查看自己的日记、删除自己的日记以及写九宫格日记等。

③ 退出登录主要用于登录用户退出当前登录状态。

④ 找回密码主要用于当用户忘记密码时，根据密码提示问题和答案找回密码。

11.1.2 系统预览

为了让读者对本系统有初步的了解和认识，下面给出本系统的几个页面运行效果图。

分页显示九宫格日记列表页面如图 11-1 所示。该页面用于分页显示日记列表，包括展开和收起日记图片、显示日记原图、对日记图片进行左转和右转等功能。用户登录后，还可以查看和删除自己的日记。

写九宫格日记页面如图 11-2 所示。该页面用于填写日记信息，允许用户选择并预览自己喜欢的模板，以及选择预置日记内容等。

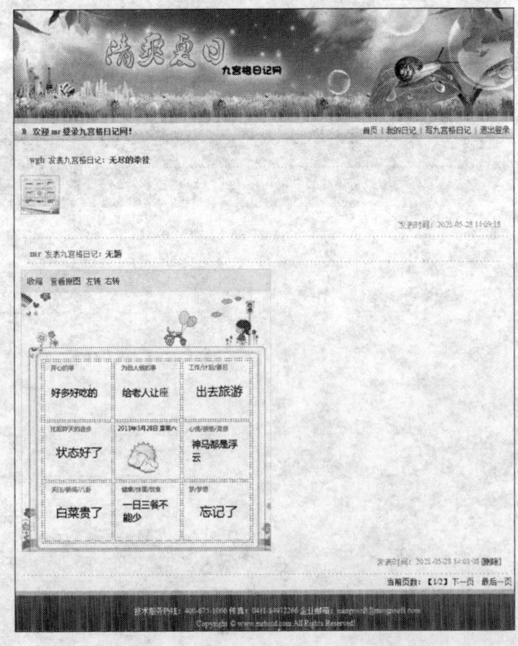

图 11-1 分页显示九宫格日记列表页面

图 11-2 写九宫格日记页面

预览九宫格日记页面如图 11-3 所示。该页面主要用于预览日记图片。如果用户满意，可以单击“保存”超链接保存日记图片，否则可以单击“再改改”超链接返回填写九宫格日记页面进行修改。

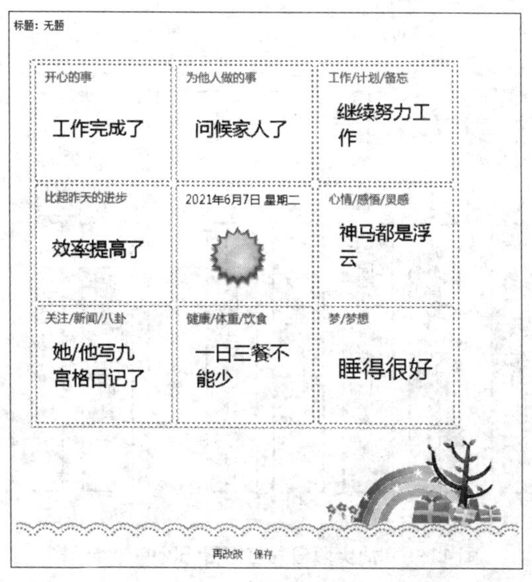

图 11-3　预览九宫格日记页面

用户注册页面如图 11-4 所示，该页面用于实现用户注册。在该页面中，用户输入用户名后，将光标移出该文本框，系统将自动检测输入的用户名是否合法（包括用户名长度是否合法及是否被注册）。如果用户名不合法，系统将给出错误提示。同样，输入其他信息时，系统也将实时检测输入的信息是否合法。

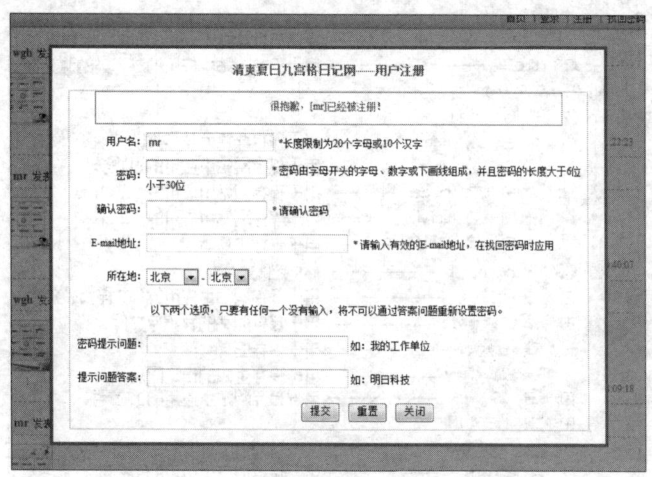

图 11-4　用户注册页面

11.1.3　功能结构

清爽夏日九宫格日记网的功能结构如图 11-5 所示。

在图 11-5 中，用虚线框起来的部分为只有用户登录后才有的功能。

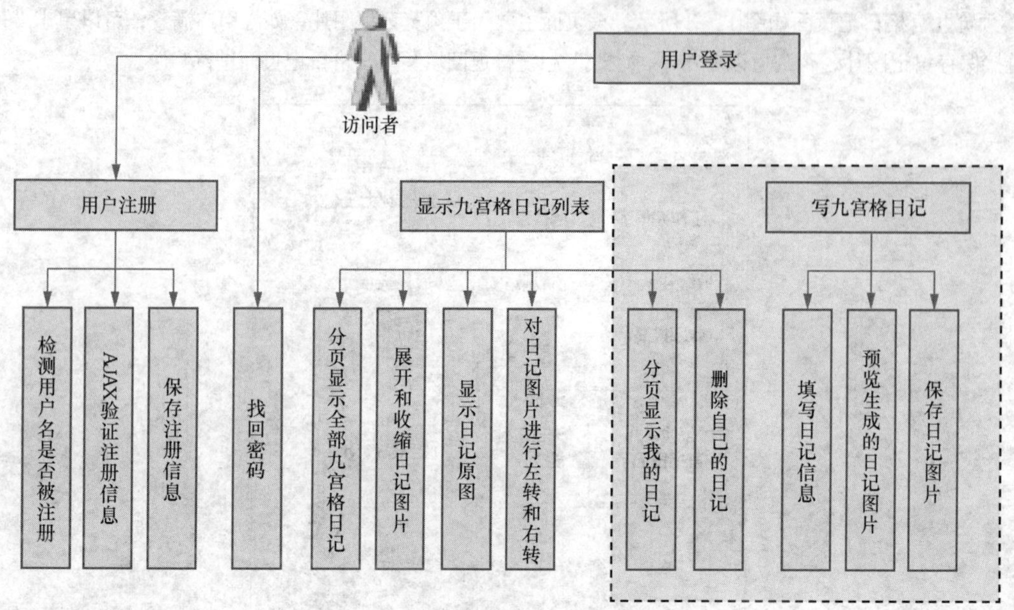

图 11-5 清爽夏日九宫格日记网的功能结构

11.1.4 文件夹组织结构

在进行清爽夏日九宫格日记网开发之前，要对系统整体文件夹组织架构进行规划，对系统中使用的文件进行合理的分类，将其分别放置于不同的文件夹下。文件夹组织架构的规划，可以确保系统文件目录明确、条理清晰，同时也便于系统更新和维护。本项目的文件夹组织架构如图 11-6 所示。

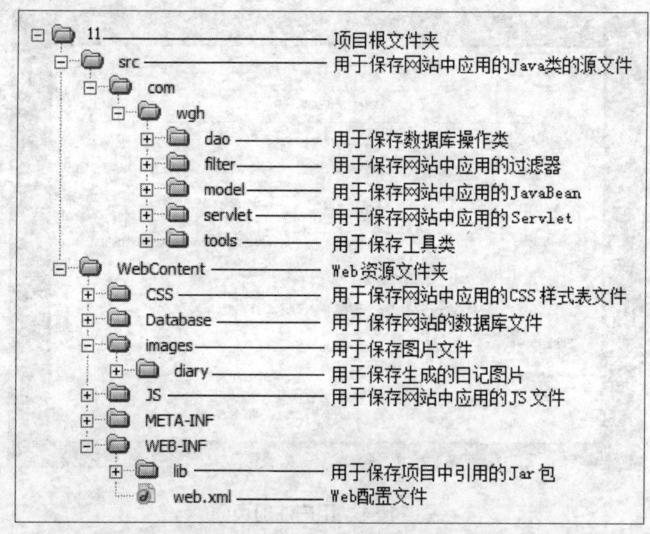

图 11-6 清爽夏日九宫格日记网的文件夹组织架构

11.2 数据库设计

11.2.1 数据库设计

结合实际情况及对功能进行的分析，规划清爽夏日九宫格日记网的数据库，定义数据库名称为

db_9griddiary，数据库主要包含用户信息表和日记表两张数据表，如图 11-7 所示。

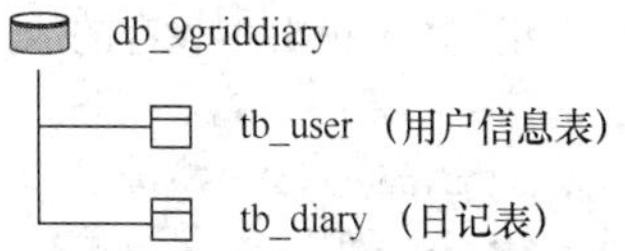

db_9griddiary
tb_user （用户信息表）
tb_diary （日记表）

图 11-7 清爽夏日九宫格日记网的数据库

11.2.2 数据表设计

用户信息表和日记表如表 11-1 和表 11-2 所示。

1. 用户信息表

用户信息表（tb_user）主要用于存储用户的注册信息，其结构如表 11-1 所示。

表 11-1 tb_user 表的结构

字段名称	数据类型	字段大小	是否为主键	说 明
id	INT	10	是	自动编号 ID
username	VARCHAR	50	否	用户名
pwd	VARCHAR	50	否	密码
email	VARCHAR	100	否	E-mail
question	VARCHAR	45	否	密码提示问题
answer	VARCHAR	45	否	密码提示问题答案
city	VARCHAR	30	否	所在地

2. 日记表

日记表（tb_diary）主要用于存储日记的相关信息，其结构如表 11-2 所示。

表 11-2 tb_diary 表的结构

字段名称	数据类型	字段大小	是否为主键	说 明
id	INT	10	是	自动编号 ID
title	VARCHAR	60	否	标题
address	VARCHAR	50	否	日记保存的地址
writeTime	TIMESTAMP		否	写日记时间
userid	INT	10	否	用户 ID

在设置日记表时，还需要为字段 writeTime 设置默认值，这里为 TIMESTAMP，也就是当前时间。

11.3 公共模块设计

在开发过程中，经常会用到一些公共模块，例如，数据库连接及操作的类、保存分页代码的 JavaBean、解决中文乱码的过滤器及实体类等。因此，在开发系统前首先需要设计这些公共模块。下面将具体介绍清爽夏日九宫格日记网所需要的公共模块的设计过程。

11.3.1 编写数据库连接及操作的类

数据库连接及操作类通常包括连接数据库的方法 getConnection( )、执行查询语句的方法 executeQuery( )、执行更新操作的方法 executeUpdate( )、关闭数据库连接的方法 close( )。下面将详细介绍如何编写清爽夏日九宫格日记网的数据库连接及操作的类 ConnDB。

① 指定 ConnDB 类保存的包，并导入所需的类包。本例将其保存到 com.wgh.tools 包中，代码如下：

```
package com.wgh.tools;                    // 将该类保存到 com.wgh.tools 包中
import java.io.InputStream;               // 导入 java.io.InputStream 类
import java.sql.*;                        // 导入 java.sql 包中的所有类
import java.util.Properties;              // 导入 java.util.Properties 类
```

包语句的关键字 package 后面紧跟一个包名称，然后以分号“;”结束；包语句必须出现在 import 语句之前；一个 .java 文件只能有一个包语句。

② 定义 ConnDB 类，并定义该类中所需的全局变量及构造方法，代码如下：

```
public class ConnDB {
    public Connection conn = null;                    // 声明 Connection 对象的实例
    public Statement stmt = null;                     // 声明 Statement 对象的实例
    public ResultSet rs = null;                       // 声明 ResultSet 对象的实例
    private static String propFileName = "connDB.properties";
    // 指定资源文件保存的位置
    private static Properties prop = new Properties();
    // 创建并实例化 Properties 对象的实例
    private static String dbClassName = "com.mysql.jdbc.Driver";
    // 定义保存数据库驱动的变量
    private static String dbUrl = "jdbc:mysql://127.0.0.1:3306/db_9griddiary?
    user=root&password=111&useUnicode=true";
    public ConnDB() {                                 // 构造方法
        try {                                         // 捕捉异常
            // 将 Properties 文件读取到 InputStream 对象中
            InputStream in = getClass().getResourceAsStream(propFileName);
            prop.load(in);                                        // 通过输入流对象加载 Properties 文件
           dbClassName = prop.getProperty("DB_CLASS_NAME");      // 获取数据库驱动
           // 获取连接的 URL
           dbUrl = prop.getProperty("DB_URL", dbUrl);
        } catch (Exception e) {
           e.printStackTrace();                                   // 输出异常信息
        }
    }
}
```

③ 为了方便程序移植，这里将数据库连接所需信息保存到 Properties 文件中，并将该文件保存在 com.wgh.tools 包中。connDB.properties 文件的内容如下：

```
DB_CLASS_NAME=com.mysql.jdbc.Driver
DB_URL=jdbc:mysql://127.0.0.1:3306/db_9griddiary?user=root&password=111&useUnicode=true
```

Properties 文件为本地资源文本文件，以“消息 / 消息文本”的格式存放数据。使用 Properties 对象时，首先需创建并实例化该对象，代码如下：

```
private static Properties prop = new Properties();
```

再通过文件输入流对象加载 Properties 文件，代码如下：

```
prop.load(new FileInputStream(propFileName));
```

最后通过 Properties 对象的 getProperty() 方法读取 Properties 文件中的数据。

④ 创建连接数据库的方法 getConnection()，该方法返回 Connection 对象的一个实例。getConnection() 方法的代码如下：

```
public static Connection getConnection() {
    Connection conn = null;
    try {                                        // 连接数据库时可能发生异常，因此需要捕捉该异常
        Class.forName(dbClassName).newInstance();// 装载数据库驱动
        conn = DriverManager.getConnection(dbUrl);
                                                 // 建立与数据库 URL 中定义的数据库的连接
    } catch (Exception ee) {
        ee.printStackTrace();                    // 输出异常信息
    }
    if (conn == null) {
        System.err.println(" 警告 : DbConnectionManager.getConnection() 获得数据库链接失败 .\r\n 链接类型 :"+
        dbClassName + "\r\n 链接位置 :" + dbUrl);
                                                 // 在控制台上输出提示信息
    }
    return conn;                                 // 返回数据库连接对象
}
```

⑤ 创建执行查询语句的方法 executeQuery()，其返回值为 ResultSet 结果集。executeQuery() 方法的代码如下：

```
public ResultSet executeQuery(String sql) {
    try {                                        // 捕捉异常
        conn = getConnection();
                        // 调用 getConnection() 方法构造 Connection 对象的一个实例 conn
        stmt = conn.createStatement(ResultSet.TYPE_SCROLL_INSENSITIVE,
                ResultSet.CONCUR_READ_ONLY);
        rs = stmt.executeQuery(sql);
    } catch (SQLException ex) {
        System.err.println(ex.getMessage());     // 输出异常信息
    }
    return rs;                                   // 返回结果集对象
}
```

⑥ 创建执行更新操作的方法 executeUpdate()，其返回值为 int 型的整数，代表更新的行数。executeQuery() 方法的代码如下：

```
public int executeUpdate(String sql) {
    int result = 0;                              // 定义保存返回值的变量
    try {                                        // 捕捉异常
        conn = getConnection();
            // 调用 getConnection() 方法构造 Connection 对象的一个实例 conn
        stmt = conn.createStatement(ResultSet.TYPE_SCROLL_INSENSITIVE,
                ResultSet.CONCUR_READ_ONLY);
        result = stmt.executeUpdate(sql);        // 执行更新操作
    } catch (SQLException ex) {
        result = 0;                              // 将保存返回值的变量赋值为 0
    }
    return result;                               // 返回保存返回值的变量
}
```

⑦ 创建关闭数据库连接的方法 close()。close() 方法的代码如下：

```
public void close() {
    try {                                          // 捕捉异常
        if (rs != null) {                          // 当 ResultSet 对象的实例 rs 不为空时
            rs.close();                            // 关闭 ResultSet 对象
        }
        if (stmt != null) {                        // 当 Statement 对象的实例 stmt 不为空时
            stmt.close();                          // 关闭 Statement 对象
        }
        if (conn != null) {                        // 当 Connection 对象的实例 conn 不为空时
            conn.close();                          // 关闭 Connection 对象
        }
    } catch (Exception e) {
        e.printStackTrace(System.err);             // 输出异常信息
    }
}
```

11.3.2 编写保存分页代码的 JavaBean

由于在清爽夏日九宫格日记网中，需要对日记列表进行分页显示，所以需要编写一个保存分页代码的 JavaBean。保存分页代码的 JavaBean 的具体编写步骤如下。

① 编写用于保存分页代码的 JavaBean，名称为 MyPagination，保存在 com.wgh.tools 包中，并定义一个全局变量 list 和 3 个局部变量，关键代码如下：

```
public class MyPagination {
    public List<Diary> list=null;
    private int recordCount=0;                 // 保存记录总数的变量
    private int pagesize=0;                    // 保存每页显示的记录数的变量
    private int maxPage=0;                     // 保存最大页数的变量
}
```

② 在 JavaBean“MyPagination”中添加一个用于初始化分页信息的方法 getInitPage( )。该方法包括 3 个参数，分别是用于保存查询结果的 List 对象 list、用于指定当前页面的 int 型变量 Page 和用于指定每页显示的记录数的 int 型变量 pagesize。该方法的返回值为保存要显示记录的 List 对象，具体代码如下：

```
public List<Diary> getInitPage(List<Diary> list,int Page,int pagesize){
        List<Diary> newList=new ArrayList<Diary>();
        this.list=list;
        recordCount=list.size();                 // 获取 List 集合的元素个数
        this.pagesize=pagesize;
        this.maxPage=getMaxPage();               // 获取最大页数
        try{                                     // 捕获异常信息
        for(int i=(Page-1)*pagesize;i<=Page*pagesize-1;i++){
            try{
                if(i>=recordCount){break;}       // 跳出循环
            }catch(Exception e){}
                newList.add((Diary)list.get(i));
        }
        }catch(Exception e){
            e.printStackTrace();                 // 输出异常信息
```

```
        }
        return newList;
    }
```

③ 在 JavaBean“MyPagination”中添加一个用于获取指定页数据的方法 getAppointPage( )。该方法只包括一个用于指定当前页数的 int 型变量 Page，其返回值为保存要显示记录的 List 对象。具体代码如下：

```
public List<Diary> getAppointPage(int Page){            //获取指定页的数据
    List<Diary> newList=new ArrayList<Diary>();
    try{
        for(int i=(Page-1)*pagesize;i<=Page*pagesize-1;i++){
                                                        //通过 for 循环获取当前页的数据
          try{
              if(i>=recordCount){break;}                //跳出循环
          }catch(Exception e){}
              newList.add((Diary)list.get(i));
        }
     }catch(Exception e){
        e.printStackTrace();                            //输出异常信息
     }
     return newList;
}
```

④ 在 JavaBean“MyPagination”中添加一个用于获取最大记录数的方法 getMaxPage()。该方法无参数，其返回值为最大记录数。具体代码如下：

```
public int getMaxPage(){
    int maxPage=(recordCount%pagesize==0)?(recordCount/pagesize):(recordCount/pagesize+1);
    return maxPage;
}
```

⑤ 在 JavaBean“MyPagination”中添加一个用于获取总记录数的方法 getRecordSize( )，该方法无参数，其返回值为总记录数。具体代码如下：

```
public int getRecordSize(){
    return recordCount;
}
```

⑥ 在 JavaBean“MyPagination”中添加一个用于获取当前页数的方法 getPage()，该方法只有一个用于指定从页面中获取页数的参数，其返回值为处理后的页数。具体代码如下：

```
public int getPage(String str){
    if(str==null){                                      //当页数等于 null 时，让其等于 0
        str="0";
    }
    int Page=Integer.parseInt(str);
    if(Page<1){                                         //当页数小于 1 时，让其等于 1
        Page=1;
    }else{
        if(((Page-1)*pagesize+1)>recordCount){          //当页数大于最大页数时，让其等于最大页数
          Page=maxPage;
        }
    }
    return Page;
}
```

⑦ 在 JavaBean“MyPagination”中添加一个用于输出记录导航的方法 printCtrl( )，该方法包括 3 个参数，分别为 int 型变量 Page(当前页数)、string 型变量 url(URL) 和 string 型变量 para(要传递的参数)，其返回值为输出记录导航的字符串。具体代码如下：

```
public String printCtrl(int Page,String url,String para){
    String strHtml="<table width='100%'  border='0' cellspacing='0' cellpadding='0'><tr> <td height='24' align=
    'right'> 当前页数 :【"+Page+"/"+maxPage+"】 ";
    try{
    if(Page>1){
        strHtml=strHtml+"<a href='"+url+"&Page=1"+para+"'> 第一页 </a>   ";
        strHtml=strHtml+"<a href='"+url+"&Page="+(Page-1)+para+"'> 上一页 </a>";
    }
    if(Page<maxPage){
        strHtml=strHtml+"<a href='"+url+"&Page="+(Page+1)+para+"'> 下一页 </a>   <a href='"+url+"&Page=
        "+maxPage+para+"'> 最后一页  </a>";
    }
    strHtml=strHtml+"</td> </tr>   </table>";
    }catch(Exception e){
        e.printStackTrace();
    }
    return strHtml;
}
```

11.3.3 配置解决中文乱码的过滤器

在程序开发时，通常有两种方法可解决程序中经常出现的中文乱码问题，一种是通过编码字符串处理类，对需要的内容进行转码；另一种是配置过滤器。其中，第二种方法比较方便，只需要在开发程序时配置正确的过滤器即可。下面将介绍在本系统中配置解决中文乱码过滤器的具体步骤。

① 编写 CharacterEncodingFilter 类，让它实现 Filter 接口，成为一个 Servlet 过滤器。在实现 doFilter( ) 接口方法时，根据配置文件中设置的编码格式参数分别设置请求对象的编码格式和响应对象的内容类型参数。具体代码如下：

```
public class CharacterEncodingFilter implements Filter {
    protected String encoding = null;                              // 定义编码格式变量
    protected FilterConfig filterConfig = null;                    // 定义过滤器配置对象
    public void init(FilterConfig filterConfig) throws ServletException {
        this.filterConfig = filterConfig;                          // 初始化过滤器配置对象
        this.encoding = filterConfig.getInitParameter("encoding");
                                                                   // 获取配置文件中指定的编码格式
    }
    // 过滤器的接口方法，用于执行过滤业务
    public void doFilter(ServletRequest request, ServletResponse response,
            FilterChain chain) throws IOException, ServletException {
        if (encoding != null) {
            response.setCharacterEncoding(encoding);               // 设置请求的编码
        }
        chain.doFilter(request, response);                         // 传递给下一个过滤器
    }
    public void destroy() {
        this.encoding = null;
```

```
        this.filterConfig = null;
    }
}
```

② 在 WEB-INF 目录下的 web-inf.xml 文件中配置过滤器，并设置编码格式参数和过滤器的 URL 映射信息。关键代码如下：

```
<filter>
  <filter-name>CharacterEncodingFilter</filter-name>        <!--- 指定过滤器类文件 ->
  <filter-class>com.wgh.filter.CharacterEncodingFilter</filter-class>
  <init-param>
    <param-name>encoding</param-name>
    <param-value>UTF-8</param-value>              <!--- 指定编码格式为 UTF-8->
  </init-param>
</filter>
<filter-mapping>
  <filter-name>CharacterEncodingFilter</filter-name>
  <url-pattern>/*</url-pattern>
  <!--- 设置过滤器对应的请求方式 ->
  <dispatcher>REQUEST</dispatcher>
  <dispatcher>FORWARD</dispatcher>
</filter-mapping>
```

11.3.4 编写实体类

实体类就是由属性及属性所对应的 getter 和 setter 方法组成的类。实体类通常与数据表相关联。在清爽夏日九宫格日记网中，共涉及两张数据表，分别是用户信息表和日记表。通过这两张数据表可以得到用户信息和日记信息，根据这些信息可以得出用户实体类和日记实体类。由于实体类的编写方法基本类似，所以这里将以日记实体类为例进行介绍。

编写 Diary 类，在该类中添加 id、title、address、writeTime、userid 和 username 属性，并为这些属性添加对应的 getter 方法和 setter 方法，关键代码如下：

```
import java.util.Date;
public class Diary {
    private int id = 0;                          // 日记 ID 号
    private String title = "";                   // 日记标题
    private String address = "";                 // 日记图片地址
    private Date writeTime = null;               // 写日记的时间
    private int userid = 0;                      // 用户 ID
    private String username = "";                // 用户名
    public int getId() {                         // id 属性对应的 getter 方法
        return id;
    }

    public void setId(int id) {                  // id 属性对应的 setter 方法
        this.id = id;
    }
    // 此处省略了其他属性对应的 getter 方法和 setter 方法
}
```

11.4 主页面设计

11.4.1 主页面概述

当用户访问清爽夏日九宫格日记网时，首先进入的是网站的主页面。清爽夏日九宫格日记网的主页面主要包括以下 4 部分内容。

① Banner 信息栏：主要用于显示网站的 Logo。

② 导航栏：主要用于显示网站的导航信息及欢迎信息。其中导航条目将根据是否登录而显示不同的内容。

③ 主显示区：主要用于分页显示九宫格日记列表。

④ 版权信息栏：主要用于显示版权信息。

下面看一下本项目中设计的主页面，如图 11-8 所示。

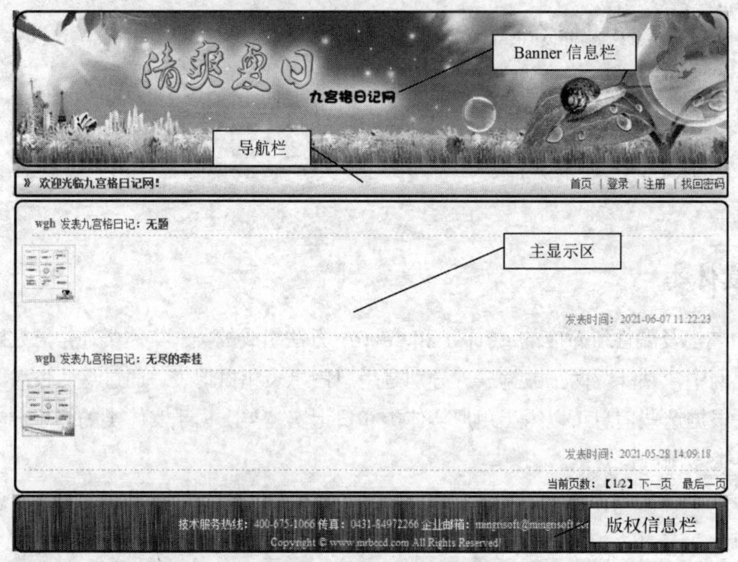

图 11-8 清爽夏日九宫格日记网的主页面

11.4.2 让采用“DIV+CSS”布局的页面内容居中

清爽夏日九宫格日记网采用“DIV（Division，图层）+CSS”布局。在采用“DIV+CSS”布局的网站中，一个首要问题就是如何让页面内容居中。下面将介绍具体的实现方法。

① 在页面 <body> 标记的下方添加一个 <div> 标记（使用该 <div> 标记将页面内容括起来），并设置其 id 属性，这里将其设置为 box，关键代码如下：

```
<div id="box">
    <!—页面内容 -->
</div>
```

② 设置 CSS 样式。这里在链接的外部样式表文件中进行设置，关键代码如下：

```
body{
    margin:0px;            /* 设置外边距 */
    padding:0px;            /* 设置内边距 */
    font-size: 9pt;        /* 设置字体大小 */
}
```

```
#box{
    margin:0 auto auto auto;                /* 设置外边距 */
    width:800px;                            /* 设置页面宽度 */
    clear:both;                             /* 设置两侧均不可以有浮动内容 */
    background-color: #FFFFFF;              /* 设置背景颜色 */
}
```

在 JSP 中，一定要包含以下代码，否则页面内容将不居中：

<!DOCTYPE html PUBLIC “-//W3C//DTD HTML 4.01 Transitional//EN” “*******www. w3.org/TR/html4/loose.dtd” >

11.4.3 主页面的实现过程

在清爽夏日九宫格日记网主页面中，Banner 信息栏、导航栏和版权信息栏并不仅存在于主页面中，其他功能模块的子页面中也需要包括这些部分。因此，可以将这几个部分分别保存在单独的文件中，这样，在需要放置相应功能时只需包含这些文件即可。

在 JSP 中包含文件有两种方法：一种是应用 <%@ include %> 指令实现，另一种是应用 <jsp:include> 动作标识实现。

<%@ include %> 指令用来在 JSP 中包含另一个文件。包含的过程是静态的，即在指定文件属性值时，只能是一个包含相对路径的文件名，而不能是一个变量，也不可以在所指定的文件后面添加任何参数。其语法格式如下：

```
<%@ include file="fileName"%>
```

<jsp:include> 动作标识可以指定加载一个静态或动态的文件，但运行结果不同。如果指定静态文件，那么这种指定仅仅是把指定的文件内容加到 JSP 文件中去，这个文件不被编译；如果指定动态文件，那么这个文件将会被编译器执行。由于在页面中包含查询模块时，只需要将文件内容添加到指定的 JSP 文件中即可，所以此处可以使用加载静态文件的方法包含文件。应用 <jsp:include> 动作标识加载静态文件的语法格式如下：

```
<jsp:include page="{relativeURL | <%=expression%>}" flush="true"/>
```

使用 <%@ include %> 指令和 <jsp:include> 动作标识包含文件的区别是：使用 <%@ include %> 指令包含的页面，是在编译阶段将该页面的代码插入了主页面的代码中，最终包含页面与被包含页面生成了一个文件，因此，如果被包含页面的内容有改动，需重新编译该文件。而使用 <jsp:include> 动作标识包含文件的页面是可以动态改变的，它是在 JSP 文件运行过程中被确定的，程序执行的是两个不同的页面，即在主页面中声明的变量，在被包含的页面中是不可见的。由此可见，当被包含的 JSP 中包含动态代码时，为了不和主页面中的代码相冲突，需要使用 <jsp:include> 动作标识包含文件。应用 <jsp:include> 动作标识包含查询页面的代码如下：

```
<jsp:include page="search.jsp"  flush="true"/>
```

考虑到本系统中需要包含的多个文件之间相对比较独立，并且不需要进行参数传递，属于静态包含，因此采用 <%@ include %> 指令实现。

应用 <%@ include %> 指令包含文件的方法进行主页面布局的代码如下：

```
<%@ page language="java" contentType="text/html; charset=UTF-8" pageEncoding="UTF-8"%>
<!DOCTYPE html PUBLIC "-//W3C//DTD HTML 4.01 Transitional//EN" "http://www.w3.org/TR/html4/loose.dtd">
<html>
<head>
<meta http-equiv="Content-Type" content="text/html; charset=UTF-8">
<title> 显示九宫格日记列表 </title>
```

```
</head>
<body  bgcolor="#F0F0F0">
    <div id="box">
        <%@ include file="top.jsp" %>
        <%@ include file="register.jsp" %>
        <!—显示九宫格日记列表的代码 -->
        <%@ include file="bottom.jsp" %>
    </div>
</body>
</html>
```

11.5 用户模块设计

11.5.1 用户模块概述

在清爽夏日九宫格日记网中，如果用户没有注册为网站的用户，则只能浏览他人的九宫格日记。如果想要发表自己的日记，则要注册为网站的用户。当用户成功注册并成为网站的用户后，就可以登录本网站，并发表自己的日记。当用户忘记自己的密码时，还可以通过“找回密码”功能找回自己的密码。用户注册模块的运行结果如图 11-9 所示。

用户注册成功后可以单击导航栏中的“登录”超链接打开用户登录窗口，该窗口为灰色半透明背景的无边框窗口，填写正确的用户名和密码后，单击“登录”按钮，如图 11-10 所示，即可登录网站。用户登录后，在导航栏中将显示“我的日记”和“写九宫格日记”超链接。

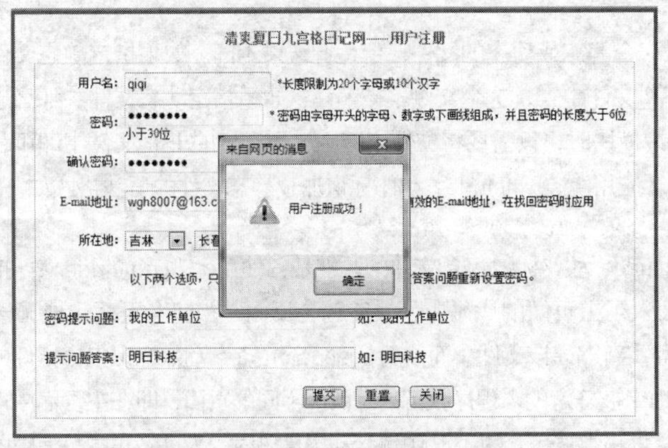

图 11-9　用户注册模块的运行结果

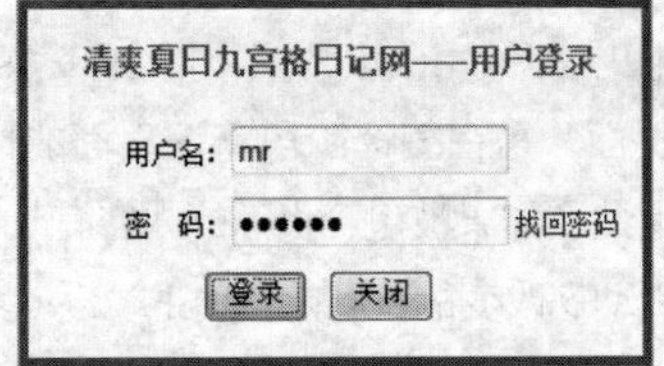

图 11-10　用户登录页面的运行结果

11.5.2 实现 AJAX 重构

AJAX 的实现主要依赖于 XMLHttpRequest 对象，但是在调用其进行异步数据传输时，由于 XMLHttpRequest 对象的实例在处理事件完成后就会被销毁，所以如果不对该对象进行封装处理，在下次需要调用它时就得重新构建，而且每次调用都需要写一大段的代码，使用起来很不方便。虽然现在很多开源的 AJAX 框架都提供了 XMLHttpRequest 对象的封装方案，但是如果应用这些方案，通常需要加载很多额外的资源，这势必会浪费很多服务器资源。不过 JavaScript 脚本语言支持 OO（Objected Oriented，面向对象）编码风格，通过它可以将 AJAX 所必需的功能封装在对象中。

AJAX 重构大致可以分为以下 3 个步骤。

① 创建一个单独的 JS 文件，名称为 AjaxRequest.js，并且在该文件中编写重构 AJAX 所需的代码，具体代码如下：

```
var net=new Object();                          // 定义一个全局变量
// 编写构造函数
net.AjaxRequest=function(url,onload,onerror,method,params){
 this.req=null;
 this.onload=onload;
 this.onerror=(onerror) ? onerror : this.defaultError;
 this.loadDate(url,method,params);
}
// 编写用于初始化 XMLHttpRequest 对象并指定处理函数，最后发送 HTTP 请求的方法
net.AjaxRequest.prototype.loadDate=function(url,method,params){
 if (!method){
  method="GET";                                // 设置默认的请求类型为 GET
 }
 if (window.XMLHttpRequest){                   // 非 IE
  this.req=new XMLHttpRequest();               // 创建 XMLHttpRequest 对象
 } else if (window.ActiveXObject){             // IE
  this.req=new ActiveXObject("Microsoft.XMLHTTP");   // 创建 XMLHttpRequest 对象
 }
 if (this.req){
  try{
   var loader=this;
   this.req.onreadystatechange=function(){
    net.AjaxRequest.onReadyState.call(loader);
   }

   this.req.open(method,url,true);             // 建立对服务器的调用
   if(method=="POST"){                         // 如果提交方式为 POST
    this.req.setRequestHeader("Content-Type","application/x-www-form-urlencoded"); // 设置请求的内容类型
    this.req.setRequestHeader("x-requested-with", "ajax");   // 设置请求的发出者
   }
   this.req.send(params);                      // 发送请求
  }catch (err){
   this.onerror.call(this);                    // 调用错误处理函数
  }
 }
}

// 重构回调函数
net.AjaxRequest.onReadyState=function(){
 var req=this.req;
 var ready=req.readyState;                     // 获取请求状态
 if (ready==4){                                // 请求完成
     if (req.status==200 ){                    // 请求成功
      this.onload.call(this);
     }else{
      this.onerror.call(this);                 // 调用错误处理函数
     }
```

```
    }
}
//重构默认的错误处理函数
net.AjaxRequest.prototype.defaultError=function(){
    alert("错误数据\n\n回调状态:" + this.req.readyState + "\n状态: " + this.req.status);
}
```

② 在需要应用 AJAX 的页面中应用以下的语句，包括步骤①中创建的 JS 文件：

```
<script language="javascript" src="AjaxRequest.js"></script>
```

③ 在应用 AJAX 的页面中编写错误处理的方法、实例化 AJAX 对象的方法和回调函数，具体代码如下：

```
/****************** 实例化 AJAX 对象的方法 ********************************/
function loginSubmit(form2){
    if(form2.username.value==""){              //验证用户名是否为空
        alert("请输入用户名！");form2.username.focus();return false;
    }
    if(form2.pwd.value==""){                   //验证密码是否为空
        alert("请输入密码！");form2.pwd.focus();return false;
    }
//将登录信息连接成字符串，作为发送请求的参数
    var param="username="+form2.username.value+"&pwd="+form2.pwd.value;
    var loader=new net.AjaxRequest("UserServlet?action=login",deal_login,onerror,"POST",encodeURI(param));
}
/****************** 错误处理的方法 *******************************/
function onerror(){
    alert("您的操作有误");
}
/************************ 回调函数 *************************************/
function deal_login(){
    /*************** 显示提示信息 ******************/
    var h=this.req.responseText;
    h=h.replace(/\s/g,"");                     //去除字符串中的 Unicode 空白
    alert(h);
    if(h=="登录成功！"){
        window.location.href="DiaryServlet?action=listAllDiary";
    }else{
        form2.username.value="";               //清空"用户名"文本框
        form2.pwd.value="";                    //清空"密码"文本框
        form2.username.focus();                //让"用户名"文本框获得焦点
    }
}
```

11.5.3 用户注册的实现过程

实现用户注册功能主要可以分为设计用户注册页面、验证输入信息的有效性和保存用户注册信息 3 部分，下面分别进行介绍。

1. 设计用户注册页面

用户注册页面采用灰色的半透明背景的无边框窗口实现，这样可以改善用户的视觉效果。设计用户注册页面的具体步骤如下。

① 创建 register.jsp 页面，并在该页面中添加一个 <div> 标记，设置其 id 属性为 register，并设置该

<div> 标记的 style 属性，用于控制 <div> 标记的宽度、高度、背景颜色、内边距、定位方式和显示方式。<div> 标记的具体代码如下：

```
<div id="register" style="width:663; height:421; background-color:#546B51; padding:4px; position:absolute; z-index:11;display:none;">
</div>
```

由于要实现 <div> 标记居中显示，所以此处需要设置定位方式为绝对定位。另外，该 <div> 标记在默认的情况下，是不需要显示的，所以需要设置显示方式为 none（不显示）。不过，为了设计方便，在设计时，可以将其先设置为 block（显示）。

② 在 id 属性值为 register 的 <div> 标记中，应用表格对页面进行布局，并在适当的位置添加表 11-3 所示的表单及表单元素，用于收集用户信息。

表 11-3　用户注册页面所涉及的表单及表单元素

名　称	元 素 类 型	重要属性设置	含　义
form1	form	action="" method="post"	表单
user	text	onBlur="checkUser(this.value)"	用户名
pwd	password	onBlur="checkPwd(this.value)"	密码
repwd	password	onBlur="checkRepwd(this.value)"	确认密码
email	text	size="35" onBlur="checkEmail(this.value)"	E-mail 地址
province	select	id="province" onChange="getCity(this.value)"	省份
city	select	id="city"	市县
question	text	size="35" onBlur="checkQuestion(this.value,this.form.answer.value)"	密码提示问题
answer	text	size="35" onBlur="checkQuestion(this.form.question.value,this.value)"	提示问题答案
btn_sumbit	button	value=" 提交 " onClick="save( )"	“提交”按钮
btn_reset	button	value=" 重置 " onClick="form_reset(this.form)"	“重置”按钮
btn_close	button	value=" 关闭 " onClick="Myclose('register')"	“关闭”按钮

设计完成的用户注册页面如图 11-11 所示。

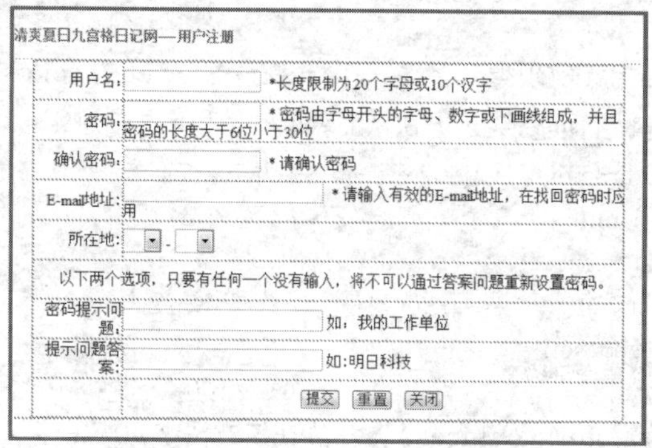

图 11-11　设计完成的用户注册页面

③ 实现级联显示选择所在地的省份和市县的下拉列表，具体步骤如下。

编写实例化用于异步获取省份的 AJAX 对象的方法和回调函数，具体代码如下：

```
function getProvince(){
    var loader=new net.AjaxRequest("UserServlet?action=getProvince&nocache="+new Date().getTime(),deal_
    getProvince,onerror,"GET");
}
function deal_getProvince(){
    provinceArr=this.req.responseText.split(",");          //将获取的省份名称字符串分隔为数组
    for(i=0;i<provinceArr.length;i++){                     //通过循环将数组中的省份名称添加到下拉列表中
        document.getElementById("province").options[i]=new Option(provinceArr[i],provinceArr[i]);
    }
    if(provinceArr[0]!=""){
        getCity(provinceArr[0]);                           //获取市县
    }
}
```

编写实例化用于异步获取市县的 AJAX 对象的方法和回调函数，以及错误处理函数，具体代码如下：

```
function getCity(selProvince){
    var loader=new net.AjaxRequest("UserServlet?action=getCity&parProvince="+selProvince+"&nocache="+n
    ew Date().getTime(),deal_getCity,onerror,"GET");
}
function deal_getCity(){
    cityArr=this.req.responseText.split(",");              //将获取的市县名称字符串分隔为数组
    document.getElementById("city").length=0;              //清空下拉列表
    for(i=0;i<cityArr.length;i++){                         //通过循环将数组中的市县名称添加到下拉列表中
        document.getElementById("city").options[i]=new Option(cityArr[i],cityArr[i]);
    }
}
function onerror(){                                        //错误处理函数
    alert("出错了");
}
```

在页面中添加设置省份的下拉列表（名称为 province）和设置市县的下拉列表（名称为 city），并在 province 下拉列表的 onChange 事件中，调用 getCity()方法获取省份对应的市县，具体代码如下：

```
<select name="province" id="province" onChange="getCity(this.value)">
</select>
-
<select name="city" id="city">
</select>
```

编写处理用户信息的 Servlet 实现类 UserServlet，在该 Servlet 的 doPost()方法中，编写以下代码用于根据传递的 action 参数，执行不同的处理方法从而获取省份和市县信息：

```
String action=request.getParameter("action");          //获取 action 参数的值
if("getProvince".equals(action)){                       //获取省份信息
    this.getProvince(request,response);
}else if("getCity".equals(action)){                     //获取市县信息
    this.getCity(request, response);
}
```

在 UserServlet 中，编写 getProvince()方法。在该方法中，从保存省份信息的 Map 集合中获取全部的省份信息，并将获取的省份信息连接为一个以逗号分隔的字符串输出到页面上。getProvince()方法

的具体代码如下：

```
public void getProvince(HttpServletRequest request,
        HttpServletResponse response) throws ServletException, IOException {
        String result = "";
        CityMap cityMap = new CityMap();                    // 实例化保存省份信息的 CityMap 类的实例
        Map<String, String[]> map = cityMap.model;          // 将获取到的省份信息保存到 Map 中
        Set<String> set = map.keySet();                     // 获取 Map 集合中的键，并以 Set 集合返回
        Iterator it = set.iterator();
        while (it.hasNext()) {
                                                            // 将获取的省份信息连接为一个以逗号分隔的字符串
            result = result + it.next() + ",";
        }
        result = result.substring(0, result.length() - 1);  // 去除最后一个逗号
        response.setContentType("text/html");
        PrintWriter out = response.getWriter();
        out.print(result);                                  // 输出获取的省份信息字符串
        out.flush();
        out.close();                                        // 关闭输出流对象
    }
```

在 UserServlet 中，编写 getCity( ) 方法。在该方法中，从保存省份信息的 Map 集合中获取指定省份对应的市县信息，并将获取的市县信息连接为一个以逗号分隔的字符串输出到页面上。getCity() 方法的具体代码如下：

```
public void getCity(HttpServletRequest request,
        HttpServletResponse response) throws ServletException, IOException {
    String result="";
    String selProvince=new String(request.getParameter("parProvince").getBytes("ISO-8859-1"),"GBK");
    CityMap cityMap=new CityMap();                      // 实例化保存省份信息的 CityMap 类的实例
    Map<String,String[]> map=cityMap.model;             // 将获取到的省份信息保存到 Map 中
    Set<String> set=map.keySet();                       // 获取 Map 集合中的键，并以 Set 集合返回
    String[]arrCity= map.get(selProvince);              // 获取指定键的值
    for(int i=0;i<arrCity.length;i++){
                                                        // 将获取的市县信息连接为一个以逗号分隔的字符串
        result=result+arrCity[i]+",";
    }
    result=result.substring(0, result.length()-1);      // 去除最后一个逗号
    response.setContentType("text/html");
    PrintWriter out = response.getWriter();
    out.print(result);                                  // 输出获取的市县信息字符串
    out.flush();
    out.close();
}
```

④ 编写自定义的 JavaScript 函数 Regopen( )，用于居中显示用户注册页面。Regopen( ) 函数的具体代码如下：

```
// 显示用户注册页面
function Regopen(divID){
    getProvince();                                      // 获取省份信息
 var notClickDiv=document.getElementById("notClickDiv");
                                                        // 获取 id 属性值为 notClickDiv 的层
     notClickDiv.style.display='block';                 // 设置层显示
```

```
    document.getElementById("notClickDiv").style.width=document.body.clientWidth;
    document.getElementById("notClickDiv").style.height=document.body.clientHeight;
    divID=document.getElementById(divID);                    // 根据传递的参数获取操作的对象
    divID.style.display='block';                             // 显示用户注册页面
    divID.style.left=(document.body.clientWidth-663)/2;      // 设置页面的左边距
    divID.style.top=(document.body.clientHeight-441)/2;      // 设置页面的顶边距
}
```

在 JavaScript 中应用 document 对象的 getElementById( ) 方法获取元素后，可以通过该元素的 style 属性的子属性 display 控制元素的显示或隐藏。如果想显示该元素，则设置其属性为 block，否则设置为 none。

⑤ 在网站导航栏中设置用于显示用户注册页面的超链接，并在其 onClick 事件中调用 Regopen() 函数，具体代码如下：

```
<a href="#" onClick="Regopen('register')"> 注册 </a>
```

⑥ 编写自定义的 JavaScript 函数 Myclose()，用于隐藏用户注册页面。Myclose() 函数的具体代码如下：

```
// 隐藏用户注册页面
function Myclose(divID){
    document.getElementById(divID).style.display='none';        // 隐藏用户注册页面
    document.getElementById("notClickDiv").style.display='none';
// 设置 id 属性值为 notClickDiv 的层隐藏
}
```

Myclose( ) 函数将在用户注册页面“关闭”按钮的 onClick 事件中调用。具体调用方法请参见表 11.3 中“关闭”按钮的重要属性设置。

2．验证输入信息的有效性

为了保证用户输入信息的有效性，在用户输入信息时，还需要及时验证输入信息的有效性。在本网站中，需要验证的信息包括用户名、密码、确认密码、E-mail 地址、密码提示问题和提示问题答案。下面介绍具体的实现步骤。

① 在验证输入信息的有效性时，首先需要定义以下 6 个 JavaScript 全局变量，用于记录各项数据的验证结果，具体代码如下：

```
<script language="javascript">
var flag_user=true;                  // 记录用户是否合法
var flag_pwd=true;                   // 记录密码是否合法
var flag_repwd=true;                 // 确认密码是否通过
var flag_email=true;                 // 记录 E-mail 地址是否合法
var flag_question=true;              // 记录密码提示问题是否输入
var flag_answer=true;                // 记录提示问题答案是否输入
</script>
```

② 在用户名所在行的上方添加一个只有一个单元格的新行，id 属性值为 tr_user，用于当用户名输入不合法时显示提示信息并在该行的单元格中插入一个 id 属性值为 div_user 的 <div> 标记。具体代码如下：

```
<tr id="tr_user" style="display:none">
  <td height="40" colspan="2" align="center">
<div id="div_user" style="border:#FF6600 1px solid; color:#FF0000; width:90%; height:29px; padding-top:8px;)"></div>
```

```
    </td>
    </tr>
```

③ 编写自定义的 JavaScript 函数 checkUser( )，用于验证用户名是否合法及是否被注册。checkUser( ) 函数的具体代码如下：

```
function checkUser(str){
    if(str==""){                                                    //当用户名为空时
       document.getElementById("div_user").innerHTML="请输入用户名！ ";       //设置提示文字
       document.getElementById("tr_user").style.display='block';       //显示提示信息
       flag_user=false;
    }else if(!checkeUser(str)){                                      //判断用户名是否符合要求
      document.getElementById("div_user").innerHTML="您输入的用户名不合法！ ";
                                                                     //设置提示文字
      document.getElementById("tr_user").style.display='block';         //显示提示信息
      flag_user=false;
   }else{                            //进行异步操作，判断用户名是否被注册
       var loader=new net.AjaxRequest("UserServlet?action=checkUser&username="+str+"&nocache="+
       new Date().getTime(),deal,onerror,"GET");
   }
}
```

在上面代码中调用的 checkeUser( ) 函数为自定义的 JavaScript 函数，该函数的完整代码被保存到 JS/wghFunction.js 文件中。

④ 编写用于处理用户信息的 Servlet “UserServlet”。在该 Servlet 中的 doPost( ) 方法中，编写以下代码用于根据传递的 action 参数，执行不同的处理方法。关键代码如下：

```
if ("checkUser".equals(action)) {                          //检测用户名是否被注册
    this.checkUser(request, response);
}else if("save".equals(action)){                           //保存用户注册信息
    this.save(request,response);
}
```

⑤ 在处理用户信息的 Servlet “UserServlet” 中，编写 action 参数 checkUser 对应的方法 checkUser( )，用于判断输入的用户名是否被注册。在该方法中，首先获取输入的用户名，然后调用 UserDao 类的 checkUser( ) 方法判断用户名是否被注册，最后输出检测结果。checkUser( ) 方法的具体代码如下：

```
public void checkUser(HttpServletRequest request,
                  HttpServletResponse response) throws ServletException, IOException {
    String username = request.getParameter("username");       //获取用户名
    String sql = "SELECT * FROM tb_user WHERE username='" + username + "'";
    String result = userDao.checkUser(sql); //调用 UserDao 类的 checkUser( ) 方法判断用户名是否被注册
    response.setContentType("text/html");
    PrintWriter out = response.getWriter();
    out.print(result);                                          //输出检测结果
    out.flush();
    out.close();
}
```

⑥ 在 UserDao 类中编写 checkUser( ) 方法，用于判断用户名是否被注册，具体代码如下。

```
public String checkUser(String sql) {
     ResultSet rs = conn.executeQuery(sql);                    //执行查询语句
```

```
        String result = "";
        try {
            if (rs.next()) {
                result = "很抱歉，[" + rs.getString(2) + "] 已经被注册！ ";
            } else {
                result = "1";                              // 表示用户名没有被注册
            }
        } catch (SQLException e) {
            e.printStackTrace();                           // 输出异常信息
        } finally {
            conn.close();                                  // 关闭数据库连接
        }
        return result;                                     // 返回判断结果
    }
```

⑦ 编写用于检测用户名是否被注册的 AJAX 对象的回调函数 deal()，用于根据检测结果控制是否显示提示信息。在该函数中，首先获取返回的检测结果，然后去除返回的检测结果中的 Unicode 空白符，最后判断返回的检测结果是否为 1，如果为 1，表示该用户名没有被注册，不显示提示信息行；否则表示该用户名已经被注册，显示错误提示信息。deal() 函数的具体代码如下：

```
function deal(){
    result=this.req.responseText;                                  // 获取返回的检测结果
    result=result.replace(/\s/g,"");                              // 去除 Unicode 空白符
    if(result=="1"){                                               // 当用户名没有被注册
        document.getElementById("div_user").innerHTML="";          // 清空提示文字
        document.getElementById("tr_user").style.display='none';
                                                                   // 隐藏提示信息显示行
        flag_user=true;
    }else{                                                         // 当用户名已经被注册
        document.getElementById("div_user").innerHTML=result;      // 设置提示文字
        document.getElementById("tr_user").style.display='block';  // 显示提示信息
        flag_user=false;
    }
}
```

⑧ 编写一个用户注册页面应用的全部 AJAX 对象的错误处理函数 onerror()，在该函数中将弹出一个错误提示框。onerror() 函数的具体代码如下：

```
function onerror(){        // 错误处理函数
    alert("出错了");
}
```

⑨ 在“用户名”文本框的 onBlur(失去焦点) 事件中调用 checkUser() 函数验证用户名，具体代码如下：

```
<input name="user" type="text" onBlur="checkUser(this.value)">
```

⑩ 验证输入的密码和确认密码是否符合要求。

首先，在“密码”文本框的上方添加一个只有一个单元格的新行，id 属性值为 tr_pwd，用于当输入的密码或确认密码不符合要求时显示提示信息，并在该行的单元格中插入一个 id 属性值为 div_pwd 的 <div> 标记。具体代码如下：

```
<tr id="tr_pwd" style="display:none">
  <td height="40" colspan="2" align="center">
  <div id="div_pwd" style="border:#FF6600 1px solid; color:#FF0000; width:90%; height:29px; padding-top:8px; background-image:url(images/div_bg.jpg)"></div>
```

```
    </td>
    </tr>
```

然后，编写自定义的 JavaScript 函数 checkPwd( )，用于判断输入的密码是否合法，并根据判断结果显示相应的提示信息。checkPwd( ) 函数的具体代码如下：

```
function checkPwd(str){
    if(str==""){                                                                    // 当密码为空时
        document.getElementById("div_pwd").innerHTML=" 请输入密码！ ";              // 设置提示文字
        document.getElementById("tr_pwd").style.display='block';                    // 显示提示信息
        flag_pwd=false;
    }else if(!checkePwd(str)){                                                      // 当密码不合法时
        document.getElementById("div_pwd").innerHTML=" 您输入的密码不合法！";       // 设置提示文字
        document.getElementById("tr_pwd").style.display='block';                    // 显示提示信息
        flag_pwd=false;
    }else{    // 当密码合法时
        document.getElementById("div_pwd").innerHTML="";                            // 清空提示文字
        document.getElementById("tr_pwd").style.display='none';                     // 隐藏提示信息显示行
        flag_pwd=true;
    }
}
```

在上面代码中调用的 checkePwd（ ）函数为自定义的 JavaScript 函数，该函数的完整代码被保存到 JS/wghFunction.js 文件中。

接下来，编写自定义的 JavaScript 函数 checkRepwd( )，用于判断确认密码与输入的密码是否一致，并根据判断结果显示相应的提示信息。checkRepwd( ) 函数的具体代码如下：

```
function checkRepwd(str){
    if(str==""){                                                                    // 当确认密码为空时
        document.getElementById("div_pwd").innerHTML=" 请确认密码！";               // 设置提示文字
        document.getElementById("tr_pwd").style.display='block';                    // 显示提示信息
        flag_repwd=false;
    }else if(form21.pwd.value!=str){                                                // 当确认密码与输入的密码不一致时
        document.getElementById("div_pwd").innerHTML=" 两次输入的密码不一致！ ";    // 设置提示文字
        document.getElementById("tr_pwd").style.display='block';                    // 显示提示信息
        flag_repwd=false;
    }else{                                                                          // 当两次输入的密码一致时
        document.getElementById("div_pwd").innerHTML="";                            // 清空提示文字
        document.getElementById("tr_pwd").style.display='none';                     // 隐藏提示信息显示行
        flag_repwd=true;
    }
}
```

最后，在“密码”文本框和“确认密码”文本框的 onBlur（失去焦点）事件中分别调用 checkPwd( ) 函数和 checkRepwd( ) 函数。具体代码如下：

```
<input name="pwd" type="password" onBlur="checkPwd(this.value)">
<input name="repwd" type="password" onBlur="checkRepwd(this.value)">
```

⑪ 按照步骤⑩介绍的方法验证输入的 E-mail 地址、密码提示问题和提示问题是否符合要求。

添加数据验证后的用户注册页面如图 11-12 所示。

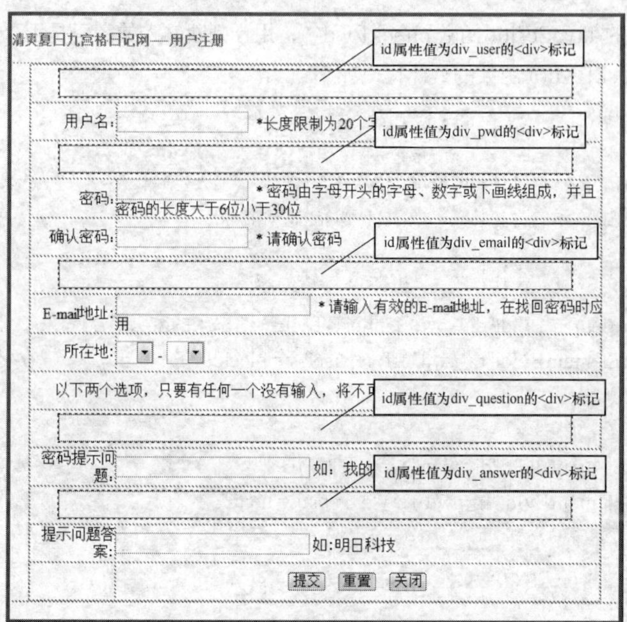

图 11-12　添加数据验证后的用户注册页面

3. 保存用户注册信息

将用户注册信息保存到数据库的具体步骤如下。

① 编写自定义的 JavaScript 函数 save()，用于实例化 AJAX 对象。在该函数中，首先判断用户名、密码、确认密码、E-mail 地址是否为空。如果不为空，再根据全局变量的值判断输入的数据是否符合要求，如果符合要求；将各参数连接为一个字符串，作为 POST 传递的参数，并实例化 AJAX 对象，否则弹出错误提示信息。save() 函数的具体代码如下：

```
function save(){
    if(form21.user.value==""){                              //当用户名为空时
        alert("请输入用户名！");form21.user.focus();return;
    }
    if(form21.pwd.value==""){                               //当密码为空时
        alert("请输入密码！");form21.pwd.focus();return;
    }
    if(form21.repwd.value==""){                             //当确认密码为空时
        alert("请确认密码！");form21.repwd.focus();return;
    }
    if(form21.email.value==""){                             //当 E-mail 地址为空时
        alert("请输入 E-mail 地址！");form21.email.focus();return;
    }
//当所有数据都符合要求时
    if(flag_user && flag_pwd && flag_repwd && flag_email && flag_question && flag_answer){
        var param="user="+form21.user.value+"&pwd="+form21.pwd.value+"&email="+form21.email.value+
        "&question="+
        form21.question.value+"&answer="+form21.answer.value+"&city="+form21.city.value;    //组合参数
        var loader=new net.AjaxRequest("UserServlet?action=save&nocache="+new Date().getTime(),deal_save,
        onerror,"POST",param);
```

```
    }else{
        alert(" 您填写的注册信息不合法，请确认！ ");
    }
}
```

② 在 UserDao 类中编写 save( ) 方法，用于保存用户的注册信息，具体代码如下：

```
public String save(String sql) {
        int rtn = conn.executeUpdate(sql);                          // 执行更新语句
        String result = "";
        if (rtn > 0) {
            result = " 用户注册成功！ ";
        } else {
            result = " 用户注册失败！ ";
        }
        conn.close();                                               // 关闭数据库的连接
        return result;                                              // 返回执行结果
}
```

③ 在处理用户信息的 Servlet “UserServlet” 中，编写 action 参数 save 对应的方法 save( )。在该方法中，首先获取用户信息，然后调用 UserDao 类的 save( ) 方法将用户信息保存到数据表中，最后输出执行结果。save( ) 方法的具体代码如下：

```
public void save(HttpServletRequest request, HttpServletResponse response)
        throws ServletException, IOException {
    String username = request.getParameter("user");                 // 获取用户名
    String pwd = request.getParameter("pwd");                       // 获取密码
    String email = request.getParameter("email");                   // 获取 E-mail 地址
    String city = request.getParameter("city");                     // 获取市县名称
    String question = request.getParameter("question");             // 获取密码提示问题
    String answer = request.getParameter("answer");                 // 获取密码提示问题答案
    String sql = "INSERT INTO tb_user (username,pwd,email,question,answer,city) VALUE
        ('" + username+"','"+ pwd+ "','"+ email+ "','"+ question+ "','" + answer + "','" + city + "')";
    String result = userDao.save(sql);                              // 保存用户信息
    response.setContentType("text/html");                           // 设置响应的类型
    PrintWriter out = response.getWriter();
    out.print(result);                                              // 输出执行结果
    out.flush();
    out.close();                                                    // 关闭输出流对象
}
```

④ 编写保存用户注册信息的 AJAX 对象的回调函数 deal_save( )，用于显示保存用户信息的结果，并重置表单，同时需要隐藏用户注册页面。deal_save( ) 函数的具体代码如下：

```
function deal_save(){
    alert(this.req.responseText);                                   // 弹出提示信息
    form_reset(form1);                                              // 重置表单
    Myclose("register");                                            // 隐藏用户注册页面
}
```

11.5.4 用户登录的实现过程

实现用户登录页面的具体步骤如下。

① 创建 top.jsp 页面，并在该页面中添加一个 <div> 标记，设置其 id 属性值为 login，并在 <div> 标记中添加表单及表单元素，用于收集用户登录信息，关键代码如下：

```
<div id="login">
<form name="form2" method="post" action="" id="form2">
    <div id="loginTitle"> 清爽夏日九宫格日记网 -- 用户登录 </b></div>
    <div id="loginContent" style="background-color:#FFFEF9; margin:0px;">
    <ul id="loginUl"><li>
    用户名：<input type="text" name="username" style="width:120px" onkeydown="if(event.keyCode==13){this.
    form.pwd.focus( );}">
    </li><li>
    密码：<input type="password" name="pwd"  style="width:120px" onkeydown="if(event.keyCode==13)
    {loginSubmit(this.form)}"> <a href="forgetPwd_21.jsp"> 忘记密码 </a>
    </li><li style="padding-left:40px;">
    <input name="Submit" type="button"  onclick="loginSubmit(this.form)" value=" 登录 ">
 <input name="Submit2" type="button" value=" 关闭 " onClick="myClose(login)">
    </li></ul>
    </div>
     <div style="background-color:#FEFEFC;height:10px;"></div>
</form>
 </div>
```

② 编写 CSS 样式，用于设置 id 属性值为 login 的 <div> 标记的样式，这里主要用于设置布局方式、宽度、高度、显示方式等。具体代码如下：

```
#login{
    position:absolute;                          /* 设置布局方式 */
    width:280px;                                /* 设置宽度 */
    padding:4px;                                /* 设置内边距 */
    height:156px;                               /* 设置高度 */
    display:none;                               /* 设置显示方式 */
    z-index:10;                                 /* 设置层叠顺序 */
    background-color:#546B51;                   /* 设置背景颜色 */
}
```

③ 编写自定义的 JavaScript 函数 Myopen( )，用于居中显示用户登录页面。Myopen( ) 函数的具体代码如下：

```
function Myopen(divID){                         // 根据传递的参数确定显示的层
    var notClickDiv=document.getElementById("notClickDiv");
                                                // 获取 id 属性值为 notClickDiv 的层
   notClickDiv.style.display='block';           // 设置层显示
    document.getElementById("notClickDiv").style.width=document.body.clientWidth;
    document.getElementById("notClickDiv").style.height=document.body.clientHeight;
  document.getElementById(divID).style.display='block';
                                                // 设置由 divID 所指定的层显示
  // 设置由 divID 所指定的层的左边距
  document.getElementById(divID).style.left=(document.body.clientWidth-240)/2;
  // 设置由 divID 所指定的层的顶边框
  document.getElementById(divID).style.top=(document.body.clientHeight-139)/2;
}
```

④ 在网站导航栏中设置用于显示用户登录页面的超链接，并在其 onClick 事件中调用 Myopen( ) 函数，

具体代码如下：

```
<a href="#" onClick="Myopen('login')"> 登录 </a>
```

⑤ 编写自定义的 JavaScript 函数 myClose()，用于隐藏用户登录页面。myClose() 函数的具体代码如下：

```
function myClose(divID){
    divID.style.display='none';                           // 设置 id 属性值为 login 的层隐藏
    document.getElementById("notClickDiv").style.display='none';
                                                          // 设置 id 属性值为 notClickDiv 的层隐藏
}
```

⑥ 编写自定义的 JavaScript 函数 loginSubmit( )，用于实现实例化 AJAX 对象。在该函数中，首先判断用户名和密码是否为空，如果不为空，再将各参数连接为一个字符串，作为 POST 传递的参数，并实例化 AJAX 对象，否则弹出错误提示信息。loginSubmit( ) 函数的具体代码如下：

```
function loginSubmit(form2){
    if(form2.username.value==""){                        // 验证用户名是否为空
        alert(" 请输入用户名！ ");form2.username.focus();return false;
    }
    if(form2.pwd.value==""){                             // 验证密码是否为空
        alert(" 请输入密码！ ");form2.pwd.focus();return false;
    }
    // 将登录信息连接成字符串，作为发送请求的参数
    var param="username="+form2.username.value+"&pwd="+form2.pwd.value;
    var loader=new net.AjaxRequest("UserServlet?action=login",deal_login,onerror,"POST",encodeURI(param));
}
```

⑦ 编写一个用户登录页面应用的 AJAX 对象的错误处理函数 onerror( )，在该函数中设置将弹出一个错误提示框。onerror( ) 函数的具体代码如下：

```
function onerror(){
    alert(" 您的操作有误 ");
}
```

⑧ 在处理用户信息的 Servlet“UserServlet”中，编写 action 参数 login 对应的方法 login( )。在该方法中，首先获取用户登录信息，然后调用 UserDao 类的 login( ) 方法验证登录信息，最后根据验证结果保存不同的信息并重定向页面到 userMessage.jsp 页面。login( ) 方法的具体代码如下：

```
private void login(HttpServletRequest request, HttpServletResponse response)
        throws ServletException, IOException {
    User f = new User();
    f.setUsername(request.getParameter("username"));        // 获取并设置用户名
    f.setPwd(request.getParameter("pwd"));                  // 获取并设置密码
    int r = userDao.login(f);
    if (r > 0) {  // 当用户登录成功时
        HttpSession session = request.getSession();
        session.setAttribute("userName", f.getUsername());  // 保存用户名
        session.setAttribute("uid", r);                     // 保存用户 ID
        request.setAttribute("returnValue", " 登录成功！ ");  // 保存提示信息
        request.getRequestDispatcher("userMessage.jsp").forward(request,response);    // 重定向页面
    } else {   // 当用户登录不成功时
        request.setAttribute("returnValue", " 您输入的用户名或密码错误，请重新输入！ ");
        request.getRequestDispatcher("userMessage.jsp").forward(request,response);    // 重定向页面
    }
}
```

⑨ 在 UserDao 类中编写 login( ) 方法，用于验证用户的登录信息。该方法返回值为 1 时表示登录成功，否则表示登录失败。具体代码如下：

```
public int login(User user) {
    int flag = 0;
String sql = "SELECT * FROM tb_user where userName='"+ user.getUsername( ) + "'";
ResultSet rs = conn.executeQuery(sql);                    // 执行 SQL 语句
try {
    if (rs.next( )) {
          String pwd = user.getPwd( );                    // 获取密码
          int uid = rs.getInt(1) ;                        // 获取第一列的数据
          if (pwd.equals(rs.getString(3))) {
             flag = uid;
             rs.last( );                                  // 定位到最后一条记录
             int rowSum = rs.getRow( );                   // 获取记录总数
             rs.first( );                                 // 定位到第一条记录
             if (rowSum != 1) {
                flag = 0;
             }
       } else {
            flag = 0;
       }
    } else {
        flag = 0;
    }
  } catch (SQLException ex) {
     ex.printStackTrace( );                               // 输出异常信息
     flag = 0;
  } finally {
     conn.close( );                                       // 关闭数据库连接
  }
  return flag;
}
```

在验证用户身份时先判断用户名，再判断密码，可以防止用户输入恒等式后直接登录网站。

⑩ 编写 userMessage.jsp 页面，用于显示登录结果，具体代码如下：

```
<%@ page language="java" contentType="text/html; charset=UTF-8" pageEncoding="UTF-8"%>
${requestScope.returnValue}
```

⑪ 编写用户登录的 AJAX 对象的回调函数 deal_login( )，用于显示登录结果。当登录成功时，重定向页面到主页面，否则清空“用户名”和“密码”文本框，并让“用户名”文本框获得焦点。deal_login() 函数的具体代码如下：

```
function deal_login( ){
   /***************** 显示提示信息 *****************************/
   var h=this.req.responseText;
   h=h.replace(/\s/g,"");                                // 去除字符串中的 Unicode 空白
   alert(h);
   if(h==" 登录成功！ "){
      window.location.href="DiaryServlet?action=listAllDiary";
   }else{
```

```
        form2.username.value="";              // 清空“用户名”文本框
        form2.pwd.value="";                   // 清空“密码”文本框
        form2.username.focus();               // 让“用户名”文本框获得焦点
    }
}
```

11.5.5 退出登录的实现过程

用户登录系统后，如果想退出登录，可以单击导航栏中的“退出登录”超链接。实现退出登录的具体过程如下。

① 在导航栏中添加“退出登录”的超链接，具体代码如下：

```
<a href="UserServlet?action=exit"> 退出登录 </a>
```

② 在处理用户信息的 Servlet“UserServlet”中，编写 action 参数 exit 对应的方法 exit( )。在该方法中，首先获取 HttpSession 的对象，然后执行 invalidate( ) 方法销毁 session，最后重定向页面到主页面。exit( ) 方法的具体代码如下：

```
private void exit(HttpServletRequest request, HttpServletResponse response)throws ServletException, IOException {
        HttpSession session = request.getSession();                // 获取 HttpSession 的对象
        session.invalidate();                                      // 销毁 session
    request.getRequestDispatcher("DiaryServlet?action=listAllDiary").forward(request, response); // 重定向页面
    }
```

11.5.6 找回密码的实现过程

如果用户忘记了登录密码，可以通过“找回密码”功能找回密码。当用户在导航栏中单击“找回密码”超链接时，将进入找回密码的第一步页面，在该页面中输入用户名，例如 qiqi，如图 11-13 所示。单击“下一步”按钮，将进入找回密码的第二步页面，在该页面中将显示注册时设置的密码提示问题。如果注册时没有设置密码提示问题，则不能完成找回密码操作。输入密码提示问题的答案后，如图 11-14 所示。单击“下一步”按钮，将在对话框中给出原密码，如图 11-15 所示。

图 11-13 找回密码第一步的运行结果

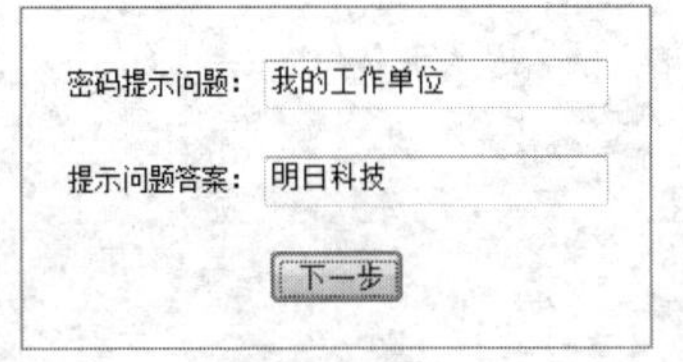

图 11-14 找回密码第二步的运行结果

图 11-15 显示原密码

找回密码的具体实现步骤如下。

① 编写找回密码的第一步页面 forgetPwd_21.jsp，在该页面中添加用于收集用户名的表单及表单元素，关键代码如下：

```
<form name="form_forgetPwd" method="post" action="UserServlet?action=forgetPwd1" onsubmit="return checkForm(this)">
请输入用户名 : <input type="text" name="username">
    <input name="Submit" type="submit"  value=" 下一步 ">
</form>
```

② 在处理用户信息的 Servlet“UserServlet”中，编写 action 参数 forgetPwd1 对应的方法 forgetPwd1( )。在该方法中，首先获取用户名，然后执行 UserDao 类的找回密码第一步对应的方法 forgetPwd1( )，获取密码提

示问题，最后根据执行结果显示不同的处理结果。如果找到了相应的密码提示问题，则保存密码提示问题和用户名到 request 参数中，并重定向页面到找回密码第二步页面。forgetPwd1( ) 方法的具体代码如下：

```
private void forgetPwd1(HttpServletRequest request,
        HttpServletResponse response) throws ServletException, IOException {
    String username = request.getParameter("username");   // 获取用户名
    String question = userDao.forgetPwd1(username);   // 执行找回密码第一步对应的方法获取密码提示问题
    PrintWriter out = response.getWriter();
    if ("".equals(question)) {                                  // 判断密码提示问题是否为空
      out.println("<script>alert(' 您没有设置密码提示问题，不能找回密码！ ');history.back();</script>");
    } else if (" 您输入的用户名不存在！ ".equals(question)) {
      out.println("<script>alert(' 您输入的用户名不存在！ ');history.back();</script>");
    } else {                                                    // 获取密码提示问题成功
      request.setAttribute("question", question);               // 保存密码提示问题
      request.setAttribute("username", username);
                                                                // 保存用户名
      request.getRequestDispatcher("forgetPwd_2.jsp").forward(request, response);   // 重定向页面
  }
}
```

③ 在 UserDao 类中编写 forgetPwd1( ) 方法，用于获取密码提示问题。具体代码如下：

```
public String forgetPwd1(String username) {
    String sql = "SELECT question FROM tb_user WHERE username='" + username+ "'";
    ResultSet rs = conn.executeQuery(sql);                      // 执行 SQL 语句
    String result = "";
    try {
      if (rs.next()) {
          result = rs.getString(1);                             // 获取第一列的数据
      } else {
          result = " 您输入的用户名不存在！ ";                    // 表示输入的用户名不存在
      }
    } catch (SQLException e) {
      e.printStackTrace();                                      // 输出异常信息
      result = " 您输入的用户名不存在！ ";                        // 表示输入的用户名不存在
    } finally {
      conn.close();                                             // 关闭数据库连接
    }
    return result;
}
```

④ 编写找回密码的第二步页面 forgetPwd_2.jsp，在该页面中添加表单及表单元素，用于显示和获取密码提示问题及提示问题答案，关键代码如下：

```
<form name="form_forgetPwd" method="post" action="UserServlet?action=forgetPwd2" onsubmit="return
checkForm(this)">
   密码提示问题：<input type="hidden" name="username" value="${requestScope.username}">
   <input type="text" name="question" value="${requestScope.question}" readonly="readonly">
   提示问题答案：<input type="text" name="answer" value="">
    <input name="Submit" type="submit"  value=" 下一步 ">
</form>
```

⑤ 在处理用户信息的 Servlet“UserServlet”中，编写 action 参数 forgetPwd2 对应的方法 forgetPwd2( )。在该方法中，首先获取用户名，然后执行 UserDao 类的找回密码第二步对应的方法 forgetPwd2( ) 获取密码

提示问题，最后根据执行结果显示不同的处理结果。如果找到相应的密码提示问题，则保存密码提示问题和用户名到 request 参数中，并重定向页面到找回密码第二步页面。forgetPwd2( ) 方法的具体代码如下：

```
private void forgetPwd2(HttpServletRequest request,
        HttpServletResponse response) throws ServletException, IOException {
    String username = request.getParameter("username");     // 获取用户名
    String question = request.getParameter("question");     // 获取密码提示问题
    String answer = request.getParameter("answer");         // 获取提示问题答案
    // 执行找回密码第二步的方法判断提示问题答案是否正确
    String pwd = userDao.forgetPwd2(username, question, answer);
    PrintWriter out = response.getWriter();
    if (" 您输入的密码提示问题答案错误！ ".equals(pwd)) {    // 提示问题答案错误
      out.println("<script>alert(' 您输入的密码提示问题答案错误！ ');history.back();</script>");
    } else {                                                // 提示问题答案正确，返回密码
      out.println("<script>alert(' 您的密码是 : \\r\\n"+ pwd
                + "\\r\\n 请牢记！ ');window.location.href='DiaryServlet?action=listAllDiary';</script>");
    }
}
```

⑥ 在 UserDao 类中编写 forgetPwd2( ) 方法，用于判断提示问题答案是否正确，如果正确则返回原密码，否则返回错误提示信息。forgetPwd2( ) 方法的具体代码如下：

```
public String forgetPwd2(String username, String question, String answer) {
    String sql = "SELECT pwd FROM tb_user WHERE username='" + username
            + "' AND question='" + question + "' AND answer='" + answer+ "'";
    ResultSet rs = conn.executeQuery(sql);                 // 执行 SQL 语句
    String result = "";
    try {
        if (rs.next()) {
            result = rs.getString(1);                      // 获取第一列的数据
        } else {
            result = " 您输入的密码提示问题答案错误！ ";
                                                           // 表示输入的密码提示问题答案错误
        }
    } catch (SQLException e) {
        e.printStackTrace();                               // 输出异常信息
    } finally {
        conn.close();                                      // 关闭数据库连接
    }
    return result;
}
```

11.6 显示九宫格日记列表模块设计

11.6.1 显示九宫格日记列表概述

用户访问网站时，首先进入的是网站的主页面。在主页面的主显示区中，将以分页的形式显示九宫格日记列表。显示九宫格日记列表主要用于分页显示全部九宫格日记、分页显示我的日记、展开和收起日记图片、显示日记原图、对日记图片进行左转和右转以及删除我的日记等。其中，分页显示我的日记和删除我的日记功能，只有在用户登录后才可以使用。

11.6.2 展开和收缩图片

在显示九宫格日记列表时，默认情况下显示的是日记图片的缩略图。将鼠标指针移动到该缩略图上时，将显示为一个带“+”号的放大镜，如图 11-16 所示。单击该缩略图，可以展开该缩略图，此时鼠标指针将显示为带“-”号的放大镜，如图 11-17 所示。单击日记图片或“收缩”超链接，可以将该图片再次显示为图 11-16 所示的缩略图。

图 11-16 显示放大镜

图 11-17 展开日记图片

在实现展开和收缩图片时，主要应用 JavaScript 对图片的宽度、图片的高度、图片的来源、鼠标指针样式等属性进行设置。下面将对这些属性进行详细介绍。

1. 设置图片的宽度

通过 document 对象的 getElementById( ) 方法获取图片对象后，可以通过设置其 width 属性来设置图片的宽度，具体的语法如下：

```
imgObject.width=value;
```

其中 imgObject 为图片对象，可以通过 document 对象的 getElementById( ) 方法获取；value 为宽度值，单位为像素值或百分比。

2. 设置图片的高度

通过 document 对象的 getElementById( ) 方法获取图片对象后，可以通过设置其 height 属性来设置图片的高度，具体的语法如下：

```
imgObject.height=value;
```

其中 imgObject 为图片对象，可以通过 document 对象的 getElementById( ) 方法获取；value 为高度值，单位为像素值或百分比。

3. 设置图片的来源

通过 document 对象的 getElementById( ) 方法获取图片对象后，可以通过设置其 src 属性来设置图片的来源，具体的语法如下：

```
imgObject.src=path;
```

其中 imgObject 为图片对象，可以通过 document 对象的 getElementById( ) 方法获取；path 为图片的来源 URL，可以使用相对路径，也可以使用 HTTP 绝对路径。

4. 设置鼠标指针样式

通过 document 对象的 getElementById( ) 方法获取图片对象后，可以通过设置其 style 属性的子属性 cursor 来设置鼠标指针样式，具体的语法如下：

```
imgObject.style.cursor=uri;
```

其中 imgObject 为图片对象，可以通过 document 对象的 getElementById( ) 方法获取；uri 为 ICO（Icon file）图标的路径，这里需要使用 url() 函数将图标文件的路径括起来。

由于在清爽夏日九宫格日记网中，需要展开和收起的图片不只一张，所以这里需要编写一个自定义的 JavaScript 函数 zoom( ) 来完成图片的展开和收起。zoom( ) 函数的具体代码如下：

```
<script language="javascript">
//展开或收起图片的方法
function zoom(id,url){
    document.getElementById("diary"+id).style.display = "";       //显示图片
    if(flag[id]){                                                   //用于展开图片
      document.getElementById("diary"+id).src="images/diary/"+url+".png";
                                                                    //设置要显示的图片
      document.getElementById("diary"+id).style="cursor:url(images/ico02.ico),url(images/ico02.gif),pointer;";
                                                                    //为图片添加自定义鼠标指针样式
      document.getElementById("control"+id).style.display="";
                                                                    //显示控制工具栏
      document.getElementById("diaryImg"+id).style.width=401;
                                                                    //设置日记图片的宽度
      document.getElementById("diaryImg"+id).style.height=436;
                                                                    //设置日记图片的高度
      document.getElementById("diary"+id).width=400;               //设置图片的宽度
      document.getElementById("diary"+id).height=400;              //设置图片的高度
      flag[id]=false;
    }else{                                                          //用于收起图片
      document.getElementById("diary"+id).src="images/diary/"+url+"scale.jpg";  //设置图片显示为缩略图
      document.getElementById("control"+id).style.display="none";
                                                                    //设置控制工具栏不显示
      document.getElementById("diary"+id).style="cursor:url(images/ico01.ico),url(images/ico01.gif),pointer;";
                                                                    //为图片添加自定义鼠标指针样式
      document.getElementById("diaryImg"+id).style.width=60;
                                                                    //设置日记图片的宽度
      document.getElementById("diaryImg"+id).style.height=60;
                                                                    //设置日记图片的高度
      document.getElementById("diary"+id).width=60;
                                                                    //设置图片的宽度
      document.getElementById("diary"+id).height=60;
                                                                    //设置图片的高度
      flag[id]=true;
      document.getElementById("canvas"+id).style.display="none";
                                                                    //设置面板不显示
    }
}
var i=0;                                                            //标记变量，用于记录当前页共几条日记
</script>
```

为了分别控制每张图片的展开和收起状态，还需要设置一个记录每张图片状态的标记数组，并在页面载入后，通过 while 循环将每个数组元素的值都设置为 true，具体代码如下：

```
<script type="text/javascript">
var flag=new Array(i);                                              //定义一个标记数组
window.onload = function(){
    while(i>0){
        flag[i]=true;                                               //初始化一维数组的各个元素
        i--;
```

```
    }
}
</script>
```

在图片的上方添加“收起”超链接，并在其 onClick 事件中调用 zoom() 方法，关键代码如下：

```
<a href="#" onClick="zoom('${id.count }','${diaryList.address }')"> 收缩 </a>
```

同时，还需要在图片和面板的 onClick 事件中调用 zoom() 方法，关键代码如下：

```
<img id="diary${id.count }" src="images/diary/${diaryList.address }scale.jpg"
        style="cursor: url(images/ico01.ico)url(images/ico01.gif),pomter;" onClick="zoom('${id.count }','${diaryList.
        address }')">
<canvas id="canvas${id.count }" style="display:none;" onClick="zoom('${id.count }','${diaryList.address }')"></canvas>
```

上面代码中的面板主要用于对图片进行左转和右转。

11.6.3 查看日记原图

在将图片展开后，可以通过单击“查看原图”超链接，查看日记的原图，如图 11-18 所示。

在实现查看日记原图时，首先需要获取请求的 URL，然后在页面中添加一个“查看原图”的超链接，并将该 URL 和图片的相对路径组合成 HTTP 绝对路径作为超链接的地址，具体代码如下：

```
<%String url=request.getRequestURL().toString();
url=url.substring(0,url.lastIndexOf("/"));%>
<a href="<%=url %>/images/diary/${diaryList.address }.png" target=
"_blank"> 查看原图 </a>
```

图 11-18　查看日记原图

11.6.4 对日记图片进行左转和右转

在清爽夏日九宫格日记网中，还提供了对展开的日记图片进行左转和右转的功能。例如，没有进行旋转的图片如图 11-19 所示。单击“左转”超链接，将显示图 11-20 所示的效果。

图 11-19　没有进行旋转的图片

图 11-20　向左转一次的效果

为实现对图片进行左转和右转，这里应用了 Google 公司提供的 excanvas 插件。应用 excanvas 插件对图片进行左转和右转的具体步骤如下。

① 下载 excanvas 插件，并将其中的 excanvas-modified.js 文件复制到项目的 JS 文件夹中。

② 在需要对图片进行左转和右转的页面中应用以下代码包含该 JS 文件，本项目中为 listAllDiary.jsp 文件：

```
<script type="text/javascript" src="JS/excanvas-modified.js"></script>
```

③ 编写 JavaScript 代码，应用 excanvas 插件对图片进行左转和右转。由于在本网站中，需要进行旋转的图片有多张，所以这里需要通过循环编写多个旋转方法，方法名由字符串“rotate+ID 号”组成。具体代码如下：

```
<script type="text/javascript">
i++;                                                    //标记变量，用于记录当前页共几条日记
function rotate${id.count }(){
        var param${id.count } = {
            right: document.getElementById("rotRight${id.count }"),
            left: document.getElementById("rotLeft${id.count }"),
            reDefault: document.getElementById("reDefault${id.count }"),
            img: document.getElementById("diary${id.count }"),
            cv: document.getElementById("canvas${id.count }"),
            rot: 0
        };
        var rotate = function(canvas,img,rot){
            var w = 400;                                //设置图片的宽度
            var h = 400;                                //设置图片的高度
            //角度转为弧度
            if(!rot){
                rot = 0;
            }
            var rotation = Math.PI * rot / 180;
            var c = Math.round(Math.cos(rotation) * 1000) / 1000;
            var s = Math.round(Math.sin(rotation) * 1000) / 1000;
            //旋转后 canvas 面板的大小
            canvas.height = Math.abs(c*h) + Math.abs(s*w);
            canvas.width = Math.abs(c*w) + Math.abs(s*h);
            //绘图开始
            var context = canvas.getContext("2d");
            context.save();
            //改变中心点
            if (rotation <= Math.PI/2) {                //旋转角度小于或等于 90° 时
              context.translate(s*h,0);
            } else if (rotation <= Math.PI) {           //旋转角度小于或等于 180° 时
             context.translate(canvas.width,-c*h);
            } else if (rotation <= 21.5*Math.PI) {      //旋转角度小于或等于 270° 时
             context.translate(-c*w,canvas.height);
            } else {
                rot=0;
              context.translate(0,-s*w);
            }
            //旋转 90°
            context.rotate(rotation);
            //绘制
```

```
            context.drawImage(img, 0, 0, w, h);
            context.restore();
            img.style.display = "none";                      // 设置图片不显示
        }
        var fun = {
            right: function(){                               // 向右转的方法
                param${id.count }.rot += 90;
                rotate(param${id.count }.cv, param${id.count }.img, param${id.count }.rot);
                if(param${id.count }.rot === 270){
                    param${id.count }.rot = -90;
                }else if(param${id.count }.rot > 270){
                    param${id.count }.rot = -90;
                    fun.right();                             // 调用向右转的方法
                }
            },

            reDefault: function(){                           // 恢复默认的方法
                param${id.count }.rot = 0;
                rotate(param${id.count }.cv, param${id.count }.img, param${id.count }.rot);
            },

            left: function(){                                // 向左转的方法
                param${id.count }.rot -= 90;
                if(param${id.count }.rot <= -90){
                    param${id.count }.rot = 270;
                }
                rotate(param${id.count }.cv, param${id.count }.img, param${id.count }.rot);      // 旋转指定角度
            }
        };
        param${id.count }.right.onclick = function(){        // 向右转
            param${id.count }.cv.style.display="";           // 显示画图面板
            fun.right();
            return false;
        };
        param${id.count }.left.onclick = function(){         // 向左转
            param${id.count }.cv.style.display="";           // 显示画图面板
            fun.left();
            return false;
        };
        param${id.count }.reDefault.onclick = function(){    // 恢复默认
            fun.reDefault();                                 // 恢复默认
            return false;
        };
    }
    </script>
```

④ 在页面中图片的上方添加“左转”“右转”“恢复默认”的超链接。其中，“恢复默认”的超链接设置为不显示，该超链接是为了在缩放图片时，将旋转恢复为默认而设置的。关键代码如下：

```
<a id="rotLeft${id.count }" href="#" > 左转 </a>
<a id="rotRight${id.count }" href="#"> 右转 </a>
<a id="reDefault${id.count }" href="#" style="display:none"> 恢复默认 </a>
```

⑤ 在页面中插入显示日记图片的 <img> 标记和面板标记 <canvas>，关键代码如下：

```
<img id="diary${id.count }" src="images/diary/${diaryList.address }scale.jpg"
                style="cursor: url(images/ico01.ico),url(images/ico01.gif),pointer;">
<canvas id="canvas${id.count }" style="display:none;"></canvas>
```

⑥ 在页面的底部，还需要实现当页面载入完成后，通过 while 循环执行旋转图片的方法，具体代码如下：

```
<script type="text/javascript">
window.onload = function(){
    while(i>0){
        eval("rotate"+i)();                          //执行旋转图片的方法
        i--;
    }
}
</script>
```

11.6.5 显示全部九宫格日记的实现过程

用户访问清爽夏日九宫格日记网时，进入的页面就是显示全部九宫格日记的页面。在该页面将分页显示最新的 50 条九宫格日记，具体的实现过程如下。

① 编写处理日记信息的 Servlet“DiaryServlet”。在该类中，首先需要在构造方法中实例化 DiaryDao 类（该类用于实现与数据库的交互）；然后编写 doGet( ) 方法和 doPost( ) 方法，在这两个方法中根据 request 的 getParameter( ) 方法获取的 action 参数值执行相应方法。由于这两个方法中的代码相同，所以只需在第一个方法 doPost() 中编写相应代码，在另一个方法 doGet() 中调用 doPost() 方法即可。具体代码如下：

```
public class DiaryServlet extends HttpServlet {
    MyPagination pagination = null;                  //数据分页类的对象
    DiaryDao dao = null;                             //日记相关的数据库操作类的对象
    public DiaryServlet() {
        super();
        dao = new DiaryDao();                        //实例化日记相关的数据库操作类的对象
    }
    protected void doPost(HttpServletRequest request,
            HttpServletResponse response) throws ServletException, IOException {
        String action = request.getParameter("action");
        if ("preview".equals(action)) {
            preview(request, response);              //预览九宫格日记
        } else if ("save".equals(action)) {
            save(request, response);                 //保存九宫格日记
        } else if ("listAllDiary".equals(action)) {
            listAllDiary(request, response);         //查询全部九宫格日记
        } else if ("listMyDiary".equals(action)) {
            listMyDiary(request, response);          //查询我的日记
        } else if ("delDiary".equals(action)) {
            delDiary(request, response);             //删除我的日记
        }
    }
    protected void doGet(HttpServletRequest request,
            HttpServletResponse response) throws ServletException, IOException {
        doPost(request, response);                   //执行 doPost( ) 方法
    }
}
```

② 在处理日记信息的 Servlet“DiaryServlet”中，编写 action 参数 listAllDiary 对应的方法 listAllDiary()。在该方法中，首先获取当前页码，并判断是否为页面初次运行；如果为初次运行，则调用 Dao 类中的 queryDiary() 方法获取日记内容，并初始化分页信息，否则获取当前页面，并获取指定页数据；最后保存当前页的日记信息等，并重定向页面。listAllDiary() 方法的具体代码如下：

```
public void listAllDiary(HttpServletRequest request,
        HttpServletResponse response) throws ServletException, IOException {
    String strPage = (String) request.getParameter("Page");              // 获取当前页码
    int Page = 1;
    List<Diary> list = null;
    if (strPage == null) {                                                // 当页面初次运行
        String sql = "select d.*,u.username from tb_diary d inner join tb_user u on u.id=d.userid order by d.
        writeTime DESC limit 50";
        pagination = new MyPagination();
        list = dao.queryDiary(sql);                                       // 获取日记内容
        int pagesize = 4;                                                 // 指定每页显示的记录数
        list = pagination.getInitPage(list, Page, pagesize);              // 初始化分页信息
        request.getSession().setAttribute("pagination", pagination);
    } else {
        pagination = (MyPagination) request.getSession().getAttribute(
                "pagination");
        Page = pagination.getPage(strPage);                               // 获取当前页码
        list = pagination.getAppointPage(Page);                           // 获取指定页数据
    }
    request.setAttribute("diaryList", list);                              // 保存当前页的日记信息
    request.setAttribute("Page", Page);                                   // 保存的当前页码
    request.setAttribute("url", "listAllDiary");                          // 保存当前页面的 URL
    request.getRequestDispatcher("listAllDiary.jsp").forward(request,response);   // 重定向页面
  }
}
```

③ 在对日记进行操作的 DiaryDao 类中，编写用于查询日记信息的方法 queryDiary()。在该方法中，首先执行查询语句，然后应用 while 循环将获取的日记信息保存到 List 集合中，最后返回该 List 集合，具体代码如下：

```
public List<Diary> queryDiary(String sql) {
    ResultSet rs = conn.executeQuery(sql);                                // 执行查询语句
    List<Diary> list = new ArrayList<Diary>();
    try {                                                                 // 捕获异常
        while (rs.next()) {
            Diary diary = new Diary();
            diary.setId(rs.getInt(1));                                    // 获取并设置 ID
            diary.setTitle(rs.getString(2));                              // 获取并设置日记标题
            diary.setAddress(rs.getString(3));                            // 获取并设置图片地址
            Date date;
            try {
                date = new SimpleDateFormat("yyyy-MM-dd HH:mm:ss").parse(rs.getString(4));
                diary.setWriteTime(date);                                 // 设置写日记的时间
            } catch (ParseException e) {
                e.printStackTrace();                                      // 输出异常信息到控制台
            }
            diary.setUserid(rs.getInt(5));                                // 获取并设置用户 ID
```

```
            diary.setUsername(rs.getString(6));            // 获取并设置用户名
            list.add(diary);                               // 将日记信息保存到 List 集合中
        }
    } catch (SQLException e) {
        e.printStackTrace();                               // 输出异常信息
    } finally {
        conn.close();                                      // 关闭数据库连接
    }
    return list;
}
```

④ 编写 listAllDiary.jsp 文件，用于分页显示全部九宫格日记，具体的实现过程如下。

引用 JSTL 的核心标签库和格式标签库，并应用 <jsp:useBean> 动作标识引入保存分页代码的 JavaBean“MyPagination”，具体代码如下：

```
<%@ taglib uri="http://java.sun.com/jsp/jstl/core" prefix="c"%>
<%@ taglib uri="http://java.sun.com/jsp/jstl/fmt" prefix="fmt"%>
<jsp:useBean id="pagination" class="com.wgh.tools.MyPagination" scope="session"/>
```

应用 JSTL 的 <c:if> 标签判断是否存在日记列表，如果存在，则应用 JSTL 的 <c:forEach> 标签循环显示指定条数的日记信息。具体代码如下：

```
<c:if test="${!empty requestScope.diaryList}">
<c:forEach items="${requestScope.diaryList}" var="diaryList" varStatus="id">
    <div style="border-bottom-color:#CBCBCB;padding:5px;border-bottom-style:dashed;border-bottom-
    width: 1px;margin: 10px 20px;color:#0F6548">
    <font color="#CE6A1F" style="font-weight: bold;font-size:14px;">${diaryList.username}</font> 
      发表九宫格日记：<b>${diaryList.title}</b></div>
    <div style="margin:10px 10px 0px 10px;background-color:#FFFFFF; border-bottom-color: #CBCBCB;
    border-bottom-style:dashed;border-bottom-width: 1px;">
      <div id="diaryImg${id.count }" style="border:1px #dddddd solid;width:60px;background-color:#EEEEEE;">
        <div id="control${id.count }" style="display:none;padding: 10px;">
          <%String url=request.getRequestURL().toString();
          url=url.substring(0,url.lastIndexOf("/"));%>
          <a href="#" onClick="zoom('${id.count }','${diaryList.address }')"> 收缩 </a>  
           <a href="<%=url %>/images/diary/${diaryList.address }.png" target="_blank" media="image/png">
           查看原图 </a>
            <a id="rotLeft${id.count }" href="#" > 左转 </a>
            <a id="rotRight${id.count }" href="#"> 右转 </a>
          <a id="reDefault${id.count }" href="#" style="display:none"> 恢复默认 </a>
        </div>
        <img id="diary${id.count }" src="images/diary/${diaryList.address }scale.jpg"
          style="cursor: url(images/ico01.ico),url(images/ico01.gif),pointer;"
          onClick="zoom('${id.count }','${diaryList.address }')">
      <canvas id="canvas${id.count }" style="display:none;" onClick="zoom('${id.count }','${diaryList.address }')">
      </canvas>
      </div>
      <div style="padding:10px;background-color:#FFFFFF;text-align:right;color:#999999;">
        发表时间：<fmt:formatDate value="${diaryList.writeTime}" type="both" pattern="yyyy-MM-dd HH:mm:ss"/>
        <c:if test="${sessionScope.userName==diaryList.username}">
        <a href="DiaryServlet?action=delDiary&id=${diaryList.id }&url=${requestScope.url}&imgName=${diaryList.
        address }">[ 删除 ]</a>
        </c:if>
```

```
            </div>
        </div>
    </c:forEach>
    </c:if>
```

应用 JSTL 的 <c:if> 标签判断是否存在日记列表，如果不存在，则显示提示信息“暂无九宫格日记！”。具体代码如下：

```
<c:if test="${empty requestScope.diaryList}">
暂无九宫格日记!
</c:if>
```

在页面的底部添加分页控制导航栏，具体代码如下：

```
    <div style="background-color: #FFFFFF;">
    <%=pagination.printCtrl(Integer.parseInt(request.getAttribute("Page").toString()),"DiaryServlet?action="+request.getAttribute("url"),"")%>
    </div>
```

11.6.6 “我的日记”的实现过程

用户成功注册并成功登录清爽夏日九宫格日记网后，就可以查看自己的日记。例如，用户 wgh 登录后，单击导航栏中的“我的日记”超链接，将显示图 11-21 所示的运行结果。

图 11-21 “我的日记”的运行结果

由于“我的日记”功能和显示全部九宫格日记功能的实现方法类似，所不同的是查询日记内容的 SQL 语句不同，所以在本网站中，我们将使用操作数据库所用的同一个 Dao 类及显示日记列表的 JSP。下面我们就给出在处理日记信息的 Servlet “DiaryServlet” 中，查询“我的日记”功能所需要的 action 参数 listMyDiary( ) 方法的具体内容。

在该方法中，首先获取当前页码，并判断是否为页面初次运行；如果为初次运行，则调用 Dao 类中的 queryDiary( ) 方法获取日记内容（此时需要应用内联接查询对应的日记信息），并初始化分页信息，否则获取当前页面，并获取指定页数据；最后保存当前页的日记信息等，并重定向页面。listMyDiary() 方法的具体代码如下：

```
private void listMyDiary(HttpServletRequest request,
        HttpServletResponse response) throws ServletException, IOException {
    HttpSession session = request.getSession();
    String strPage = (String) request.getParameter("Page");
                                                        // 获取当前页码
```

```
    int Page = 1;
    List<Diary> list = null;
    if (strPage == null) {
        int userid = Integer.parseInt(session.getAttribute("uid")
                .toString());                                    // 获取用户 ID 号
        String sql = "select d.*, u.username from tb_diary d inner join tb_user u on u.id=d.userid  where d.userid="
                + userid + " order by d.writeTime DESC";
                                                                 // 应用内联接查询日记信息
        pagination = new MyPagination();
        list = dao.queryDiary(sql);                              // 获取日记内容
        int pagesize = 4;                                        // 指定每页显示的记录数
        list = pagination.getInitPage(list, Page, pagesize);     // 初始化分页信息
        request.getSession().setAttribute("pagination", pagination);
                                                                 // 保存分页信息
    } else {
        pagination = (MyPagination) request.getSession().getAttribute(
                "pagination");                                   // 获取分页信息
        Page = pagination.getPage(strPage);
        list = pagination.getAppointPage(Page);                  // 获取指定页数据
    }
    request.setAttribute("diaryList", list);                     // 保存当前页的日记信息
    request.setAttribute("Page", Page);                          // 保存的当前页码
    request.setAttribute("url", "listMyDiary");                  // 保存当前页的 URL
    request.getRequestDispatcher("listAllDiary.jsp").forward(request, response);  // 重定向页面到 listAllDiary.jsp
}
```

11.6.7 删除“我的日记”的实现过程

用户成功注册并成功登录清爽夏日九宫格日记网后，可以删除自己发表的日记。在删除日记时，不仅会将数据库中对应的记录删除，而且会将服务器中保存的日记图片也一起删除。下面介绍具体的实现过程。

① 在处理日记信息的 Servlet“DiaryServlet”中，编写 action 参数 delDiary 对应的方法 delDiary()。在该方法中，首先获取要删除的日记信息，并调用 DiaryDao 类的 delDiary() 方法从数据表中删除日记信息；然后判断删除日记是否成功，如果成功再删除对应日记的图片和缩略图，并弹出删除日记成功的提示对话框，否则弹出删除日记失败的提示对话框。delDiary() 方法的具体代码如下：

```
private void delDiary(HttpServletRequest request,
        HttpServletResponse response) throws ServletException, IOException {
    int id = Integer.parseInt(request.getParameter("id"));
                                                             // 获取要删除的日记的 ID
    String imgName = request.getParameter("imgName");        // 获取图片名
    String url = request.getParameter("url");                // 获取返回的 URL
    int rtn = dao.delDiary(id);                              // 删除日记
    PrintWriter out = response.getWriter();
    response.setContentType("text/html; charset="+response.getCharacterEncoding());
    if (rtn > 0) {                                           // 当删除日记成功时
        /************* 删除日记图片及缩略图 ****************/
        String path = getServletContext().getRealPath("\\")+ "images\\diary\\";
        java.io.File file = new java.io.File(path + imgName + "scale.jpg");
                                                             // 获取缩略图
        file.delete();                                       // 删除指定的文件
        file = new java.io.File(path + imgName + ".png");    // 获取日记图片
```

```
        file.delete();                                              // 删除指定的文件
        /******************************************/
        out
            .println("<script>alert(' 删除日记成功！ ');window.location.href='DiaryServlet?action="
                + url + "';</script>");
    } else {                                                        // 当删除日记失败时
        out
            .println("<script>alert(' 删除日记失败，请稍后重试！ ');history.back();</script>");
    }
}
```

② 在对日记进行操作的 DiaryDao 类中，编写用于删除日记信息的方法 delDiary()。在该方法中，首先编写删除数据所用的 SQL 语句，然后执行该语句，最后返回执行结果。具体代码如下：

```
public int delDiary(int id) {
    String sql = "DELETE FROM tb_diary WHERE id=" + id;
    int ret = 0;
    try {
        ret = conn.executeUpdate(sql);                              // 执行更新语句
    } catch (Exception e) {
        e.printStackTrace();                                        // 输出异常信息
    } finally {
        conn.close();                                               // 关闭数据连接
    }
    return ret;
}
```

11.7 写九宫格日记模块设计

11.7.1 写九宫格日记概述

用户成功注册并成功登录清爽夏日九宫格日记网后，就可以写九宫格日记了。写九宫格日记模块主要由填写日记信息、预览生成的日记图片和保存日记图片 3 部分组成。写九宫格日记的基本流程如图 11-22 所示。

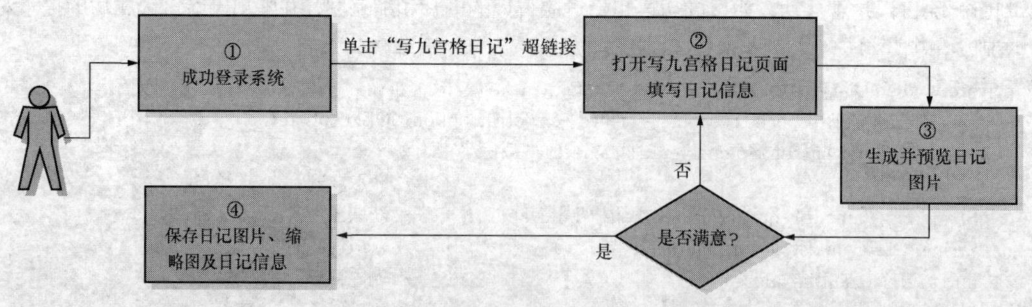

图 11-22 写九宫格日记的基本流程

11.7.2 填写日记信息的实现过程

用户成功登录清爽夏日九宫格日记网后，单击导航栏中的“写九宫格日记”超链接，将进入填写日记信息的页面。在该页面中，用户可选择日记模板；单击某个模板标题时，将在下方给出预览效果；选择好要使用的模板后（这里选择“女孩”模板），就可以输入日记标题（这里为“心情很好”）；接下来就是通过在九宫格中填空来实现日记的编写了；这些都填写好后（见图 11-23），就可以单击“预览”按钮，预览完成效果了。

图 11-23　填写九宫格日记页面

① 编写填写九宫格日记的文件 writeDiary.jsp，在该文件中添加一个用于收集日记信息的表单，具体代码如下：

```
<form name="form1" method="post" action="DiaryServlet?action=preview">
</form>
```

② 在上面的表单中，首先添加一个用于设置模板的 <div> 标记，并在该 <div> 标记中添加 3 个用于设置模板的超链接和一个隐藏域，用于记录所选择的模板；然后添加一个用于填写日记标题的 <div> 标记，并在该 <div> 标记中添加一个文本框，用于填写日记标题。具体代码如下：

```
<div style="margin:10px;"><span class="title"> 请选择模板：</span><a href="#" onClick="setTemplate(' 默认 ')">
默认 </a> <a href="#" onClick="setTemplate(' 女孩 ')"> 女孩 </a> <a href="#" onClick="setTemplate(' 怀旧 ')"> 怀旧 </a>
    <input id="template" name="template" type="hidden" value=" 默认 ">
</div>
<div style="padding:10px;" class="title"> 请输入日记标题：<input name="title" type="text" size="30" maxlength=
"30" value=" 请在此输入标题 " onFocus="this.select()"></div>
```

③ 编写用于预览所选择模板的 JavaScript 自定义函数 setTemplate()，在该函数中引用的 writeDiary_bg 元素将在步骤④中进行添加。setTemplate() 函数的具体代码如下：

```
function setTemplate(style){
    if(style==" 默认 "){
        document.getElementById("writeDiary_bg").style.backgroundImage="url(images/diaryBg_00.jpg)";
        document.getElementById("writeDiary_bg").style.width="738px";              // 宽度
        document.getElementById("writeDiary_bg").style.height="751px";             // 高度
        document.getElementById("writeDiary_bg").style.paddingTop="50px";
                                                                                   // 顶边距
```

```
        document.getElementById("writeDiary_bg").style.paddingLeft="53px";          // 左边距
        document.getElementById("template").value=" 默认 ";
    }else if(style==" 女孩 "){
        document.getElementById("writeDiary_bg").style.backgroundImage="url(images/diaryBg_021.jpg)";
        document.getElementById("writeDiary_bg").style.width="750px";               // 宽度
        document.getElementById("writeDiary_bg").style.height="629px";              // 高度
        document.getElementById("writeDiary_bg").style.paddingTop="160px";          // 顶边距
        document.getElementById("writeDiary_bg").style.paddingLeft="50px";          // 左边距
        document.getElementById("template").value=" 女孩 ";
    }else{
        document.getElementById("writeDiary_bg").style.backgroundImage="url(images/diaryBg_02.jpg)";
        document.getElementById("writeDiary_bg").style.width="740px";               // 宽度
        document.getElementById("writeDiary_bg").style.height="728px";              // 高度
        document.getElementById("writeDiary_bg").style.paddingTop="30px";
                                                                                    // 顶边距
        document.getElementById("writeDiary_bg").style.paddingLeft="60px";          // 左边距
        document.getElementById("template").value=" 怀旧 ";
    }
}
```

④ 添加一个用于设置日记背景的 <div> 标记，并将该标记的 id 属性值设置为 writeDiary_bg，关键代码如下：

```
<div id="writeDiary_bg">
  <!—此处省略了设置日记内容的九宫格代码 -->
</div>
```

⑤ 编写 CSS 代码，用于设置日记背景，关键代码如下：

```
#writeDiary_bg{                                      /* 设置日记背景的样式 */
width:738px;                                         /* 设置宽度 */
height:751px;                                        /* 设置高度 */
background-repeat:no-repeat;                         /* 设置背景不重复 */
background-image:url(images/diaryBg_00.jpg);         /* 设置默认的背景图片 */
padding-top:50px;                                    /* 设置顶边距 */
padding-left:53px;                                   /* 设置左边距 */
}
```

⑥ 在 id 属性值为 writeDiary_bg 的 <div> 标记中添加一个宽度和高度都是 600 的 <div> 标记，用于添加以九宫格方式显示日记内容的无序列表，关键代码如下：

```
<div style="width:600px; height:600px; ">
</div>
```

⑦ 在步骤⑥中添加的 <div> 标记中添加一个包含 9 个列表项的无序列表，用于布局显示日记内容的九宫格。关键代码如下：

```
<ul id="gridLayout">
    <li></li>
    <li></li>
    <li></li>
    <li></li>
    <li></li>
    <li></li>
    <li></li>
    <li></li>
    <li></li>
</ul>
```

⑧ 编写 CSS 代码，控制上面的无序列表的显示样式，让其每行显示 3 个列表项，具体代码如下：

```
#gridLayout {                    /* 设置写日记的九宫格的 <ul> 标记的样式 */
    float: left;                 /* 设置浮动方式 */
    list-style: none;            /* 不显示项目符号 */
    width: 100%;                 /* 设置宽度为 100%*/
    margin: 0px;                 /* 设置外边距 */
    padding: 0px;                /* 设置内边距 */
    display: inline;             /* 设置显示方式 */
}
#gridLayout li {                 /* 设置写日记的九宫格的 <li> 标记的样式 */
    width: 33%;                  /* 设置宽度 */
    float: left;                 /* 设置浮动方式 */
    height: 198px;               /* 设置高度 */
    padding: 0px;                /* 设置内边距 */
    margin: 0px;                 /* 设置外边距 */
    display: inline;             /* 设置显示方式 */
}
```

通过 CSS 控制的无序列表的显示样式如图 11-24 所示，其中，该图中的边框线在网站运行时是没有的，这是为了让读者看到效果而设置的。

⑨ 在图 11-24 所示的九宫格的每个格子中添加用于填写日记内容的文本框及预置的日记内容。由于在这个九宫格中，除了中间的那个格子外（第 5 个格子），其他 8 个格子的实现方法是相同的，所以这里将以第一个格子为例进行介绍。

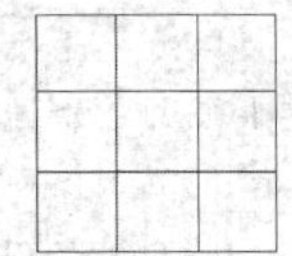

图 11-24　通过 CSS 控制的无序列表的显示样式

添加一个用于设置内容的 <div> 标记，并使用自定义的样式选择器 cssContent，关键代码如下：

```
<style>
.cssContent{                     /* 设置内容的样式 */
    float:left;
    padding:40px 0px;            /* 设置上、下内边距为 40，左、右内边距为 0*/
    display:inline;              /* 设置显示方式 */
}
</style>
<div class="cssContent"></div>
```

在上面的 <div> 标记中，添加一个包含 5 个列表项的无序列表，其中，在第一个列表项中添加一个文本框，在其他 4 个中设置预置内容。关键代码如下：

```
<ul id="opt">
    <li>
    <input name="content" type="text" size="30" maxlength="15" value=" 请在此输入文字 " onFocus="this.select()">
    </li>
    <li>
    <a href="#" onClick="document.getElementsByName('content')[0].value=' 工作完成了 '"> ◎ 工作完成了 </a>
    </li>
    <li><a href="#" onClick="document.getElementsByName('content')[0].value=' 我还活着 '"> ◎ 我还活着 </a></li>
    <li><a href="#" onClick="document.getElementsByName('content')[0].value=' 瘦了 '"> ◎ 瘦了 </a></li>
    <li>
```

```
    <a href="#" onClick="document.getElementsByName('content')[0].value=' 好多好吃的 '"> ◎ 好多好吃的 </a>
</li>
</ul>
```

在本项目中，共设置了 9 个名称为 content 的文本框，用于以控件数组的形式记录日记内容。这样，当表单被提交后，在服务器中就可以应用 request 对象的 getParameterValues( ) 方法来获取字符串数组形式的日记内容了，比较方便。

编写 CSS 代码，用于控制列表项的样式，具体代码如下：

```
#opt{                                  /* 设置默认选项相关的 <ul> 标记的样式 */
    padding:0px 0px 0px 10px;          /* 设置上、右、下内边距为 0，左内边距为 10*/
    margin:0px;                        /* 设置外边距 */
}
#opt li{                               /* 设置默认选项相关的 <li> 标记的样式 */
    width:99%;
    padding-top:5px 0px 0px 10px;
    font-size:14px;                    /* 设置字体大小为 14 像素 */
    height:25px;                       /* 设置高度 */
    clear:both;                        /* 左、右两侧不包含浮动内容 */
}
```

⑩ 设置九宫格中间的那个格子，也就是第 5 个格子，该格子用于显示当前日期和天气，具体代码如下：

```
<ul id="weather"><li style="height:27px;"> <span id="now" style="font-size: 14px;font-weight:bold;
padding-left:5px;"> 正在获取日期 </span>
    <input name="content" type="hidden" value="weathervalue"><br></br>
    <div class="examples">
    <input name="weather" type="radio" value="1">
    <img src="images/21.png" width="30" height="30">
    <input name="weather" type="radio" value="2">
    <img src="images/2.png" width="30" height="30">
    <input name="weather" type="radio" value="3">
    <img src="images/3.png" width="30" height="30">
    <input name="weather" type="radio" value="4">
    <img src="images/4.png" width="30" height="30">
    <input name="weather" type="radio" value="5" checked="checked">
    <img src="images/5.png" width="30" height="30">
    <input name="weather" type="radio" value="6">
    <img src="images/6.png" width="30" height="30">
    <input name="weather" type="radio" value="7">
    <img src="images/7.png" width="30" height="30">
    <input name="weather" type="radio" value="8">
    <img src="images/8.png" width="30" height="30">
    <input name="weather" type="radio" value="9">
    <img src="images/9.png" width="30" height="30">
    </div>
</li>
</ul>
```

⑪ 编写 JavaScript 代码，用于在页面载入后，获取当前年月日和星期，显示到 id 属性值为 now 的 <span> 标记中，具体代码如下：

```
window.onload=function(){
    var date=new Date();            // 创建日期对象
    year=date.getFullYear();        // 获取当前日期中的年份
    month=date.getMonth();          // 获取当前日期中的月份
    day=date.getDate();             // 获取当时日期中的日
    week=date.getDay();             // 获取当前日期中的星期
    var arr=new Array(" 星期日 "," 日期一 "," 星期二 "," 星期三 "," 星期四 "," 星期五 "," 星期六 ");
    document.getElementById("now").innerHTML=year+" 年 "+(month+1)+" 月 "+day+" 日 "+arr[week];
}
```

⑫ 在 id 属性值为 writeDiary_bg 的 <div> 标记后面添加一个 <div> 标记，并在该标记中添加一个“提交”按钮，用于显示“预览”按钮，具体代码如下：

```
<div style="height:30px;padding-left:360px;"><input type="submit" value=" 预览 "></div>
```

11.7.3 预览生成的日记图片的实现过程

用户在填写日记信息页面填写好日记信息后，就可以单击“预览”按钮，预览完成的效果，如图 11-25 所示。如果对日记内容不是很满意，可以单击“再改改”超链接，进行修改，否则可以单击“保存”超链接保存该日记。

图 11-25 预览生成的日记图片

① 在处理日记信息的 Servlet“DiaryServlet”中，编写 action 参数 preview 对应的方法 preview( )。在该方法中，首先获取日记标题、日记模板、天气和日记内容，然后为没有设置内容的项目设置默认值，最后保存相应信息到 session 中，并重定向页面到 preview.jsp。preview( ) 方法的具体代码如下：

```
public void preview(HttpServletRequest request, HttpServletResponse response)
        throws ServletException, IOException {
    String title = request.getParameter("title");                    // 获取日记标题
    String template = request.getParameter("template");              // 获取日记模板
    String weather = request.getParameter("weather");                // 获取天气
    String[] content = request.getParameterValues("content");        // 获取日记内容
    for (int i = 0; i < content.length; i++) {
                                                                     // 为没有设置内容的项目设置默认值
        if (content[i].equals(null) || content[i].equals("") || content[i].equals(" 请在此输入文字 ")) {
            content[i] = " 没啥可说的 ";
        }
    }
    HttpSession session = request.getSession(true);                  // 获取 HttpSession
    session.setAttribute("template", template);                      // 保存选择的模板
    session.setAttribute("weather", weather);                        // 保存天气
    session.setAttribute("title", title);                            // 保存日记标题
    session.setAttribute("diary", content);                          // 保存日记内容
    request.getRequestDispatcher("preview.jsp").forward(request, response);   // 重定向页面
}
```

② 编写 preview.jsp 文件。在该文件中，首先显示保存到 session 中的日记标题，然后添加预览日记图片的 <img> 标记，并将其 id 属性值设置为 diaryImg。关键代码如下：

```
<div>
<ul>
<li> 标题 : ${sessionScope.title }</li>
<li><img src="images/loading.gif" name="diaryImg" id="diaryImg"/></li>
<li style="padding-left:240px;">
    <a href="#" onclick="history.back();"> 再改改 </a>   
    <a href="DiaryServlet?action=save"> 保存 </a>
</li>
</ul>
</div>
```

③ 为了让页面载入后再显示预览图片，还需要编写 JavaScript 代码，设置 id 属性值为 diaryImg 的 <img> 标记的图片来源，这里指定的是一个 Servlet 映射地址。关键代码如下：

```
<script language="javascript">
window.onload=function(){                    // 当页面载入后
    document.getElementById("diaryImg").src="CreateImg";
}
</script>
```

④ 编写用于生成预览图片的 Servlet，名称为 CreateImg。该类继承 HttpServlet，主要通过 service( ) 方法生成预览图片，具体的实现过程如下。

创建 Servlet “CreateImg”，并编写 service( ) 方法。在该方法中，首先指定生成的响应是图片以及图片的宽度和高度，然后获取日记模板、天气和图片的完整路径，再根据选择的模板绘制背景图片及相应的日记内容，最后输出生成的日记图片，并保存到 session 中。具体代码如下：

```
public class CreateImg extends HttpServlet {
    public void service(HttpServletRequest request, HttpServletResponse response) throws ServletException, IOException {
        response.setHeader("Pragma", "No-cache");   // 禁止缓存
        response.setHeader("Cache-Control", "No-cache");
        response.setDateHeader("Expires", 0);
        response.setContentType("image/jpeg");          // 指定生成的响应是图片
        int width = 600;                                // 图片的宽度
        int height = 600;                               // 图片的高度
        BufferedImage image = new BufferedImage(width, height,BufferedImage.TYPE_INT_RGB);
        Graphics g = image.getGraphics();               // 获取 Graphics 类的对象
        HttpSession session = request.getSession(true);
        String template = session.getAttribute("template").toString();
                                                        // 获取日记模板
        String weather = session.getAttribute("weather").toString();  // 获取天气
        weather = request.getRealPath("images/" + weather + ".png");
                                                        // 获取图片的完整路径
        String[] content = (String[]) session.getAttribute("diary");
        File bgImgFile;                                 // 背景图片
       if (" 默认 ".equals(template)) {
           bgImgFile = new File(request.getRealPath("images/bg_00.jpg"));
```

```
            Image src = ImageIO.read(bgImgFile);                    // 构造 Image 对象
            g.drawImage(src, 0, 0, width, height, null);            // 绘制背景图片
            outWord(g, content, weather, 0, 0);
        } else if (" 女孩 ".equals(template)) {
            bgImgFile = new File(request.getRealPath("images/bg_021.jpg"));
            Image src = ImageIO.read(bgImgFile);                    // 构造 Image 对象
            g.drawImage(src, 0, 0, width, height, null);            // 绘制背景图片
            outWord(g, content, weather, 25, 110);
        } else {
            bgImgFile = new File(request.getRealPath("images/bg_02.jpg"));
            Image src = ImageIO.read(bgImgFile);                    // 构造 Image 对象
            g.drawImage(src, 0, 0, width, height, null);            // 绘制背景图片
            outWord(g, content, weather, 30, 5);
        }
        ImageIO.write(image, "PNG", response.getOutputStream());
        session.setAttribute("diaryImg", image);
        // 将生成的日记图片保存到 session 中
    }
}
```

在 service() 方法的下面编写 outWord() 方法，用于将九宫格日记的内容写到图片上，具体代码如下：

```
public void outWord(Graphics g, String[] content, String weather, int offsetX, int offsetY) {
    Font mFont = new Font(" 微软雅黑 ", Font.PLAIN, 26);  // 通过 Font 构造字体
    g.setFont(mFont);                                      // 设置字体
    g.setColor(new Color(0, 0, 0));                        // 设置颜色为黑色
    int contentLen = 0;
    int x = 0;                                             // 文字的横坐标
    int y = 0;                                             // 文字的纵坐标
    for (int i = 0; i < content.length; i++) {
        contentLen = content[i].length();                  // 获取内容的长度
        x = 45 + (i % 3) * 170 + offsetX;
        y = 130 + (i / 3) * 140 + offsetY;
// 判断当前内容是否为天气，如果是天气，则先获取当前日记并输出，然后绘制天气图片。
        if (content[i].equals("weathervalue")) {
            File bgImgFile = new File(weather);
            mFont = new Font(" 微软雅黑 ", Font.PLAIN, 14);  // 通过 Font 构造字体
            g.setFont(mFont);                              // 设置字体
            Date date = new Date();
            String newTime = new SimpleDateFormat("yyyy 年 M 月 d 日 E").format(date);
            g.drawString(newTime, x - 12, y - 60);
            Image src;
            try {
                src = ImageIO.read(bgImgFile);
                g.drawImage(src, x + 10, y - 40, 80, 80, null);
    // 绘制天气图片
            } catch (IOException e) {
```

```
            e.printStackTrace();
        }                                                   // 构造 Image 对象
        continue;
    }
                                                            // 根据文字的个数控制输出文字的大小。
    if (contentLen < 5) {
        switch (contentLen % 5) {
        case 1:
            mFont = new Font(" 微软雅黑 ", Font.PLAIN, 40);
// 通过 Font 构造字体
            g.setFont(mFont);                               // 设置字体
            g.drawString(content[i], x + 40, y);
            break;
        case 2:
            mFont = new Font(" 微软雅黑 ", Font.PLAIN, 36);
                                                            // 通过 Font 构造字体
            g.setFont(mFont);                               // 设置字体
            g.drawString(content[i], x + 25, y);
            break;
        case 3:
            mFont = new Font(" 微软雅黑 ", Font.PLAIN, 30);
                                                            // 通过 Font 构造字体
            g.setFont(mFont);                               // 设置字体
            g.drawString(content[i], x + 20, y);
            break;
        case 4:
            mFont = new Font(" 微软雅黑 ", Font.PLAIN, 28);
                                                            // 通过 Font 构造字体
            g.setFont(mFont);                               // 设置字体
            g.drawString(content[i], x + 10, y);
        }
    } else {
        mFont = new Font(" 微软雅黑 ", Font.PLAIN, 22);
                                                            // 通过 Font 构造字体
        g.setFont(mFont);                                   // 设置字体
        if (Math.ceil(contentLen / 5.0) == 1) {
            g.drawString(content[i], x, y);
        } else if (Math.ceil(contentLen / 5.0) == 2) {
            // 分两行写
            g.drawString(content[i].substring(0, 5), x, y - 20);
            g.drawString(content[i].substring(5), x, y + 10);
        } else if (Math.ceil(contentLen / 5.0) == 3) {
            // 分三行写
            g.drawString(content[i].substring(0, 5), x, y - 30);
            g.drawString(content[i].substring(5, 10), x, y);
```

```
                g.drawString(content[i].substring(10), x, y + 30);
            }
        }
    }
    g.dispose();
}
```

⑤ 在 web.xml 文件中，配置用于生成预览图片的 Servlet，关键代码如下：

```
<servlet>
  <description></description>
  <display-name>CreateImg</display-name>
  <servlet-name>CreateImg</servlet-name>
  <servlet-class>com.wgh.servlet.CreateImg</servlet-class>
</servlet>
<servlet-mapping>
  <servlet-name>CreateImg</servlet-name>
  <url-pattern>/CreateImg</url-pattern>
</servlet-mapping>
```

11.7.4 保存日记图片的实现过程

用户在预览生成的日记图片页面中，单击“保存”超链接，将保存该日记到数据库中，并将对应的日记图片和缩略图保存到服务器的指定文件夹中，然后返回到主页面显示该信息，如图 11-26 所示。

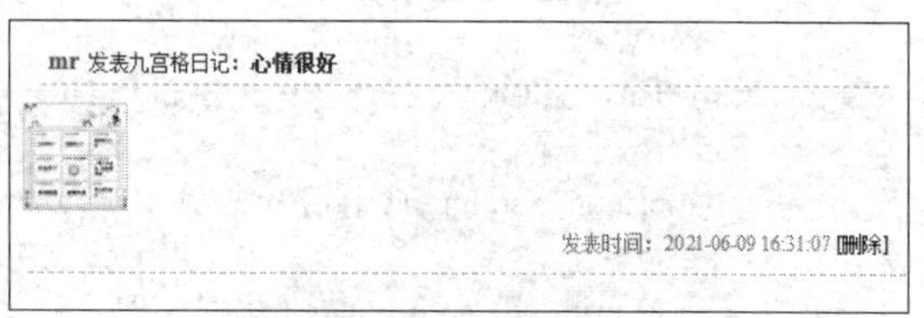

图 11-26　刚刚保存的日记图片

① 在处理日记信息的 Servlet “DiaryServlet” 中，编写 action 参数 save 对应的方法 save()。在该方法中，首先生成日记图片的 URL 和缩略图的 URL，然后生成日记图片，再生成日记图片的缩略图，最后将填写的日记保存到数据库。save() 方法的具体代码如下：

```
public void save(HttpServletRequest request, HttpServletResponse response) throws ServletException, IOException{
        HttpSession session = request.getSession(true);
        BufferedImage image = (BufferedImage) session.getAttribute("diaryImg");
        String url = request.getRequestURL().toString();          // 获取请求的 URL
        url = request.getRealPath("/");                           // 获取请求的实际地址
        long date = new Date().getTime();                         // 获取当前时间
        Random r = new Random(date);
        long value = r.nextLong();                                // 生成一个长整型的随机数
        url = url + "images/diary/" + value;                      // 生成图片的 URL
        String scaleImgUrl = url + "scale.jpg";                   // 生成缩略图的 URL
        url = url + ".png";
        ImageIO.write(image, "PNG", new File(url));
        /***************************** 生成图片缩略图 ******************************/
        File file = new File(url);                                // 获取原文件
        Image src = ImageIO.read(file);
        int old_w = src.getWidth(null);                           // 获取原图片的宽
        int old_h = src.getHeight(null);                          // 获取原图片的高
        int new_w = 0;                                            // 新图片的宽
        int new_h = 0;                                            // 新图片的高
        double temp = 0;                                          // 缩放比例
```

```
        /********* 计算缩放比例 ***************/
        double tagSize = 60;
        if (old_w > old_h) {
            temp = old_w / tagSize;
        } else {
            temp = old_h / tagSize;
        }
        /*************************************/
        new_w = (int) Math.round(old_w / temp);                                    // 计算新图片的宽
        new_h = (int) Math.round(old_h / temp);                                    // 计算新图片的高
        image = new BufferedImage(new_w, new_h, BufferedImage.TYPE_INT_RGB);
        src = src.getScaledInstance(new_w, new_h, Image.SCALE_SMOOTH);
        image.getGraphics().drawImage(src, 0, 0, new_w, new_h, null);
        ImageIO.write(image, "JPG", new File(scaleImgUrl));                        // 保存缩略图文件
        /**********************************************************************/
        /**** 将填写的日记保存到数据库中 *****/
        Diary diary = new Diary();
        diary.setAddress(String.valueOf(value));                                   // 设置图片地址
        diary.setTitle(session.getAttribute("title").toString());                  // 设置日记标题
        diary.setUserid(Integer.parseInt(session.getAttribute("uid").toString())); // 设置用户 ID
        int rtn = dao.saveDiary(diary);                                            // 保存日记
        PrintWriter out = response.getWriter();
        response.setContentType("text/html; charset="+response.getCharacterEncoding());
        if (rtn > 0) {                                                             // 当保存成功时
        out.println("<script>alert('保存成功！');window.location.href='DiaryServlet?action=listAllDiary';</script>");
        } else {                                                                   // 当保存失败时
            out.println("<script>alert('保存日记失败，请稍后重试！');history.back();</script>");
        }
        /*********************************/
    }
```

② 在对日记进行操作的 DiaryDao 类中，编写用于保存日记信息的方法 saveDiary( )。在该方法中，首先编写执行保存数据的 SQL 语句，然后执行该语句，将日记信息保存到数据库中，再关闭数据库连接，最后返回执行结果。saveDiary( ) 方法的具体代码如下：

```
    public int saveDiary(Diary diary) {
        String sql = "INSERT INTO tb_diary (title,address,userid) VALUES('"+ diary.getTitle() + "','" + diary.
        getAddress() + "'," + diary.getUserid() + ")";   // 保存数据的 SQL 语句
        int ret = conn.executeUpdate(sql);                // 执行更新语句
        conn.close();                                     // 关闭数据库连接
        return ret;
    }
```

11.8　项目发布

项目发布的步骤如下所示。

（1）搭建 Java Web 项目的开发及运行环境

由于笔者在开发项目时应用的开发工具是 Eclipse IDE for Java EE Developers，所以建议读者也应用 Eclipse IDE for Java EE Developers 来调试并运行该项目。这样可以确保项目正常运行。

（2）项目发布的具体方法

从本书配套资源中复制项目文件夹（例如 01），将其存储于您计算机中的指定文件夹下，然后按照下面

的步骤进行发布和运行。

① 附加数据库。打开 MySQL 的“MySQL Administrator”并登录（在本系统中需要使用 root 和 111 登录），然后单击左侧的“Data Import/Restore”超链接，在右侧选中“Import from Self-Contained File”单选按钮；单击其右侧的“…”按钮，在弹出的对话框中，选择复制到本地计算机中的 01\WebContent\Database\db_9griddiary.sql 文件，并单击“打开”按钮；接下来单击“Start Import”按钮，即可完成数据库的附加操作。

② 导入项目。启动 Eclipse IDE for Java EE Developers，在“项目资源管理器”中单击鼠标右键，在弹出的快捷菜单中，选择“导入”/“导入源”，将弹出图 11-27 所示的“导入”对话框；在该对话框中选择“常规”/“现有项目到工作空间中”节点，单击“下一步”按钮；在弹出的对话框中单击“选择根目录”文本框后面的“浏览”按钮，选择已经复制到本地机器中的项目文件夹，单击“完成”按钮即可。

图 11-27 “导入”对话框

③ 运行该项目。在“项目资源管理器”中，展开项目节点，再展开 WebContent 节点，找到 index.jsp 文件；在该文件上单击鼠标右键，在弹出的快捷菜单中选择“运行方式”/“在服务器运行”，将弹出“在服务器上运行”对话框；在该对话框中，单击“完成”按钮，即可运行该项目。

11.9 本章小结

在清爽夏日九宫格日记网中，应用到了很多关键的技术，这些技术在开发过程中都是比较常用的。下面将简略地介绍一下这些关键技术在实际项目开发中的用处，希望对读者进行二次开发有提示。

（1）本项目采用了“DIV+CSS”布局。现在多数网站都采用“DIV+CSS”进行网站布局，采用这种布局方式可以提高页面浏览速度，缩减带宽成本。在本项目中应用了让“DIV+CSS”布局的页面内容居中显示的技术，该技术在以后“DIV+CSS”布局的网站开发中经常被用到。

（2）本项目中用户注册功能是通过 AJAX 实现的，读者也可以把它提炼出来，应用到自己开发的其他网站中，这样可以节省不少开发时间，提高开发效率。

（3）在 Java Web 项目中，一个常见的问题就是中文乱码。通常情况下，可以通过配置过滤器进行解决。本项目中就配置了解决中文乱码的过滤器，该过滤器同样可以配置在其他的网站中。

（4）本项目中应用了在 Servlet 中生成日记图片技术和生成缩略图技术，这些技术还可以用来生成随机的图文验证码。

（5）本项目中在显示日记列表时，实现了展开和收起图片以及对图片进行左转和右转等功能。这些技术也比较实用，通常可以应用到博客或网络相册等网站中。

CHAPTER 12

第12章 课程设计——在线投票系统

本章要点

- 设计思路
- 数据表的设计
- 主要功能模块的关键代码

■ 网站的发展壮大靠的是众多用户的支持，一个好的网站一定要注意与用户之间信息的交流，及时得到用户反馈的信息，并及时改进，这也是网站持续发展的基础。也正是由于该原因，网络上各式各样的投票系统层出不穷。本课程设计的目的就是编制一个在线投票系统。该系统可以实现累加投票数量、查询统计票数等操作。

12.1 课程设计的目的

配置使用说明

在线投票系统的首页如图 12-1 所示，参与投票的页面如图 12-2 所示，查看投票结果的页面如图 12-3 所示。

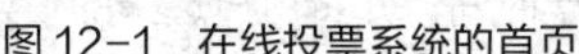
图 12-1 在线投票系统的首页

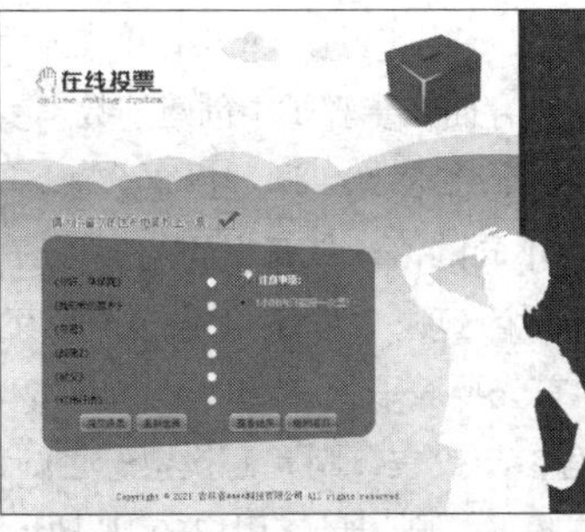
图 12-2 参与投票的页面

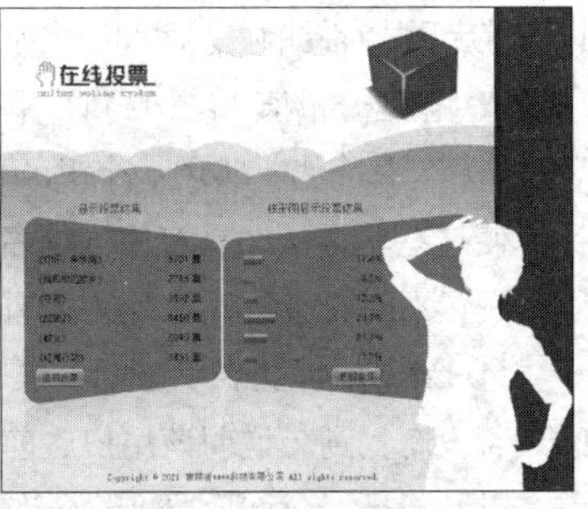
图 12-3 查看投票结果的页面

12.2 设计思路

本章实现的在线投票系统可划分为 3 个模块：显示投票选项、参与投票和显示投票结果。下面分别来介绍各模块的设计思路。

12.2.1 显示投票选项的设计思路

为了能够方便地增加、删除和修改投票选项，可以将它们保存到数据库中，然后通过代码查询数据库进行显示。这样就避免了将显示投票选项的代码写死在 JSP 中所带来的维护困难。而将这些选项保存到数据库中后，可以通过一个后台程序来对这些选项进行增、删、改等操作，这是非常理想的设计。下面来介绍实现显示投票选项的设计思路。

① 创建数据表，用来保存投票选项。该数据表应包含存储投票选项名称和票数的两个字段，然后填写一些投票选项数据。

② 创建一个值 JavaBean，用来封装存储在数据表中的投票选项信息。

③ 查询在步骤①中创建的数据表，并将查询到的所有记录一一封装到在步骤②中创建的值 JavaBean 中，并将这些 JavaBean 存储到 List 集合对象中。

④ 通过 while 语句循环遍历在步骤③中生成的 List 集合对象，输出保存在 List 集合对象里面的投票选项。

所有的投票选项都应在 Form 表单中显示。

12.2.2 参与投票的设计思路

在进行投票时，一般情况下只能选择一个选项，也就是所谓的单选，其通常可以通过单选按钮来实现。为了防止用户通过不断刷新或其他方法达到多次投票的目的，可实现限制用户投票功能，例如每月只能进行一次投票、每个 IP 只能进行一次投票等。本实例设计了一个限时的操作，即每个 IP 在 1 小时之内只能进行一次投票。下面介绍参与投票的设计思路。

① 本实例设计的限时时间为 1h，那么判断用户的当前投票时间与上次投票时间是否在 1h 之内，可进行如下设计：将用户第一次投票的时间转换为毫秒数存储到数据表中，同时存储用户的 IP 地址；当用户再次进行投票时，获取当前时间并将其转换为毫秒数，记为 today；然后查询该用户上次投票的时间（以毫秒数存储在数据表中的），并将其记为 last；最后获取 today-last 的值，并判断该值是否小于将 1h 转换为毫秒数后的值，若小于，则表示投票时间间隔在 1h 之内，不允许投票，否则允许投票。根据这样的思路，需要创建一个数据表用来存储投票用户的信息，表中应包含存储投票用户的 IP 地址、以毫秒数形式存储的投票时间和以字符串形式存储的投票时间。以字符串形式存储的投票时间形式为 yyyy-MM-dd HH:mm:ss，用来显示给用户，以提示用户上次的投票时间。

② 创建一个值 JavaBean，用来封装存储在步骤①中创建的数据表中的投票用户的信息。

③ 实现单选。实现一个 Form 表单，在表单中显示投票选项，并在每个投票选项后添加一个单选按钮，使这些单选按钮具有相同的名称、不同的值；具有相同的名称后，在同一时刻就只能有一个选项被选中，设置不同的值是为了确定选择的是哪个选项；最后添加表单的提交按钮。

④ 当用户提交表单进行投票后，首先要获取用户的 IP 地址，然后要查询出该用户最后一次投票的时间。若没有找到，说明该用户之前没有参与投票，则允许投票；否则计算当前时间与上次投票时间的时间差，以判断是否允许投票。若允许用户投票，则记录该用户的 IP 地址和投票时间，并将用户选择的投票选项的票数加 1；若不允许用户投票，则显示提示信息和上次投票时间。

为了保证程序的准确性，当向数据表中插入投票用户的信息时，若操作失败，则不能执行票数累加的操作。

12.2.3 显示投票结果的设计思路

对于显示投票的结果，本实例不仅会以文字形式显示各选项的票数，并会通过图片更直观地显示各选项所得的票数。以文字形式显示选项所得的票数比较简单，只需从数据表中查询出然后显示到页面中即可。下面来介绍如何以图片形式显示投票结果。

① 首先制作一个任意长度的条形图片。

② 实现以图片来表示投票结果，最关键的是根据票数来计算图片的显示长度，这可通过下面的算法实现：某一选项票数 / 总票数 = 图片的显示长度 / 指定长度；将某一选项票数用 numOne 来表示，总票数用 numAll 表示，图片的显示长度用 picLen 表示，指定长度假设为 200，所以 picLen=numOne × 200/numAll；最后通过 HTML 中的 <img> 标记加载在①步骤中制作的图片，并将其长度设置为 picLen。实现代码如下：

```
<img src=" 图片路径 " width="<%=picLen%>" height="15">
```

12.3 设计过程

12.3.1 数据表的设计

在本程序里面，在线投票系统使用 SQL Server 2008 来建立数据库。首先是数据库的建立。运行 SQL Server 2008 数据库的企业管理器，建立一个新的数据库，然后分别设计 tb_temp 和 tb_vote 两个数据表，如图 12-4 所示。

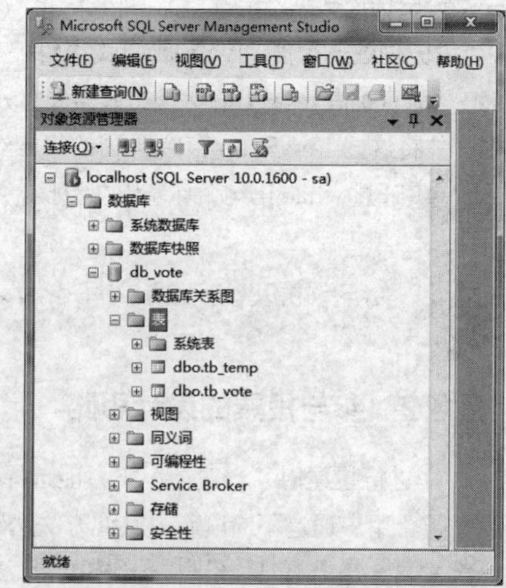

图 12-4 SQL Server 2008 数据库界面

其中，tb_temp 数据表用于保存投票用户信息，该数据表的结构如表 12-1 所示。

表 12-1　tb_temp 数据表的结构

字 段 名 称	数据类型	字段大小	是否主键	说　　明
id	int	4	是	自动编号
voteIp	varchar	20		用户 IP 地址
voteMSEL	bigint	8		1970 年 1 月 1 日 00:00:00 起到当前时间的毫秒数
voteTime	varchar	50		当前投票时间

tb_vote 数据表用于保存投票选项信息，该数据表的结构如表 12-2 所示。

表 12-2　tb_vote 数据表的结构

字 段 名 称	数据类型	字段大小	是否主键	说　　明
id	smallint	2	是	自动编号
vote_title	varchar	50		投票选项标题
vote_num	int	4		选项所得票数
vote_order	smallint	2		选项排列序号（用于显示时的排列顺序）

12.3.2　值 JavaBean 的设计

tb_vote 数据表用来保存投票选项的信息。根据 12.2 节“显示投票选项的设计思路”中的步骤①，需要创建一个值 JavaBean，用来封装存储在 tb_vote 数据表中的投票选项信息。该 JavaBean 需要提供与 tb_vote 数据表中字段一一对应的属性，并实现与各个属性对应的 set×××() 方法和 get×××() 方法，其实现代码如下：

```
package com.yxq.valuebean;

public class VoteSingle {
    private String id;                          // 存储选项 ID
    private String title;                       // 存储选项标题
    private String num;                         // 存储选项所得票数
     private String order;                      // 存储选项的排列序号
    public String getId() {
        return id;
    }
    public void setId(String id) {
        this.id = id;
    }
    public String getNum() {
        return num;
    }
    public void setNum(String num) {
        this.num = num;
    }
    public String getOrder() {
        return order;
    }
    public void setOrder(String order) {
        this.order = order;
```

```
    }
    public String getTitle() {
        return title;
    }
    public void setTitle(String title) {
        this.title = title;
    }
}
```

tb_temp 数据表用来保存投票用户信息。根据“参与投票的设计思路”中的步骤②，同样需要创建一个 JavaBean，用来封装从 tb_temp 数据表中获取的信息。其实现代码如下：

```
package com.yxq.valuebean;

public class TempSingle {
    private String id;                    // 存储投票用户 ID
    private String voteIp;                // 存储投票用户 IP
    private long voteMSEL;                // 存储毫秒数
    private String voteTime;              // 存储 yyyy-MM-dd HH:mm:ss 形式的时间
    public long getVoteMSEL() {
        return voteMSEL;
    }
    public void setVoteMSEL(long voteMSEL) {
        this.voteMSEL = voteMSEL;
    }
    public String getVoteTime() {
        return voteTime;
    }
    public void setVoteTime(String voteTime) {
        this.voteTime = voteTime;
    }
    public String getId() {
        return id;
    }
    public void setId(String id) {
        this.id = id;
    }
    public String getVoteIp() {
        return voteIp;
    }
    public void setVoteIp(String voteIp) {
        this.voteIp = voteIp;
    }
}
```

12.3.3 数据库操作类的编写

在本实例中，查看显示投票选项、参与投票和显示投票结果的操作，都涉及数据库的操作，例如数据库的连接、查询数据库、修改数据库等。本实例将这些操作融入一个 DB 类中实现，该类实际上就是一个工具 JavaBean。在该类中可创建相应的方法来实现数据库的各种操作，下面来具体介绍。

1. 定义属性及构造方法

创建 DB 类，并定义该类中所需的属性及构造方法，代码如下：

```
package com.yxq.toolbean;

import java.sql.Connection;
import java.sql.DriverManager;
import java.sql.Statement;
import java.sql.ResultSet;
import java.util.ArrayList;
import java.util.List;
import com.yxq.valuebean.TempSingle;
import com.yxq.valuebean.VoteSingle;

public class DB {
    private String className;                   // 存储数据库驱动类路径
    private String url;                         // 存储数据库 URL
    private String username;                    // 存储登录数据库的用户名
    private String password;                    // 存储登录数据库的密码
    private Connection con;                     // 声明一个 Connection 对象
    private Statement stm;                      // 声明一个 Statement 对象用来执行 SQL 语句
    private ResultSet rs;                       // 声明一个 ResultSet 对象用来存储结果集
    public DB() {                               // 通过构造方法为属性赋值
        className = "com.microsoft.sqlserver.jdbc.SQLServerDriver";
        url = "jdbc:sqlserver:                  // localhost:1433;databaseName=db_vote";
        username = "sa";
        password = "";
    }
}
```

2. 创建加载数据库驱动程序的方法

创建加载数据库驱动程序的方法 loadDrive()，其实现代码如下：

```
/**
 * @功能 加载数据库驱动程序
 */
public void loadDrive() {
    try {
        Class.forName(className);               // 加载数据库驱动程序
    } catch (ClassNotFoundException e) {
        System.out.println("加载数据库驱动程序失败！");
        e.printStackTrace();                    // 向控制台输出提示信息
    }
}
```

3. 创建获取数据库连接的方法

创建获取数据库连接的方法 getCon()，其实现代码如下：

```
/**
 * @功能 获取数据库连接
 */
public void getCon() {
```

```
    loadDrive();                                          // 加载数据库驱动程序
    try {
        con = DriverManager.getConnection(url, username, password);    // 获取连接
    } catch (Exception e) {
        System.out.println(" 连接数据库失败！ ");
        e.printStackTrace();
    }
}
```

4. 创建获取 Statement 类对象的方法

创建获取 Statement 类对象的方法，其实现代码如下：

```
/**
 * @ 功能 获取 Statement 类对象
 */
public void getStm() {
    getCon();                                  // 获取数据库连接
    try {
        stm = con.createStatement();           // 获取 Statement 类对象
    } catch (Exception e) {
        System.out.println(" 获取 Statement 对象失败！ ");
        e.printStackTrace();
    }
}
```

5. 创建查询数据表获取结果集的方法

创建查询数据表获取结果集的方法 getRs( )。该方法将 SQL 语句作为参数，并通过调用 Statement 类对象的 executeQuery( ) 方法执行通过参数传递的 SQL 语句，获取结果集。其实现代码如下：

```
/**
 * @ 功能 查询数据表，获取结果集
 */
public void getRs(String sql) {
    getStm();
    try {
        rs = stm.executeQuery(sql);           // 执行 SQL 语句查询数据表获取结果集
    } catch (Exception e) {
        System.out.println(" 查询数据库失败！ ");
        e.printStackTrace();
    }
}
```

6. 创建关闭数据库的方法

创建关闭数据库的方法，其实现代码如下：

```
/**
 * @ 功能 关闭数据库连接
 */
public void closed() {
    try {
        if (rs != null)
        rs.close();                    // 关闭结果集
```

```
        if (stm != null)
            stm.close();                 // 关闭 Statement 类对象
        if (con != null)
            con.close();                 // 关闭数据库连接
    }
    catch (Exception e) {
        System.out.println(" 关闭数据库失败！ ");
        e.printStackTrace();
    }
}
```

7. 创建查询数据表，获取所有投票选项的方法

创建查询数据表，获取投票选项的方法 selectVote()。该方法将 SQL 语句作为参数，通过调用 getRs() 方法获取结果集，然后将结果集中的记录一一封装到对应的 VoteSingle 类对象中，并将这些 VoteSingle 类对象保存到 List 集合对象中，最后返回该 List 集合对象。其实现代码如下：

```
/**
 * @ 功能 查询数据表，获取投票选项
 */
public List selectVote(String sql) {
    List votelist = null;
    if (sql != null && !sql.equals("")) {
        getRs(sql);                              // 查询数据表获取结果集
        if (rs != null) {
            votelist = new ArrayList();
            try {
                while (rs.next()) {              // 依次将结果集中的记录封装到 VoteSingle 类对象中
                    VoteSingle voteSingle = new VoteSingle();
                    voteSingle.setId(MyTools.intToStr(rs.getInt(1)));
                    voteSingle.setTitle(rs.getString(2));
                    voteSingle.setNum(MyTools.intToStr(rs.getInt(3)));
                    voteSingle.setOrder(MyTools.intToStr(rs.getInt(4)));
                    votelist.add(voteSingle);    // 将 VoteSingle 类对象存储到 List 集合中
                }
            } catch (Exception e) {
                System.out.println(" 封装 tb_vote 表中数据失败！ ");
                e.printStackTrace();
            } finally {
                closed();                        // 关闭数据库
            }
        }
    }
    return votelist;
}
```

8. 创建查询数据表，获取指定 IP 地址上一次进行投票时的记录方法

创建查询数据表，获取指定 IP 地址上一次进行投票时的记录方法 selectTemp()。该方法将 SQL 语句作为方法参数，通过调用 getRs() 方法获取结果集，并将结果集中的记录封装到 VoteSingle 类对象中。其

实现代码如下：

```
/**
 * @ 功能 查询数据表，获取指定 IP 地址最后一次投票的记录
 */
public TempSingle selectTemp(String sql) {
    TempSingle tempSingle = null;
    if (sql != null && !sql.equals("")) {
        getRs(sql);                              // 查询数据表获取结果集
        if (rs != null) {
            try {
                while (rs.next()) {              // 若该结果集中有记录，说明当前用户投过票
                    tempSingle = new TempSingle();
                    // 封装结果集中地记录到 TempSingle 类对象中
                    tempSingle.setId(MyTools.intToStr(rs.getInt(1)));
                    tempSingle.setVoteIp(rs.getString(2));
                    tempSingle.setVoteMSEL(rs.getLong(3));
                    tempSingle.setVoteTime(rs.getString(4));
                }
            } catch (Exception e) {
                System.out.println(" 封装 tb_temp 表中数据失败！ ");
                e.printStackTrace();
            } finally {
                closed();                        // 关闭数据库
            }
        }
    }
    return tempSingle;                           // 返回 TempSingle 类对象中
}
```

9．创建更新数据表，实现票数累加的方法

创建更新数据表，实现票数累加的方法 update( )。该方法以 SQL 语句为参数，并通过调用 Statement 类对象的 executeUpdate( ) 方法执行该 SQL 语句，实现票数累加操作。其实现代码如下：

```
/**
 * @ 功能 更新数据表，实现票数的累加操作
 */
public int update(String sql) {
    int i = -1;
    if (sql != null && !sql.equals("")) {
        getStm();                                // 获取 Statement 类对象
        try {
            i = stm.executeUpdate(sql);          // 执行 SQL 语句更新数据表
        } catch (Exception e) {
            System.out.println(" 更新数据库失败！ ");
            e.printStackTrace();
        } finally {
            closed();
        }
    }
    return i;
}
```

12.3.4 工具类的编写

在开发在线投票系统的过程中，还涉及类型的转换、计算时间差等操作。本实例将这些操作用一个工具类实现，这样可以实现代码的重复使用。该工具类为 MyTools，其实现代码如下：

```
package com.yxq.toolbean;

import java.text.SimpleDateFormat;
import java.util.Date;

public class MyTools {
    /**
     * @ 功能 将 int 型数据转换为 string 型数据
     * @ 参数 num 为要转换的 int 型数据
     * @ 返回值 string 类型的值
     */
    public static String intToStr(int num){
        return String.valueOf(num);
    }
    /**
     * @ 功能 比较时间
     * @ 参数 today 当前时间，temp 为上次投票时间。这两个参数都是以毫秒数显示的时间
     * @ 返回值 string 类型的值
     */
    public static String compareTime(long today,long temp){
        int limitTime=60;                      // 设置限制时间为 60min
        long count=today-temp;                 // 计算当前时间与上次投票时间相差的毫秒数
        if(count<=limitTime*60*1000)           // 如果相差小于或等于 60min(1min=60s，1s=1000ms)
            return "no";
        else                                   // 如果相差大于 60min
            return "yes";
    }
    /**
     * @ 功能 格式化时间为指定格式。首先通过 Date 类的构造方法根据给出的毫秒数获取一个时间，然后将该时
     间转换为指定格式，如 " 年 - 月 - 日 时 : 分 : 秒 "
     * @ 参数 ms 为毫秒数
     * @ 返回值 string 类型的值
     */
    public static String formatDate(long ms){
        Date date=new Date(ms);
        SimpleDateFormat format=new SimpleDateFormat("yyyy-MM-dd HH:mm:ss");
        String strDate=format.format(date);
        return strDate;
    }
}
```

12.3.5 显示投票选项的设计

当用户访问在线投票系统的首页后，会出现图 12-1 所示的页面，单击“参与投票”超链接则会进入

vote.jsp 页面显示投票选项，如图 12-2 所示。在该页面中首先要查询 tb_vote 数据表获取所有的投票选项，然后逐一显示投票选项的标题。

所以，首先编写获取投票选项的代码：

```
<%@ page import="java.util.List" %>
<%@ page import="com.yxq.valuebean.VoteSingle" %>
<jsp:useBean id="myDb" class="com.yxq.toolbean.DB"/>        <!-- 创建一个 DB 类对象 -->
<%
   String sql="select * from tb_vote order by vote_order";        // 生成查询投票选项的 SQL 语句
   List votelist=myDb.selectVote(sql);                             // 查询数据表获取所有投票选项
%>
```

然后编写显示投票选项的代码：

```
<form action="doVote.jsp" method="post">
    <table background="images/bg.jpg">
        <tr height="20">
           <!-- 显示投票选项 -->
           <td valign="top" width="420">
              <table bgcolor="#7688AE">
                 <tr><td colspan="2" background="images/voteT.jpg"></td></tr>
                 <!-- 如果集合为空 -->
                 <% if(votelist==null||votelist.size()==0){ %>
                     <tr><td align="center" colspan="2"> 没有选项可显示！ </td></tr>
                 <!-- 如果集合不为空 -->
                 <%
                   }
                   else{
                 %>
                 <tr>
                       <td align="center" width="60%">
                          <table border="0" width="100%">
                 <%
                       int i=0;
                       while(i<votelist.size()){
                          VoteSingle    single=(VoteSingle)votelist.get(i);
                 %>
                 <tr>
                    <td><%=single.getTitle() %></td>
                    <td>
                       <input type="radio" name="ilike" value="<%=single.getId() %>">
                    </td>
                  </tr>
                 <%
                        i++;
                       }//while 结束
                 %>
                          </table>
                       </td>
                       <td valign="top">
```

```
                <img src="images/note.jpg">
                <b><font color="white"> 注意事项：</font></b><p>
                <font color="#FDE401"><li>1 小时内只能投一次票！ </li></font>
              </td>
          </tr>
          <%
            } //else 结束
          %>
          <!-- 显示操作按钮 -->
          <tr height="97">
            <td colspan="2" background="images/voteE.jpg">
              <input type="submit" value="" style="background-image:url(images/submitB.jpg);width:68;
              height:26;border:0">
              <input type="reset" value="" style="background-image:url(images/resetB.jpg);width:68;height:26;
              border:0">
                     
                     
              <a href="showVote.jsp"><img src="images/showB.jpg" style="border:0"></a>
              <a href="index.jsp"><img src="images/indexB.jpg" style="border:0"></a>
            </td>
          </tr>
        </table>
      </td>
    </tr>
  </table>
</form>
```

12.3.6 参与投票的设计

当用户在图 12-2 所示的页面中选择了一个选项并单击了“提交投票”按钮后，程序会进行参与投票的操作。通过在 vote.jsp 页面中对 Form 表单进行设置，参与投票的操作将在 doVote.jsp 页面中实现。在该页面中，首先要获取用户的 IP 地址，然后查询出该用户最后一次投票的时间。若没有找到，则说明该用户之前没有参与投票，因此允许投票；否则计算当前时间与上次投票时间的时间差，来判断是否允许进行投票。若允许用户投票，则记录该用户 IP 地址和投票时间，并将用户选择的投票选项的票数加 1；若不允许用户投票，则显示提示信息和上次投票时间。doVote.jsp 页面的实现代码如下：

```
<%@ page import="com.yxq.valuebean.TempSingle" %>
<%@ page import="com.yxq.toolbean.MyTools" %>
<%@ page import="java.util.Date" %>
<jsp:useBean id="myDb" class="com.yxq.toolbean.DB"/>
<%
 String mess="";                                          // 用来保存提示信息
 String selectId=request.getParameter("ilike");           // 获取用户的选择
 if(selectId==null||selectId.equals("")){                 // 如果没有选择投票选项
     mess=" 请选择投票！ ";
 }
 else{                                                    // 选择了投票选项
     boolean mark=false;                                  // 是否允许投票的标志
```

```
    long today=(new Date()).getTime();              //new Date() 获取当前时间，通过调用 Date 类的 getTime()
    方法获取从 1970 年 1 月 1 日 00:00:00 起到当前时间的毫秒数
    long last=0;                                    // 上次投票的时间（以毫秒显示）
    String ip=request.getRemoteAddr();              // 获取用户 IP 地址
    // 生成获取当前用户上次投票时（最后一次投票）的记录的 SQL 语句
    String sql="SELECT * FROM tb_temp WHERE voteMSEL = (SELECT MAX(voteMSEL) FROM tb_temp
    WHERE voteIp='"+ip+"')";
    TempSingle single=myDb.selectTemp(sql);
    if(single==null)                                // 不存在该记录，说明当前用户没有投过票
      mark=true;                                    // 允许投票
    else{                                           // 存在该记录，说明当前用户投过票
      // 则判断从上次投票到现在是否超过指定时间，本系统指定为 60min
      last=single.getVoteMSEL();                    // 获取上次投票时间（以毫秒数显示）
      // 将当前时间与上次投票的时间进行比较
      String result=MyTools.compareTime(today,last);
      if(result.equals("yes"))                      // 返回 "yes"，表示时间差已超过 60min，允许投票
          mark=true;
      else                                          // 否则，不允许投票
         mark=false;
    }
    // 将当前投票时间（以毫秒显示的）转为 " 年 - 月 - 日 时：分：秒 " 的形式
    String strTime=MyTools.formatDate(today);
    if(mark){                                       // 如果允许投票
       /** 记录用户 IP 和投票时间 **/
       sql="insert into tb_temp values('"+ip+"','"+today+"','"+strTime+"')";
       int i=myDb.update(sql);                      // 更新 tb_temp 数据表记录 IP 地址和投票时间
       /** 判断记录用户 IP 和投票时间是否成功 **/
       if(i<=0)                                     // 记录失败
          mess=" 系统在记录您的 IP 地址时出错！ ";
       else{                                        // 记录成功
           /** 更新票数 **/
           sql="update tb_vote set vote_num=vote_num+1 where id="+selectId;
            i=myDb.update(sql);
            if(i>0)                                 // 更新成功
               mess=" 投票生效！ <img src='images/spic.jpg'>";
           else                                     // 更新失败
               mess=" 投票失败！ ";
       }
    }
    else{                                           // 不允许投票
       mess=" 对不起，通过判断您的 IP 地址发现，您已经投过票了！ <br> 上次投票时间："+single.getVoteTime()+
       "<br>60 分钟之内不允许再进行投票！ ";
    }
  }
  session.setAttribute("mess",mess);                // 保存提示信息到 session 范围内
  response.sendRedirect("messages.jsp");            // 将请求重定向到 messages.jsp 页面，进行提示
%>
```

执行上述代码，如果用户投票成功，则会出现如图 12-5 所示的页面；否则会出现如图 12-6 所示的页面。

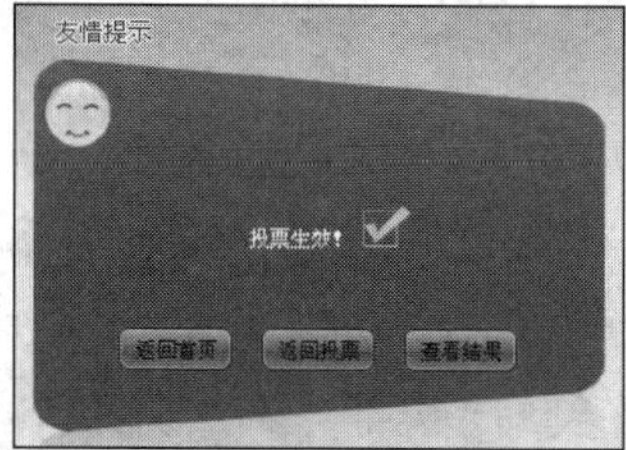

图 12-5　用户投票成功页面

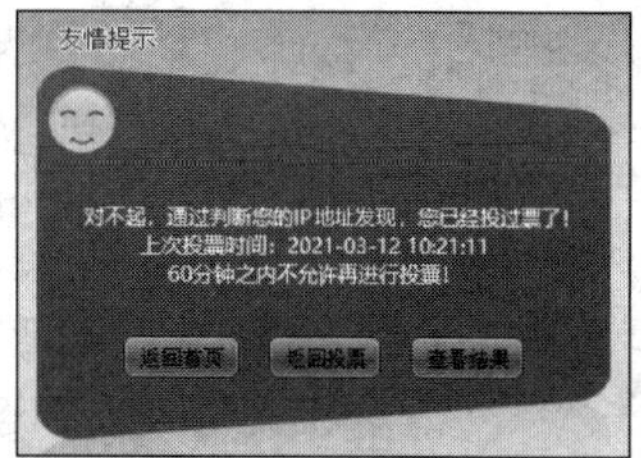

友情提示
对不起，通过判断您的IP地址发现，您已经投过票了!
上次投票时间：2021-03-12 10:21:11
60分钟之内不允许再进行投票!
返回首页
返回投票
查看结果

图 12-6　用户投票失败页面

12.3.7　查看结果的设计

在图 12-1 所示的页面中，可以单击“查看结果”超链接进入 showVote.jsp 页面查看投票结果。在该页面中，首先通过查询 tb_vote 数据表获取所有投票选项，然后逐一显示投票选项的标题和所得票数，并将各选项所得的票数通过图片进行显示，如图 12-3 所示。

所以，首先编写获取投票选项的代码：

```
<%@ page import="java.util.List" %>
<%@ page import="com.yxq.valuebean.VoteSingle" %>
<jsp:useBean id="myDb" class="com.yxq.toolbean.DB"/>
<%
  float numAll=0;                                              // 存储总票数
  String sql="select * from tb_vote order by vote_order";      // 生成查询投票选项的 SQL 语句
  List showlist=myDb.selectVote(sql);                          // 查询数据表获取所有投票选项
%>
```

然后编写显示投票结果的代码：

```
<table background="images/showbg.jpg">
  <tr height="20">
    <!-- 以文字显示投票结果 -->
    <td valign="top" width="40%">
      <table>
      <% if(showlist==null||showlist.size()==0){ %>
        <tr height="200"><td align="center" colspan="2"> 没有选项可显示！ </td></tr>
      <%
        }
        else{
            int i=0;
          while(i<showlist.size()){
            VoteSingle single=(VoteSingle)showlist.get(i);
              numAll+=Integer.parseInt(single.getNum());
      %>
        <tr height="25">
          <td><%=single.getTitle() %></td>
          <td align="right"><%=single.getNum() %> 票   </td>
        </tr>
```

```
    <%
            i++;
         }//while 结束
      }//else 结束
    %>
      <tr height="25">
        <td colspan="2">
        <a href="vote.jsp"><img src="images/backB.jpg" style="border:0"></a>
        </td>
      </tr>
    </table>
  </td>
  <!-- 通过图片显示投票结果 -->
  <td valign="top" width="60%">
    <table>
    <% if(showlist==null||showlist.equals("")){ %>
      <tr height="200"><td align="center" colspan="2"> 没有选项可显示！ </td></tr>
    <%
      }
      else{
        int i=0;
        while(i<showlist.size()){
            VoteSingle single=(VoteSingle)showlist.get(i);
            int numOne=Integer.parseInt(single.getNum());
            float picLen=numOne*145/numAll;          // 计算图片长度
            float per=numOne*100/numAll;              // 计算票数所占的百分比
            // 保留百分数后一位小数，并进行四舍五入
            float doPer=((int)((per+0.05f)*10))/10f;
    %>
      <tr height="25">
        <td><img src="images/count.jpg" width="<%=picLen%>" height="15" alt="影片：<%=single.getTitle()%>"></td>
        <td width="15%" align="right"><%=doPer%>%</td>
      </tr>
    <%
            i++;
         }//while 结束
      }//else 结束
    %>
      <tr height="25">
        <td colspan="2">
        <a href="index.jsp"><img src="images/indexB.jpg" style="border:0"></a>
        </td>
      </tr>
    </table>
  </td>
</tr>
</table>
```

12.4 本章小结

本课程设计通过一个在线投票系统，向读者介绍了在 JSP 中如何使用 JavaBean，如何获取当前时间，如何获取时间的毫秒数，如何实现用户的限时投票和如何根据票数来计算图片的显示长度。通过本章的学习，读者可以掌握这些技术。另外，在开发在线投票系统时，需要注意以下几点内容。

（1）一定要判断用户是否选择了投票选项。

（2）在参与投票的设计中，当向 tb_temp 数据表中插入用户 IP 地址和投票时间信息失败后，不能继续执行更新 tb_vote 数据表实现票数累加的操作。

（3）在查看结果的设计中，在用来计算图片长度的算法（某一选项票数 / 总票数 = 图片的显示长度 / 指定长度）中，定义一个用来存储总票数的变量类型应为 float 型，这样计算出的结果才够精确。

CHAPTER 13

第 13 章

课程设计二——无刷新的聊天室

本章要点

设计思路 ■
各主要功能模块的编写 ■

■ 随着 Internet 技术的飞速发展，网络已经成为人们生活中不可缺少的一部分，通过聊天室在线聊天已成为网络上人与人之间沟通、交流和联系的一种方式。为此，越来越多的网站开始提供在线聊天功能。与此同时，聊天室也以其方便、快捷、低成本等优势受到了众多企业的青睐，很多企业的网站中加入了聊天室，以达到增进企业与消费者之间、消费者与消费者之间相互交流和联系的目的。本课程设计的目的就是编写一个无刷新的聊天室，该聊天室不但可以实时显示在线人员列表及聊天内容，而且可以实现增加聊天表情和选择文字颜色等功能。

13.1 课程设计的目的

无刷新的聊天室的主页面如图 13-1 所示。

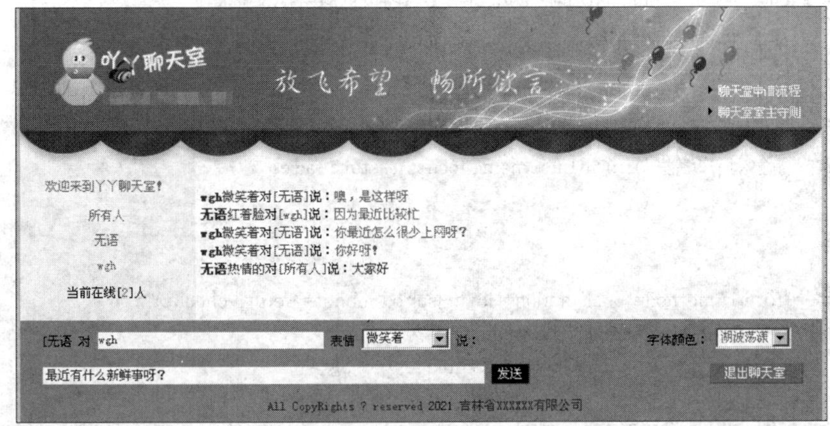

图 13-1 无刷新的聊天室的主页面

13.2 设计思路

实现无刷新的聊天室主要应用的技术是 AJAX 技术和 JSP 的 application 对象、session 对象、request 对象和集合类中的 Vector 类。无刷新聊天室的具体要求及其设计思路如下。

① 实现用户登录。实现用户登录时，首先将用户信息保存到 Vector 类中，再将该类保存到 application 对象中，最后将用户信息保存到 session 对象中。

② 实现显示在线人员列表。实现显示在线人员列表时，首先将保存在 application 对象中的人员信息保存到 Vector 类的对象中，然后应用 for 循环将这些信息显示到页面中。

③ 保存并显示聊天内容。在实现显示聊天内容时，首先应用 request 对象获取发言信息，然后将该信息添加到保存聊天内容的 application 对象中，并显示 application 对象中的聊天内容。

④ 最后，应用 AJAX 技术实现实时显示在线人员列表及聊天内容。

13.3 设计过程

13.3.1 用户 JavaBean 的编写

编写用户 JavaBean，名称为 UserForm.java，保存在 com.wgh 包中。用户 JavaBean 就是对用户实体的抽象，它只包含用户实体的属性，完整代码如下：

```
package com.wgh;                    //指定类所在的包
public class UserForm {
    public String username;         //用户名
}
```

13.3.2 登录页面的设计

运行聊天室首先进入的是登录页面。只有在登录页面登录后，才可以进入聊天室主页面进行聊天。聊天室登录页面如图 13-2 所示。

图 13-2 聊天室登录页面

登录页面主要用于收集用户输入的用户名并通过 JavaScript 验证用户是否输入用户名。登录页面 index. jsp 的关键代码如下：

```
<%@ page contentType="text/html; charset= gb/t 2312-1980" language="java" %>
……        // 此处省略了部分 HTML 代码
<script language="javascript">
function check(){
    if(form1.username.value==""){
      alert(" 请输入用户名！ ");form1.username.focus();return false;
    }
}
</script>
<form name="form1" method="post" action="login.jsp" onSubmit="return check()">
  用户名 : <input type="text" name="username">
  <input type="image" name="imageField" src="images/go.jpg">
</form>
```

接下来还需要编写登录处理页面 login.jsp。在该页面中，首先判断输入的用户名是否已经登录。如果未登录将给予提醒信息，并返回到登录页面；否则将该用户名添加到在线人员列表中，并进入聊天室主页面。login.jsp 页面的完整代码如下：

```
<%@ page contentType="text/html;charset=gb/t 2312-1980" language="java" %>
<%@ page import="java.util.Vector"%>
<%@ page import="com.wgh.UserForm"%>
<%
request.setCharacterEncoding("gb/t 2312-1980");
String username=request.getParameter("username");
boolean flag=true;
Vector temp=(Vector)application.getAttribute("myuser");
if(application.getAttribute("myuser")==null){
    temp=new Vector();
}
// 判断输入的用户名是否在线
for(int i=0;i<temp.size();i++){
    UserForm tempuser=(UserForm)temp.elementAt(i);
    if(tempuser.username.equals(username)){
      out.println("<script language='javascript'>alert(' 该用户已经登录 ');window. location.href='index.jsp';</script>");
     flag=false;
  }
}
UserForm mylist=new UserForm();
mylist.username=username;
// 保存当前登录的用户名
session.setAttribute("username",username);
application.setAttribute("ul",username);
Vector myuser=(Vector)application.getAttribute("myuser");
```

```
if(myuser==null){                              // 当第一位用户登录时
    myuser=new Vector();
}
if(flag){                                      // 当输入的用户名不存在时，将该用户名添加到在线人员列表中
    myuser.addElement(mylist);
}
application.setAttribute("myuser",myuser);
response.sendRedirect("main.jsp");             // 重定向页面到聊天室主页面
%>
```

13.3.3 聊天室主页面设计

用户通过登录页面进入聊天室主页面。聊天室主页面分为在线人员列表区、聊天内容显示区和用户发言区共 3 个区域，如图 13-3 所示。

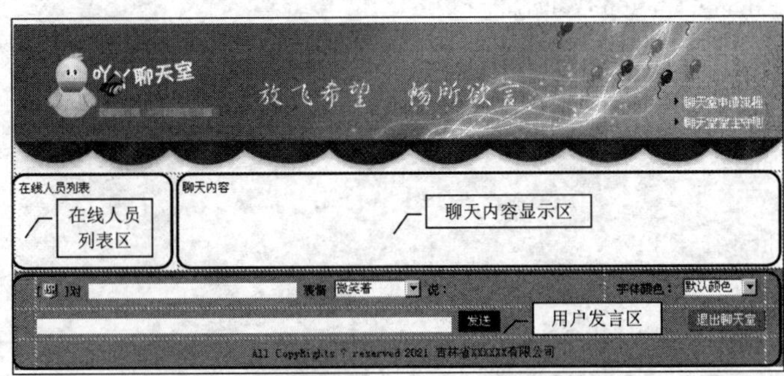

图 13-3 聊天室的主页面的设计效果图

聊天室主页面的关键代码如下：

```
<!-- 此处省略了部分 HTML 代码 -->
<table width="778" height="276" border="0" align="center" cellpadding="0" cellspacing="0">
  <tr>
    <td width="165" valign="top" bgcolor="#FDF7E9" id="online" style="padding:5px"> 在线人员列表 </td>
    <td width="613" valign="top" bgcolor="#FFFFFF" id="content" style="padding:5px"> 聊天内容 </td>
  </tr>
</table>
<!-- 此处省略了用户发言区的代码，该代码将在 13.3.5 小节进行详细介绍 -->
```

13.3.4 在线人员列表的设计

在实现在线人员列表显示时，为了实时显示在线人员列表，需要应用到 AJAX 技术。这时，首先需要创建一个封装 AJAX 必须实现的功能的对象 AjaxRequest，并将其代码保存为 AjaxRequest.js，然后在聊天室的主页面中通过以下代码包含该文件：

```
<script language="javascript" src="../JS/AjaxRequest.js"></script>
```

AjaxRequest.js 文件的完整代码如下：

```
var net=new Object();                                              // 定义一个全局变量 net
net.AjaxRequest=function(url,onload,onerror,method,params){        // 创建一个构造函数
  this.req=null;
  this.onload=onload;
  this.onerror=(onerror) ? onerror : this.defaultError;
  this.loadDate(url,method,params);
```

```
}
net.AjaxRequest.prototype.loadDate=function(url,method,params){
 if (!method){
   method="GET";
 }
 if (window.XMLHttpRequest){
   this.req=new XMLHttpRequest();
 } else if (window.ActiveXObject){
   this.req=new ActiveXObject("Microsoft.XMLHTTP");
 }
 if (this.req){
   try{
     var loader=this;
     this.req.onreadystatechange=function(){
       net.AjaxRequest.onReadyState.call(loader);
     }
     this.req.open(method,url,true);
     //this.req.send(params);
      this.req.send(null);
   }catch (err){
     this.onerror.call(this);
   }
 }
}
net.AjaxRequest.onReadyState=function(){                    // 重构 onReadyState 函数
 var req=this.req;
 var ready=req.readyState;
 if (ready==4){
   if (req.status==200 ){
     this.onload.call(this);
   }else{
     this.onerror.call(this);
   }
 }
}
net.AjaxRequest.prototype.defaultError=function(){             // 默认的错误处理函数
 alert("error fetching data!"
   +"\n\nreadyState:"+this.req.readyState
   +"\nstatus: "+this.req.status
   +"\nheaders: "+this.req.getAllResponseHeaders());
}
```

接下来需要在主页面中编写调用 AjaxRequest 对象的函数、错误处理函数和返回值处理函数，代码如下：

```
window.setInterval("showOnline();",10000);
// 此处需要加 &nocache="+new Date().getTime()，否则有时会出现在线人员列表不更新的情况
function showOnline(){
    var loader=new net.AjaxRequest("online.jsp?nocache="+
new Date().getTime(),deal_online,onerror,"GET");
}
function onerror(){
```

```
        alert(" 很抱歉，服务器出现错误，当前窗口将关闭！ ");
        window.opener=null;
        window.close();
    }
    function deal_online(){
        online.innerHTML=this.req.responseText;
    }
```

为了让页面初次载入时就显示在线人员列表，还需要在 <body> 标记的 onLoad 事件中调用 showOnline( ) 方法。

最后，编写显示在线人员列表的页面 online.jsp。在该页面中，将保存在集合类中的在线人员列表显示到页面。online.jsp 页面的代码如下：

```
<%@ page contentType="text/html; charset=gb/t 2312-1980" language="java" import="java.util.*" %>
<%@ page import="com.wgh.UserForm"%>
<% request.setCharacterEncoding("gb/t 2312-1980"); %>
<%Vector myuser=(Vector)application.getAttribute("myuser");%>
<table width="100%" border="0" cellpadding="0" cellspacing="0">
 <tr><td height="32" align="center" class="word_orange "> 欢迎来到吖吖聊天室！ </td></tr>
 <tr>
 <td height="23" align="center"><a  href="#" onclick="set(' 所有人 ')"> 所有人 </a></td>
 </tr>
 <%   for(int i=0;i<myuser.size();i++){
          UserForm mylist=(UserForm)myuser.elementAt(i);%>
 <tr>
   <td height="23" align="center">
   <a href="#" onclick="set('<%=mylist.username%>')"><%=mylist.username%></a></td>
 </tr>
<%}%>
<tr><td height="30" align="center"> 当前在线 [<font color="#FF6600">
<%=myuser.size()%></font>] 人 </td></tr>
</table>
```

13.3.5 用户发言的设计

在实现用户发言功能时，首先需要在主页面的用户发言区中，添加用于收集用户发言信息的表单及表单元素，关键代码如下：

```
<form action="send.jsp" name="form1" method="post" onSubmit="return check()">
[<%=session.getAttribute("username")%> ] 对
<input name="tempuser" type="text" value="" size="35" readonly="readonly">
表情
<select name="select" class="wenbenkuang">
 <option  value=" 无表情的 "> 无表情的 </option>
 <option value=" 微笑着 " selected> 微笑着 </option>
 <option value=" 笑呵呵地 "> 笑呵呵地 </option>
 <!-- 此处省略了添加其他列表项的代码 -->
</select>
说：
```

```
字体颜色：
    <select name="color" size="1" class="wenbenkuang" id="select">
      <option selected> 默认颜色 </option>
      <option style="color:#FF0000" value="FF0000"> 红色热情 </option>
      <option style="color:#0000FF" value="0000ff"> 蓝色开朗 </option>
      <!-- 此处省略了添加其他列表项的代码 -->
      <option style="color:#999999" value="999999"> 烟雨濛濛 </option>
    </select>
  <input name="message" type="text" size="70">
    <input name="Submit2" type="submit" class="btn_blank" value=" 发送 "></td>
</form>
```

在上面的代码中，语句 <%=session.getAttribute("username")%> 用于显示当前的登录用户名。

细心的读者可能会发现，聊天对象文本框被设置为只读属性，这样用户就不能在聊天对象文本框中输入内容了，所以还需要提供选择聊天对象的功能。这可以通过在主页面中添加选择聊天对象的 JavaScript 自定义函数及在在线人员列表上添加超链接实现。将选择的聊天对象添加到聊天对象文本框的 JavaScript 代码如下：

```
<script language="javascript">
function set(selectPerson){    // 自动添加聊天对象
    if(selectPerson!="<%=session.getAttribute("username")%>"){
        form1.tempuser.value=selectPerson;
    }else{
        alert(" 请重新选择聊天对象！ ");
    }
}
</script>
```

关于在在线人员列表上添加超链接的代码可以参见 13.3.4 小节。

接下来编写用于处理用户发言信息的处理页面 send.jsp。在该页面中，首先包含显示聊天内容页面 content.jsp，将用户的发言信息添加到聊天内容列表中，然后将显示聊天内容页面重定向到聊天室主页面。具体代码如下：

```
<%@ page contentType="text/html; charset=gb/t 2312-1980" language="java"%>
<%@ include file="content.jsp"%>
<%response.sendRedirect("main.jsp");%>
```

13.3.6 显示聊天内容的设计

在实现显示聊天内容时，也需要应用 AJAX 技术。由于在 13.3.4 小节中已经创建了一个封装 AJAX 必须实现的功能的对象 AjaxRequest，所以这里只需要在主页面中添加调用 AjaxRequest 对象的函数和返回值处理函数即可。具体代码如下：

```
window.setInterval("showContent();",1000);
function showContent(){
    var loader1=new net.AjaxRequest("content.jsp?nocache="+
new Date().getTime(),deal_content,onerror,"GET");
}
function deal_content(){
    content.innerHTML=this.req.responseText;
}
```

注意 同显示在线人员列表一样，这里也需要在 <body> 标记的 onLoad 事件中调用 showContent ( ) 方法。

接下来将编写显示留言内容的页面 content.jsp。该页面主要用于获取发言信息并保存到 application 对象中，再将 application 对象中的聊天内容显示到页面。content.jsp 页面的代码如下：

```
<%@ page contentType="text/html; charset=gb/t 2312-1980" language="java" import="java.util.*" errorPage="" %>
<% request.setCharacterEncoding("gb/t 2312-1980"); %>
<%
if(session.getAttribute("username").equals("null")){
    out.println("<script language='javascript'>alert(' 您还没有登录，不能进入本聊天室 ');parent.location.href=
'login.html';</script>");
}
if(session.getAttribute("username").equals("request.getParameter("+request.getParameter("tempuser")+")")){
    out.println("<script language='javascript'>alert(' 请重新选择聊天对象 ');</script>");
}
String message=request.getParameter("message");
String select=request.getParameter("select");
String tempuser=request.getParameter("tempuser");
String color=request.getParameter("color");
if(message!=null&&tempuser!=null){
    if(message.startsWith("<")){
        out.print("<marquee direction='left' scrollamount='23'>"+
        "<font color='blue'>"+" 请不要输入带有标记的特殊符号 "+"</font>"+"</marquee>");
        return;
    }else if(message.endsWith(">")){
        out.print("<marquee direction='left' scrollamount='25'>"+
        "<font color='blue'>"+" 请不要输入带有标记的特殊符号 "+"</font>"+"</marquee>");
        return;
    }
    if(application.getAttribute("message")==null){    // 第一个人说话时
        application.setAttribute("message","<br>"+"<font color='blue'>"+
        "<strong>"+session.getAttribute("username")+"</strong>"+"</font>"+
        "<font color='#CC0000'>"+select+"</font>"+" 对 "+"<font color='green'>"+
        "["+tempuser+"]"+"</font>"+" 说 : "+"<font color="+color+">"+message);
    }else{
        application.setAttribute("message","<br>"+"<font color='blue'>"+
        "<strong>"+session.getAttribute("username")+"</strong>"+"</font>"+
        "<font color='#CC0000'>"+select+"</font>"+" 对 "+"<font color='green'>"+
        "["+tempuser+"]"+"</font>"+" 说 : "+"<font color="+color+">"+message+
        "</font>"+application.getAttribute("message"));
    }
    out.println("<p>"+application.getAttribute("message")+"<p>");
}else{
    if(application.getAttribute("message")==null){
        out.println("<font color='#cc0000'>"+application.getAttribute("ul")+
        "</font>"+"<font color='green'>"+" 走进了网络聊天室 "+"</font>");
         out.println("<br>"+"<center>"+"<font color='#aa0000'>"+" 请各位聊友注意聊天室的规则，不要在本聊天
室内发表反动言论及对他人进行人身攻击，不要随意刷屏。"+"</font>"+"</center>");
```

```
    }else{
    out.println(application.getAttribute("message")+"<br>");
    }
}
%>
```

13.3.7 退出聊天室的设计

在该聊天室中，有两种退出聊天室的方法，一种是单击主页面中的“退出聊天室”按钮，另一种是单击浏览器的“关闭”按钮 ✕。需要注意的是，无论采用哪种方法，都会显示图 13-4 所示的对话框。

图 13-4　退出聊天室时显示的对话框

下面先来实现第一种方法。首先在主页面的合适位置添加“退出聊天室”按钮，并在按钮的 onclick 事件中调用自定义的 JavaScript 函数 Exit( )。关键代码如下：

```
<input name="button_exit" type="button" class="btn_orange" value=" 退出聊天室 " onClick="Exit( )">
```

然后编写自定义的 JavaScript 函数 Exit( )。在该函数中，首先将页面重定向到退出聊天室页面 leave.jsp，然后弹出“欢迎您下次光临！”对话框。具体代码如下：

```
function Exit( ){
    window.location.href="leave.jsp";
    alert(" 欢迎您下次光临！");
}
```

最后编写退出聊天室页面 leave.jsp。在该页面中，首先从保存在 Application 对象中的在线人员列表中将登录的用户删除；然后将保存用户信息的 session 对象设置为空；再判断保存在线人员列表的集合是否为空，如果为空，则清空聊天内容；最后将页面重定向到登录页面。leave.jsp 页面的完整代码如下：

```
<%@ page contentType="text/html; charset=gb/t 2312-1980" language="java"%>
<% request.setCharacterEncoding("gb/t 2312-1980"); %>
<%@ page import="java.util.Vector"%>
<%@ page import="com.wgh.UserForm"%>
<%
    Vector temp=(Vector)application.getAttribute("myuser");
    for(int i=0;i<temp.size( );i++){
        UserForm mylist=(UserForm)temp.elementAt(i);
        if(mylist.username.equals(session.getAttribute("username"))){
            temp.removeElementAt(i);
            session.setAttribute("username","null");
        }
        if(temp.size( )==0){
            application.removeAttribute("message");
        }
    }
```

```
    response.sendRedirect("index.jsp");
%>
```

接下来再实现第二种方法。在实现单击“关闭”按钮退出聊天室时，只需要在主页面中添加以下代码即可实现：

```
<script language="jscript">
window.onbeforeunload=function(){    //当用户单击浏览器中的"关闭"按钮时，执行退出操作
    if(event.clientY<0 && event.clientX>document.body.scrollWidth){
        Exit();                      //执行退出操作
    }
}
</script>
```

13.4　本章小结

本课程设计通过一个无刷新的聊天室，向读者介绍了 JSP 的内置对象（包括 session 对象、application 对象、request 对象和 response 对象）、AJAX 技术、集合类中的 Vector 类以及 JavaBean 技术的实际应用。通过对本章的学习，读者可以加深对这些技术的理解程度。另外，在开发无刷新的聊天室时，需要注意以下 4 点内容。

（1）应用 AJAX 技术实现实时刷新在线人员列表。

（2）应用 AJAX 技术实现实时刷新显示的聊天内容。

（3）在用户退出聊天室时，需要及时删除在线人员列表中的该用户。

（4）当用户单击浏览器的“关闭”按钮关闭聊天页面时，也需要将该用户从在线人员列表中删除。

参考文献

[1] 刘晓华，张健，周慧贞. JSP 应用开发详解 [M]. 北京：电子工业出版社，2007.

[2] CHOPRA V，EAVES J，JONES R. JSP 程序设计 [M]. 张文静，林琪，译. 北京：人民邮电出版社，2006.

[3] 邹竹彪. JSP 网络编程从入门到精通 [M]. 北京：清华大学出版社，2007.

[4] 耿祥义. JSP 基础教程 [M]. 北京：清华大学出版社，2004.

[5] CHOPRA V，EAVES J，JONES R. JSP高级程序设计 [M]. 张文静，林琪，译. 北京：人民邮电出版社，2006.

[6] DROZDEK A. 数据结构与算法：Java 语言版 [M]. 2 版. 周翔，译. 北京：机械工业出版社，2006.

[7] VAN DER LINDEN P. Java 2 教程 [M]. 6 版. 邢国庆，译. 北京：电子工业出版社，2005.

[8] CAMPIONE M，WALRATH K，HUML A. Java 语言导学 [M]. 3 版. 马朝晖，陈美红，译. 北京：机械工业出版社，2005.

[9] ECKEL B. Java 编程思想 [M]. 4 版. 陈昊鹏，译. 北京：机械工业出版社，2007.

[10] 耿祥义，张跃平. Java 2 实用教程 [M]. 2 版. 北京：清华大学出版社，2006.

[11] 郑莉，王行言，马素霞. Java 语言程序设计 [M]. 北京：清华大学出版社，2006.

[12] NEGRINO T，SMITH D. JavaScript 基础教程 [M]. 6 版. 陈剑瓯，译. 北京：人民邮电出版社，2007.

[13] ASLESON R，SCHUTTA N T. AJAX 基础教程 [M]. 金灵，译. 北京：人民邮电出版社，2006.

[14] JACOBS S. XML 基础教程：入门、DOM、AJAX 和 Flash[M]. 许劲松，周斌，杨波，译. 北京：人民邮电出版社，2007.

[15] MINTER D，LINWOOD J. Hibernate 基础教程 [M]. 陈剑瓯，译. 北京：人民邮电出版社，2008.